普通高等教育系列教材

SolidWorks 2023 基础教程

杨志贤 吴教义 江 洪 等编著

机 械 工 业 出 版 社

SolidWorks 是一款非常优秀的三维机械设计软件，越来越受到广大用户的欢迎，开设此门课程的高等院校也越来越多。

本书用图表和实例生动地讲述了 SolidWorks 2023 常用的功能，读者可以边看边操作，加深记忆和理解。每章都有上机练习题，便于读者巩固所学的知识。本书还附有上机练习题的参考答案，配有大量的视频和模型文件，方便读者更好地学习。

本书可作为高等院校机械类专业的 CAD/CAM 课程教材，也可作为广大工程技术人员的自学用书和参考书。

本书配有授课电子课件，需要的教师可登录 www.cmpedu.com 免费注册，审核通过后下载，或联系编辑索取（微信：13146070618，电话：010-88379739）。

图书在版编目（CIP）数据

SolidWorks 2023 基础教程 / 杨志贤等编著.
北京：机械工业出版社，2025. 7. --（普通高等教育系列教材）. -- ISBN 978-7-111-78597-2

Ⅰ. TH122

中国国家版本馆 CIP 数据核字第 20259TF400 号

机械工业出版社（北京市百万庄大街 22 号　邮政编码 100037）
策划编辑：解　芳　　　　　　　　责任编辑：解　芳　戴　琳
责任校对：王文凭　张雨霏　景　飞　责任印制：邓　博
河北鑫兆源印刷有限公司印刷
2025 年 8 月第 1 版第 1 次印刷
184mm×260mm・17.5 印张・432 千字
标准书号：ISBN 978-7-111-78597-2
定价：69.90 元

电话服务　　　　　　　　　　网络服务
客服电话：010-88361066　　　机　工　官　网：www.cmpbook.com
　　　　　010-88379833　　　机　工　官　博：weibo.com/cmp1952
　　　　　010-68326294　　　金　书　网：www.golden-book.com
封底无防伪标均为盗版　　　　机工教育服务网：www.cmpedu.com

前 言

SolidWorks 是一款非常优秀的三维机械设计软件，由于其易学易用、全中文界面、价格适中等优点，吸引了越来越多的工程技术人员和大中专院校的学生学习和使用。本书的目的是让初学者能快速入门，掌握 SolidWorks 2023 的常用功能。

编写本书的指导思想是循序渐进地讲透基本知识，通过先建立简单模型，再建立生产实际中的复杂模型来增强读者的动手能力，帮助读者适应当代企业的需求，同时培养读者的自学能力。本书的内容反映了当今重创新、重基础、重理论的指导思想。

本书没有简单罗列枯燥的软件命令，而是紧密结合工程图样，结合作者多年的实践经验和教学经验选取典型的实例，通过实际的操作过程来讲解软件命令的使用方法，在实例中融合了如何满足国家标准（GB）、如何对图样进行拆分、如何在进行空间想象后构建三维模型等知识。

本书的第一个特点是简洁，用图表和实例生动地讲述了 SolidWorks 常用的功能。第二个特点是结合具体的实例来讲述，将重要的知识点嵌入具体实例中，读者可以循序渐进，随学随用，边看边操作，动眼、动脑、动手，符合教育心理学和学习规律。第三个特点是许多实例来源于工程实际，具有一定的代表性和技巧性。每章都有大量的上机练习题，部分习题用二维工程图给出，既锻炼了看图能力，又培养了空间想象力，便于巩固所学的知识。本书还附有上机练习题的参考答案，方便读者更好地学习。第四个特点是符合时代精神，体现了创新教育常用的扩散思维方法，即一题多解及精讲多练。

由于 SolidWorks 每个版本升级后一些命令的运算法则会改变，因此有可能出现在低版本中创建的模型，在高版本中只是打开而不做任何修改，重新建模时也会出错的情况。所以读者应该注意所使用软件的版本，当然也可以自己修改低版本的模型，使之能在高版本中通用。

参加本书编写的人员有杨志贤、吴教义、江洪、黄娟、刘宏、姚辉学、王晓东、韩延祥。

由于时间仓促，书中难免有疏漏之处，恳请广大读者批评指正。编者邮箱：99998888@126.com。

编　者

目　　录

前言

第1章　SolidWorks基础 ……………… 1
1.1　SolidWorks基本操作 ……………… 1
1.1.1　启动SolidWorks和新建文件 …… 1
1.1.2　保存文件、关闭文件和打开文件 … 4
1.2　SolidWorks用户界面 ……………… 7
1.2.1　菜单 ……………………………… 7
1.2.2　快速访问工具栏 ………………… 7
1.2.3　命令管理器工具栏、管理器窗口和状态栏 …………………………… 11
1.2.4　绘图区 …………………………… 12
1.2.5　鼠标和快捷键 …………………… 17
1.2.6　多窗口显示 ……………………… 18
1.3　模型显示 …………………………… 19
1.3.1　视图显示 ………………………… 19
1.3.2　模型编辑外观 …………………… 23
1.4　思考与练习 ………………………… 25

第2章　草图 …………………………… 26
2.1　绘制草图的基本知识 ……………… 26
2.1.1　草图的自由度 …………………… 26
2.1.2　草图绘制过程 …………………… 26
2.1.3　草图对象的选择和删除草图实体 …………………………… 28
2.2　草图绘制工具 ……………………… 31
2.2.1　直线和直线转到圆弧 …………… 31
2.2.2　常用草图绘制工具 ……………… 33
2.2.3　草图几何约束 …………………… 35
2.3　草图编辑工具 ……………………… 38
2.3.1　等距草图实体 …………………… 38
2.3.2　镜像草图实体 …………………… 39
2.3.3　常用草图编辑工具 ……………… 40
2.4　草图的尺寸标注 …………………… 42
2.4.1　基本尺寸标注方法 ……………… 43
2.4.2　草图尺寸编辑修改 ……………… 45
2.5　草图的合法性检查与修复 ………… 46
2.5.1　自动修复草图 …………………… 47
2.5.2　检查草图 ………………………… 47
2.6　草图实例 …………………………… 50
2.7　思考与练习 ………………………… 59

第3章　基准面和基准轴 ……………… 62
3.1　基准面 ……………………………… 62
3.1.1　基准面的基本知识 ……………… 62
3.1.2　创建基准面实例 ………………… 63
3.2　基准轴 ……………………………… 66
3.2.1　基准轴的基本知识 ……………… 67
3.2.2　创建基准轴实例 ………………… 67
3.3　思考与练习 ………………………… 69

第4章　基本特征 ……………………… 71
4.1　倒角和异型孔 ……………………… 71
4.1.1　倒角的基本知识 ………………… 71
4.1.2　异型孔的基本知识 ……………… 73
4.2　拉伸/切除拉伸 …………………… 75
4.2.1　拉伸的三种类型 ………………… 75
4.2.2　编辑特征 ………………………… 78
4.2.3　拉伸/切除拉伸实例 …………… 80
4.3　筋 …………………………………… 86
4.3.1　筋的基本知识 …………………… 87
4.3.2　创建平行于草图的筋实例 ……… 87
4.4　旋转/切除旋转 …………………… 89
4.5　SolidWorks的装饰螺纹线 ………… 96
4.6　叠加组合体 ………………………… 99
4.7　切割组合体 ………………………… 102
4.8　综合组合体 ………………………… 105
4.9　建立一般位置平面后切割 ………… 111
4.10　思考与练习 ……………………… 114

第5章　扫描 …………………………… 119
5.1　扫描的轮廓和路径 ………………… 119
5.2　随路径变化的扫描 ………………… 123
5.3　保持法向不变的扫描 ……………… 126
5.4　扫描时的注意事项 ………………… 127
5.4.1　扫描形成的实体自相交 ………… 127
5.4.2　穿透 ……………………………… 129
5.5　横扫 ………………………………… 134

5.6 弹簧线 135
5.7 思考与练习 137

第6章 放样 140
6.1 放样的基本知识 140
6.2 放样凸台/基体 145
6.3 与面约束有关的放样 147
 6.3.1 "与面的曲率"约束的放样 147
 6.3.2 "与面相切"约束的放样 150
6.4 中心线控制放样 150
6.5 放样切割 154
6.6 引导线放样 158
6.7 思考与练习 161

第7章 曲面 163
7.1 曲面的基本知识 163
 7.1.1 斑马条纹 163
 7.1.2 G0、G1、G2的基本知识 164
 7.1.3 曲率 165
7.2 曲面实例 166
 7.2.1 3D构线 166
 7.2.2 篮球网 168
 7.2.3 圆周格栅网 172
7.3 思考与练习 176

第8章 零件常用设计方法 177
8.1 派生零件 178
8.2 标准件库 179
8.3 设计库 186
8.4 思考与练习 189

第9章 装配 191
9.1 装配体操作 191
 9.1.1 新建装配体文件 191
 9.1.2 移动零部件和旋转零部件 192
9.2 配合方式 194
 9.2.1 标准配合 194
 9.2.2 对齐配合 196
9.3 干涉检查 196
 9.3.1 干涉体积检查 196
 9.3.2 运动碰撞检查 198
9.4 装配体制作实例 200
 9.4.1 自下而上设计低速滑轮 200
 9.4.2 自上而下设计机床夹具 203
 9.4.3 齿轮装配 208
9.5 创建爆炸视图 211
9.6 思考与练习 215

第10章 工程图 222
10.1 在工程图中标注尺寸 222
 10.1.1 生成工程图 222
 10.1.2 设定单位和尺寸选项 224
 10.1.3 调整模型的尺寸 225
10.2 生成零件工程图 231
10.3 生成装配体工程图 237
10.4 设置图纸格式 244
 10.4.1 自定义图纸格式 244
 10.4.2 修改系统中已有的图纸格式 246
10.5 3D工程图视图 247
10.6 思考与练习 249

第11章 综合应用 254
11.1 静力学分析 254
11.2 SolidWorks模拟运动仿真 257
 11.2.1 动画向导 258
 11.2.2 马达 260
 11.2.3 弹簧 263
 11.2.4 引力 264
 11.2.5 弹簧柔性变形 264
11.3 渲染 268
11.4 思考与练习 273

第 1 章 SolidWorks 基础

本章将介绍 SolidWorks 的一些基本操作，读者只有熟练地掌握这些基础知识，才能正确、快速地掌握和应用 SolidWorks。这些基础知识包括：如何进入和退出 SolidWorks；如何新建文件、打开文件和保存文件；如何使用菜单栏、工具栏、鼠标和快捷键；如何设定多窗口环境；如何显示和控制模型；如何对模型进行外观编辑（颜色和纹理编辑）；如何使用过滤器选择对象；等等。

1.1 SolidWorks 基本操作

1.1.1 启动 SolidWorks 和新建文件

视频 1-1 启动 SolidWorks

1. 启动 SolidWorks

当正确地安装了 SolidWorks 2023 后，在 Windows 10 环境下双击桌面上的 SolidWorks 2023 快捷图标，如图 1-1 所示，或者单击屏幕左下角的"开始"→"最近添加"→"SolidWorks 2023"，如图 1-2 中①、②所示，系统开始启动 SolidWorks 2023。

图 1-1 双击桌面上的 SolidWorks 2023 快捷图标

图 1-2 启动 SolidWorks 2023

启动结束后系统进入 SolidWorks 2023 界面，如图 1-3 所示。

2. 新建文件

创建新文件的方法：单击屏幕最上方的"新建"图标按钮，如图 1-4 中①所示；或者按组合键〈Ctrl+N〉。系统弹出"新建 SolidWorks 文件"对话框，其中有零件、装配体和工程图 3 种格式的文件可以创建，单击"零件"图标

图 1-3 进入 SolidWorks 2023 界面

1

按钮 ，再单击 确定 按钮完成新文件创建的操作，如图1-4中②、③所示。

图1-4 新建零件文件

SolidWorks 提供了 3 种基本文件格式：零件、装配体和工程图，在新建文件时要确定文件的类型。表 1-1 所列是对这 3 种基本文件格式的说明。

表1-1 3种基本文件格式的说明

基本文件格式	扩展名	说　　明
零件	SLDPRT	建立零件模型
装配体	SLDASM	建立装配体零件，生成部件或整体模型
工程图	SLDDRW	生成工程图

SolidWorks 的 3 种基本文件格式提供了不同的操作环境和功能选项。在零件环境下可以建立产品零件的各种外观特征和结构特征，包括特征、曲面等多种建模工具。此外，零件环境中还有钣金、模具等建模工具。零件文件如图 1-5 中①所示。

装配体环境的主要功能是将产品中独立的零件用配合关系组装在一起，成为一个整体。在装配体环境中还提供了爆炸视图、焊接、管道等与装配相关的工程工具。装配体文件如图 1-5 中②所示。

工程图是三维模型的二维展示，用于表示模型的尺寸公差、加工要求等信息，是企业产品信息的主要载体。SolidWorks 工程图与三维模型是相互关联的，二维工程图及其特征尺寸直接由三维模型转换而来。在工程图环境中提供了丰富的工程标注、材料明细表等工具。工程图文件如图 1-5 中③所示。

进入零件界面后，可在界面的左方看到"前视基准面""上视基准面""右视基准面"，如图 1-6 中①所示，分别对应工程图学三投影面体系中的"正立投影面 V""水平投影面 H""侧立投影面 W"。系统默认选中的是"前视基准面"，如图 1-6 中②所示。

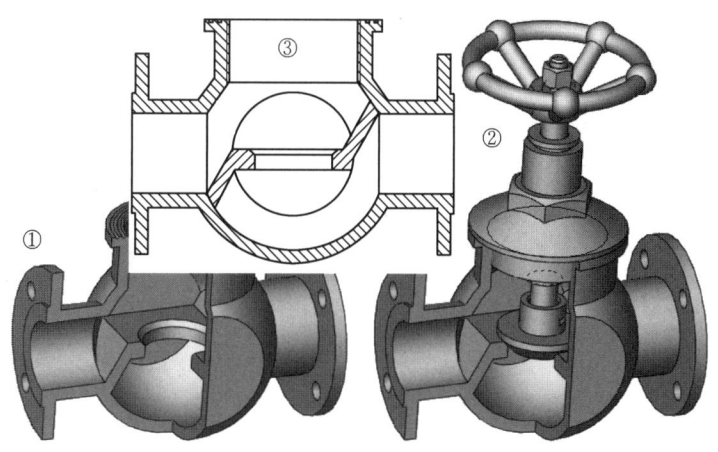

图 1-5　SolidWorks 的 3 种基本文件

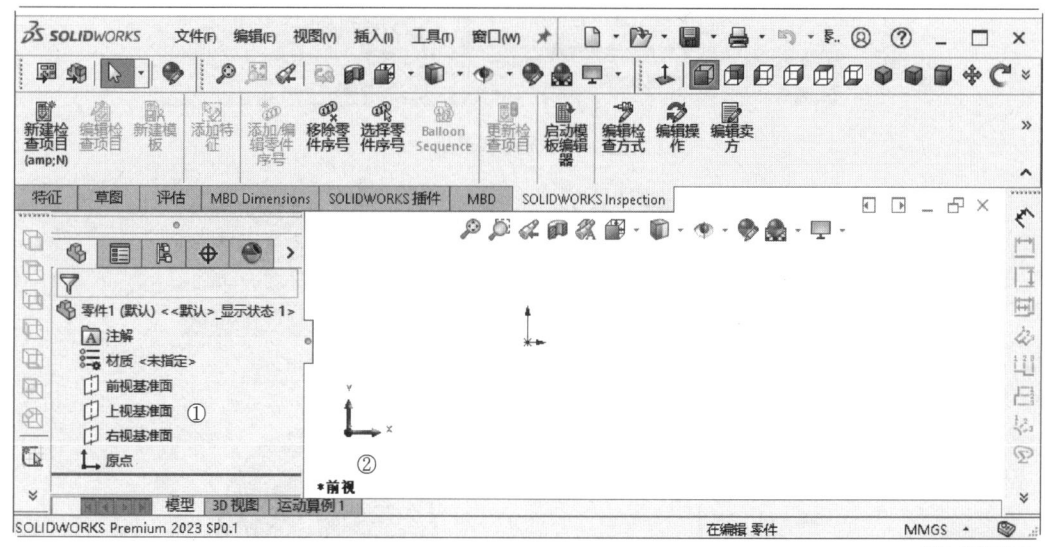

图 1-6　进入 SolidWorks 2023 界面

3. 绘制一个圆筒

视频 1-2　绘制一个圆筒

1）启动 SolidWorks 后，单击窗口最上方的"新建"图标按钮 或者按组合键〈Ctrl+N〉，在弹出的"新建 SolidWorks 文件"对话框中选择"零件" ，单击 确定 按钮完成新文件创建的操作。右击 右视基准面，单击"正视于"图标按钮 ，如图 1-7 中①、②所示。单击"草图"切换到"草图"面板，如图 1-7 中③所示。单击"草图绘制"图标按钮 ，单击"圆"图标按钮 ，如图 1-7 中④所示。

2）在绘图区中任意一点单击确定圆心，如图 1-8 中①所示。向远离圆心的方向移动鼠标，到一定的距离后单击鼠标，如图 1-8 中②所示。绘制出一个小圆。在绘图区中再次单击圆心，如图 1-8 中③所示。向远离圆心的方向移动鼠标，到一定的距离后单击鼠标，如图 1-8 中④所示，绘制出一个大圆。单击"确定"图标按钮 ，如图 1-8 中⑤所示。

3）单击"特征"切换到"特征"面板，如图 1-9 中①所示。单击"拉伸凸台/基体"

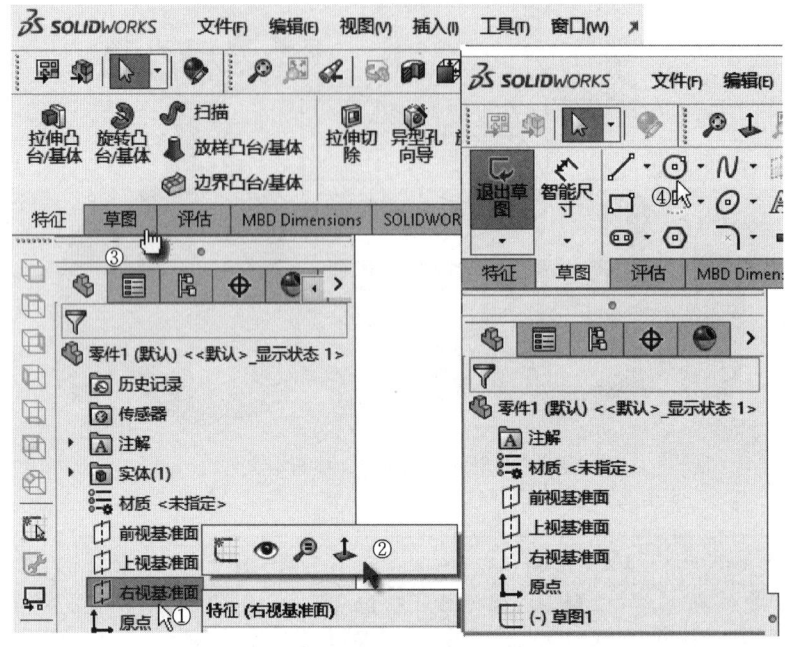

图 1-7 选择基准面

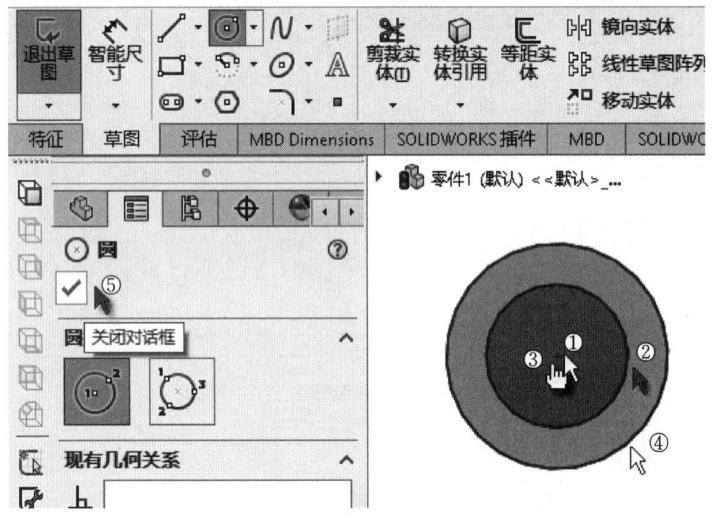

图 1-8 绘制两个同心圆

图标按钮，如图 1-9 中②所示。系统弹出"凸台-拉伸"属性管理器，在"深度"输入框中输入 40.00mm，如图 1-9 中③所示。其他采用默认设置，拉伸后的预览图如图 1-9 中④所示。单击"确定"图标按钮，如图 1-9 中⑤所示，完成拉伸操作。

1.1.2 保存文件、关闭文件和打开文件

1. 保存文件

对于已经编辑好的文件，需要赋予适当的文件名进行保存。保存的方

视频 1-3 保存文件

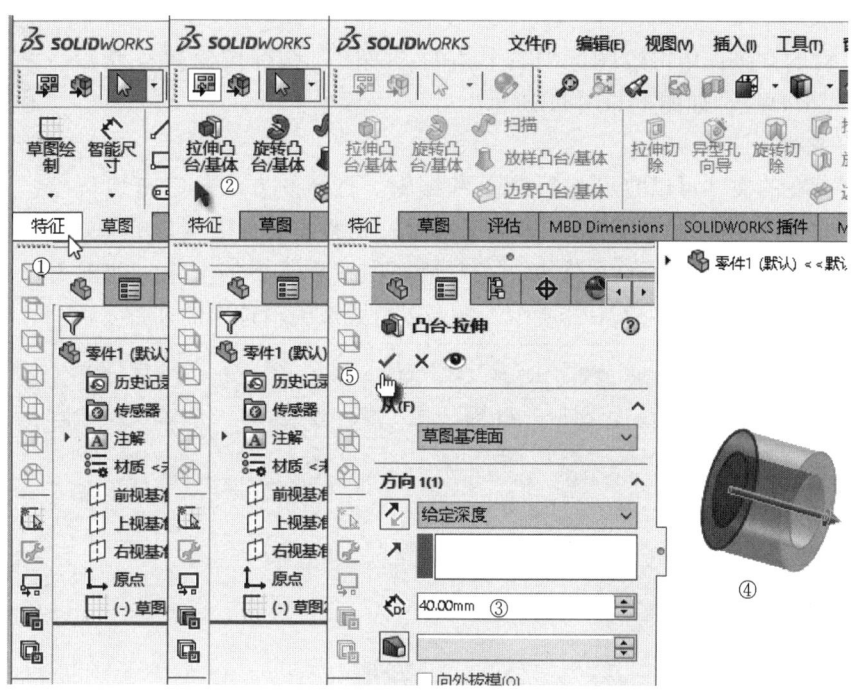

图 1-9　生成圆筒模型

法是：单击窗口最上方的"保存"图标按钮，如图 1-10 中①所示，或者按组合键〈Ctrl+S〉；系统弹出"另存为"对话框，单击按钮，如图 1-10 中②所示；选择想要保存文件的地方，如图 1-10 中③所示；在"文件名"文本框中输入想要保存文件的名称，如图 1-10 中④所示；单击 保存(S) 按钮，如图 1-10 中⑤所示，完成对文件的保存。

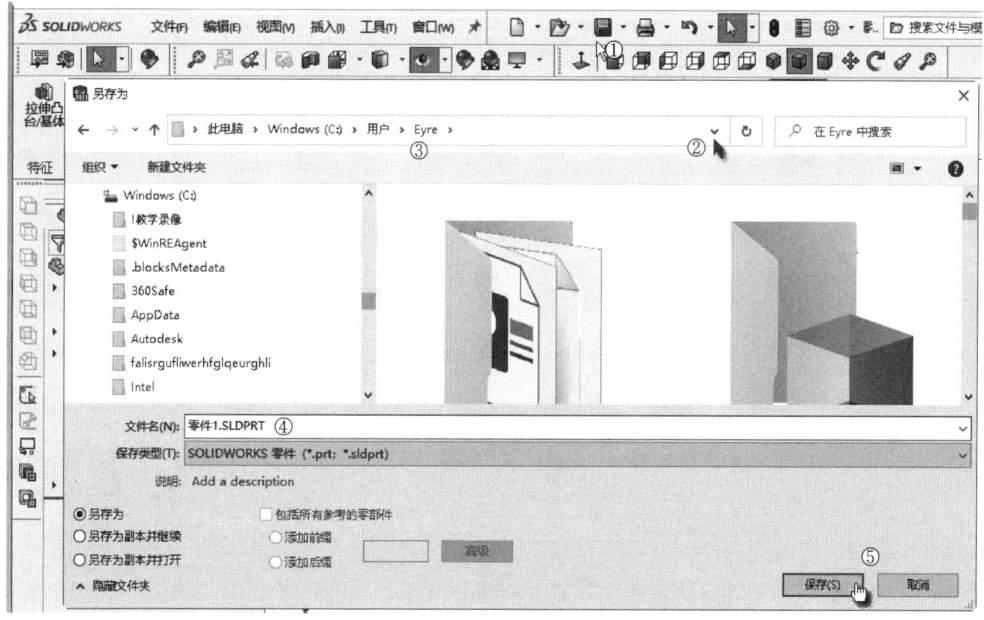

图 1-10　保存文件

2. 关闭文件

关闭文件的方法：单击绘图区中右上角的"关闭"图标按钮✖，或者按组合键〈Ctrl+W〉，如图 1-11 中①所示。

视频 1-4 关闭文件

3. 打开文件

对于已存在的文件可以打开进行浏览和编辑。打开的方法：单击窗口最上方的"打开"按钮，如图 1-12 中①所示，或者按组合键〈Ctrl+O〉；系统弹出"打开"对话框，选择文件所在的文件夹，在对话框中找到需要的文件，如图 1-12 中②所示，单击 打开 按钮，如图 1-12 中③所示，就可以打开或编辑选中的文件了。

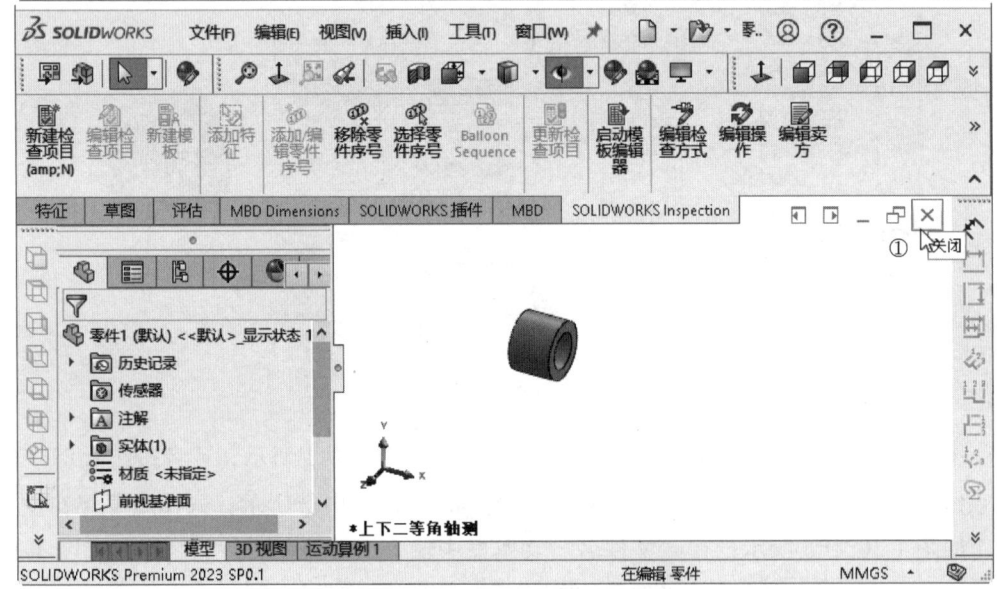

图 1-11 关闭文件

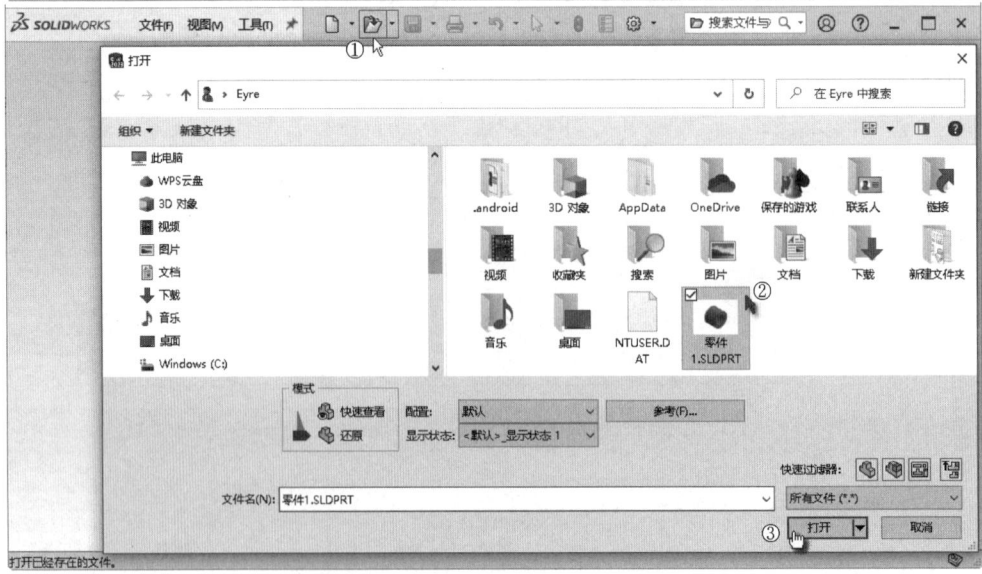

图 1-12 打开文件

4. 退出 SolidWorks

退出 SolidWorks 的方法：单击窗口右上角的"关闭"图标按钮✕，如图 1-13 中①所示；或者单击窗口最上方菜单栏中的"文件"，在弹出的下拉菜单中选择"退出（×）"，如图 1-13 中②、③所示。

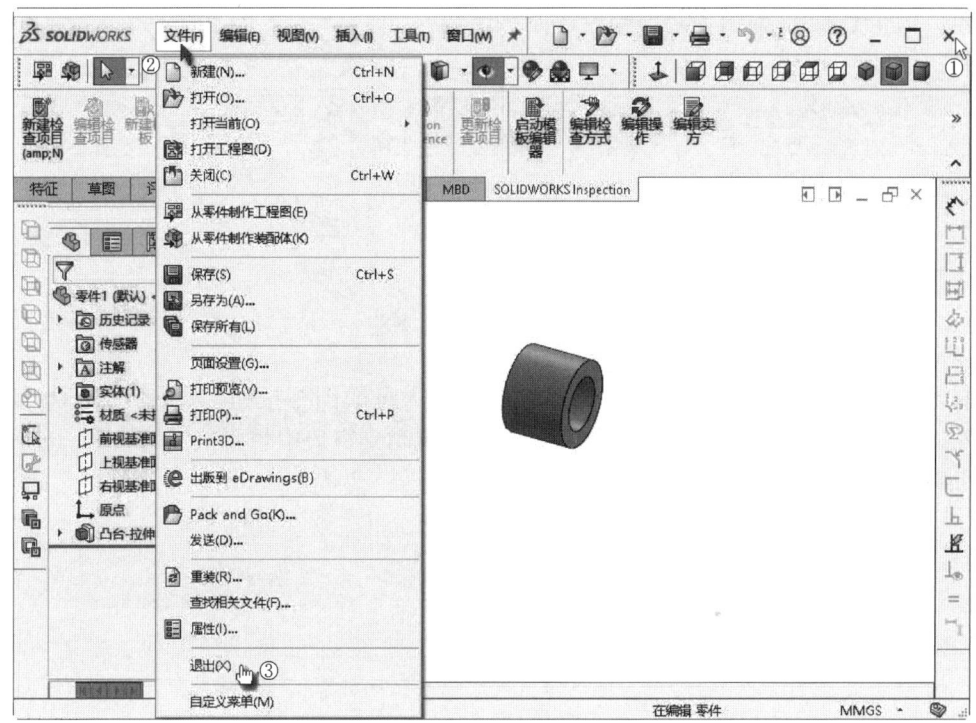

图 1-13　退出 SolidWorks

1.2　SolidWorks 用户界面

选择了新建"零件"文件后，SolidWorks 进入初始工作环境界面。

1.2.1　菜单

菜单栏一直固定在窗口顶端，通过菜单可以找到建模的所有命令。分别单击菜单栏中的"文件""编辑""视图""插入""工具""窗口"，可以看到每一项的详细内容，其右边的字母是快捷键。单击每一项的最下方"自定义菜单"，系统弹出级联菜单，它可以控制在每一个选项中出现的子选项。例如，取消勾选"关闭"

视频 1-5　菜单

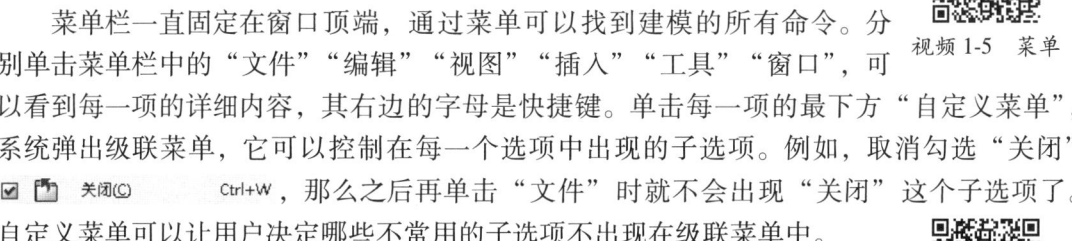，那么之后再单击"文件"时就不会出现"关闭"这个子选项了。自定义菜单可以让用户决定哪些不常用的子选项不出现在级联菜单中。

1.2.2　快速访问工具栏

快速访问工具栏在窗口的左上方，其中的选项与菜单栏中的"文件"选项相互对应。通常，快速访问工具栏比使用菜单更加方便，将鼠标指针

视频 1-6　快速访问工具栏

放到快速访问工具栏的选项上稍做停留，便会出现对它们的解释。

注意看最重要的齿轮形状的"选项"，单击它，系统弹出诸多子选项，通常主要关注的是"自定义"与"插件"这两个子选项，如图1-14中①、②所示。单击"自定义"后系统弹出"自定义"对话框，其上方有一系列标签，最主要的分别是"快捷方式栏""键盘"和"鼠标笔势"，如图1-14中③~⑤所示。

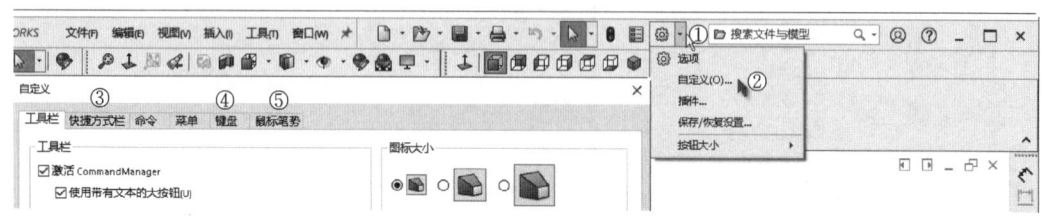

图1-14 快速访问工具栏

单击"快捷方式栏"标签，可以看到在右边有大量的图标按钮，每一个图标按钮都代表一个命令。可以直接通过鼠标左键将某一个图标拖动到窗口中想要放置的地方，也可以将其拖回到"快捷方式栏"，如图1-15中①、②所示。

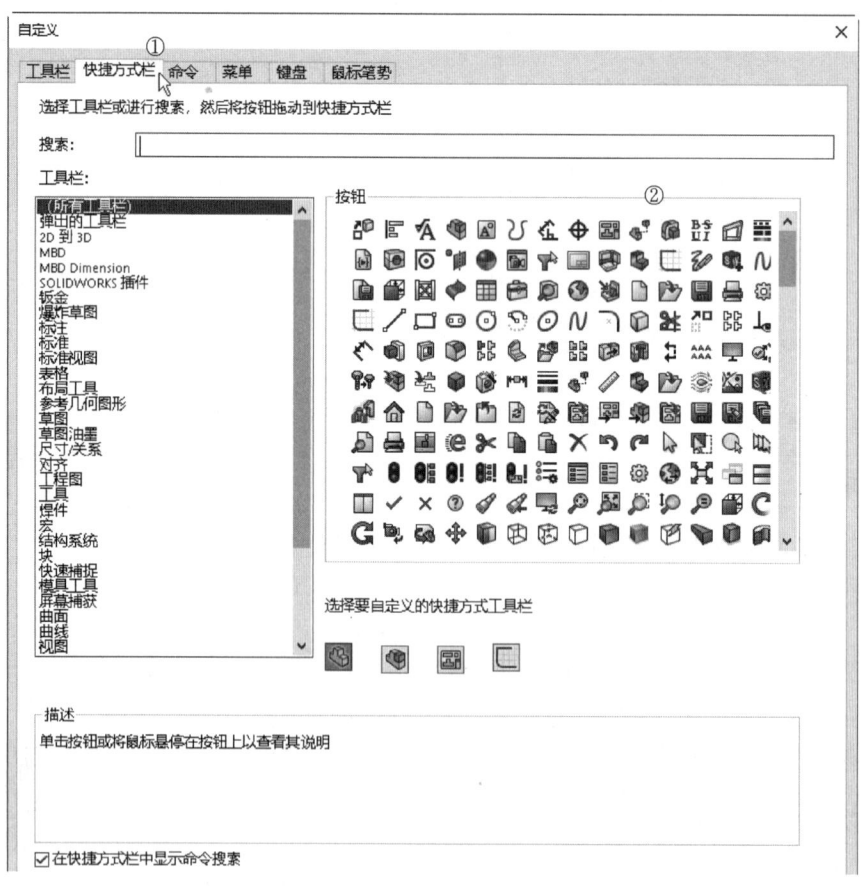

图1-15 "快捷方式栏"标签

单击"键盘"标签，可以看到许多命令，如图1-16中①、②所示。可以通过键盘上的快捷键启动命令，还可以手动定义某些命令的快捷操作方式。

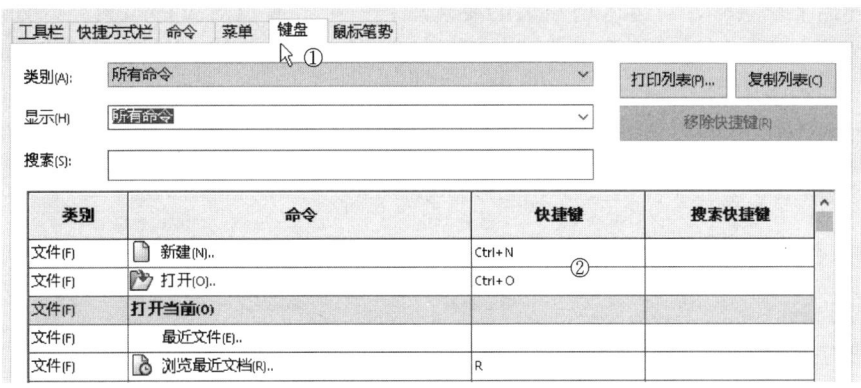

图1-16 "键盘"标签

单击"鼠标笔势"标签，它和键盘类似，只是通过鼠标的方式来快捷地使用某个命令。当然，用户也可以按自己的习惯来选择某些常用命令，如图1-17中①、②所示。

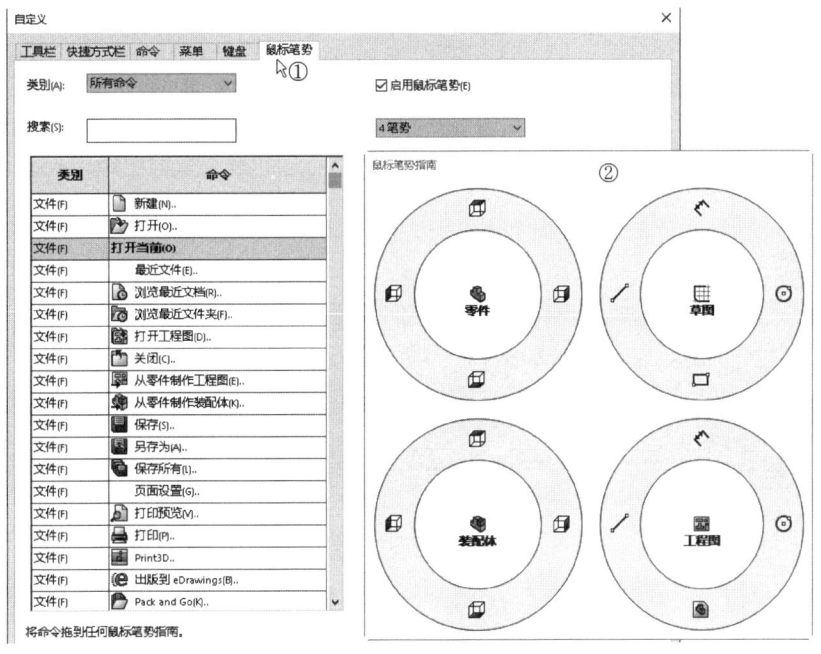

图1-17 "鼠标笔势"标签

"插件"子选项是指某些可以和SolidWorks联动的软件。例如，在SolidWorks中建立模型后将其导入口 SOLIDWORKS Motion运动仿真软件中进行模拟。勾选复选框表示有联动，取消勾选表示无联动。

初学者常通过单击工具栏中的图标按钮来调用命令。但由于SolidWorks的命令很多，在正常情况下工具栏中很难涵盖所有的SolidWorks命令，可以

视频1-7 调整工具栏

调整工具栏中的命令图标按钮以适应日常工作的需要。

在面板中任意位置右击,在弹出的快捷菜单中选择"工具栏",如图1-18中①、②所示。系统弹出下拉菜单,勾选选项左边的复选框,系统将显示对应的工具栏,如图1-18中③所示。选项左边的图标若被选中按下,系统显示对应的工具栏,如图1-18中④、⑤所示所示。再次在面板中右击,打开"工具栏"下拉菜单,取消勾选复选框,对应的工具栏将被隐藏,如图1-19中①、②所示。

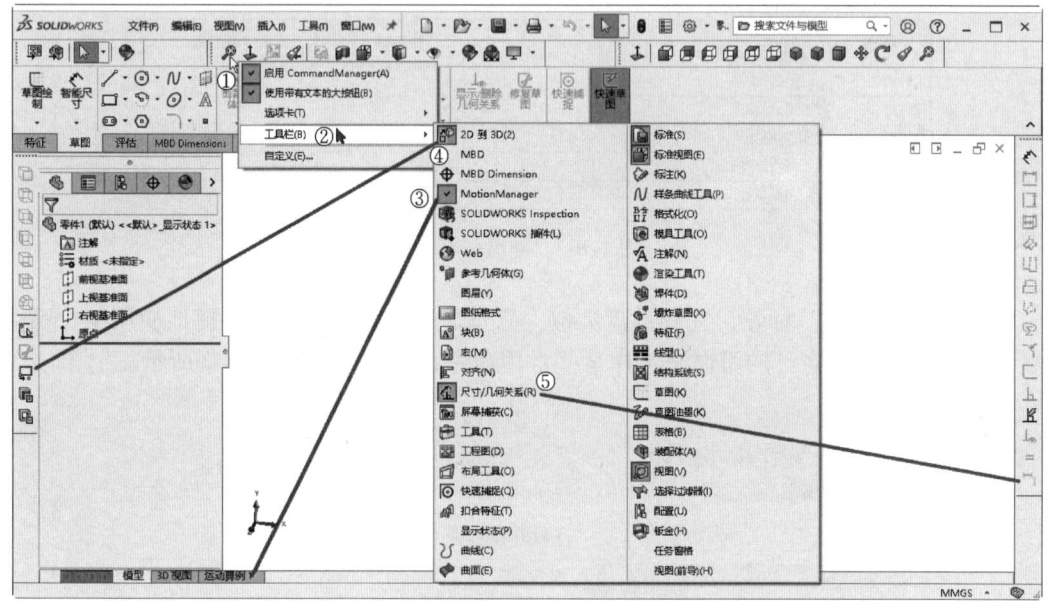

图1-18 自定义显示工具栏

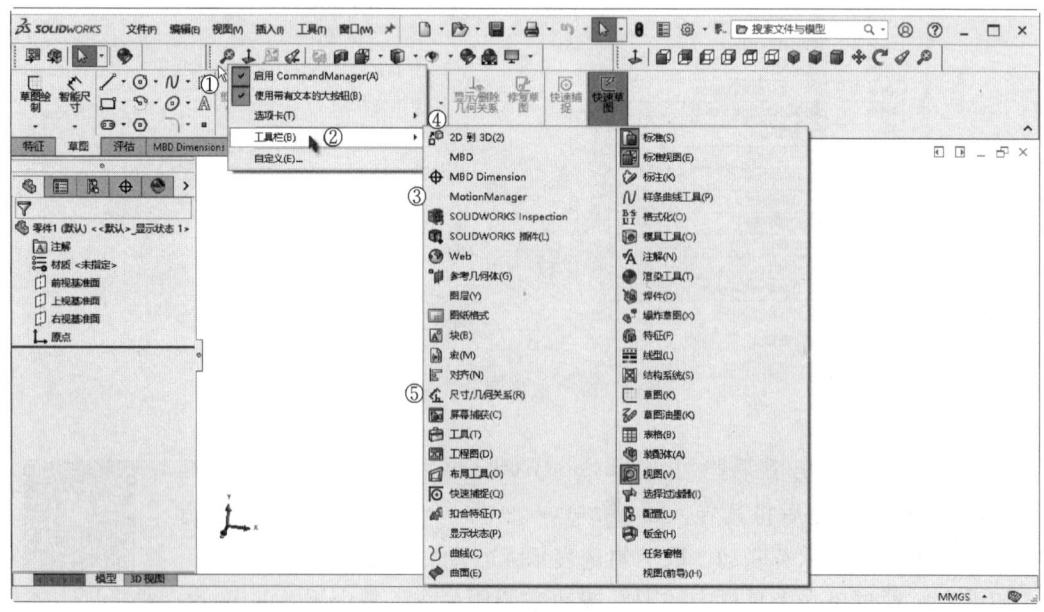

图1-19 隐藏工具栏

在工具栏中任意位置右击,在弹出的快捷菜单中选择"自定义",如图 1-20 中①、②所示。在弹出的"自定义"对话框中已默认选中了"工具栏"选项卡,勾选欲显示的工具栏(如"参考几何体")后,在窗口中会显示该工具栏,如图 1-20 中③~⑤所示。这种方法对于命令、菜单、鼠标笔势、快捷方式栏等同样有效。

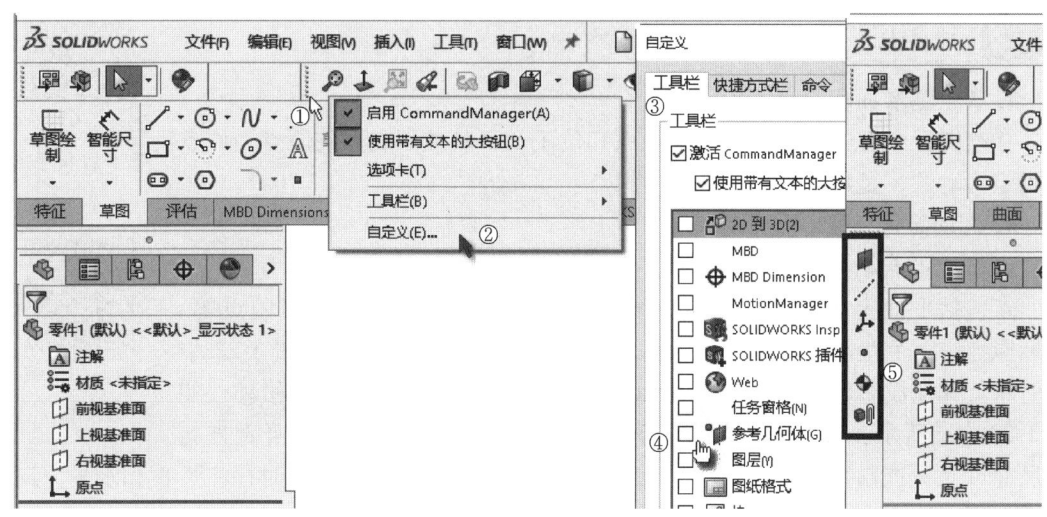

图 1-20 "自定义"工具栏

工具栏可依个人操作习惯自由摆放。拖动工具栏的起点,如图 1-21 所示,可移动工具栏。若想将工具栏移回到其先前位置,可双击标题栏。

图 1-21 移动工具栏

1.2.3 命令管理器工具栏、管理器窗口和状态栏

1. 命令管理器工具栏

视频 1-8 命令管理器工具栏

在命令管理器工具栏中,有所需的多种选项。它根据工具选项栏的选择而变化,例如,当选择特征时,它所展示的就是特征中要用到的相应选项。其中一部分选项是灰色的,这是因为当前所处的环境不需要用到这些选项。

在命令管理器工具栏下面是工具栏标签,单击它可以选择不同的工具栏。例如,单击"草图"时,上面的命令管理器工具栏发生了改变,变成了草图所对应的命令管理器工具栏。

2. 管理器窗口

界面最左边是管理器窗口,其上侧有数个图形标签。图形标签从左到右分别为"特征管理器设计树""属性管理器""配置管理器""公差分析管理器"和"外观管理器"。其中最值得关注的是特征管理器设计树,简称为设计树。通过设计树可以展示制作一个零件所采取的指令和步骤,无论是自己检查还是别人查看都比较方便。

3. 状态栏

状态栏中有系统的各种提示，可以在右下角看到"在编辑零件"的字样，这表示目前系统所处的环境。系统有"草图""零件""装配图"和"工程图"这四种环境。在状态栏的最右边，可以看到整个系统的单位。

1.2.4 绘图区

1. 3个基准面和原点

在绘图区中已经预设了3个基准面和位于3个基准面交点的原点。原点是固定不动的，是建立零件的基本参考点。

视频 1-9　3个基准面和原点

2. 圆的定位

（1）点的自由度

点包括平面上任意的草图点、线段端点、圆心点或图形的控制点等。坐标原点（3个坐标平面的共有点）是系统默认的固定点，如图1-22中①所示。其他没有任何限制的点可以沿水平方向和竖直方向任意移动，如图1-22中②所示。若要限制点的移动，可以添加水平约束或标注竖直方向的尺寸（点只能沿水平方向移动），如图1-22中③、④所示；若同时标注竖直和水平方向的尺寸，则点被固定，自由度为0，如图1-22中⑤所示。

视频 1-10　圆的定位

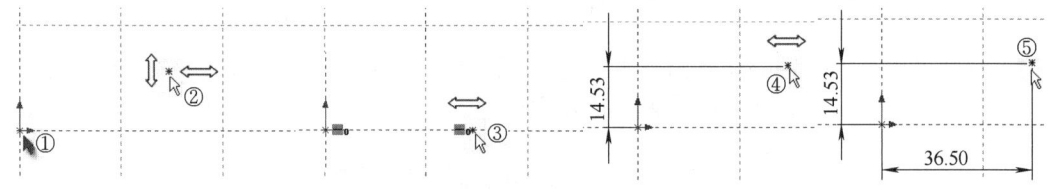

图 1-22　点的自由度

（2）直线的自由度

没有任何限制的直线可以沿水平方向和竖直方向任意移动、旋转及沿长度方向伸缩，如图1-23中①所示。固定一个端点后，直线只能旋转和伸缩，如图1-23中②所示。若给定角度，直线只能伸缩，如图1-23中③所示；若给定长度，直线只能旋转，如图1-23中④所示；若给定长度和角度，直线被完全固定，自由度为0，如图1-23中⑤所示。若固定两端点，直线被完全固定，如图1-23中⑥所示。

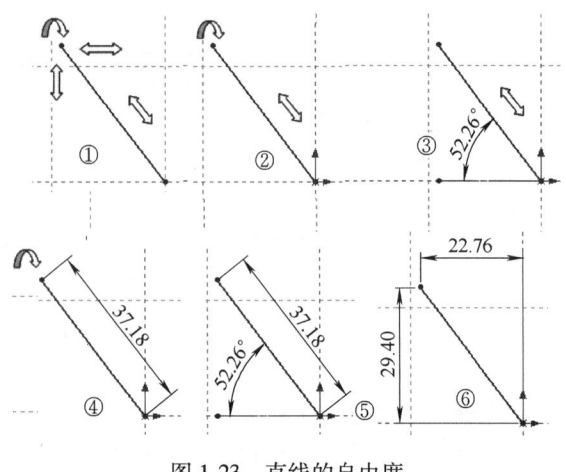

图 1-23　直线的自由度

（3）圆的自由度

没有任何限制的圆可以沿水平方向和竖直方向任意移动，也可以任意调整圆的大小，如图1-24中①所示。添加直径后，圆只能任意移动圆心，如图1-24中②所示。再固定圆心后，圆被完全固定，如图1-24中③所示。

传统的参数化造型中的草图必须是完全定义的，即草图实体的平面位置和角度都必须完全确定。变量化技术解决了完全定义草图的难题。当然，变量化技术并不是帮助人们自动地为草图添加尺寸和几何约束，而是将没有明确定义的草图尺寸当作变量存储起来，暂时以当前的绘制尺寸赋值，这样不会影响利用草图生成特征以及其后的装配工作。

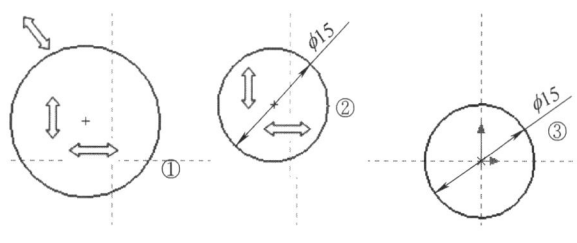

图1-24　圆的自由度

SolidWorks软件支持变量化设计。利用变量化设计可以有效地提高几何建模的速度，方便易用。绘制草图时，尽量将草图中的某点与固定的坐标原点重合，尽量将草图完全定义，以避免在后续的编辑操作中产生无法预知的结果或操作失败。在SolidWorks草图环境中，草图通过不同的颜色显示其约束状态，见表1-2。

表1-2　草图颜色表示的约束状态

草图的颜色	约束状态
黑色	草图实体完全定义
蓝色	草图实体欠约束
红色	草图实体过约束，存在重复或矛盾的约束

3. 修改圆

圆的大小由半径决定，圆的位置由圆心决定。已知圆是指圆的大小和圆心的位置全部给定，不能做修改圆任何改变。中间圆是指圆心少一个定位尺寸，连接圆是指圆心的两个定位尺寸都没有。

视频1-11　修改圆

1）打开1.1.1节中绘制的圆筒零件，单击  凸台-拉伸1 特征前面的三角形按钮，右击"草图1"，在弹出的快捷菜单中选择"编辑草图"或双击"草图1"，如图1-25中①、②所示。

2）单击"智能尺寸"图标按钮，选择小圆，在绘图区中任意位置单击鼠标，在弹出的"修改"对话框中输入圆直径18，单击"修改"对话框上方的✓，如图1-26中①~④所示。

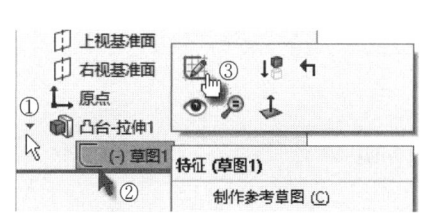

图1-25　启动编辑草图

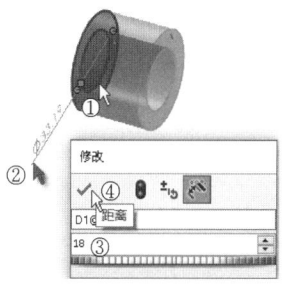

图1-26　修改小圆尺寸

3）用同样的方法修改大圆尺寸为"24"，单击"确定"图标按钮✔，如图1-27中①、②所示。单击"重建模型"图标按钮，如图1-27中③所示，结果如图1-27中④所示。

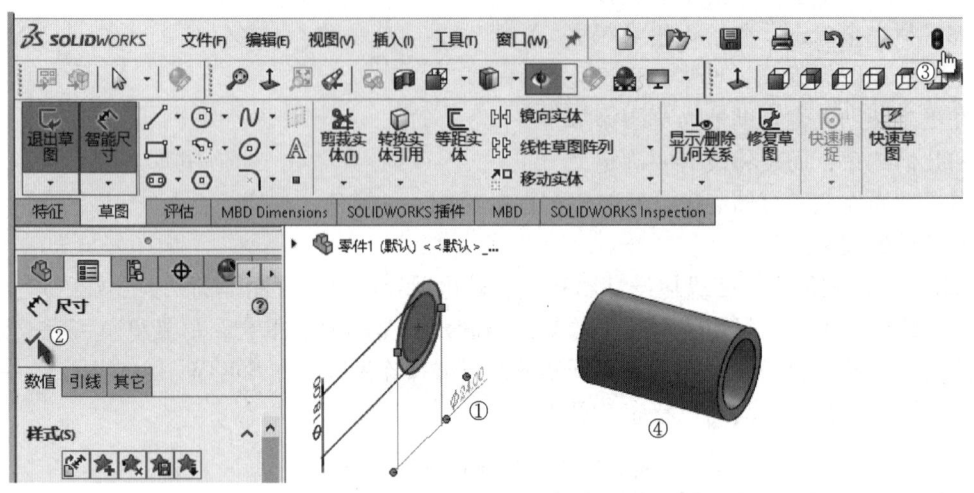

图1-27 修改大圆尺寸

4）单击▶ 凸台-拉伸1 特征前面的三角形按钮，双击"草图1"，如图1-28中①、②所示。单击"正视于"图标按钮，选择"草图1"的圆心点后按着鼠标左键不放将其拖动到"原点"，如图1-28中③~⑤所示。

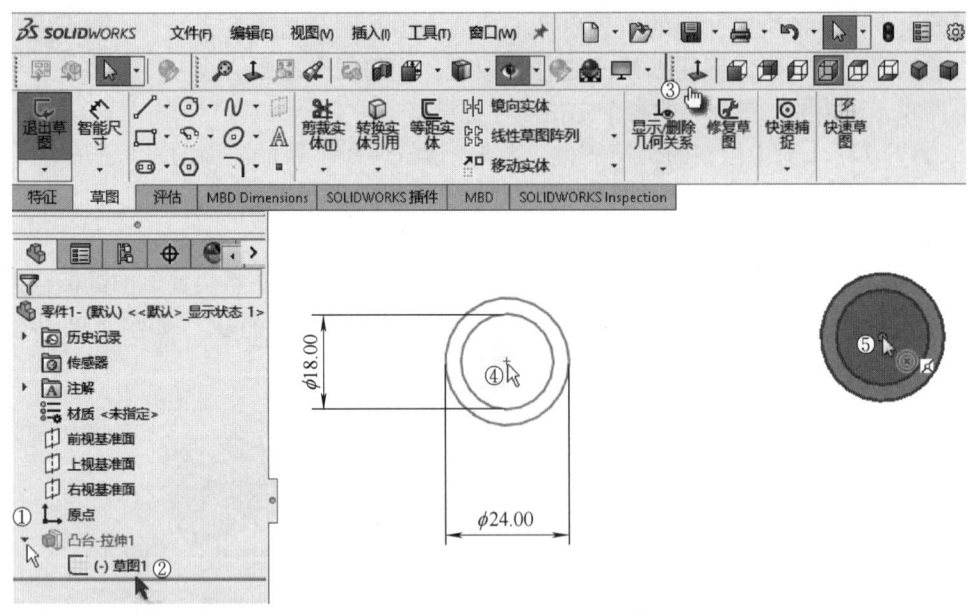

图1-28 移动圆

5）单击"等轴测"图标按钮或按组合键〈Ctrl+7〉，单击"重建模型"图标按钮，如图1-29中①、②所示，结果如图1-29中③所示。

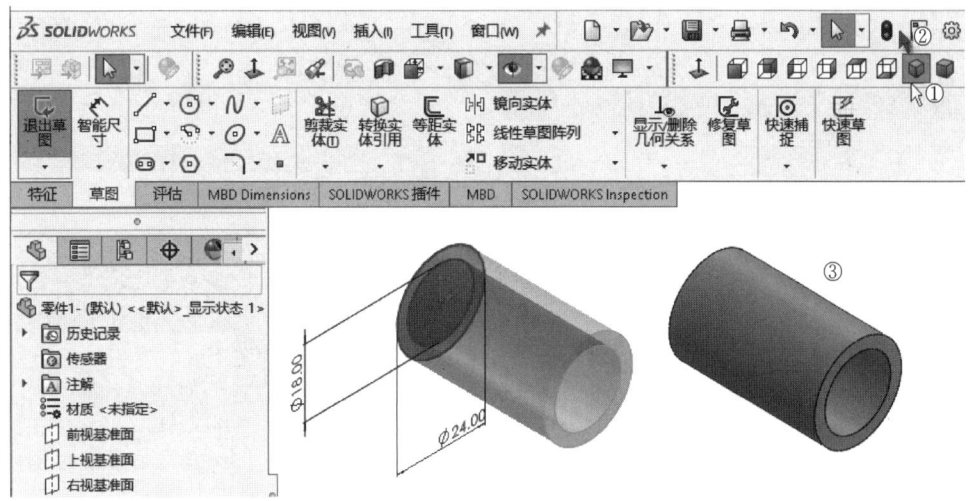

图 1-29 将圆全部约束

6）右击 凸台-拉伸1，在弹出的快捷菜单中选择"特征"，如图 1-30 中①、②所示。系统弹出"凸台-拉伸 1"属性管理器，在"方向 1"选项组的"终止条件"选择框中选择"两侧对称"，其他采用默认设置，如图 1-30 中③、④所示。最后单击"确定"按钮✓，如图 1-30 中⑤所示。

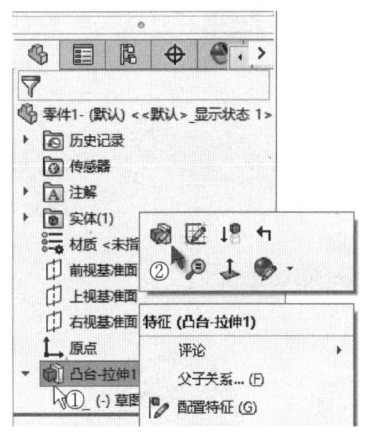 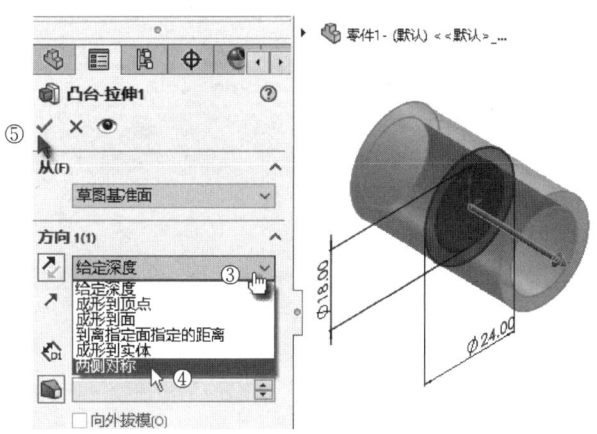

图 1-30 编辑特征

7）右击 前视基准面，单击"正视于"图标按钮，如图 1-31 中①、②所示。单击"草图"，单击"圆"图标按钮，如图 1-31 中③、④所示。单击系统"原点"作为圆心，在远离圆心处任意位置单击，如图 1-31 中⑤、⑥所示。单击"智能尺寸"图标按钮，如图 1-31 中⑦所示。选择刚绘制的圆，在绘图区中任意位置单击鼠标，在弹出的"修改"对话框中输入圆直径"18"，单击"修改"对话框上方的✓，如图 1-31 中⑧、⑨所示。

8）切换到"特征"面板，单击"切除拉伸"图标按钮，如图 1-32 中①、②所示。

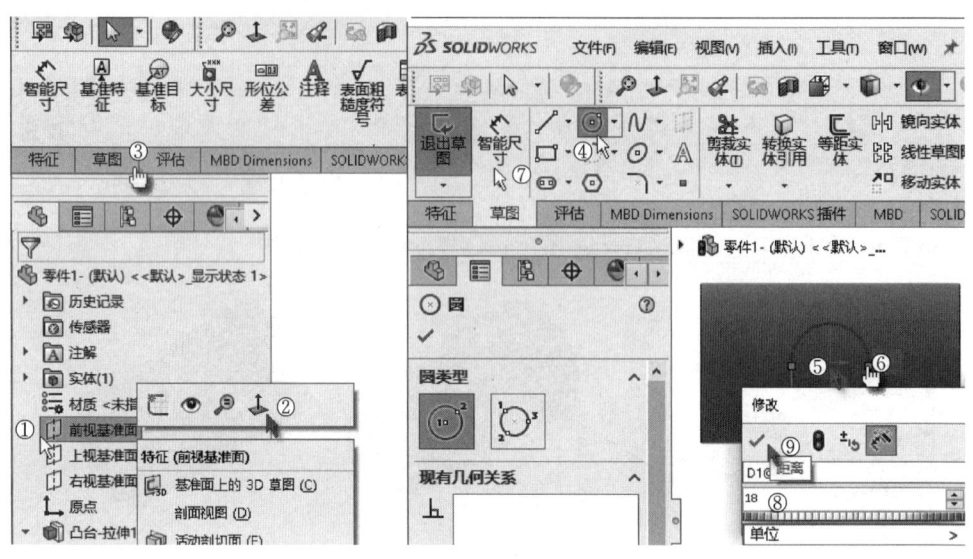

图 1-31　绘制圆

系统弹出"拉伸"属性管理器，在"方向 1"选项组的"终止条件"选择框中选择"两侧对称"，在"深度"文本框中输入"30.00mm"，如图 1-32 中③、④所示，其他采用默认设置。单击"确定"图标按钮完成切除拉伸操作，如图 1-32 中⑤所示。按快捷键〈Ctrl+7〉后结果如图 1-32 中⑥所示。

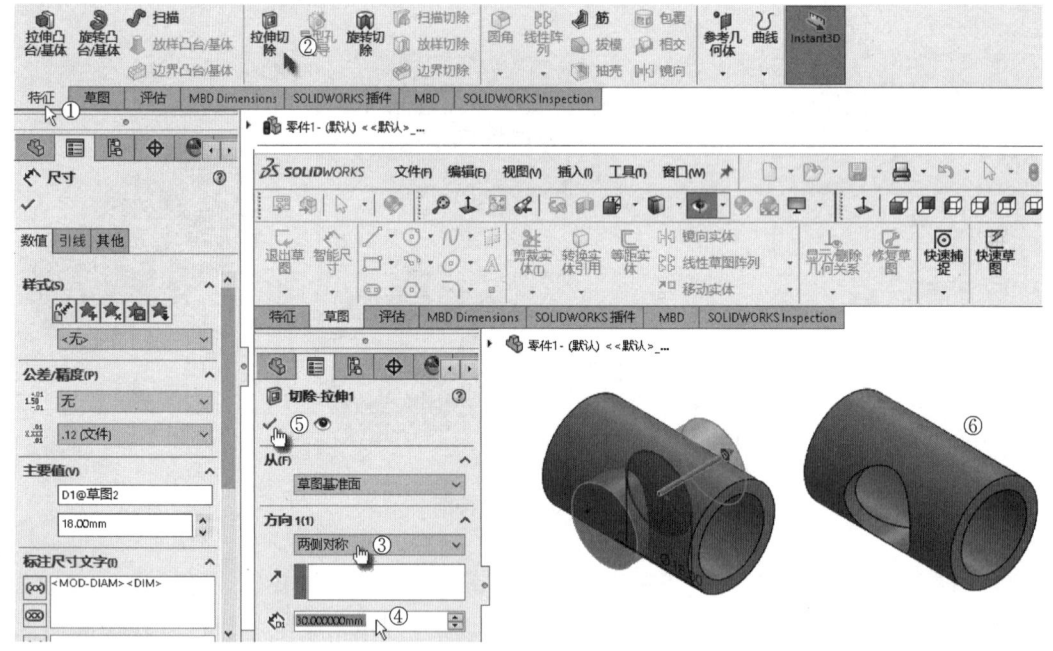

图 1-32　圆筒相贯

单击窗口最上方的"另存为"图标按钮，在"文件名"文本框中输入"零件 1-2.SLDPRT"，单击 保存(S) 按钮。

1.2.5 鼠标和快捷键

1. 鼠标

（1）鼠标左键

单击时用于选择对象、工具、菜单、图形区域中的实体，还可拖拽；双击则对操作对象进行属性管理。有时双击鼠标左键可退出当前状态（一般是退出草图绘制状态）。

（2）鼠标中键

1）旋转：按住中键，光标变为 ↻，移动鼠标可旋转画面。

2）平移：先按住〈Ctrl〉键，再按住中键，光标变为 ✥，移动鼠标可平移画面（待光标改变后，即激活了平移功能，此时松开〈Ctrl〉键即可）。

3）缩放：滚动中键即可缩放画面，向前滚动为缩小画面，向后滚动为放大画面（缩放画面是以鼠标指针位置为中心，因此要近距离观察目标时，尽量使鼠标指针置于目标位置处）。

4）居中并整屏显示：双击中键即可。

（3）鼠标右键

用于选择关联的快捷菜单、局部修改等操作。

2. 快捷键

SolidWorks 的快捷键和鼠标的操作与 Windows 操作系统基本相同，单击鼠标左键可以选择实体或取消选择实体，〈Ctrl〉键+单击可以选择多个实体或取消已经选择的实体，〈Ctrl〉键+拖动鼠标可以复制所选的实体，〈Shift〉键+拖动鼠标可以移动所选的实体。

常用的默认快捷键见表 1-3。

表 1-3 常用的默认快捷键

快捷键	功 能
〈Ctrl〉键+方向键	平移模型（或者〈Ctrl〉键+鼠标中键的移动）
旋转模型	
方向键	水平或竖直（或者按住鼠标中键移动）
〈Shift〉键+方向键	水平或竖直旋转 90°
〈Alt〉键+左或右方向键	顺时针或逆时针方向
显示模型	
〈Shift+Z〉	放大（或者鼠标中键向手心的方向滚动）
〈Z〉	缩小（或者鼠标中键向远离手心的方向滚动）
〈F〉	整屏显示全图
〈Ctrl+Shift+Z〉	上一视图
视图定向	
空格键	视图定向菜单
〈Ctrl+1〉	前视

(续)

快捷键	功　能
视图定向	
〈Ctrl+2〉	后视
〈Ctrl+3〉	左视
〈Ctrl+4〉	右视
〈Ctrl+5〉	上视
〈Ctrl+6〉	下视
〈Ctrl+7〉	等轴测
文件菜单项目	
〈Ctrl+N〉	新建文件
〈Ctrl+O〉	打开文件
〈Ctrl+W〉	从 Web 文件夹打开
〈Ctrl+S〉	保存
〈Ctrl+P〉	打印
额外快捷键	
〈F2〉	在 FeatureManager 设计树中重新命名一项目（对大部分项目适用）
〈F9〉	显示或关闭设计树
〈Ctrl+Tab〉	在打开的 SolidWorks 文件之间循环
〈A〉	直线到圆弧/圆弧到直线（草图绘制模式）
〈Ctrl+Z〉	撤销
〈Ctrl+X〉	剪切
〈Ctrl+C〉	复制
〈Ctrl+V〉	粘贴
〈Delete〉	删除

1.2.6　多窗口显示

SolidWorks 的界面可像 Windows 软件一样分割成多个不同的窗口显示。下面介绍实现多窗口显示模型的方法。

打开 1.1.1 节中生成的圆筒零件。单击菜单栏中的"窗口"→"视口"→"四视图"，如图 1-33 中①~④所示。分割后的各绘图窗口的视角方向及模型显示方式都各自独立，互不影响，可以分别设置不同的显示方式及观察方向。在某一窗口绘制的图形，将同时出现在各个窗口中。单击菜单栏中的"窗口"→"视口"→"单一视图"，如图 1-33 中⑤所示，系统回到刚打开圆筒零件时的状态。

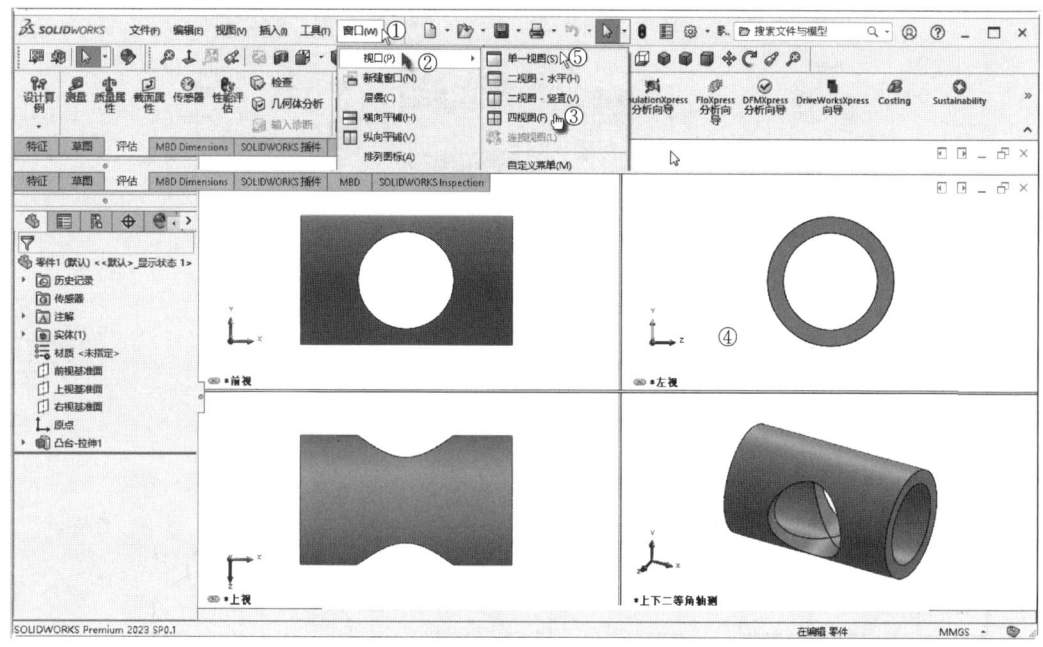

图 1-33 四视图窗口显示模型

1.3 模型显示

在 SolidWorks 中选择合适的方式显示几何模型是开展工作的重要环节。因此掌握和控制模型的显示方式是重要的操作任务。本节介绍模型基本操作的两个方面。

1）视图的显示控制，调整模型的显示形态。
2）模型的外观（上色与纹理）设定。

1.3.1 视图显示

1. 视图显示类型

单击窗口上方的"视图定向"图标按钮，弹出展开的各种视图的图标，如图 1-34 所示。当鼠标指针移到图标上时会弹出说明文本，一看就知道其含义，如"前视"、"后视"、"左视"、"右视"、"上视"、"下视"，含义如图 1-35 所示。其中还有"单一视图"、"二视图-水平"、"二视图-竖直"、"四视图"。三维立体图用"等轴测"、"上下二等角轴测"、"左右二等角轴测"来显示。SolidWorks 中的术语是按照第三视角的习惯定义的，与国家标准（即 GB）第一视角的叫法有些区别，例如，"前视"对应 GB 中的"主视"，"上视"对应"俯视"。

2. 正视于

必须先选取一个从该面的竖直方向观看的模型平面或基准面，"正视于"图标按钮才呈现可选状态。在视图定向中有一个"正视于"图标按钮，当选择模型的一个平面后，

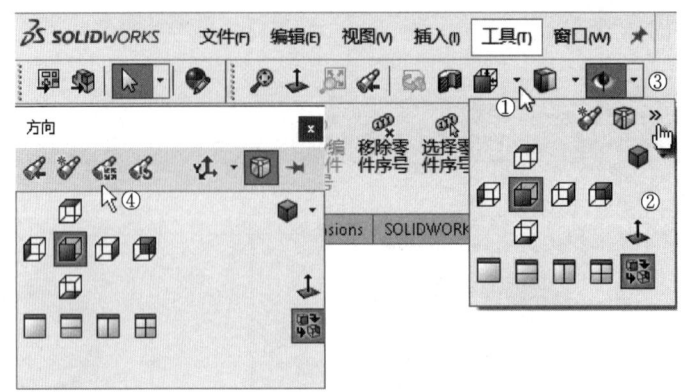

图 1-34　视图定向图标

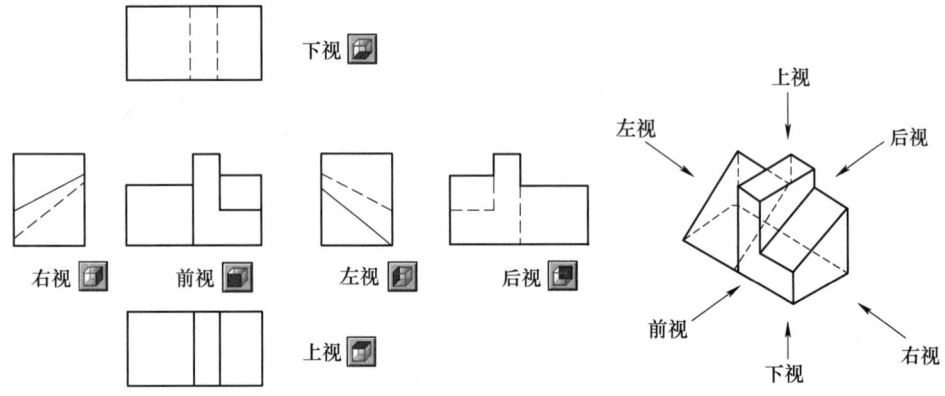

图 1-35　各视图的含义

单击"正视于"图标按钮，选中的模型平面就会调整为平行于屏幕而面向用户，用户可以从正面观察模型的平面；再单击一次"正视于"图标按钮，则变成从背面观察模型的平面，这是一个很方便的观察模型的命令。

📖 经验：选择模型表面后，第一次单击"正视于"图标按钮，将使该模型表面的正面面向用户，再次单击"正视于"图标按钮，将调整为模型表面的背面面向用户。

可以用"正视于"命令将模型定向显示，选择要定向模型的前视面和上视面，选择时按住〈Ctrl〉键，然后单击"正视于"按钮，系统将调整模型，以先选择的面为前视的方向，后选择的面为上视方向显示模型，如图 1-36 所示。

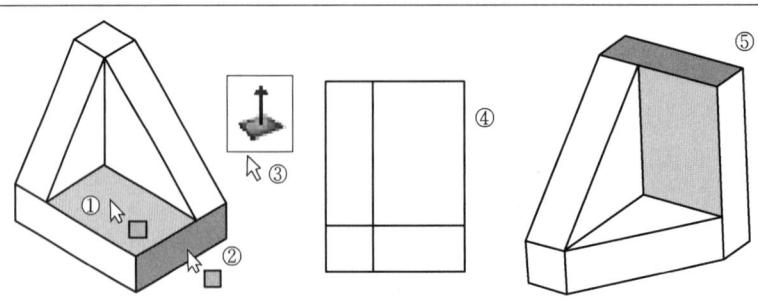

图 1-36　用"正视于"命令定向视图

3. 改变标准视图方向

在建好模型后，常常发现视图的方向不是所需要的方向，怎么改变这个标准视图方向，使其成为想要的视图方向？用"方向"对话框中的"更新标准视图"图标按钮可以达到这个目的。

视频 1-12 改变标准视图方向

1）重新打开 1.1.1 节生成的圆筒零件，拟将模型的"右视"方向改为"前视"方向。操作步骤为：单击选择圆筒的右端面，单击"正视于"图标按钮，如图 1-37 中①、②所示，结果如图 1-37 中③所示；按空格键，在弹出的"方向"对话框中将鼠标指针置于"更新标准视图"图标按钮上，系统弹出提示，单击"前视"图标按钮（不要双击），如图 1-37 中④、⑤所示；系统弹出"SolidWorks"对话框，单击 是(Y) 按钮，标准视图将对应于此视图并全部更新，单击"等轴测"或者按〈Ctrl+7〉组合键后可看到结果，如图 1-37 中⑥、⑦所示。单击窗口最上方的"另存为"按钮，在"文件名"文本框中输入"零件 1-2.SLDPRT"，单击 保存(S) 按钮。

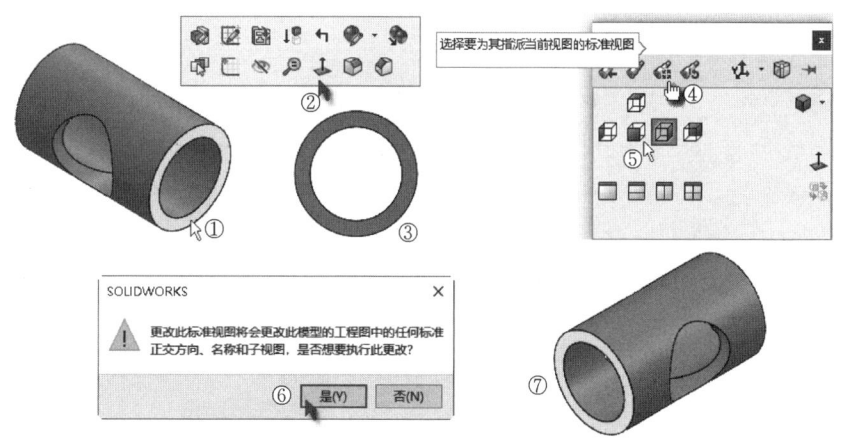

图 1-37 改变标准视图方向

2）按空格键，在弹出的"方向"对话框中单击"重设标准视图"图标按钮，弹出"SolidWorks"对话框，如图 1-38 所示。单击 是(Y) 按钮可以恢复默认设定，所有改变后的标准模型视图方向恢复为刚开始的默认设定，按〈Ctrl+7〉组合键后可看到结果。若单击 否(N) 按钮则关闭对话框而并不恢复默认设定。

图 1-38 重设标准视图方向

4. 视图调整

在建模过程中经常需要通过不同的角度或比例来观察模型，这就需要对视图进行不断的调整操作。在绘图区任意位置右击，系统弹出快捷菜单，如图 1-39 所示。选择"平移"，按住鼠标左键不放拖动鼠标，则模型随之平移，单击"选择"图标按钮或"重建模型"图标按钮可退出平移状态。"旋转"等操作与"平移"操作类似。

常用的调整视图的工具有：上一视图、整屏显示全图、局部放大、放大或缩小、旋转视图和平移。调整视图的工具及功能见表1-4。

表 1-4 调整视图的工具及功能

工具图标	名称	功能
	上一视图	显示上一视图
	整屏显示全图	在绘图区中整屏显示模型全图
	局部放大	放大鼠标指针拖动选取的范围，如单击左下角一点（按住鼠标左键不放），然后拖到右上角一点后放开鼠标，则矩形框内的模型被放大到全屏
	放大或缩小	动态缩放，按住鼠标左键向上，视图连续放大，向下连续缩小
	旋转视图	选择"旋转视图"图标按钮 后，按住鼠标左键不放拖动鼠标，则模型随之旋转
	平移	选择"平移"图标按钮 后，按住鼠标左键不放拖动鼠标，则模型随之平移

除了使用上述工具对视图进行操作，还可以利用鼠标加快捷键对视图进行操作。

5. 模型显示样式

单击绘图区上方的"显示样式"图标按钮，弹出展开的五种模型显示样式，如图1-40所示。

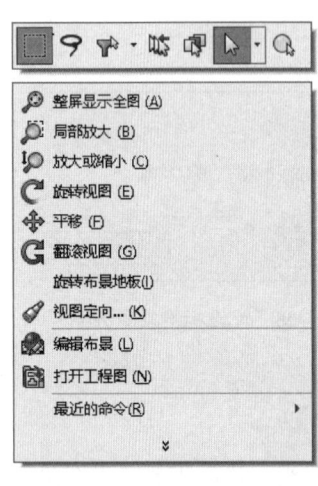

图 1-39 快捷菜单

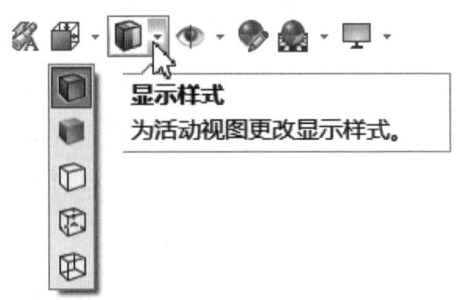

图 1-40 模型显示样式

模型显示样式及显示效果见表1-5。

第1章 SolidWorks基础

表 1-5 模型显示样式及显示效果

显示样式	显示效果	显示样式	显示效果
线架图 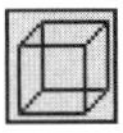	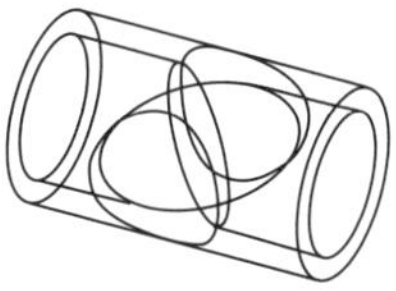	隐藏线可见 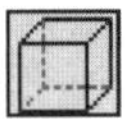	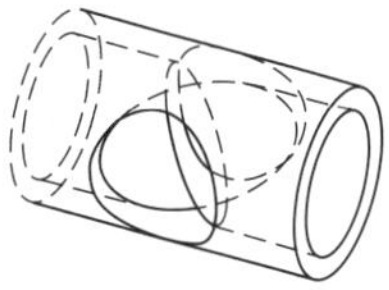
消除隐藏线 	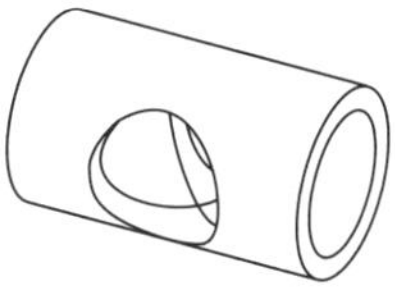	带边线上色 	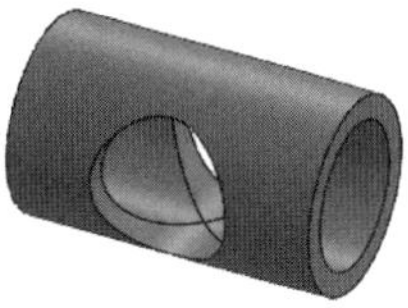
上色 	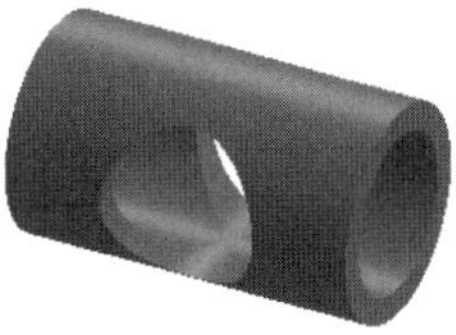		

1.3.2 模型编辑外观

1. 编辑颜色

在 SolidWorks 中可以单击"编辑外观"图标按钮 对模型整体或模型表面进行颜色和纹理编辑。

重新打开 1.1.1 节中生成的圆筒零件，单击绘图区上方的"编辑外观"图标按钮，在弹出的"color"属性管理器中，系统默认已经选择了"基本"选项，单击"颜色"旁边的方框，如图 1-41 中①、②所示。在弹出的"颜色"对话框中选择一种颜色，单击 确定 按钮，如图 1-41 中③、④所示。单击"确定"图标按钮 ，如图 1-41 中⑤所示，即可看到模型的颜色发生了变化，如图 1-41 中⑥所示。

2. 编辑图案

1）单击绘图区上方的"编辑外观"图标按钮，在弹出的"color"属性管理器中，选择"高级"选项，如图 1-42 中①所示。此时系统默认选择中了"颜色/图象"⊖，还可以对"照明度""表面粗糙度"等进行编辑。在"外观"选项组中单击 浏览(B)... 按钮，如图 1-42 中②所示。

2）系统弹出"打开"对话框，找到软件中材料的安装位置，如 C:\Program Files \ SOLIDWORKS Corp \ SOLIDWORKS \ data \ graphics \ Materials，如图 1-43 中①所示。双击"Glass"，双击"gloss"，如图 1-43 中②所示。选择"blue glass.p2m"，单击 打开 按钮，如图 1-43 中③、④所示。

3）单击"确定"图标按钮 ，结果如图 1-44 所示。

⊖ 因软件汉化原因，此处实为"图像"。

注意：对模型进行纹理的设定，只是改变了模型的外观，模型的材料属性并没有改变，要设置模型的材料属性，需通过特征树中的材质节点来设置。

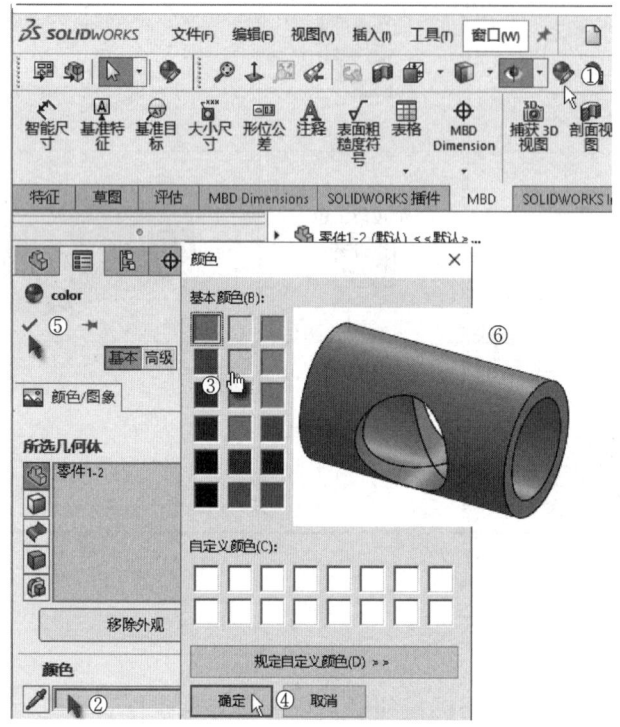

图 1-41　编辑颜色

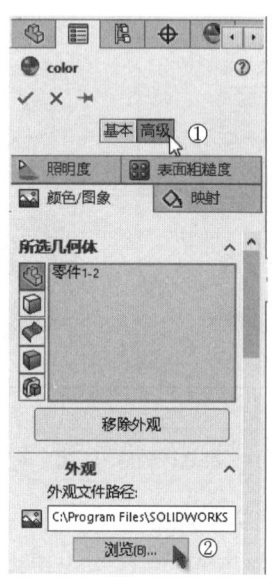

图 1-42　选择模型外观中的"高级"选项

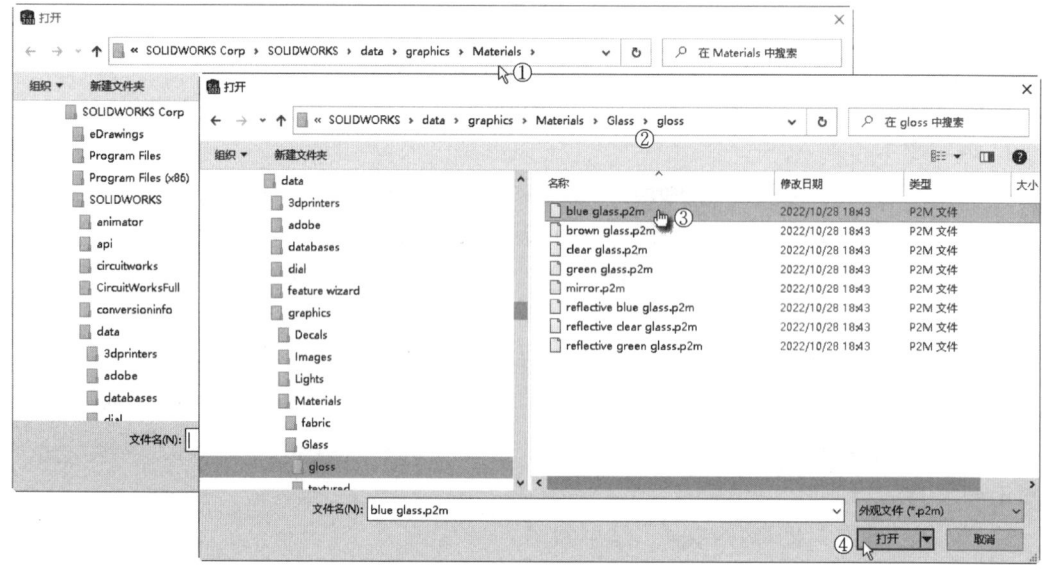

图 1-43　查找外观图像文件

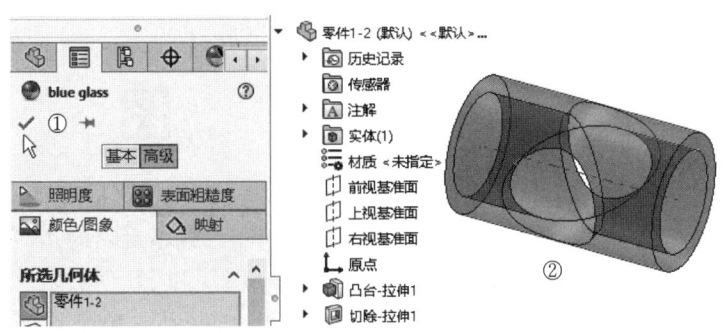

图 1-44　对模型赋予纹理

1.4　思考与练习

1. 启动 SolidWorks，熟悉系统操作界面及各部分的功能。打开零件 1-2.SLDPR，右击 切除-拉伸1，在弹出的快捷菜单中选择"删除"，系统弹出"确认删除"对话框，勾选"删除内含特征"，单击 是(M) 按钮，如图 1-45 中①~④所示，结果如图 1-45 中⑤所示。将直径尺寸改为 10.5mm 和 20mm，拉伸厚度为 2mm（GB/T 97.1—2002），得到如图 1-46 中①所示的模型。

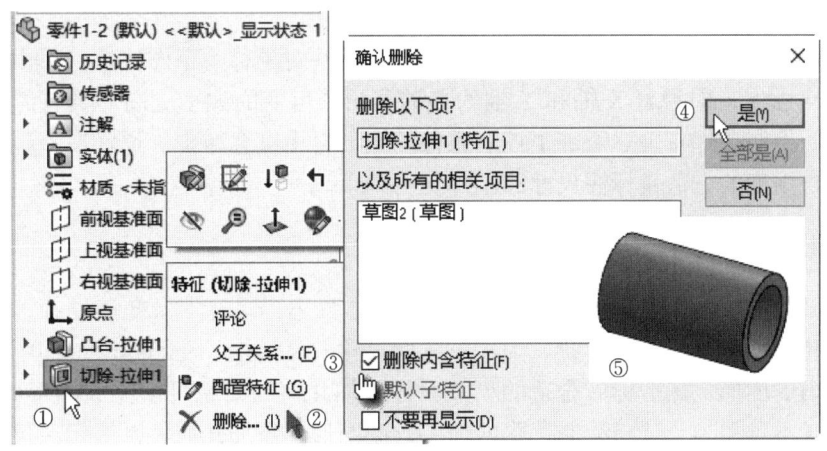

图 1-45　删除模型

2. 单击窗口最上方的"另存为"按钮，在"文件名"文本框中输入"垫圈.SLDPRT"，单击 保存(S) 按钮。用视图定向命令将模型的"右视"方向改变为模型的"前视"方向，如图 1-46 中②所示。

3. 单击"显示样式"中的各个图标按钮，体会每个图标按钮的含义。

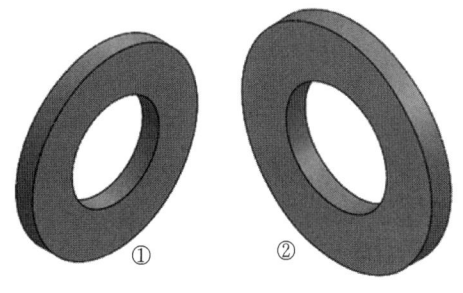

图 1-46　修改模型

第 2 章 草 图

草图是由点、直线、圆弧等基本几何元素构成的封闭的或不封闭的几何形状。草图中包括形状、几何关系和尺寸标注三方面的信息。草图分为 2D 和 3D 两种。大部分 SolidWorks 的特征创建都是从 2D 草图绘制开始的。草图是三维设计的基础，必须十分熟练地掌握。

2.1 绘制草图的基本知识

在介绍具体的草图绘制方法之前，先对草图绘制的基本概念进行必要的说明，对草图绘制中要用到的专门术语进行解释。这样有利于读者领会、快速掌握草图绘制知识。

2.1.1 草图的自由度

在机械类产品中，基本构架支承运动部件，运动部件实现产品功能。运动和固定的主要知识基础是约束度和自由度。约束度与自由度是相对的概念，一个物体的约束度与自由度之和等于 6。完全自由的空间物体有 6 个方向的自由度，即 3 个坐标方向的移动自由度和围绕 3 个坐标轴的旋转自由度。

通常在平面上绘制直线、矩形、圆弧等，可将这些对象称为草图实体。平面上的草图实体只有 3 个自由度，即沿着 X 轴和 Y 轴的移动及图形可变的大小。图形具有的自由度与对图形所附加的控制条件有关。添加了控制条件的图形自由度会减少。通常在参数化软件中用以限制图形自由度的方法是标注尺寸和添加几何约束。

2.1.2 草图绘制过程

SolidWorks 中的草图绘制极为方便快捷，支持参数化，同时支持变量设计，从而可以通过几何关系和尺寸来改变草图形状。为了发挥变量化的灵活性，在 SolidWorks 中只需绘制出尺寸大致相当的图形，然后标注合适的尺寸，再添加几何约束就可以完成图形的精确设定。草图绘制的基本过程为：选择绘制草图的面→绘制图形→添加几何关系→标注尺寸→检查草图合法性→修复草图，如图 2-1 中①～⑥所示。如果模型简单或者是熟练的高手，常常会省去第⑤步和第⑥步。

绘制一个矩形的过程如下。

（1）新建文件

启动 SolidWorks 后，单击窗口最上方的"新建"图标按钮 或者按组合键〈Ctrl+N〉，在弹出的"新建 SolidWorks 文件"对话框中选择"零件" ，单击 确定 按钮完成新文件创建的操作。

（2）指定草图绘制平面

SolidWorks 提供了一个初始的绘图参考体系，包括 1 个原点和 3 个坐标平面。对于新建的零件，可以利用 3 个基准平面中的任意一个作为草图绘制的参考平面。在建模过程中还有

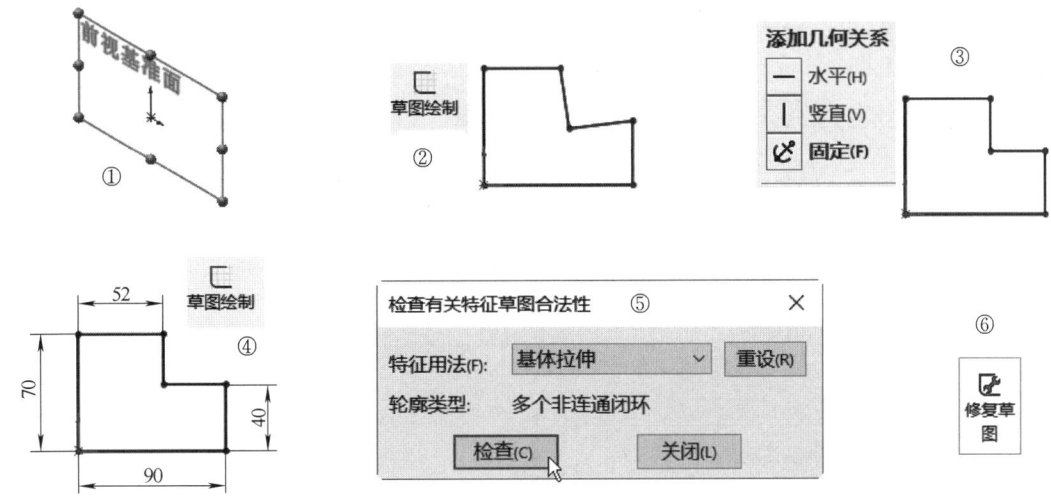

图 2-1　绘制草图的步骤

3 种方法可以作为草图绘制基准平面：一是已有模型的平面；二是创建出的基准平面；三是拉伸出来的直线平面。

（3）单击"草图"切换到"草图"面板

单击"草图绘制"图标按钮，如图 2-2 中①、②所示。系统提示选择绘制草图基准平面，单击"取消"按钮，如图 2-2 中③、④所示。选择 前视基准面，单击"正视于"图标按钮，即进入草图绘制界面，如图 2-2 中⑤、⑥所示。

（4）绘制草图几何形状

SolidWorks 提供了非常实用的草图实体绘制工具和草图实体编辑工具，这些工具集中于"草图"面板中。绘制时可以用"草图"工具栏中的工具绘制，也可以用"命令管理器工具栏"中的"草图"工具绘制。

初始环境中的坐标原点在草图绘制环境下显示为红色，可作为草图绘制的原点。

单击"边角矩形"图标按钮，如图 2-3 中①所示。SolidWorks 为草图绘制过程提供了许多智能化、直观的反馈信息。当鼠标指针在绘图区中移动时，鼠标

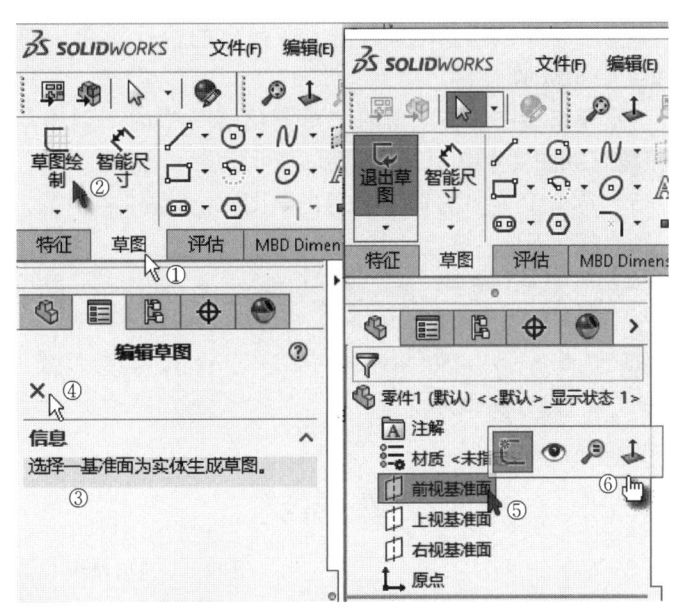

图 2-2　选择绘制草图基准平面

指针变成 形状，单击原点来确定矩形的第一个角点，随着鼠标的拖动，在鼠标指针旁边显示出矩形的尺寸，单击确定矩形的另一角点，如图 2-3 中②、③所示。单击"确定"图标按钮。

SolidWorks 2023 基础教程

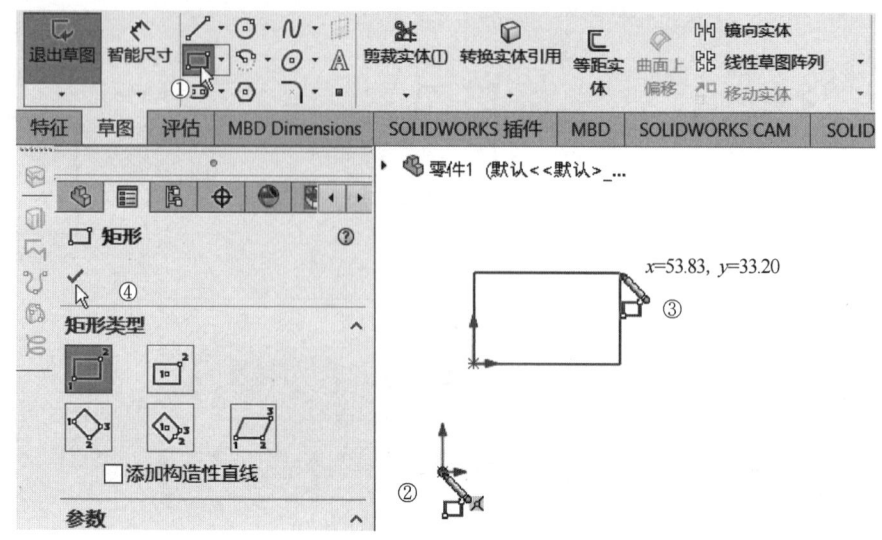

图 2-3 绘制矩形

（5）保存文件

单击窗口最上方的"保存"图标按钮 或者按组合键〈Ctrl+S〉，保存文件。

（6）结束草图绘制

草图绘制完毕后，结束草图绘制的方式如下。

1）单击"退出草图"图标按钮 ，如图 2-4 中①所示。

2）单击"选择"图标按钮 或"重建模型"图标按钮 ，如图 2-4 中②、③所示。

3）在绘图区任意位置右击，在弹出的快捷菜单中单击"退出草图"图标按钮 ，如图 2-4 中④所示。

4）单击绘图区右上角的"草图角落"中的"退出草图"图标按钮 或"取消"图标按钮 ，如图 2-4 中⑤、⑥所示。

5）单击菜单"插入"→"退出草图"，如图 2-4 中⑦、⑧所示。

6）按〈Esc〉键。

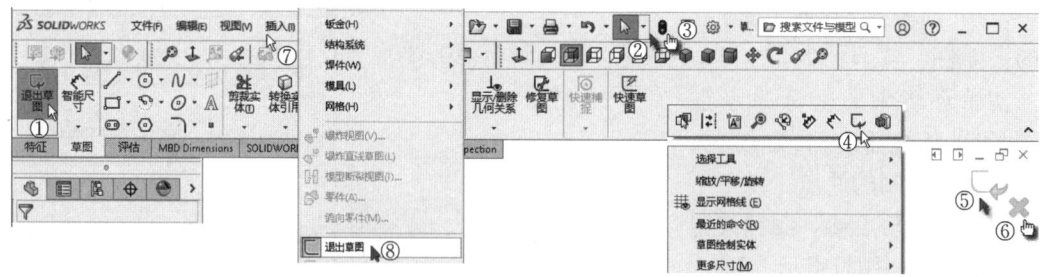

图 2-4 退出草图

2.1.3 草图对象的选择和删除草图实体

1. 草图对象的选择

选择是 SolidWorks 默认的工作状态，草图环境也不例外。进入草图绘制环境后，"选择"图标按钮处于激活状态（按下状态），鼠标指针形状为，只有在选择其他命令后，"选择"按钮才暂时关闭。

（1）选择预览

当鼠标指针接近被选择的对象时，该选择对象改变颜色，说明鼠标已拾取到对象，这种功能称为选择预览。此时单击就可以选中对象，选中后对象会变为另一种颜色，说明此对象已被选中。当选择不同类型的对象时，鼠标指针会显示出不同的形状。表2-1列举了草图实体对象类型与鼠标指针的对应关系。

表 2-1 草图实体对象类型与鼠标指针的对应关系

选择对象类型	鼠 标 指 针	选择对象类型	鼠 标 指 针
直线		抛物线	
端点		样条曲线	
面		圆和圆弧	
椭圆		点和原点	
基准面		草图文字	

（2）选择多个操作对象

很多操作需要同时选择多个对象，可以采用如下两种选择方法。

1）按住〈Ctrl〉键不放，依次选择多个草图实体。

2）按住鼠标左键不放，拖曳出一个矩形，矩形所包围的草图实体都将被选中。

第一种方法的可控性较强，而第二种方法更为快捷。若要取消已经选择的对象，使其恢复到未选择状态，同样可以在按住〈Ctrl〉键的同时再次选择要取消的对象。

注意：框选选择对象时，根据鼠标指针的拖动方向可分为两种情况：①由左向右拖动鼠标框选草图实体，选择框显示为实线，框选的草图实体只有完全被框选住才能被选中，如图2-5中①~③所示；②由右向左拖动鼠标框选草图实体，选择框显示为虚线，只要草图实体有部分在选择框内，该草图实体即被选中，如图2-5中④~⑦所示。

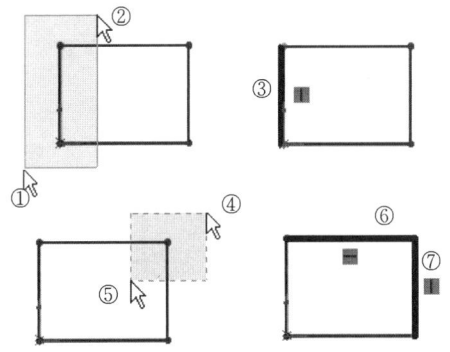

图 2-5 不同框选方向的不同结果

2. 删除草图实体的三种方法

1）选取草图实体，右击，从弹出的快捷菜单中选择"删除"命令，如图2-6中①、②所示。结果如图2-6中③所示。

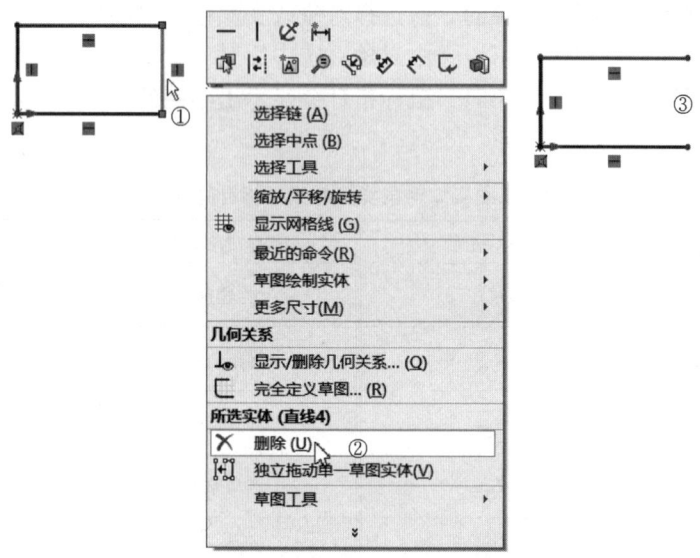

图2-6 从快捷菜单中删除草图实体

2）选取实体，按〈Delete〉键，可直接删除。

3）单击"草图"面板中的"剪裁实体"图标按钮，从弹出的"剪裁"属性管理器中选择最后一项"剪裁到最近端"，如图2-7中①、②所示。选中要删除的实体，如图2-7中③所示，结果如图2-7中④所示。单击"确定"图标按钮，如图2-7中⑤所示。

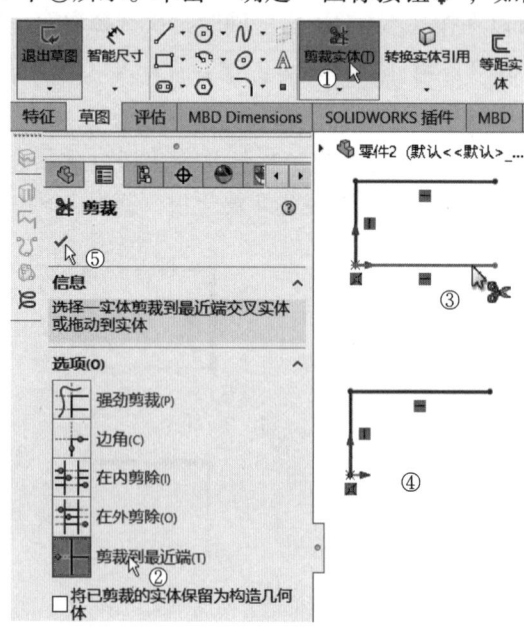

图2-7 删除草图实体

2.2 草图绘制工具

2.2.1 直线和直线转到圆弧

绘制一个由直线组成的草图的过程如下。

（1）新建文件

启动 SolidWorks 后，单击窗口最上方的"新建"图标按钮 或者按组合键〈Ctrl+N〉，在弹出的"新建 SolidWorks 文件"对话框中选择"零件"，单击 确定 按钮完成新文件创建的操作。

（2）指定草图绘制平面

选择 前视基准面，单击"正视于"图标按钮 ，单击"草图"面板，单击"草图绘制"图标按钮 。

（3）绘制草图几何形状

单击"直线"图标按钮 ，如图 2-8 中①所示。窗口左侧弹出"插入线条"属性管理器，鼠标指针变为 ，在绘图区移动鼠标指针到原点后单击确定起点（注意一定要出现锁点图标 后再单击才能保证选到原点），松开鼠标后水平移动鼠标指针到另一位置后单击（注意一定要出现锁点图标 后再单击才能保证绘出的是水平线），松开鼠标后向上移动鼠标指针到另一位置后再次单击（注意一定要出现锁点图标 后再单击才能保证绘出的是竖直线），如图 2-8 中②~④所示。松开鼠标后向左下方移动鼠标指针到另一位置后单击，松开

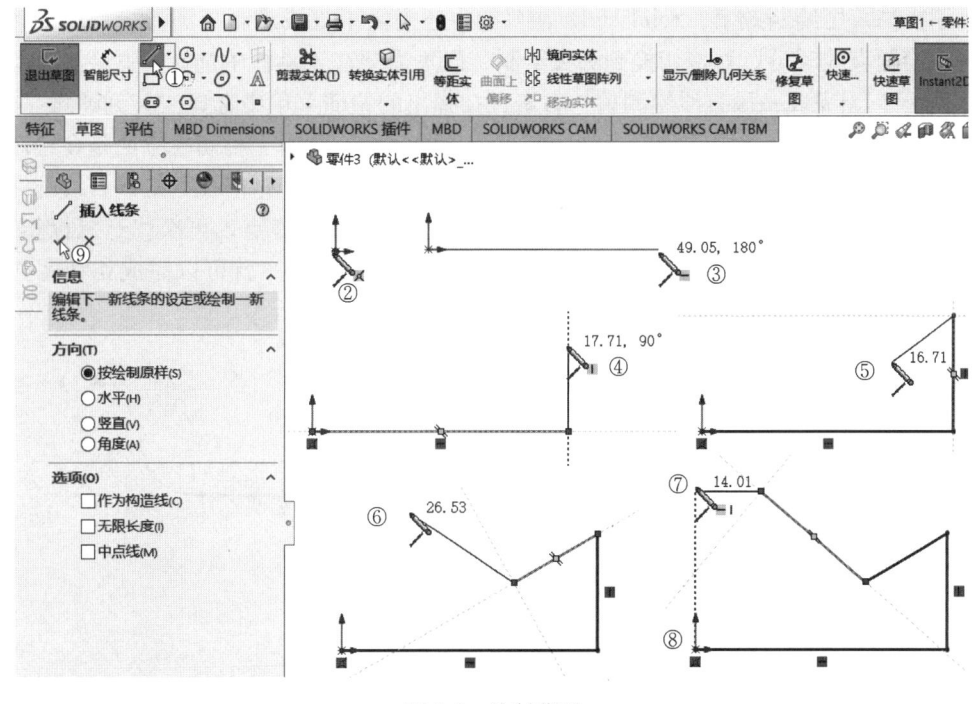

图 2-8 绘制草图

鼠标后向左上方移动鼠标指针到另一位置后再次单击，如图2-8中⑤、⑥所示。向左移动鼠标指针画出一条水平线，向下移动鼠标指针画出一条竖直线，如图2-8中⑦、⑧所示。按〈Esc〉键结束绘制直线，单击"确定"图标按钮，如图2-8中⑨所示，关闭"插入线条"属性管理器。

（4）保存文件

单击窗口最上方的"保存"图标按钮，保存文件。

（5）线条属性

选择刚绘制的最下方的水平直线，如图2-9中①所示。在系统弹出的"线条属性"属性管理器中显示各种控制直线的选项，如呈现直线的各种几何约束状态，如图2-9中②所示，以及直线的角度和长度参数、直线的额外参数。还可以为直线设置水平、竖直、固定等几何关系，也可以将直线转换为构造线，如图2-9中③、④所示，或者将直线设为无限长度的线条。

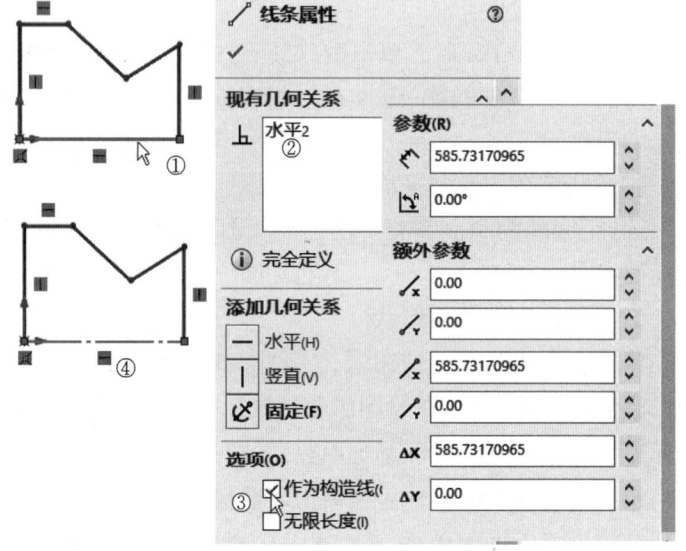

图2-9 "线条属性"属性管理器

（6）直线转到圆弧绘制

为了提高草图绘制效率，SolidWorks在草图中还提供了直线绘制与圆弧绘制自动转换的技术。在绘制直线时可以直接切换到圆弧绘制，而不需要在工具栏中选择圆弧绘制工具。如图2-10所示，当完成一段直线绘制后，右击，在弹出的快捷菜单中选择"转到圆弧"命令，再移动鼠标指针，在合适的位置单击就绘制出一条圆弧线。还有一种切换方法是在绘制一条直线后，先将鼠标指针移动到其他位置，与直线相隔一段距离，这时在已绘制直线的终点与鼠标指针之间存在一条橡皮筋线，将鼠标指针移回上段直线的终点，再次移开鼠标指针后，可以发现已经处于相切圆弧的绘制方式了，在合适的位置单击，就可以完成相切圆弧的绘

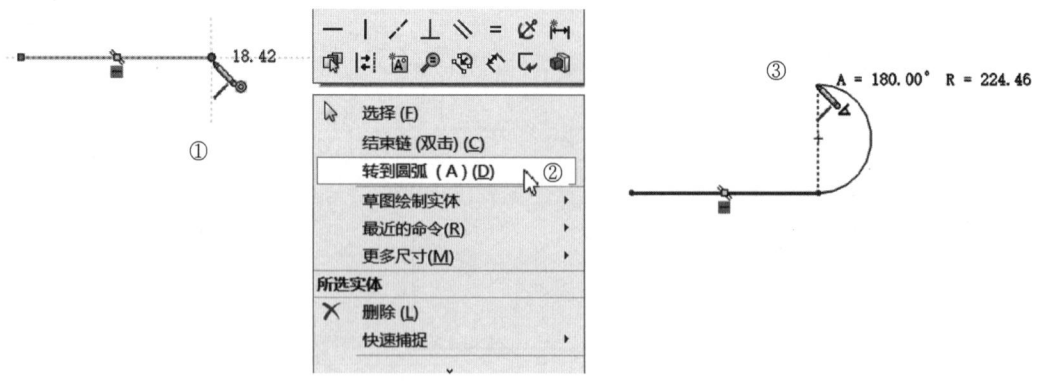

图2-10 直线转到圆弧绘制的第1种方法

制,如图2-11所示。在转换为圆弧绘制方式后,用同样的方法还可以转回到直线绘制方式。

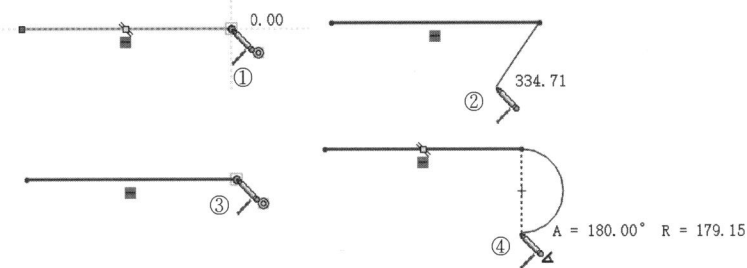

图2-11 直线转到圆弧绘制的第2种方法

2.2.2 常用草图绘制工具

常用草图工具的使用方法见表2-2。

表2-2 常用草图工具的使用方法

草图工具	几何图形	鼠标指针	绘制步骤	绘制方法
■	点		单击	单击"草图"绘制工具栏上的"点"图标按钮 ■ 或单击菜单"工具"→"草图绘制实体"→"点",在绘图区单击以放置点
╱	直线			单击"草图"绘制工具栏上的"直线"图标按钮 ╱ 或单击菜单"工具"→"草图绘制实体"→"直线",在绘图区单击,确定方向和长度
⋯	中心线			用法同直线一样。中心线不能用于建立特征,可用于定位、制作对称的草图实体、镜像草图和旋转轴等辅助线
⊙	圆		R=139.36	单击"草图"绘制工具栏上的"圆"图标按钮 ⊙ 或单击菜单"工具"→"草图绘制实体"→"圆",在绘图区单击确定圆心,拖动或移动指针来设定半径
⌒	圆心/起/终点画弧		R=176.57	单击"草图"绘制工具栏上的"圆心/起/终点画弧"图标按钮 ⌒ 或单击菜单"工具"→"草图绘制实体"→"圆心/起/终点画弧"。在绘图区单击确定圆弧圆心,移动鼠标指针到圆弧开始点的位置单击,拖动鼠标至圆弧的终点单击
⌒	切线弧			单击"草图"绘制工具栏上的"切线弧"图标按钮 ⌒ 或单击菜单"工具"→"草图绘制实体"→"切线弧"。在直线、圆弧、椭圆或样条曲线的端点处单击,拖动鼠标到圆弧的终点单击

(续)

草图工具	几何图形	鼠标指针	绘制步骤	绘制方法
	三点圆弧			单击"草图"绘制工具栏上的"三点圆弧"图标按钮 或单击菜单"工具"→"草图绘制实体"→"三点圆弧"。单击圆弧的起点位置，再单击圆弧的结束位置，拖动鼠标确定圆弧的半径再单击
	矩形			单击"草图"绘制工具栏上的"边角矩形"图标按钮 或单击菜单"工具"→"草图绘制实体"→"边角矩形"。单击确定矩形的第一个角点，拖动鼠标单击确定矩形的另一角点
	平行四边形			单击"草图"绘制工具栏上的"平行四边形"图标按钮 或单击菜单"工具"→"草图绘制实体"→"平行四边形"。单击确定平行四边形的第一个角点，拖动鼠标确定平行四边形一边的方向，单击确定边长，拖动鼠标确定另一边方向，单击确定边长
	多边形			单击"草图"绘制工具栏上的"多边形"图标按钮 或单击菜单"工具"→"草图绘制实体"→"多边形"。在特征管理器中为边数 指定数值，单击绘图区以定位多边形中心，然后拖动鼠标确定多边形内切圆或外接圆半径
	部分椭圆			单击"草图"绘制工具栏上的"部分椭圆"图标按钮 或单击菜单"工具"→"草图绘制实体"→"部分椭圆"。单击绘图区以放置椭圆的中心，拖动鼠标一段距离并单击以定义椭圆的一个轴，再拖动鼠标一段距离并单击以定义第二个轴。绕圆周拖动指针以定义椭圆的范围，然后单击以完成椭圆的绘制
	椭圆			单击"草图"绘制工具栏上的"椭圆"图标按钮 或单击菜单"工具"→"草图绘制实体"→"椭圆"。单击绘图区来放置椭圆中心，拖动鼠标一段距离并单击以设定椭圆的长轴，再拖动鼠标一段距离并再次单击以设定椭圆的短轴

（续）

草图工具	几何图形	鼠标指针	绘制步骤	绘制方法
 ∪	抛物线		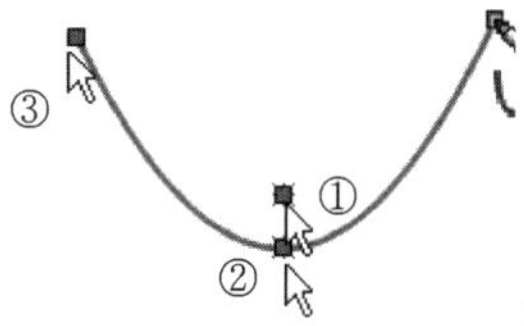	单击"草图"绘制工具栏上的"抛物线"图标按钮∪或单击菜单"工具"→"草图绘制实体"→"抛物线"。单击第1点，确定抛物线的中心点；单击第2点，确定其焦距；单击第3点，确定其起始点；单击第4点，确定其终止点
 A	文字			单击"草图"绘制工具栏上的"文字"图标按钮A或单击菜单"工具"→"草图绘制实体"→"文字"。选择一条曲线作为路径，其名称出现在"曲线"∪列表框中，在"文字"文本框中输入文字，编辑文字属性，单击图标按钮✔
 N	样条曲线		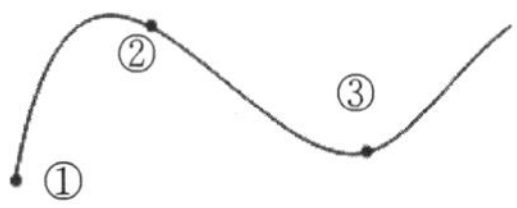	单击"草图"绘制工具栏上的"样条曲线"图标按钮N或单击菜单"工具"→"草图绘制实体"→"样条曲线"。单击起始点，向上拖动鼠标一段距离单击，向下拖动鼠标一段距离单击，向上拖动鼠标一段距离双击
	草图图片		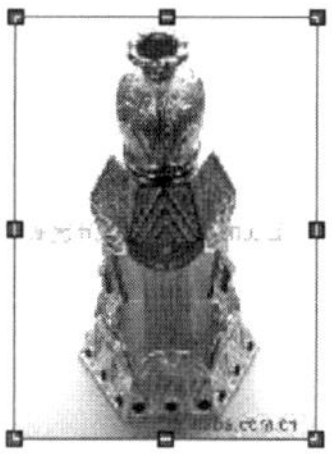	单击"草图"绘制工具栏上的"草图图片"图标按钮或单击菜单"工具"→"草图绘制工具"→"草图图片"，在弹出的"打开"对话框中找到需要的图片，单击"打开"按钮

2.2.3 草图几何约束

在 SolidWorks 中可以通过尺寸和几何约束来共同完成草图的约束定义。为草图添加几何关系可以很容易地控制草图形状、表达造型与设计意图。草图中的几何实体之间的几何约束类型见表 2-3。

表 2-3 草图实体之间的几何约束类型

几何实体	点	直线	圆或圆弧
点	水平、竖直、重合	中点、重合	同心、重合
直线	中点、重合	水平、竖直、平行、垂直、相等、共线	相切
圆或圆弧	重合、同心	相切	全等、相切、同心、相等

1. 建立几何约束

1）单击"草图"面板上的"显示/删除几何关系"图标按钮下的按钮 ▼，从弹出的菜单中选择"添加几何关系"图标按钮 ⊥，如图 2-12 中①、②所示。或者单击菜单"工具"→"几何关系"→"添加"。

2）系统弹出"添加几何关系"属性管理器，在绘图区中选择要添加几何关系的草图实体，如图 2-12 中③所示。

3）在"添加几何关系"属性管理器中选择"水平"约束，如图 2-12 中④所示。

4）单击"确定"图标按钮 ✓，如图 2-12 中⑤所示，结果如图 2-12 中⑥所示。

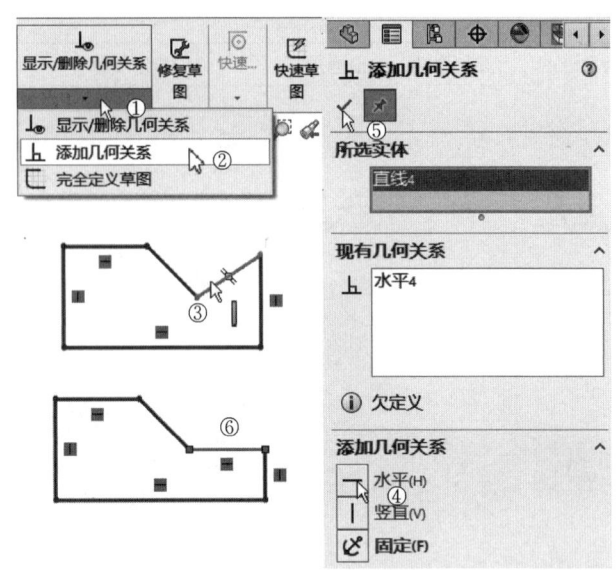

图 2-12　添加水平几何约束

注意：在为直线建立几何关系时，此几何关系相对于无限长的直线，而不仅仅是相对于草图线段或实际边线。因此，在希望一些项目互相接触时，它们可能实际上并未接触到。同样，当生成圆弧或椭圆段的几何关系时，几何关系是对于整圆或椭圆的。

如果为不在草图基准面上的项目建立几何关系，则所产生的几何关系应用于此项目在草图基准面上的投影。

5）在绘图区中选择要添加几何关系的草图实体，单击"添加几何关系"图标按钮 ⊥，如图 2-13 中①、②所示。

6）在"添加几何关系"属性管理器中选择"竖直"约束，单击"确定"图标按钮 ✓，结果如图 2-13 中③~⑤所示。

2. 自动给定几何关系

自动给定几何关系是指在绘制图形的过程中，控制其相关位置，系统会自动赋予其几何意义，不需要用户再利用添加几何关系的方式给予图形几何限制。这样可免去用户对每个绘制的像素添加几何关系的动作。系统默认的状态是自动给定几何关系，只要在绘图时按住〈Ctrl〉键，系统将不再产生自动约束。

在绘制水平线的过程中，若笔形

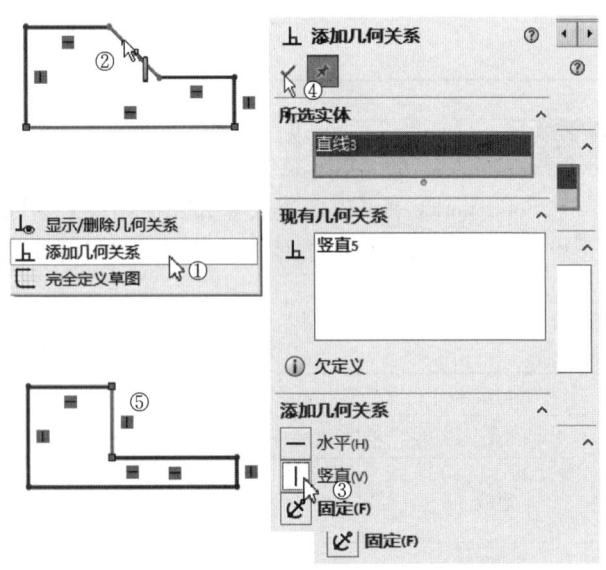

图 2-13　添加竖直几何约束

光标的右下方有锁点图标━，表示系统会自动给该直线赋予一个水平的约束，这样该直线就被限制成为一水平线。绘制完成后在"线条属性"属性管理器中的"现有几何关系"列表框中会出现"水平"的几何关系，如图2-14中①、②所示。

如果取消"自动几何关系"，则在绘图过程中没有锁点图标━，绘制时系统并未真正赋予草图几何关系，如图2-14中③所示。

3. 清除草图几何关系

系统默认的状态是显示草图几何关系，如图2-15中①所示。当草图很复杂时，会显得比较乱，清除草图上的几何关系的过程是：在窗口最上方的菜单栏中单击"视图"→"隐藏/显示"→"草图几何关系"，如图2-15中②~④所示。结果如图2-15中⑤所示。

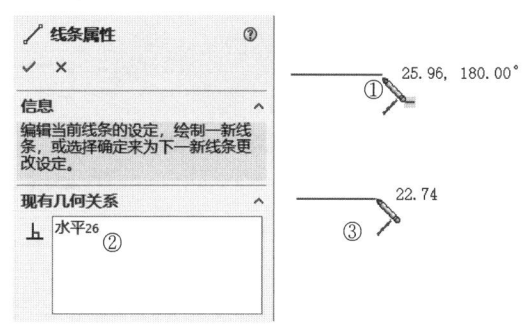

图2-14　水平自动约束

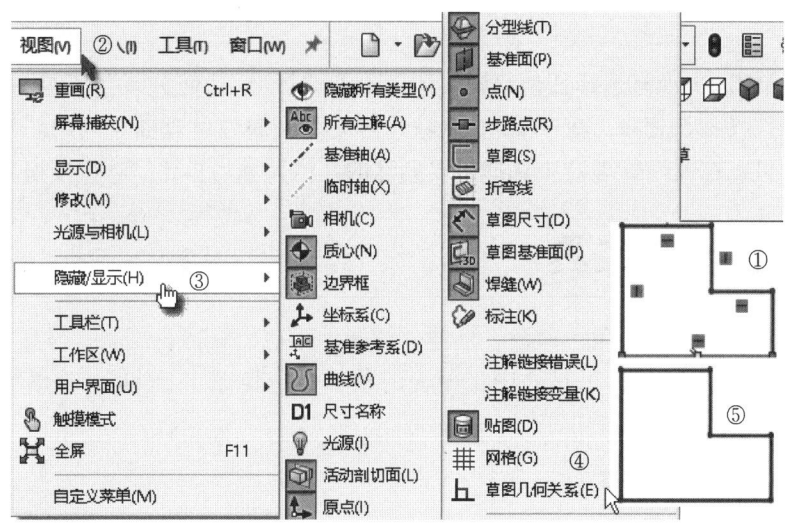

图2-15　清除草图上的几何关系

4. 显示和删除几何关系

1）在绘图区中选择某一个草图实体，如图2-16中①所示。单击"草图"面板上的"显示/删除几何关系"图标按钮┺或者单击菜单"工具"→"关系"→"显示/删除"，在"显示/删除几何关系"属性管理器中列出了选中草图实体的几何关系，如图2-16中②、③所示。

2）选中该几何关系，然后单击 删除 按钮，如图2-16中④、⑤所示。

3）单击"确定"图标按钮✓完成删除几何关系操作，如图2-16中⑥所示。为了验证确实不存在水平约束了，可以在绘图区中选择角点后按住鼠标左键不放进行拖动，结果如图2-16中⑦所示。

4）连续单击窗口最上方的"撤销"图标按钮↶或者按组合键〈Ctrl+Z〉，可依次取消上一步的操作。

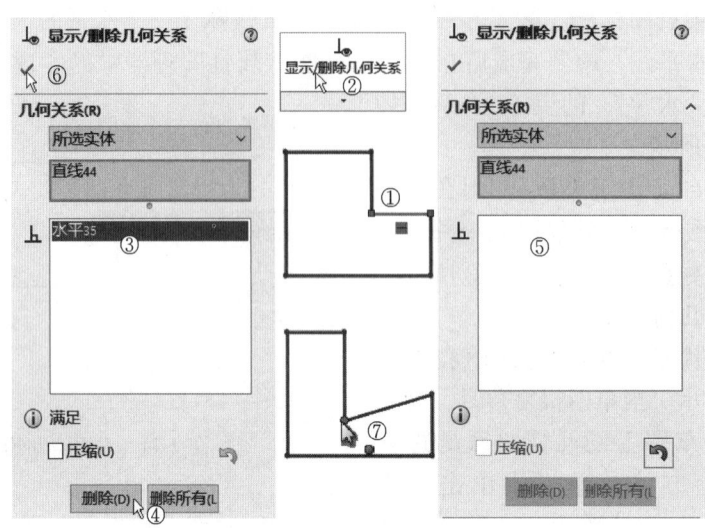

图 2-16 显示或删除几何关系

5）若在绘图区中没有选择任何草图实体，单击"尺寸/几何关系"工具栏中的"显示/删除几何关系"图标按钮，在"显示/删除几何关系"属性管理器中列出了当前草图的全部几何关系。可以在属性管理器中选择想要删除的几何关系后单击 删除(D) 按钮。

2.3 草图编辑工具

草图编辑包括圆角、倒角、剪裁、延伸、镜像、移动、旋转、复制、阵列、等距、分割等。编辑命令位于"草图"工具栏中，相应的菜单命令位于"工具"→"草图工具"子菜单中。

2.3.1 等距草图实体

等距实体功能可以按特定的距离等距一个或多个草图实体、所选模型边线或模型面，也可以等距样条曲线或圆弧、模型边线组、环等草图实体，但不能等距套合样条曲线产生的曲线或会产生自相交几何体的草图实体。

等距实体操作方法如下。

1）在打开的草图中，选择一个或多个草图实体或一条模型边线，如图 2-17 中①所示。

2）单击"草图"面板上的"等距实体"图标按钮 或单击菜单"工具"→"草图工具"→"等距实体"，如图 2-17 中②所示。

3）在属性管理器中设定等距参数，如图 2-17 中③所示。

等距距离 ：设定草图实体等距数值。可动态预览，按住鼠标左键并在绘图区中拖动鼠标。释放鼠标左键时，等距实体完成。

添加尺寸：在草图中显示等距距离尺寸。

反向：更改单向等距的方向。

选择链：生成所有连续草图实体的等距。

双向：在双向生成等距实体。

顶端加盖：通过选择双向并添加一顶盖来延伸原有非相交草图实体。可将圆弧或直线生成为延伸顶盖类型。

4）单击"确定"图标按钮 ✓ ，如图2-17中④所示，完成等距操作。结果如图2-17中⑤所示。

2.3.2 镜像⊖草图实体

镜像的功能包括：镜像出新的草图实体，将原有实体删除；当勾选"复制"选项时，镜像后保留原有的实体；镜像部分或所有草图实体；沿任何类型的直线来镜像；沿工程图、零件、装配体边线镜像。

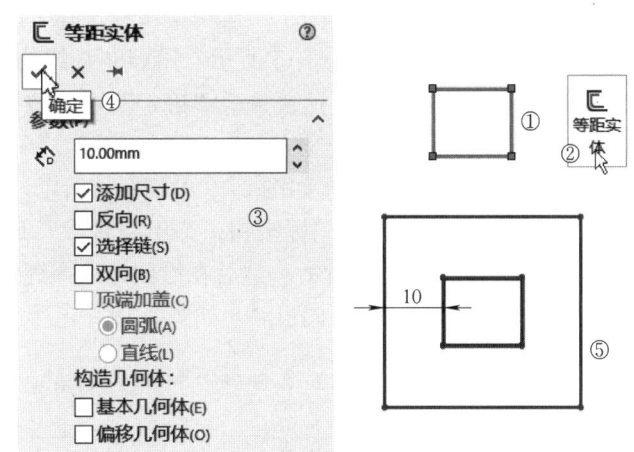

图2-17 等距实体

生成镜像实体时，会在每一对相应的草图点之间产生对称关系，如果更改被镜像的实体，则其镜像实体也会随着更改。镜像在3D草图中不可使用。

1. 绘制中心线

1）单击窗口最上方的"撤销"图标按钮 ↺ 或者按组合键〈Ctrl+Z〉，取消等距的实体，恢复一个矩形的状态，如图2-18中①所示。

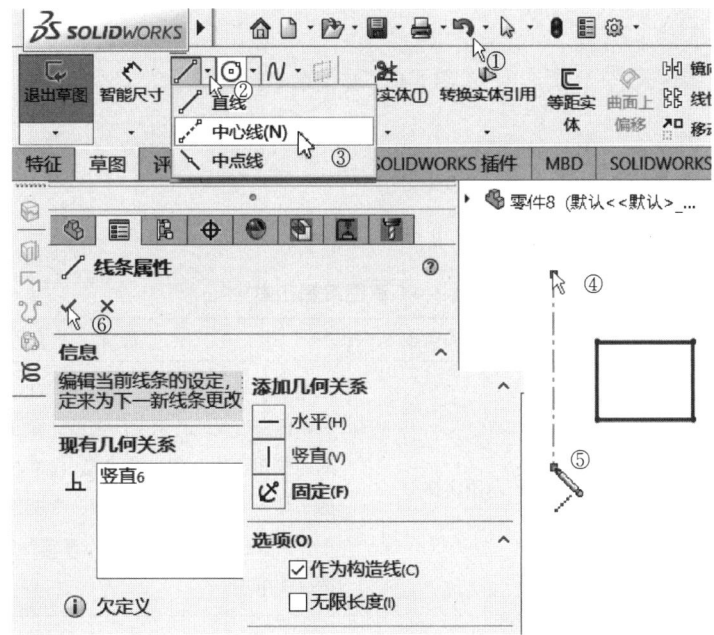

图2-18 绘制中心线

⊖ 软件中的"镜向"应为"镜像"。

2)单击"草图"面板上的"直线"图标按钮旁的三角形按钮,再单击"中心线"图标按钮,如图2-18中②、③所示。用绘制直线的方法绘制出一条竖直的中心线,如图2-18中④、⑤所示。双击鼠标,单击"确定"图标按钮,如图2-18中⑥所示。

2. 建立镜像

1)选择矩形草图实体,如图2-19中①、②所示。

2)单击"镜像实体"图标按钮,弹出"镜像"属性管理器。单击"镜像轴:"下的列表框,如图2-19中③、④所示。然后在绘图区选择镜像线,如图2-19中⑤所示。

3)单击"确定"图标按钮,如图2-19中⑥所示。结果如图2-19中⑦所示。

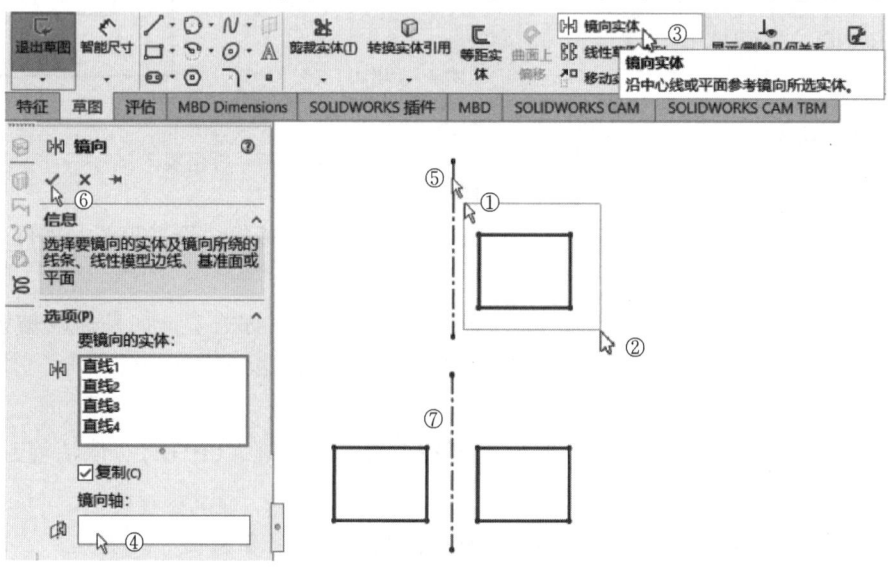

图 2-19 镜像草图

2.3.3 常用草图编辑工具

常用的草图编辑工具的功能见表2-4。

表 2-4 草图编辑工具

图标	工具名称	鼠标指针	操作对象	操作方法
⊏	等距实体		草图实体	在草图中,选择一个或多个草图实体、一个模型面、一条模型边线或外部草图曲线,单击草图绘制工具栏上的"等距实体"图标按钮⊏ 或单击菜单"工具"→"草图工具"→"等距实体"。在"等距实体"属性管理器中,设置各项参数,单击"确定"图标按钮 或在绘图区中单击
⋈	镜像		直线、圆或圆弧、一组几何轮廓	单击"草图"绘制工具栏上的"镜像"图标按钮⋈或单击菜单"工具"→"草图工具"→"镜像",选择要镜像的实体,选择镜像线,单击"确定"图标按钮

(续)

图标	工具名称	鼠标指针	操作对象	操作方法
	转换实体引用		当前草图以外的草图图元、模型边线	在草图处于激活状态时，单击模型边线、环、面、曲线、外部草图轮廓线、一组边线或一组曲线。单击"草图"绘制工具栏上的"转换实体引用"图标按钮 或单击菜单"工具"→"草图工具"→"转换实体引用"
	分割实体		草图实体	单击"草图"绘制工具栏上的"分割实体"图标按钮 或单击菜单"工具"→"草图工具"→"分割实体"或右击草图实体，再选择分割实体，单击草图实体上的分割位置即可。单击分割点，然后按〈Delete〉键，可将两个被分割的草图实体合并成一个实体
	延伸实体		草图实体	单击"草图"绘制工具栏上的"延伸实体"图标按钮 或单击菜单"工具"→"草图工具"→"延伸"，将指针移到要延伸的草图实体上（如直线、圆弧或中心线），单击草图实体即可
	剪裁实体		草图实体	单击"草图"绘制工具栏上的"剪裁实体"图标按钮 或单击菜单"工具"→"草图工具"→"剪裁"。选择剪裁方式，在草图上移动指针 ，直到要剪裁（删除）的草图线段以红色高亮显示，然后单击
	构造几何线		草图实体	单击"草图"绘制工具栏上的"构造几何线"图标按钮 ，选择一个或多个草图实体，在绘图区中单击
	绘制圆角		两个相交的草图实体	选择要圆角的两个草图实体或两个草图实体的交点，单击"草图"绘制工具栏上的"圆角"图标按钮 或单击菜单"工具"→"草图工具"→"圆角"。在属性管理器中，设置草图圆角参数，单击"确定"图标按钮
	绘制倒角		两个相交的草图实体	选择要倒角的两个草图实体，单击"草图"绘制工具栏上的"倒角"图标按钮 或单击菜单"工具"→"草图工具"→"倒角"。在属性管理器中，设置草图倒角参数，单击"确定"图标按钮
	圆周阵列		草图实体	选择草图实体，然后单击"草图"绘制工具栏上的"圆周阵列"图标按钮 或单击菜单"工具"→"草图工具"→"圆周阵列"。设置半径、角度、中心、数量、间距、总角度值，单击"确定"图标按钮 完成草图圆周阵列

(续)

图标	工具名称	鼠标指针	操作对象	操作方法
	线性阵列		草图实体	选择草图实体，然后单击"草图"绘制工具栏上的"线性阵列"图标按钮 或单击菜单"工具"→"草图工具"→"线性阵列"。设置实例总数（包括原始草图在内）、间距、角度值，单击"确定"图标按钮 完成草图实体的线性阵列
	交叉曲线		模型的平面或曲面	选择交叉项目，单击"草图"绘制工具栏上的"交叉曲线"图标按钮 或单击菜单"工具"→"草图工具"→"交叉曲线"，在绘图区中单击
	套合样条曲线		草图实体	单击"草图"绘制工具栏上的"套合样条曲线"图标按钮 或在激活的草图中单击菜单"工具"→"样条曲线工具"→"套合样条曲线"，选择要套合到样条曲线的连续草图实体。设置参数，为公差设置数值，单击"确定"图标按钮
	制作路径		两圆弧和直线相连的草图实体	单击"草图"绘制工具栏上的"制作路径"图标按钮 或在激活的草图中单击菜单"工具"→"草图工具"→"制作路径"，选择要制作路径的圆弧和直线组成的链，单击"确定"图标按钮

2.4 草图的尺寸标注

绘制好的草图轮廓需要进行几何形状和位置尺寸的标注。通常使用的尺寸标注工具是"智能尺寸" ，它可以根据所标注的尺寸类型来自动调整其标注的方式。可以用以下方法之一来调出"智能尺寸"工具。

1）单击"草图"面板中的"智能尺寸"图标按钮 ，如图 2-20 中①所示。

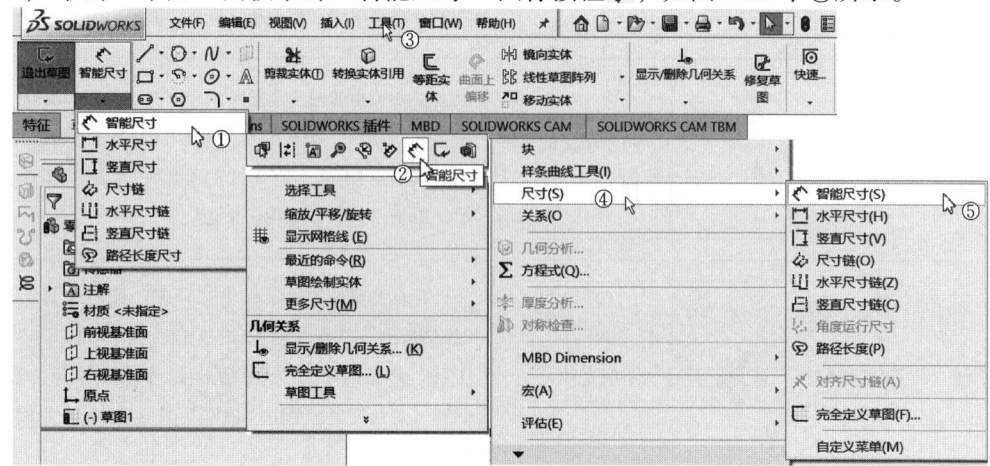

图 2-20 标注尺寸

2) 在绘图区中右击,然后从弹出的快捷菜单中选取"智能尺寸",如图 2-20 中②所示。
3) 单击菜单"工具"→"尺寸"→"智能尺寸",如图 2-20 中③~⑤所示。

尺寸标注工具的功能见表 2-5。

表 2-5 尺寸标注工具的功能

名　　称	按　　钮	功　　能
智能尺寸		可标注大部分尺寸的智能工具
水平尺寸		标注水平方向的距离
竖直尺寸		标注竖直方向的距离
路径长度尺寸		可帮助约束带和链装配体或滑轮系统
尺寸链		采用同一基准标注尺寸的方法
水平尺寸链		在水平方向采用同一基准标注尺寸
竖直尺寸链		在竖直方向采用同一基准标注尺寸
完全定义草图		对选择的草图实体自动加上几何形状和位置约束
添加几何关系		添加草图实体之间的几何关系
显示/删除几何关系		查看或删除草图实体的几何关系

2.4.1 基本尺寸标注方法

单击"智能尺寸"图标按钮后,鼠标指针变为,选择要标注的对象,然后移动鼠标指针至尺寸放置的位置单击。常用尺寸标注方法见表 2-6。

表 2-6 常用尺寸标注方法

尺寸类型	标注示例	说　　明
直线长度	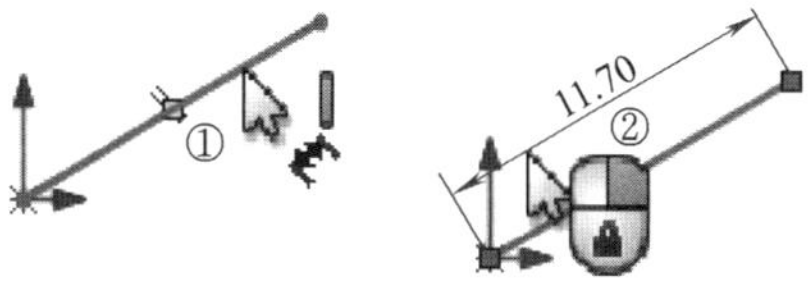	选择直线,移动鼠标指针至尺寸放置位置单击
直线高度	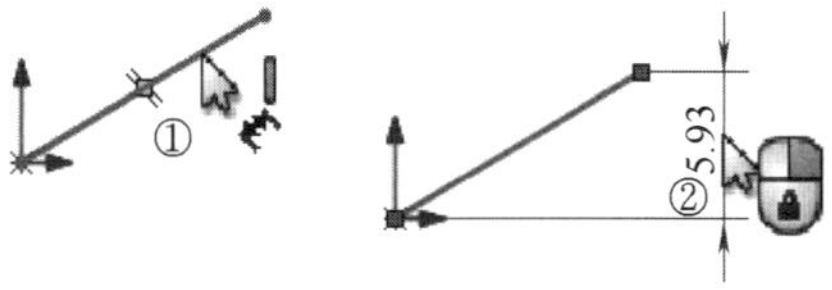	选择直线,将鼠标指针向水平方向移动至尺寸放置位置单击

（续）

尺寸类型	标注示例	说　明
直线宽度		选择直线，将鼠标指针向竖直方向移动至尺寸放置位置单击
圆直径		选择圆，移动鼠标指针至尺寸放置位置单击
圆弧半径		选择圆弧，移动鼠标指针至尺寸放置位置单击
角度		分别选择两条直线，移动鼠标指针至尺寸放置位置单击
平行线距离		分别选择两条直线，移动鼠标指针至尺寸放置位置单击
点到线的距离		分别选择直线和点，移动鼠标指针至尺寸放置位置单击
圆弧长度		选择圆弧，再分别选择圆弧的两个端点，移动鼠标指针至尺寸放置位置单击

尺寸类型	标注示例	说　明
两圆之间的圆心距离	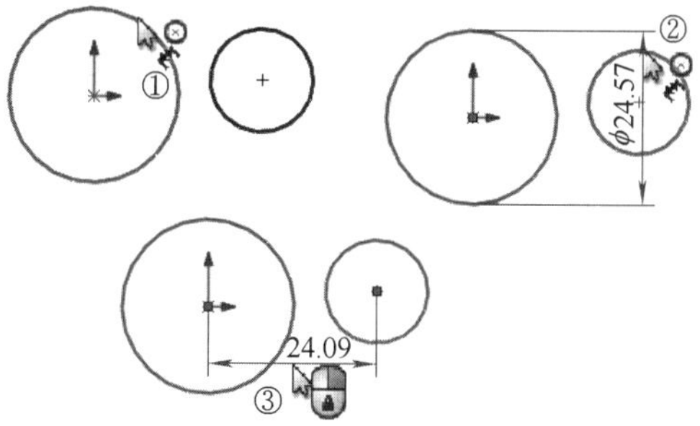	分别选择两个圆，移动鼠标指针至尺寸放置位置单击
两圆之间的最大距离	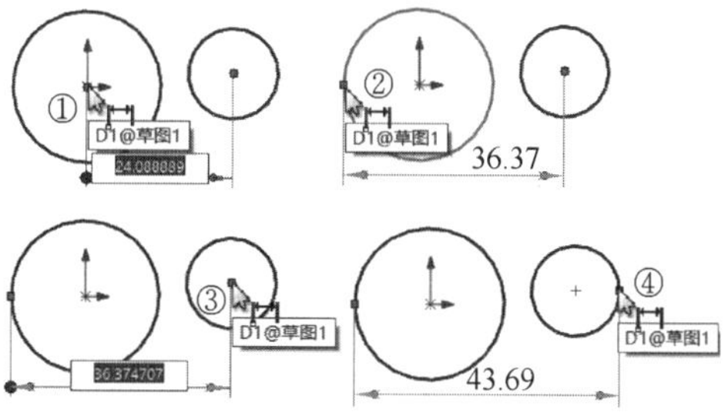	在标注出两个圆心尺寸的基础上，单击尺寸，尺寸和尺寸线变成蓝色，移动鼠标指针至尺寸线端部，当鼠标指针变成箭头和水平尺寸符号时，按下鼠标左键向外拖动尺寸线至圆边上。用同样的方法操作第二条尺寸线
两圆之间的最小距离	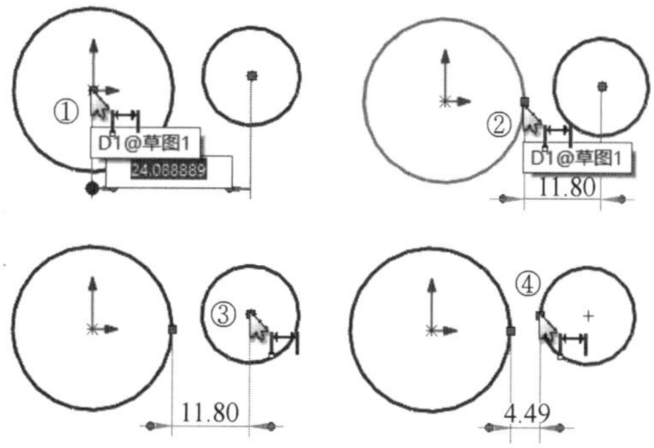	在标注出两个圆心尺寸的基础上，单击尺寸，尺寸和尺寸线变成蓝色，移动鼠标指针至尺寸线端部，当鼠标指针变成箭头和水平尺寸符号时，按下鼠标左键向内拖动尺寸线至圆边上。用同样的方法操作第二条尺寸线
对称尺寸	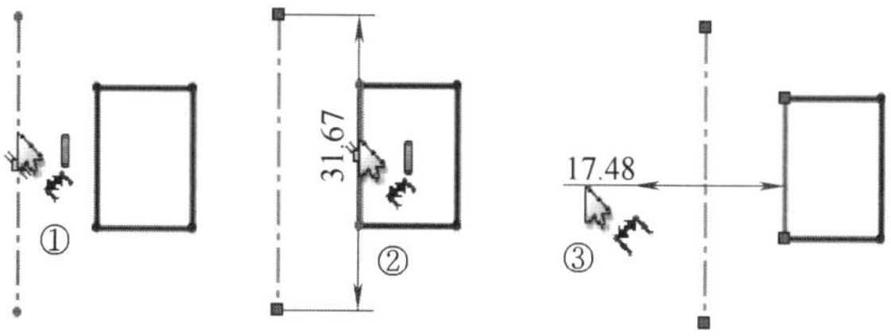	选择中心线和直线，移动鼠标指针至中心线和直线外侧，单击鼠标

2.4.2　草图尺寸编辑修改

SolidWorks 采用变量化技术支持草图的绘制过程，因此用户可以随时对草图进行编辑修改。修改的方法如下。

在编辑草图环境中，双击要修改的尺寸值，如图 2-21 中①所示。系统弹出尺寸"修改"对话框，在对话框中输入修改值，然后单击"确定"图标按钮✔完成对尺寸的修改，如

图 2-21 中②、③所示。结果如图 2-21 中④所示。

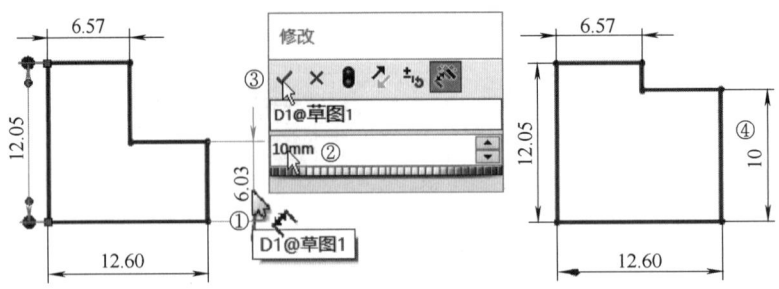

图 2-21　修改尺寸值

选择标注好的尺寸值，会出现尺寸控标，移动这些控标可以改变尺寸标注的结果，如图 2-22、图 2-23 所示。

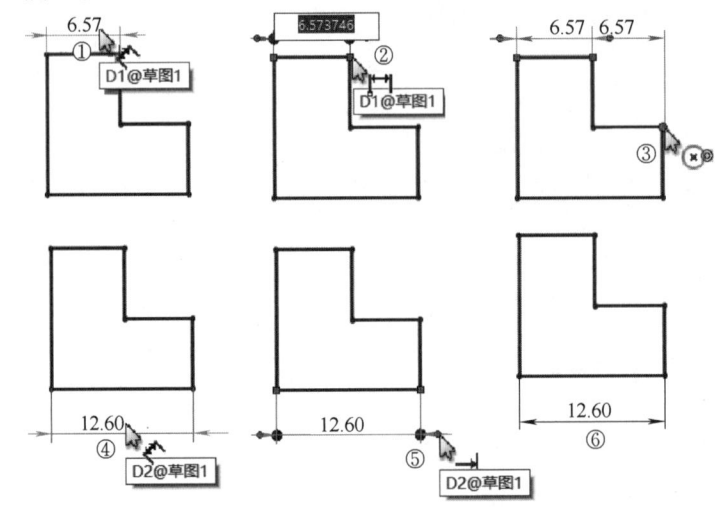

图 2-22　改变箭头方向和标注位置

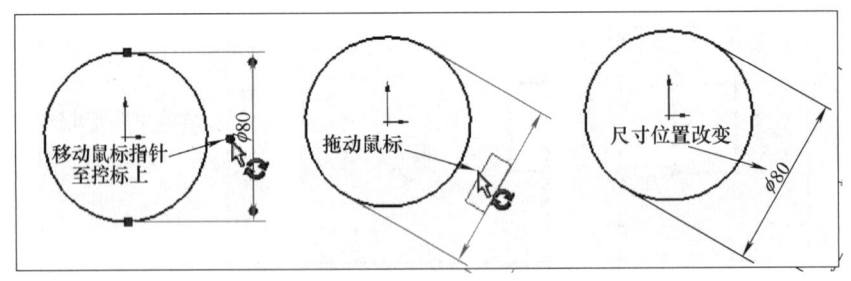

图 2-23　改变尺寸位置

2.5　草图的合法性检查与修复

在草图生成特征的过程中经常会出现错误信息，这主要是因为草图轮廓没有闭合、存在重叠或存在开环轮廓。为解决这个问题，SolidWorks 提供了特征检查功能。

2.5.1 自动修复草图

对于草图线条重叠的问题，SolidWorks 提供了"修复草图"命令加以解决。该命令位于"草图"面板中。"修复草图"命令 可将重叠的线条加以合并，可将共线相连的多段线条合并成一段线条。此外，"修复草图"命令还能弥补草图线条之间距离小于 0.00001mm 的缝隙、消除零长度线条等。

自动修复草图的操作方法如下。

1) 在草图环境中，绘制两条重叠的水平线，选择其中的一条，如图 2-24 中①所示。

2) 单击"草图"面板中的"修复草图"图标按钮 或单击菜单"工具"→"草图工具"→"修复草图"命令，草图中重叠部分将自动修复，如图 2-24 中②、③所示。

3) 单击"修复草图"对话框右上角的"关闭"图标按钮 ，如图 2-24 中④所示。

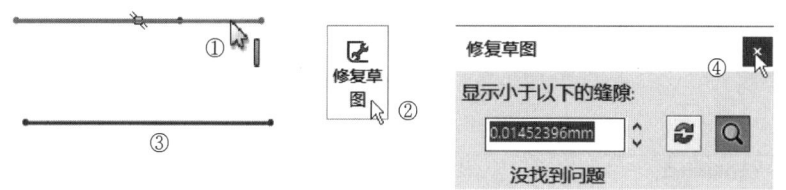

图 2-24　自动修复草图

2.5.2 检查草图

1. 检查草图合法性

1) 启动 SolidWorks 后，单击窗口最上方的"新建"图标按钮 ，在弹出的"新建 SolidWorks 文件"对话框中选择"零件" ，单击 按钮完成新文件创建的操作。选择 前视基准面，单击"草图"切换到"草图"面板，单击"草图绘制"图标按钮 ，单击"直线"图标按钮 ，绘制出草图，如图 2-25 中①所示。

单击菜单"工具"→"草图工具"→"检查草图合法性"命令，如图 2-25 中②~④所示。

2) 系统弹出"检查有关特征草图合法性"对话框，单击"特征用法"旁的按钮 ，在对话框中选择一种特征用法，这里选择"基体拉伸"，如图 2-26 中①、②所示。单击 检查(C) 按钮，系统弹出检查结果对话框，检查结果显示"此草图有一个以上的开环轮廓线"，单击 确定 按钮，如图 2-26 中③、④所示。系统弹出"修复草图"对话框，单击对话框右上角的"关闭"图标按钮 ，在开环处系统以另一种颜色显示出来，如图 2-26 中⑤、⑥所示。

2. 延伸草图实体

延伸实体功能可增加直线、中心线、圆弧的长度，可将草图实体延伸到与另一个草图实体相交。

1) 单击"草图"面板中的"延伸实体"图标按钮 或单击菜单"工具"→"草图工具"→"延伸实体"，如图 2-27 中①、②所示。

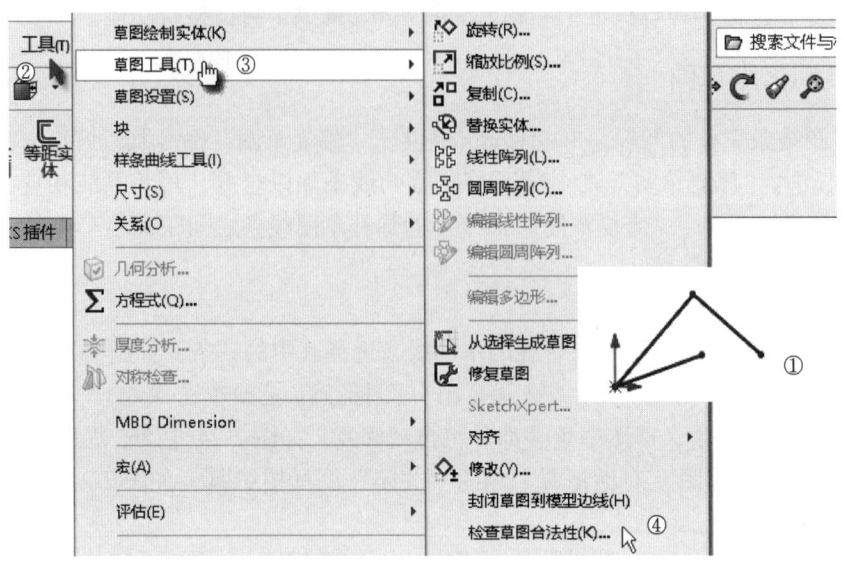

图 2-25 检查草图合法性菜单

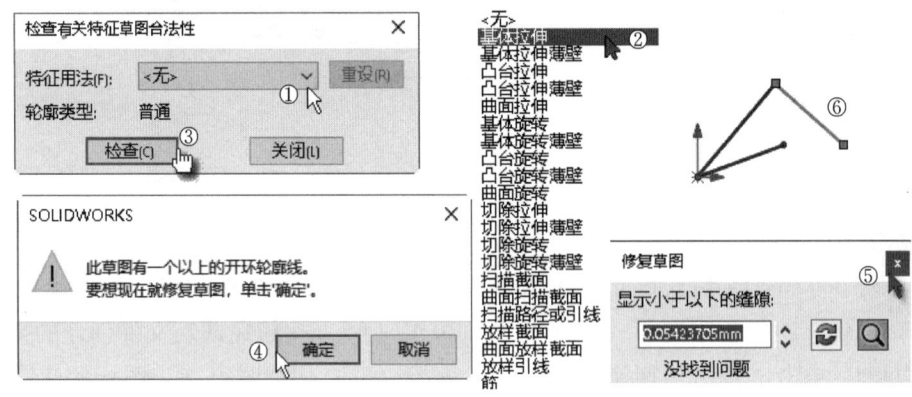

图 2-26 检查草图合法性

2) 将鼠标指针移动到要延伸的草图实体上, 所选实体以红色显示, 可以预览到延伸实体的方向以红色显示。如果预览到延伸方向错误, 将鼠标指针移到直线或圆弧的另一半上, 如图 2-27 中③所示。

3) 单击草图实体完成延伸, 如图 2-27 中④所示。单击窗口最上方的"选择"图标按钮 退出"延伸实体"状态, 如图 2-27 中⑤所示。

3. 修改草图

对"基体拉伸"特征再次进行草图合法性检查, 系统弹出检查结果对话框, 单击 确定 按钮, 单击"修复草图"对话框右上角的"关闭"图标按钮 , 如图 2-28 中①、②所示。系统以另一种颜色显示出有问题的直线, 如图 2-28 中③所示。选择有问题的直线的端点, 按住鼠标左键不放, 将该点拖到另一点, 如图 2-28 中④、⑤所示。

4. 再次检查草图合法性

再次选择"基体拉伸"特征, 单击"检查有关特征草图合法性"对话框上的 检查(C) 按

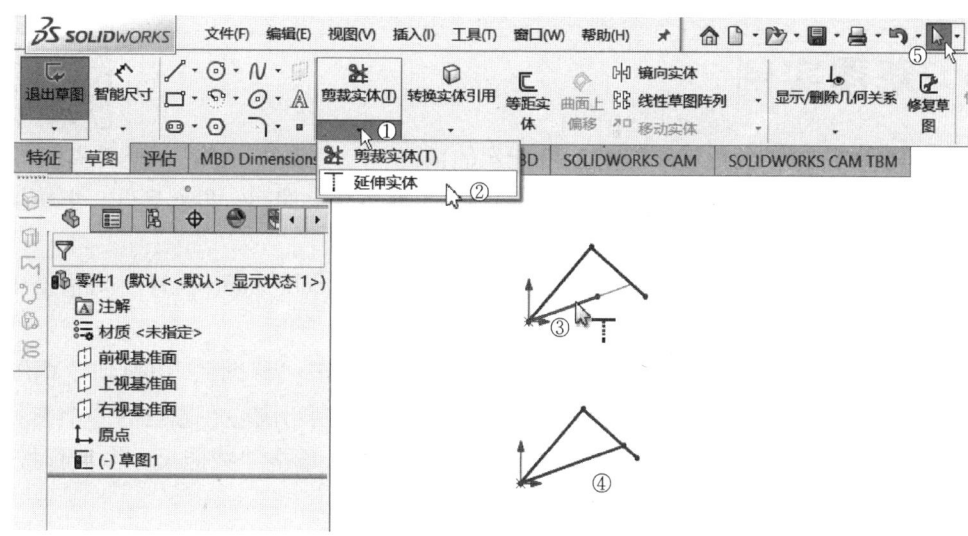

图 2-27 延伸实体

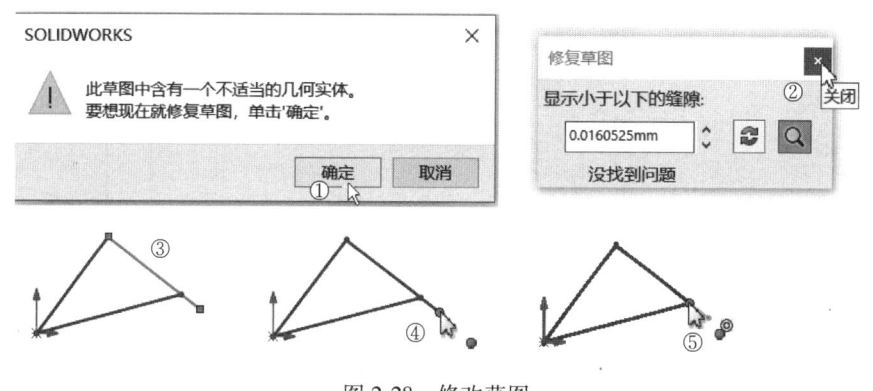

图 2-28 修改草图

钮，系统弹出检查结果对话框，单击 确定 按钮，单击 关闭(L) 按钮，如图 2-29 中①~③所示。

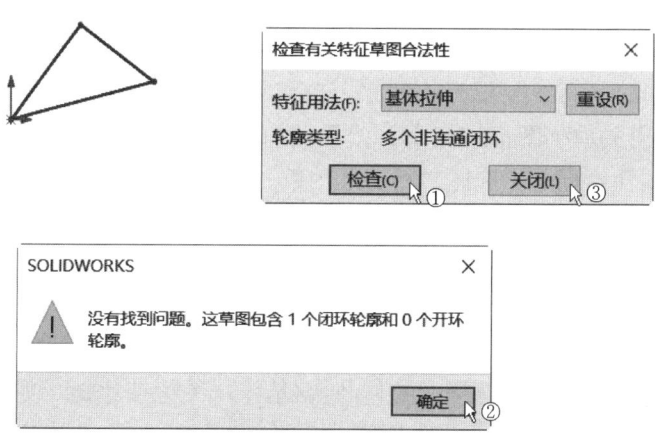

图 2-29 再次检查草图合法性

2.6 草图实例

视频 2-1 例 2-1

【例 2-1】 用 1∶1 的比例绘制图 2-30 所示的顶板。

分析：在绘制一些较复杂的草图时，常绘制一条或多条参照线，以便更好、更快地调整草图。

1）单击窗口最上方的"新建"图标按钮 ，在"新建 SolidWorks 文件"对话框中选择"零件"图标按钮 ，单击 确定 按钮。

2）选择 前视基准面，单击"正视于"图标按钮 ，单击"草图"，切换到"草图"面板。单击"圆"图标按钮 和"中心线"图标按钮 ，绘制出圆心在原点的一个圆和两条中心线，单击"边角矩形"图标按钮 绘制出一个矩形，单击"智能尺寸"图标按钮 ，对草图尺寸进行标注，如图 2-31 中①~⑨所示。

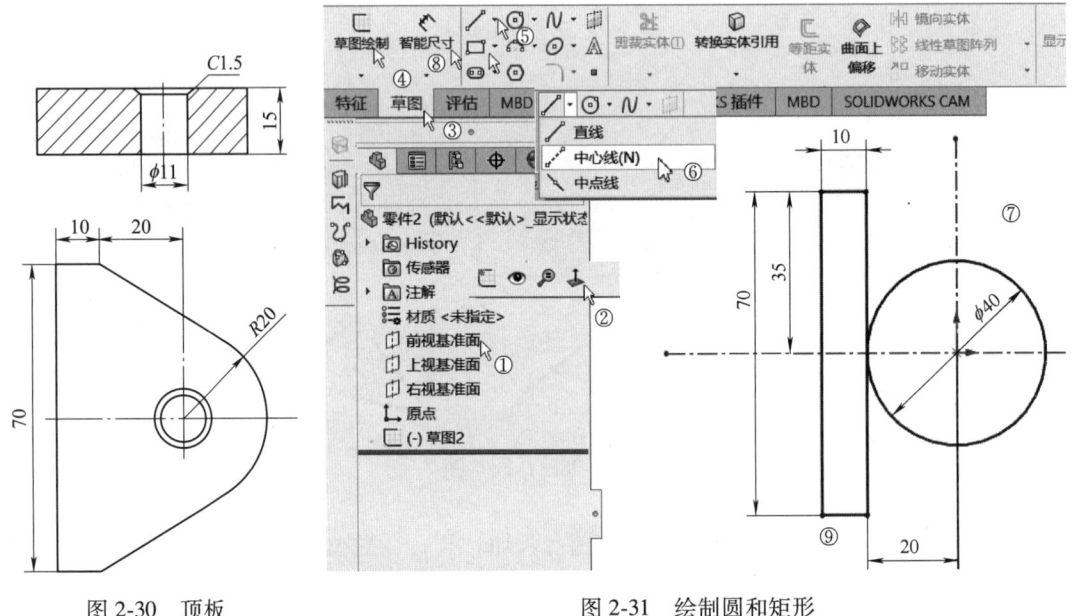

图 2-30 顶板　　　　　图 2-31 绘制圆和矩形

3）单击草图中的"直线"图标按钮 ，在绘图区绘制一条一个端点和矩形重合的斜线。单击"添加几何关系"图标按钮 ，按住〈Ctrl〉键后选择直线和圆，系统自动弹出"添加几何关系"属性管理器，选择"相切"约束，如图 2-32 中①~③所示。最终结果如图 2-32 中④所示。

4）单击"剪裁实体"图标按钮 ，对多余的线段进行剪裁。以同样的方法处理另一条直线（或者用镜像），然后绘制出小圆，如图 2-33 中①所示。对草图进行剪裁，形成最终草图，结果如图 2-33 中②所示。

5）单击"特征"工具栏，选择"拉伸凸台/基体"图标按钮 ，如图 2-34 中①、②所示。界面会出现"凸台-拉伸"属性管理器，终止条件选择"给定深度"，深度输入"15mm"，如图 2-34 中③~⑤所示。拉伸结束预览图没有问题就单击"确定"图标按钮 ，

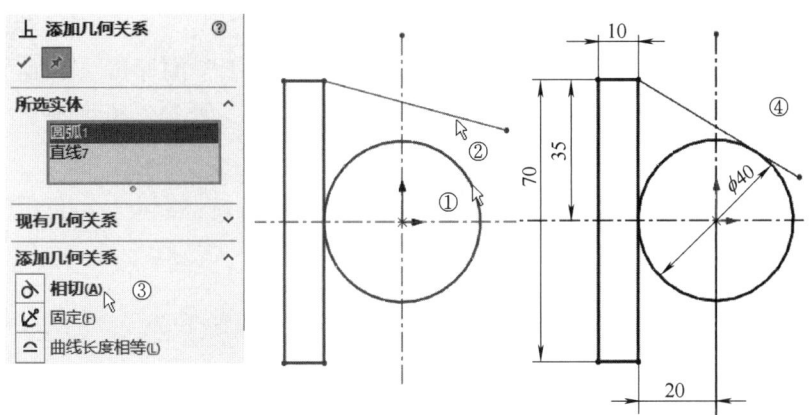

图 2-32 相切约束

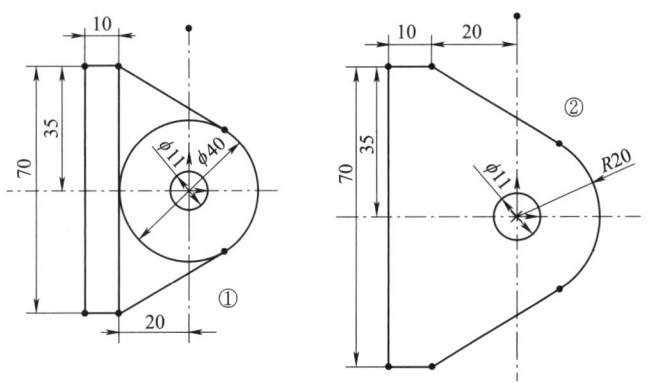

图 2-33 剪裁成顶板

如图 2-34 中⑥、⑦所示。拉伸结果如图 2-34 中⑧所示。

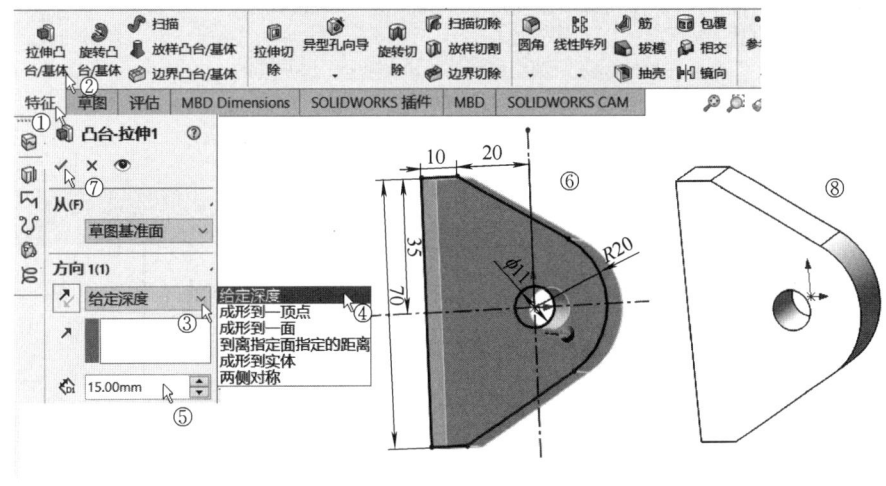

图 2-34 拉伸成实体

【例 2-2】 用 1∶1 的比例绘制图 2-35 所示的 L 形板。

分析：图样上的 L 形板在原有顶板的基础之上绘制。

1）打开"顶板"文件，选择 上视基准面，单击"正视于"图标按钮，单击"草图绘制"图标按钮，进入草图绘制界面，如图 2-36 中①~③所示。

视频 2-2　例 2-2

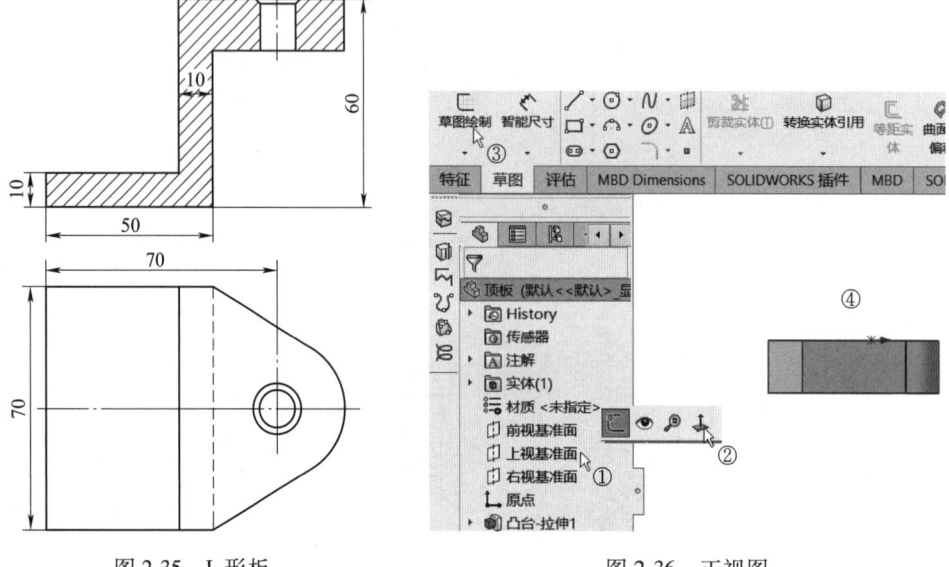

图 2-35　L 形板　　　　　图 2-36　正视图

2）单击"边角矩形"图标按钮，绘制出两个相交的矩形，如图 2-37 中①~⑤所示。单击"剪裁实体"图标按钮，系统跳出"剪裁"属性管理器，"选项"选择"剪裁到最近端"，对多余的草图线段进行剪切，如图 2-37 中⑥、⑦所示。剪裁结束单击"确定"图标按钮，如图 2-37 中⑧所示。结果如图 2-37 中⑨所示。

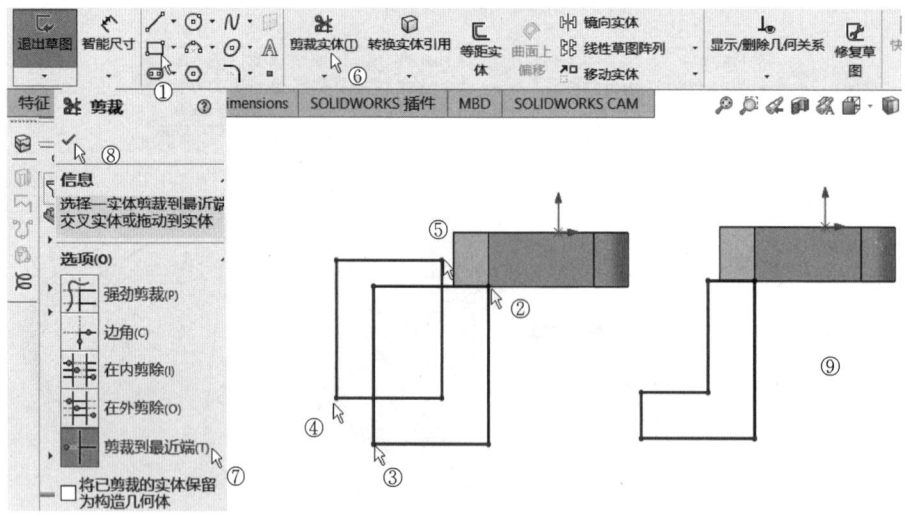

图 2-37　剪裁草图

3）单击"草图"面板中的"智能尺寸"图标按钮，标注出尺寸，标注完成后单击"确定"图标按钮，如图2-38中①、②所示。结果如图2-38中③所示。

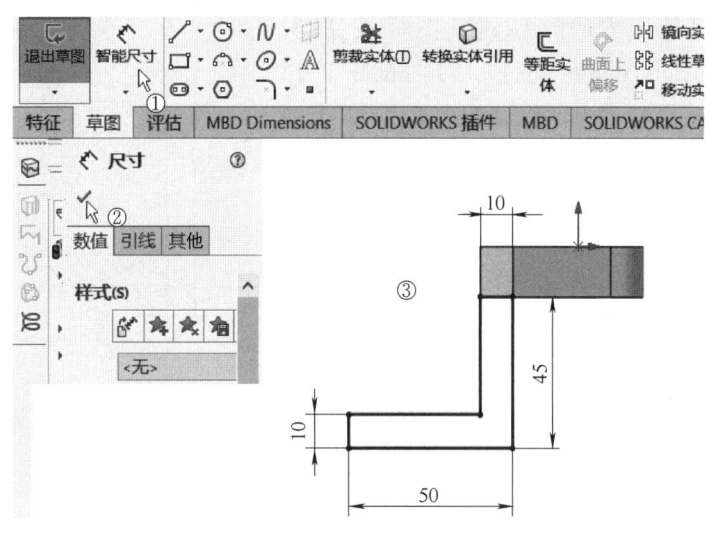

图2-38 尺寸标注

4）单击"退出草图"图标按钮，退出草图的绘制，单击"特征"工具栏，选择"拉伸凸台/基体"图标按钮，如图2-39中①、②所示。界面会出现"凸台-拉伸"属性管理器，终止条件选择"两侧对称"，深度输入70mm，如图2-39中③~⑤所示。拉伸结束预览图没有问题则单击"确定"图标按钮，如图2-39中⑥、⑦所示。拉伸结果如图2-39中⑧所示。单击窗口最上方的"另存为"图标按钮，在"文件名"文本框中输入"L形板.SLDPRT"，单击 保存(S) 按钮。

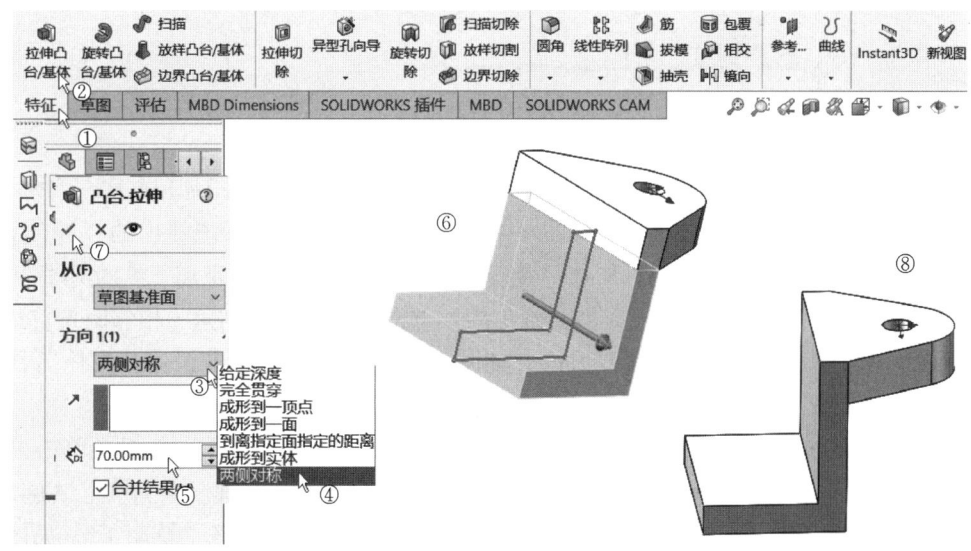

图2-39 拉伸

【例2-3】 用1:1的比例绘制图2-40所示的衬套。

分析：绘制此类衬套零件草图需要一个中心旋转轴，作为之后绘制草图的依据和标准。

1）单击窗口最上方的"新建"图标按钮，在弹出的"新建SolidWorks文件"对话框中选择"零件"，单击 确定 按钮完成新文件创建的操作。

2）选择 前视基准面，单击"正视于"图标按钮，单击"草图"，切换到"草图"面板，单击"草图绘制"图标按钮，单击"中心线"图标按钮，绘制出一条过原点的水平参考线，如图2-41中①~⑤所示。然后单击"直线"图标按钮，最后的图形结果如图2-41中⑥所示。

视频2-3 例2-3

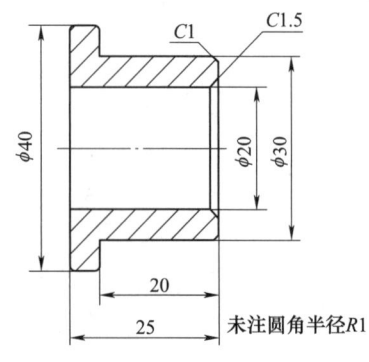

图2-40 衬套

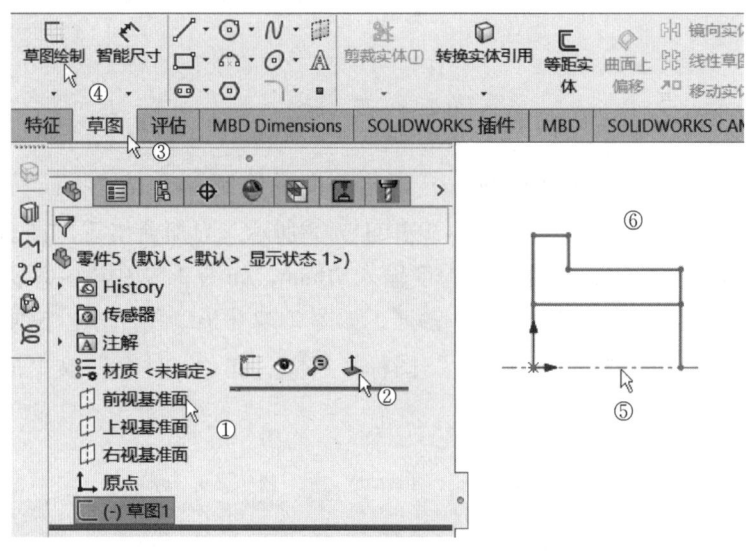

图2-41 绘制草图

3）单击"智能尺寸"图标按钮，对草图尺寸进行标注，如图2-42中①、②所示。

4）单击"倒角"图标按钮，如图2-43中①、②所示，在系统弹出的"绘制倒角"属性管理器中选择"距离-距离"，勾选"相等距离"复选框，在"距离"文本框中输入1mm，如图2-43中③~⑤所示。选择需要倒角的顶点或者选择需要倒角的相邻两条直线，再次用"倒角"命令，全倒角距离为1.5mm，如图2-43中⑥所示。单击"剪裁实体"图标按钮，把多余的线条剪裁掉，最终的结果如图2-43中⑦所示。

5）单击"退出草图"图标按钮，单击"特征"切换到"特征"面板。单击"旋转凸台/基体"图标按钮，如图2-44中①所示。系统弹出"旋转"属性管理器，"旋转轴"选择中心线，系统默认"角度"为"360度"，"所选轮廓"选择"草图1"，如图2-44中②~⑤所示，预览的效果图如图2-44中⑥所示。预览没有问题就单击"确定"图标按钮

第 2 章 草 图

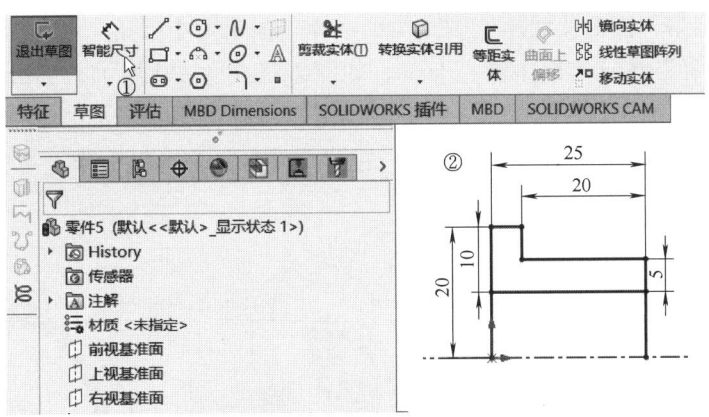

图 2-42 标注尺寸

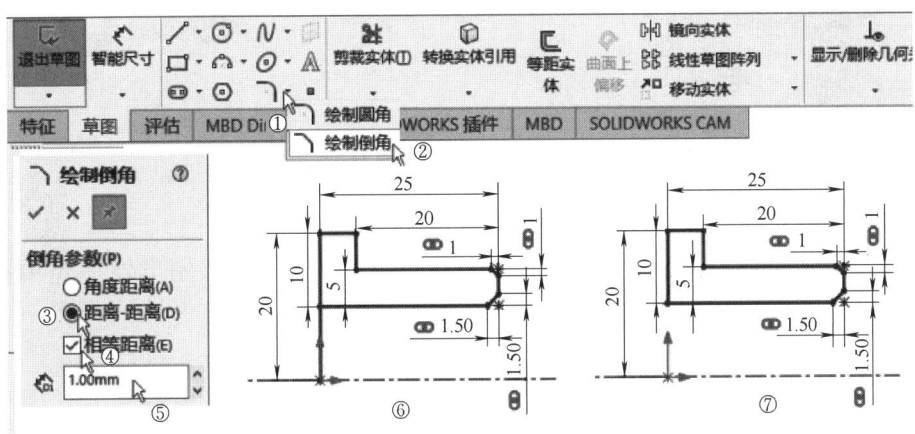

图 2-43 倒角

✓，如图 2-44 中⑦、⑧所示。

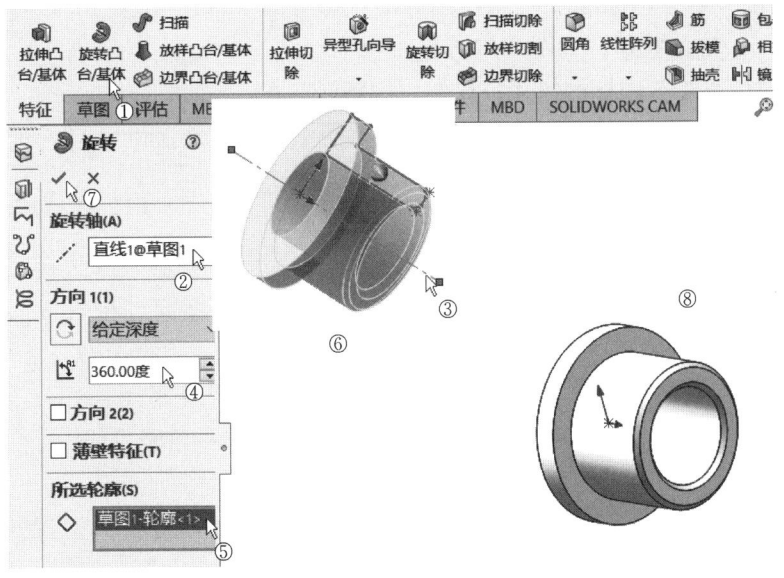

图 2-44 旋转

6）单击"圆角"图标按钮，圆角类型选择"恒定大小圆角"，"圆角参数"选择"对称"，在"半径"文本框中输入1mm，如图2-45中①~④所示，单击"要圆角化的项目"，选择"边线〈1〉""边线〈2〉"，单击"确定"图标按钮，如图2-45中⑥~⑧所示。单击窗口最上方的"另存为"图标按钮，在"文件名"文本框中输入"衬套.SLDPRT"，单击 保存(S) 按钮。

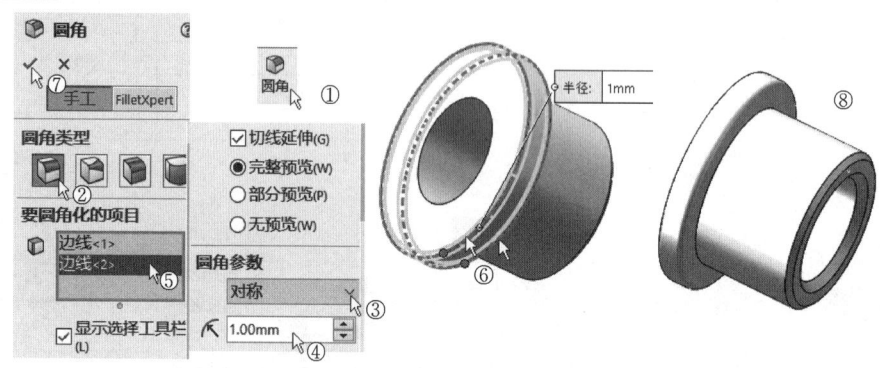

图 2-45　倒圆角

【例2-4】　用1∶1的比例绘制图2-46所示的圆弧连接。

分析：本例的关键在于先画出已知图形，通过添加几何约束绘制出外接圆和内切圆，最后用修剪和镜像命令完成图形。

视频2-4　例2-4
绘制思路

1）单击窗口最上方的"新建"图标按钮，在弹出的"新建SolidWorks文件"对话框中选择"零件"，单击 确定 按钮完成新文件创建的操作。

2）选择 前视基准面，单击"正视于"图标按钮，单击"草图"，单击菜单"工具"→"选项"→"几何关系/捕捉"，勾选"自动几何关系"，如图2-47中①~④所示。选择"文档属性"→"绘图标准"→"总绘图标准"下方的→"GB"→ 确定 按钮，如图2-47中⑤~⑨所示。

3）单击"中心线"图标按钮，绘制出一条起点在原点的竖直中心线，按〈Esc〉键结束命令，如图2-48中①所示。单击"边角矩形"图标按钮，绘制出一个左角点在原点上的小矩形，单击"智能尺寸"图标按钮，标注矩形的长"40"、高"5"，中心线长为"65"，如图2-48中②所示。单击"中心线"图标按钮，绘制出一条起点在原点的向下的长度任意的竖直中心线，如图2-48中③所示。单击"等距实体"图标按钮，选择向上的中心线，在属性管理器的"等距距离"文本框中输入"30"，单击"确定"图标按钮，绘制出一条竖直线，如图2-48中④所示。

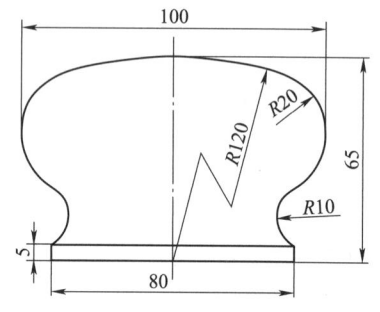

图 2-46　圆弧连接

视频2-5　例2-4
绘制步骤

4）单击"圆"图标按钮，绘制一个圆心在向下竖直中心线下方端点的圆，按〈Esc〉键结束命令。按住〈Ctrl〉键，选择刚绘制的中心线最上方的点和圆，如图2-49中①、②所

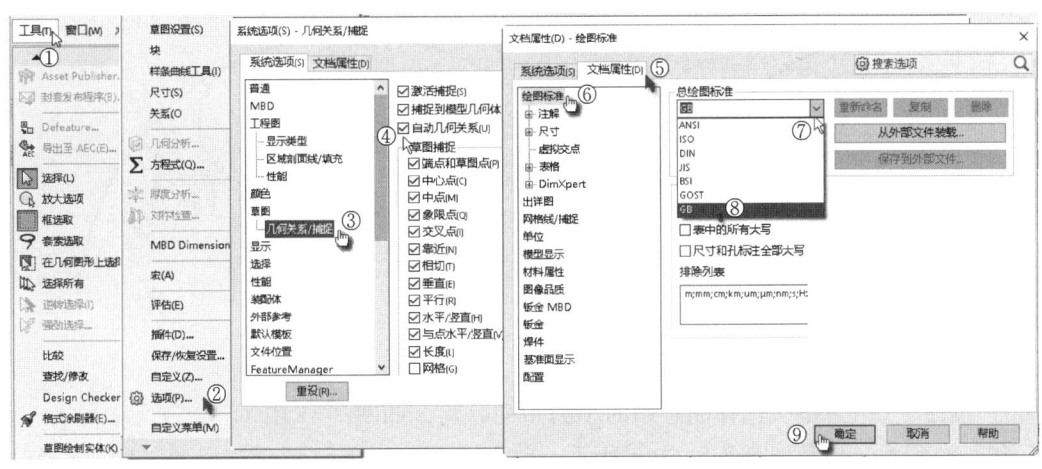

图 2-47 设置自动几何关系

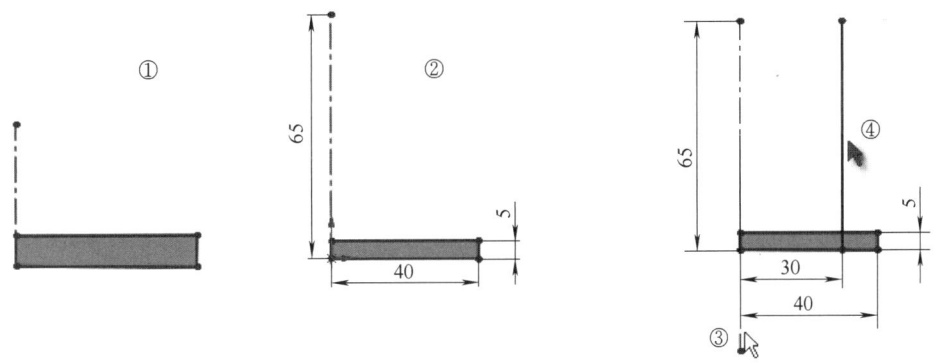

图 2-48 绘制辅助线

示,添加"重合"几何关系 。单击"圆"图标按钮 ,绘制一个小圆,按〈Esc〉键结束命令。按住〈Ctrl〉键,选择刚绘制的大圆和小圆,如图 2-49 中③、④所示,添加"相切"几何关系 。

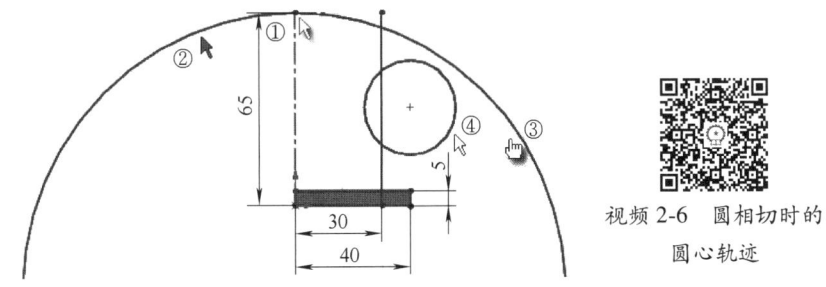

图 2-49 绘制已知图形

视频 2-6 圆相切时的圆心轨迹

5)按住〈Ctrl〉键,选择小圆和竖直线,如图 2-50 中①、②所示,添加"重合"几何关系 。单击"圆"图标按钮 ,绘制一个小圆,按〈Esc〉键结束命令。按住〈Ctrl〉键,选择刚绘制的小圆和矩形的右上角点,如图 2-50 中③、④所示,添加"重合"几何关系 。

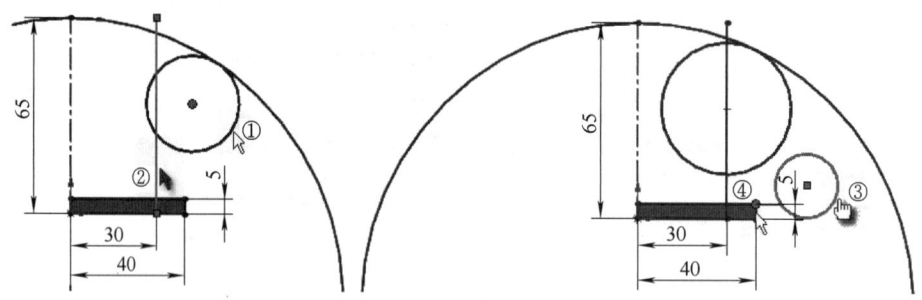

图 2-50　绘制连接弧

6）按住〈Ctrl〉键，选择刚绘制的小圆和中等圆，如图 2-51 中①、②所示，添加"相切"几何关系，结果如图 2-51 中③所示。单击"剪裁实体"图标按钮，修剪多余线，结果如图 2-51 中④所示。

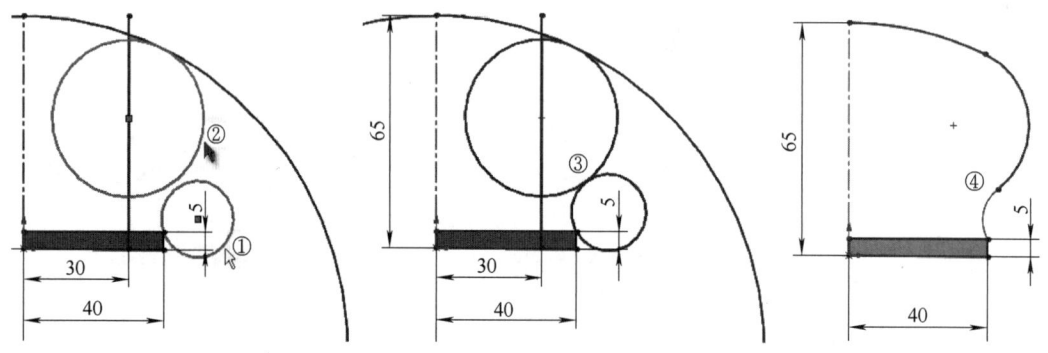

图 2-51　绘制与水平线相切的圆

7）框选所绘制的图形后，单击"镜像实体"图标按钮，单击"镜像轴"下方的方框，在绘图区选择对称中心线，单击"确定"图标按钮，如图 2-52 中①所示。单击"剪裁实体"图标按钮，修剪多余线，单击"智能尺寸"图标按钮标注尺寸，结果如图 2-52 中②所示。

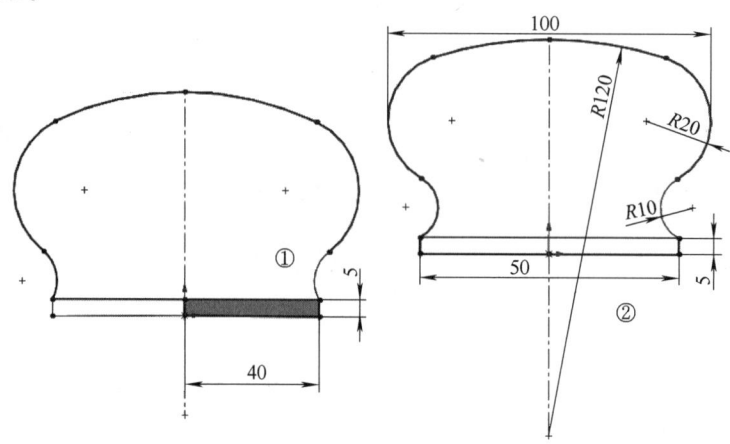

图 2-52　修剪

2.7 思考与练习

1. 绘制图 2-53 中①所示的图形，并进行添加几何关系的练习，结果如图 2-53 中②所示。

2. 分别绘制图 2-54 中①、②所示的图形，分别进行"修复草图" ✚ 和检查草图合法性的练习，并对草图进行修改，结果如图 2-54 中③、④所示。

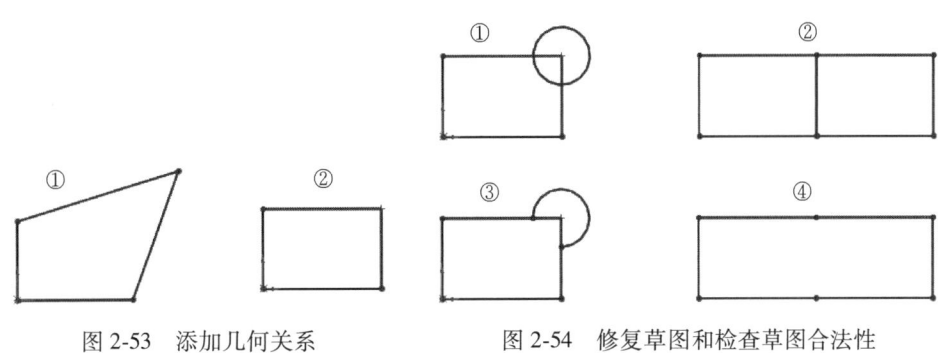

图 2-53 添加几何关系　　　　图 2-54 修复草图和检查草图合法性

3. 按图 2-55 中的尺寸，画出各平面图形的草图。

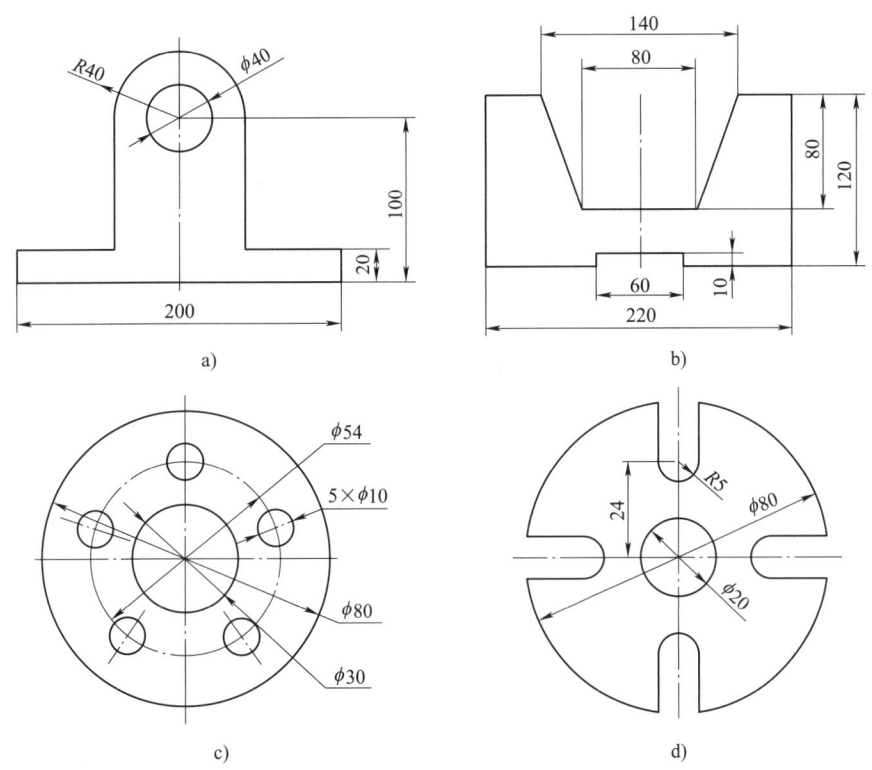

图 2-55 平面图形

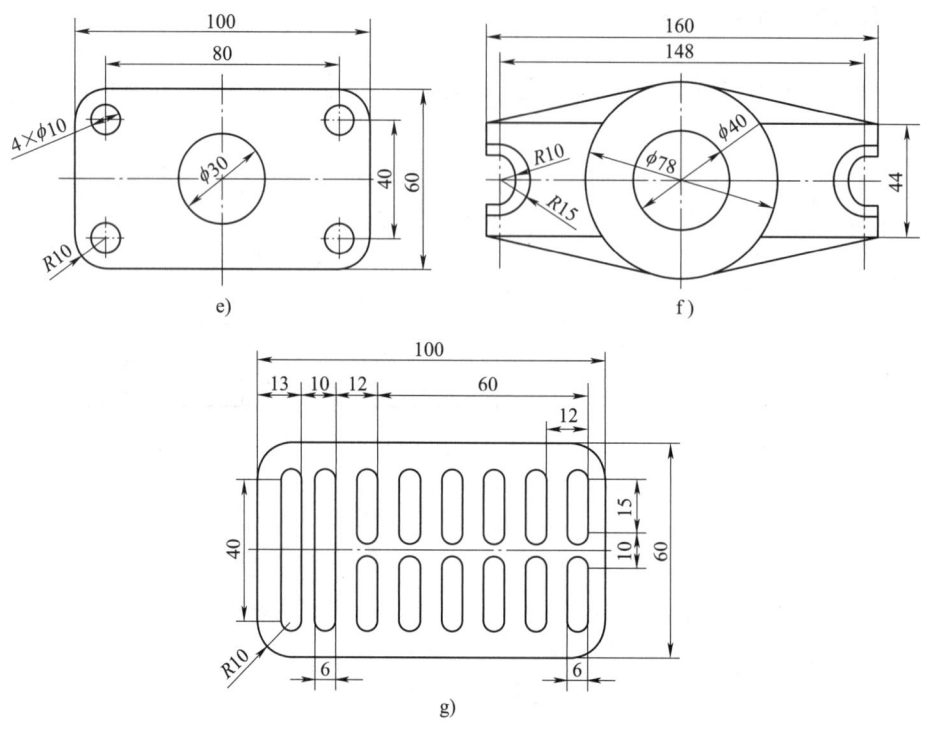

图 2-55 平面图形（续）

4. 按图 2-56 中的尺寸，画出各圆弧连接的草图。

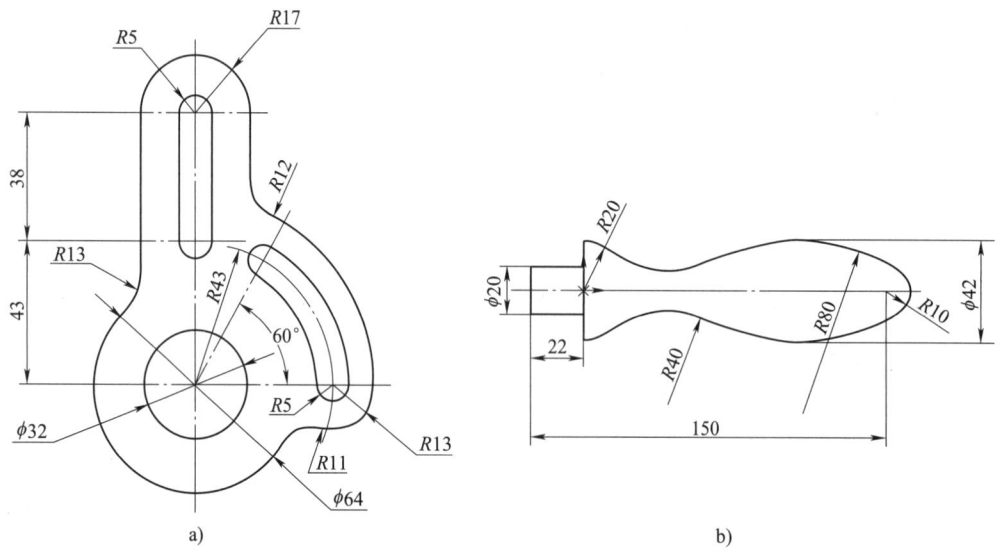

图 2-56 圆弧连接

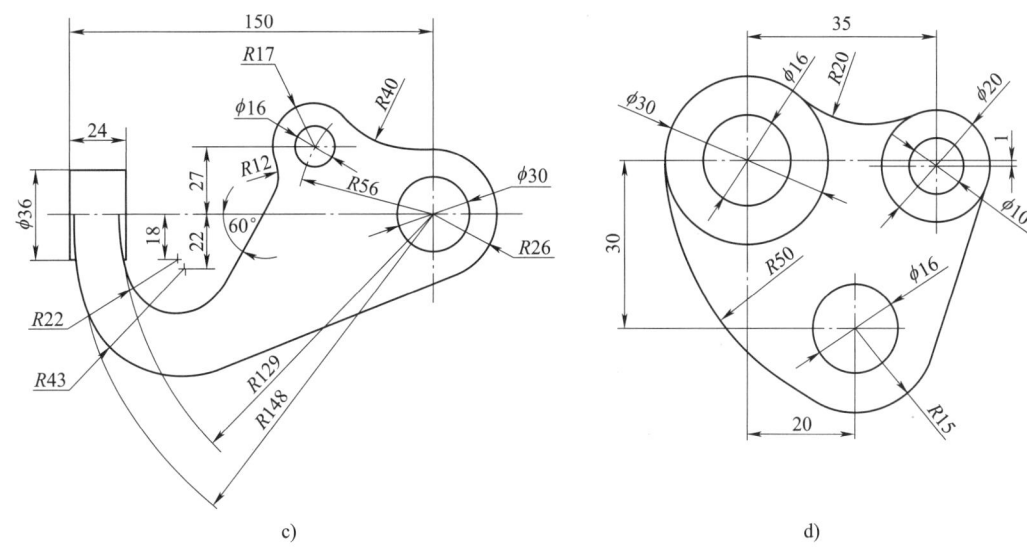

图 2-56 圆弧连接（续）

第 3 章　基准面和基准轴

通常生成模型的第一步就是选择基准面，除了系统已有的 3 个默认的基准面，还可以选择模型上的面。如果没有想要的面，就需要自己动手来生成，可见基准面是生成模型的基础。基准轴常用于圆周阵列等特征中，它也是生成模型的基础。本章主要讲述如何生成基准面和基准轴。

3.1　基准面

在模型设计中离不开基准面，基准面是建模中不可缺少的辅助工具。

3.1.1　基准面的基本知识

1. 创建基准面的方法

1) 单击"特征"面板中的"参考几何体"→"基准面"或者单击菜单"插入"→"参考几何体"→"基准面"，系统弹出"基准面"属性管理器。
2) 选择生成基准面的方式。
3) 设置基准面参数。
4) 单击"确定"图标按钮。

2. "基准面"属性管理器及参数

"基准面"属性管理器及参数见表 3-1。

表 3-1　"基准面"属性管理器及参数

"基准面"属性管理器	生成基准面的方式	说明
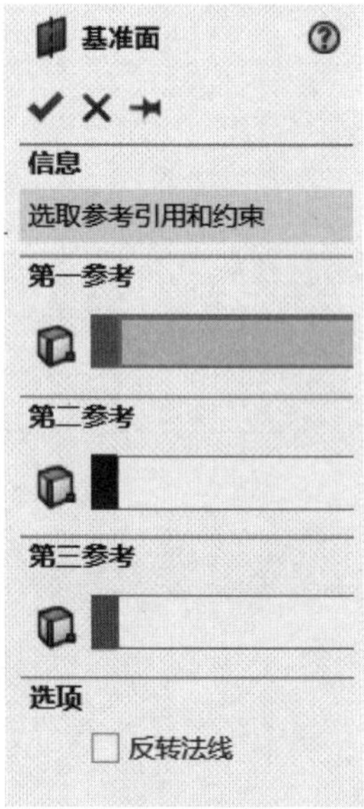 （图示）	重合	生成与参考面重合的基准面
	平行	生成与参考面平行的基准面
	垂直	生成与参考面垂直的基准面
	投影	将选定对象投影到曲面上生成基准面
	相切	生成与圆柱面或圆锥面相切的基准面
	两面夹角	通过一条边线或轴线以选定面为基准生成一个夹角基准面
	偏移距离	生成与参考面等距的基准面
	两侧对称	在参考面两侧生成对称基准面

3.1.2 创建基准面实例

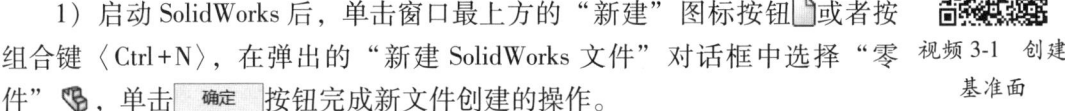

视频3-1 创建基准面

1）启动 SolidWorks 后，单击窗口最上方的"新建"图标按钮或者按组合键〈Ctrl+N〉，在弹出的"新建 SolidWorks 文件"对话框中选择"零件"，单击 确定 按钮完成新文件创建的操作。

2）右击选择 前视基准面，单击"正视于"图标按钮，单击"草图"切换到"草图"面板。单击"边角矩形"图标按钮，在绘图区绘制一个长为44、高为47的矩形，如图3-1中①所示。

3）单击"拉伸凸台/基体"图标按钮，系统弹出"凸台-拉伸"属性管理器，在"方向1"下的"终止条件"下拉列表框中选择"两侧对称"，在"深度"文本框中输入"54mm"，如图3-1中②、③所示。其他采用默认设置，单击"确定"图标按钮，如图3-1中④所示。结果如图3-1中⑤所示。

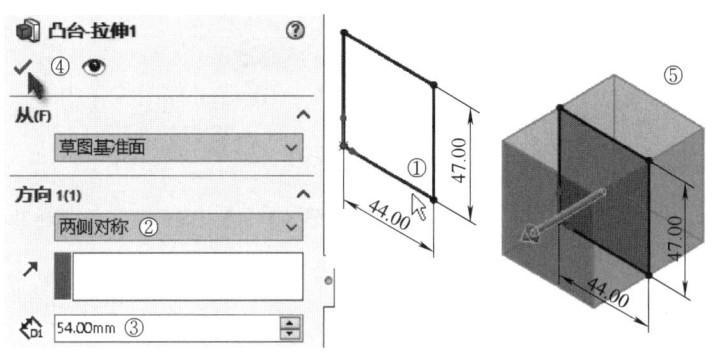

图3-1 生成长方体

4）为了看清楚即将建立的基准面，单击"显示样式"，选择"线架图"，如图3-2中①、②所示。

5）生成一通过边线（或轴、草图线）及点（或通过三点）的基准面。单击"特征"面板中"参考几何体"下方的"倒三角形"图标按钮，如图3-2中③所示，在弹出的选项中选择"基准面"，如图3-2中④所示。系统弹出"基准面"属性管理器，移动鼠标指针在绘图区中选择模型的一条边，系统自动在"第一参考"

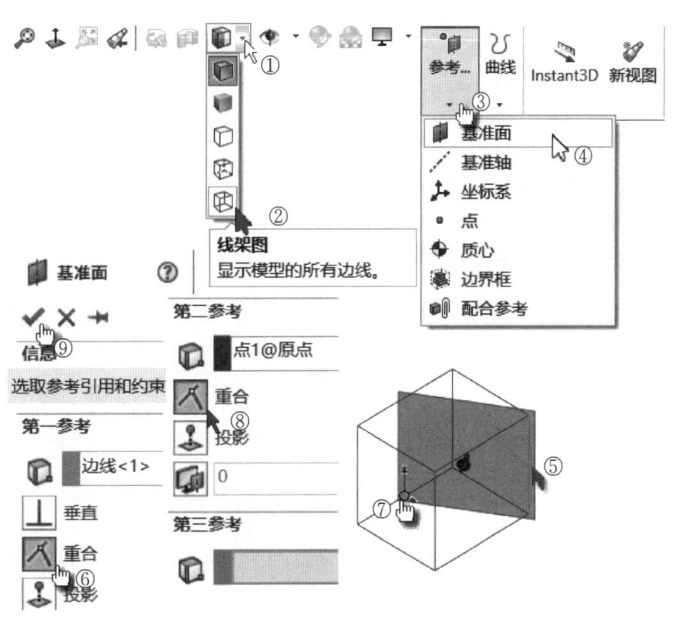

图3-2 通过直线和点创建基准面

📋列表框中出现"边线<1>",如图 3-2 中⑤所示,添加"重合"几何关系⚒,如图 3-2 中⑥所示。移动鼠标指针在绘图区中选择模型的原点,系统自动在"第二参考"📋列表框中输入"点 1@原点",如图 3-2 中⑦所示,添加"重合"几何关系⚒,如图 3-2 中⑧所示,其他采用默认设置。单击"确定"图标按钮✔完成基准面创建操作,如图 3-2 中⑨所示。

6)单击窗口最上方的"撤销"图标按钮↺或者按组合键〈Ctrl+Z〉,取消上一步建立基准面的操作回到长方体状态。

7)生成一平行于基准面(或面)和点的基准面。单击"特征"面板中的"参考几何体"→"基准面"🗔,系统弹出"基准面"属性管理器,移动鼠标指针,在绘图区中选择模型的最上面,系统自动在"第一参考"📋列表框中出现"面<1>",添加"平行"几何关系⫽,如图 3-3 中①、②所示。移动鼠标指针,在绘图区中选择模型的原点,系统自动在"第二参考"📋列表框中输入"点 1@原点",添加"重合"几何关系⚒,如图 3-3 中

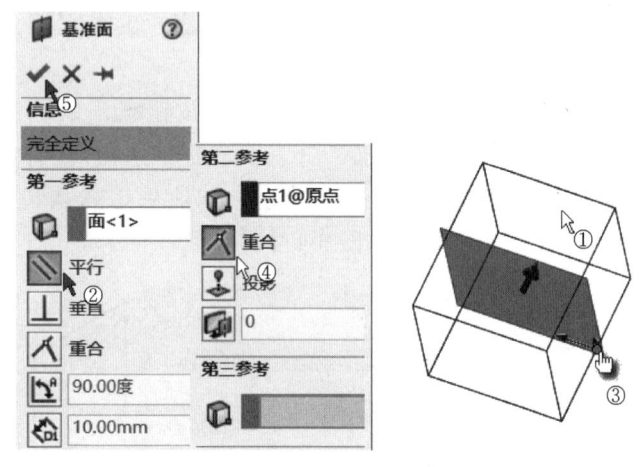

图 3-3 通过点和平行面创建基准面

③、④所示,其他采用默认设置。单击"确定"图标按钮✔完成基准面创建操作,如图 3-3 中⑤所示。

8)单击窗口最上方的"撤销"图标按钮↺或者按组合键〈Ctrl+Z〉,取消上一步建立基准面的操作回到长方体状态。

9)生成一基准面,它通过一条边线、轴线或草图线,并与一个面或基准面成一定角度。单击"特征"面板中的"参考几何体"→"基准面"🗔,系统弹出"基准面"属性管理器,移动鼠标指针,在绘图区中选择模型的最上面,系统自动在"第一参考"📋列表框中出现"面<1>",添加"角度"几何关系📐,输入角度值为"60 度",如图 3-4 中①~③所示。移动鼠标指针,在绘图区中选择模型的边线,系统自动在"第二参考"📋列表框中出现"边线<1>",添加"重合"几何关系⚒,如图 3-4 中④、⑤所示,其他采用默认设置。单击"确定"图标按钮✔完成基准面创建操作,如图 3-4 中⑥所示。

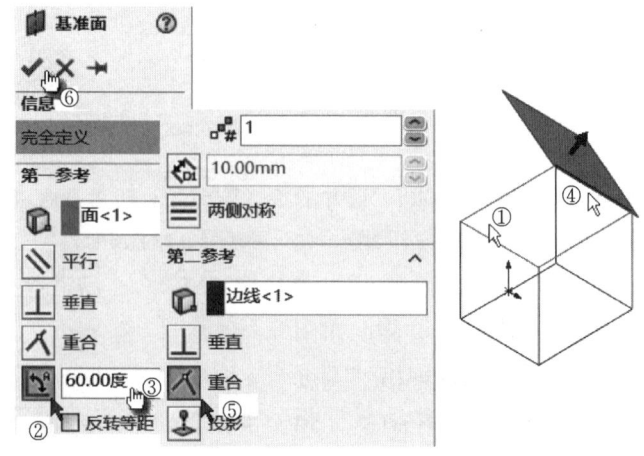

图 3-4 创建通过面的边线并绕边线旋转的基准面

10）单击窗口最上方的"撤销"图标按钮 或者按组合键〈Ctrl+Z〉，取消上一步建立基准面的操作回到长方体状态。

11）生成平行于一个基准面或面，并等距指定距离的基准面。单击"特征"面板中的"参考几何体"→"基准面" ，系统弹出"基准面"属性管理器，移动鼠标指针，在绘图区中选择模型的最上面，系统自动在"第一参考" 列表框中出现"面<1>"，添加"距离"约束 ，输入距离值为"40mm"，如图3-5中①~③所示。其他采用默认设置，单击"确定"图标按钮 完成基准面创建操作，如图3-5中④所示。

12）单击窗口最上方的"撤销"图标按钮 或者按组合键〈Ctrl+Z〉，取消上一步建立基准面的操作回到长方体状态。

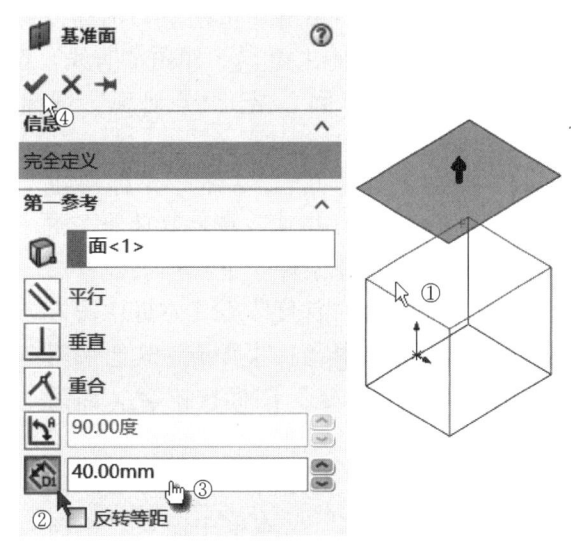

图3-5　创建与面平行的基准面

13）生成通过一个点且垂直于一边线、轴线或曲线的基准面。单击"特征"面板中的"参考几何体"→"基准面" ，系统弹出"基准面"属性管理器，移动鼠标指针，在绘图区中选择模型的一条边线，系统自动在"第一参考" 列表框中出现"边线<1>"，添加"垂直"几何关系 ，如图3-6中①、②所示。移动鼠标指针，在绘图区中选择模型的中点，系统自动在"第二参考" 列表框中出现"点<1>"，添加"重合"几何关系 ，如图3-6中③、④所示。其他采用默认设置，单击"确定"图标按钮 完成基准面创建操作，如图3-6中⑤、⑥所示。

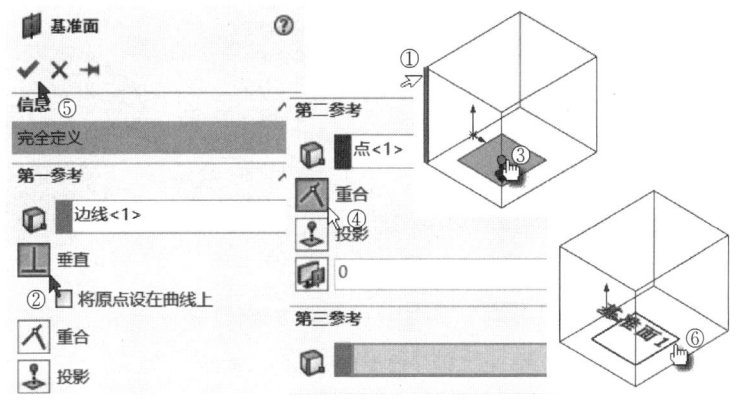

图3-6　创建垂直于曲线的基准面

14）单击窗口最上方的"另存为"图标按钮 ，在"文件名"文本框中输入"长方体.SLDPRT"，单击 保存(S) 按钮。

15) 单击窗口最上方的"新建"图标按钮或者单击组合键〈Ctrl+N〉,在弹出的"新建 SolidWorks 文件"对话框中选择"零件",单击 确定 按钮完成新文件创建的操作。右击选择 前视基准面,单击"正视于"图标按钮,单击"草图"切换到"草图"面板。单击"草图绘制"图标按钮,单击"直线"图标按钮,绘制一条通过原点且对称于原点的水平线,单击"圆心/起/终点画弧"图标按钮,绘制一个半圆形,如图 3-7 中①所示。

16) 单击"拉伸凸台/基体"图标按钮,系统弹出"凸台-拉伸"属性管理器,在"方向1"下的"终止条件"下拉列表框中选择"两侧对称",在"深度"文本框中输入"30mm",如图 3-7 中②、③所示。其他采用默认设置,单击"确定"图标按钮,如图 3-7 中④、⑤所示。

17) 单击窗口最上方的"另存为"图标按钮,在"文件名"文本框中输入"半圆柱.SLDPRT",单击 保存(S) 按钮。

18) 在圆形曲面上生成一基准面。单击"特征"面板中的"参考几何体"→"基准面",系统弹出"基准面"属性管理器,移动鼠标指针,在绘图区中选择模型的圆柱面,系统自动在"第一参考"列表框中输入"面<1>",添加"相切"几何关系,如图 3-8 中①、②所示。右击选择 上视基准面,如图 3-8 中③所示。系统自动在"第二参考"列表框中输入"上视基准面",添加"角度"几何关系,输入角度值为"30度",如图 3-8 中④、⑤所示。其他采用默认设置。单击"确定"图标按钮完成基准面创建操作,如图 3-8 中⑥、⑦所示。

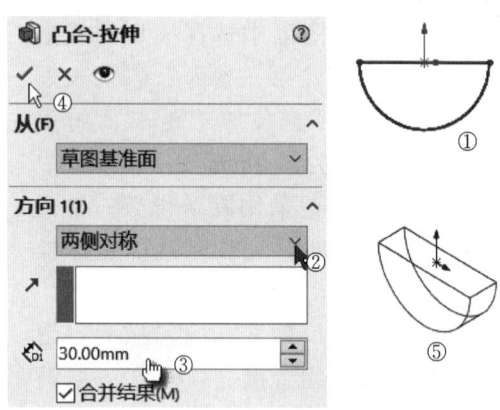

图 3-7 生成半圆柱

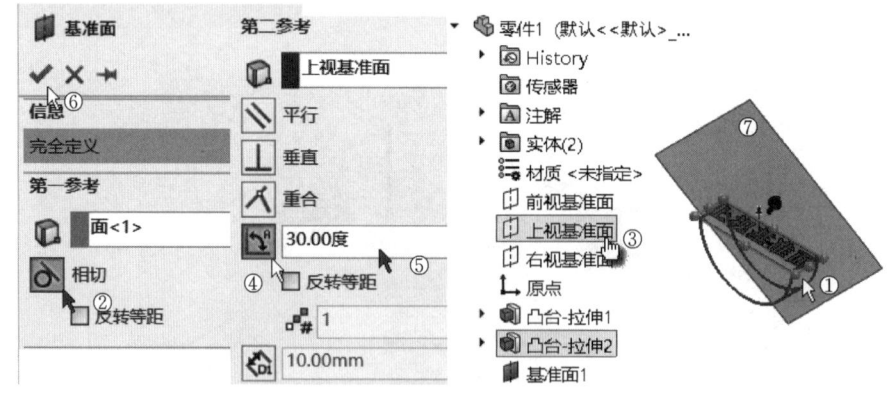

图 3-8 创建曲面切平面的基准面

3.2 基准轴

在建模过程中需要用到基准轴的辅助,如圆周阵列中的中心轴等。

视频 3-2 创建曲面切平面的基准面

3.2.1 基准轴的基本知识

1. 创建基准轴的方法

1）单击"特征"面板中的"参考几何体"→"基准轴" ，或者单击菜单"插入"→"参考几何体"→"基准轴"，系统弹出"基准轴"属性管理器。

2）选择生成基准轴的方式。

3）设置基准轴参数。

4）单击"确定"图标按钮 。

2. "基准轴"属性管理器及参数

"基准轴"属性管理器及参数见表3-2。

表3-2 "基准轴"属性管理器及参数

"基准轴"属性管理器	生成基准轴的方式	说 明
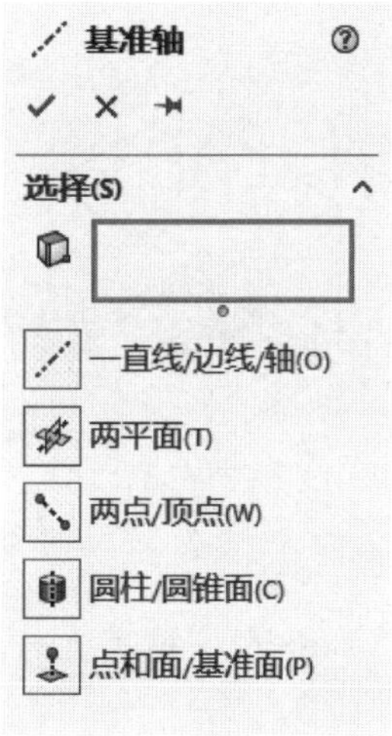		使用已有的草图直线、模型边线、临时轴生成基准轴
		通过两个空间平面的交线生成基准轴
		通过两个空间点（包括顶点、中点或草图点）生成基准轴
		通过圆柱或圆锥的轴线生成基准轴
		通过空间一点和平面生成垂直于平面的基准轴

3.2.2 创建基准轴实例

1）通过直线创建基准轴。打开"长方体.SLDPRT"模型，单击"特征"面板中的"参考几何体"→"基准轴" ，如图3-9中①、②所示。系统弹出"基准轴"属性管理器，移动鼠标指针，在绘图区中选择模型的边线，系统自动在"参考实体" 列表框中输入"边线<1>"。其他采用默认设置，单击"确定"图标按钮 ，如图3-9中③、④所示。创建的基准轴就是选中的竖直线，如图3-9中⑤所示。

2）单击窗口最上方的"撤销"图标按钮 或者按组合键〈Ctrl+Z〉，取消上一步建立基准轴的操作。

3）通过两平面创建基准轴。单击"特征"面板中的"参考几何体"→"基准轴" 。系统弹出"基准轴"属性管理器，移动鼠标指针，在特征管理器中选择"前视基准面"和"基准面1"，如图3-10中①、②所示，系统自动在"参考实体" 列表框中输入"前视基准面"和"基准面1"，如图3-10中③所示。其他采用默认设置。单击"确定"图标按钮

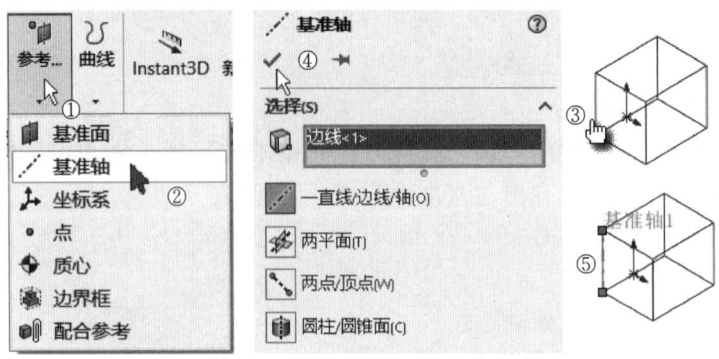

图 3-9 选择直线创建基准轴

✓，如图 3-10 中④、⑤所示。

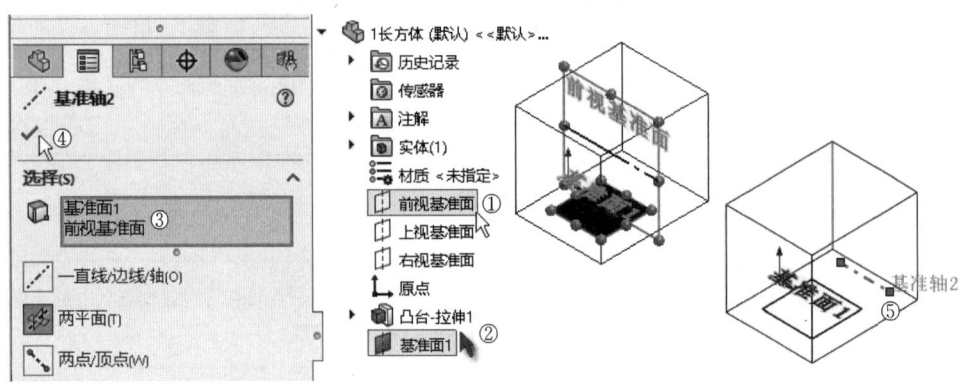

图 3-10 通过两平面创建基准轴

4）单击窗口最上方的"撤销"图标按钮 ⤺ 或者按组合键〈Ctrl+Z〉，取消上一步建立基准轴的操作。

5）右击"基准面 1"，从弹出的快捷菜单中选择"删除"。

6）通过两顶点创建基准轴。单击"特征"面板中的"参考几何体"→"基准轴"，系统弹出"基准轴"属性管理器，移动鼠标指针，在绘图区中分别选择模型的两个点，系统自动在"参考实体"列表框中输入"顶点<1>"和"点<1>"，如图 3-11 中①、②所示。其他采用默认设置。单击"确定"图标按钮 ✓，创建的基准轴如图 3-11 中③、④所示。

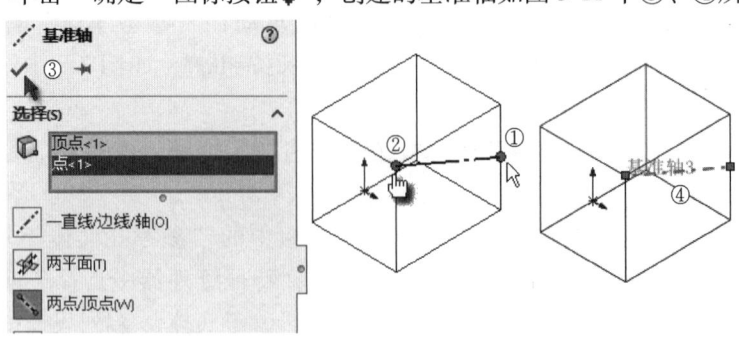

图 3-11 通过两顶点创建基准轴

7)单击窗口最上方的"撤销"图标按钮 或者按组合键〈Ctrl+Z〉,取消上一步建立基准轴的操作。

8)通过点和面创建基准轴。单击"特征"面板中的"参考几何体"→"基准轴",系统弹出"基准轴"属性管理器,移动鼠标指针,在绘图区中选择模型的一个面和原点,系统自动在"参考实体"列表框中输入"面<1>"和"点 1@原点",如图 3-12 中①、②所示,其他采用默认设置。单击"确定"图标按钮,如图 3-12 中③、④所示。

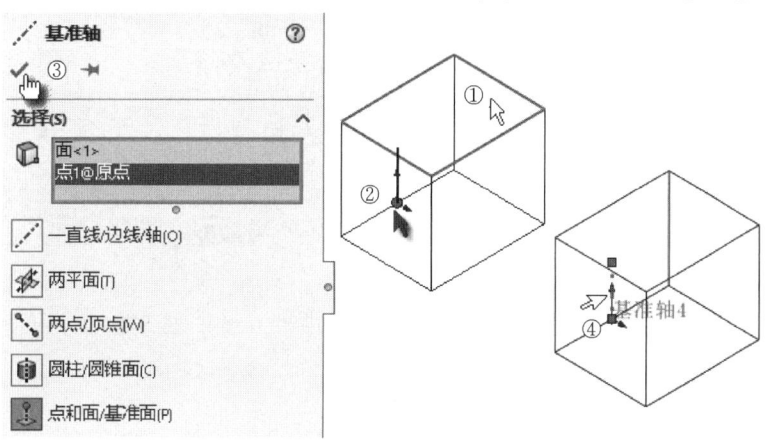

图 3-12 通过点和面创建基准轴

9)通过圆柱体的轴心创建基准轴。打开"半圆柱.SLDPRT"模型。单击"特征"面板中的"参考几何体"→"基准轴",系统弹出"基准轴"属性管理器,移动鼠标指针,在绘图区中选择模型的圆柱面,系统自动在"参考实体"列表框中输入"面<1>",其他采用默认设置,如图 3-13 中①所示。单击"确定"图标按钮完成基准轴创建操作,如图 3-13 中②、③所示。

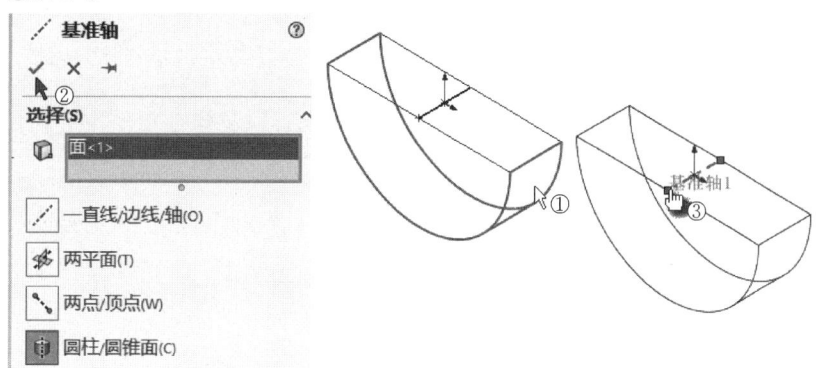

图 3-13 通过圆柱体的轴心创建基准轴

3.3 思考与练习

这里主要练习基准面和基准轴的创建,使读者加深理解基准面和基准轴在建模中所起的作用。

1. 基准面。先做出一个正三棱柱,再添加一个半圆柱,做出各种基准轴,如图 3-14 所示。

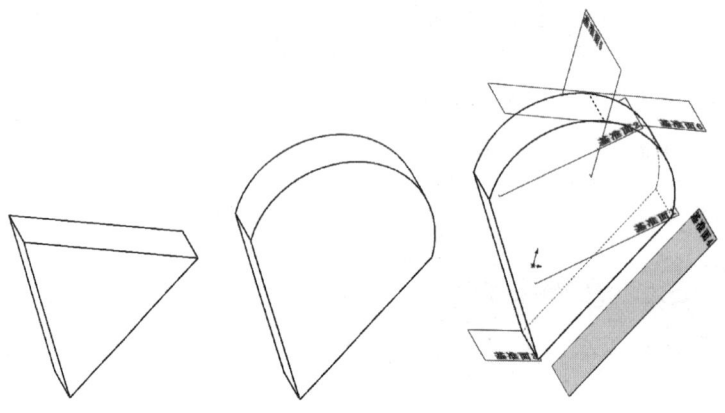

图 3-14　创建基准面

2. 基准轴。做出各种基准轴,如图 3-15 所示。

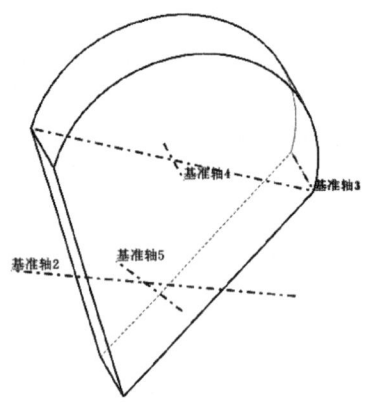

图 3-15　创建基准轴

第4章 基本特征

以草图的形体和尺寸为依据，通过拉伸、旋转、扫描、放样等将 2D 草图转换成 3D 实体，然后进行切除、倒角、圆角、钻孔等操作，最后进行拔模、抽壳等即可完成 SolidWorks 零件的造型。SolidWorks 通常建立一个个的特征，通过"搭积木"将一个个特征组合起来形成零件模型。特征是三维建模的基础，SolidWorks 提供了很多特征造型命令，这些命令在"特征"面板和"插入"菜单中。

特征命令可以分成基础特征、装饰特征和变换特征。如拉伸/切除拉伸、旋转/切除旋转、扫描/切除扫描、放样/切除放样等属于基础特征，圆角、倒角、抽壳、拔模、筋、圆顶、包覆、异型孔等属于装饰特征，变形、圆周阵列、线性阵列、复制移动等属于变换特征。

整个建模过程就如同搭建积木一般，首先需将建模对象化整为零，即将最终要形成的模型拆解为若干部分。其次，选取一个合适的基准面，再单击"草图"，运用圆、直线或者修剪等命令绘制一个草图，按住鼠标中键旋转进行观察，然后单击"特征"，拉伸，以此创建出一个拉伸体。再次重复上述步骤，选择另一个基准面，绘制草图，单击"特征"，选择拉伸或切除。如此不断循环往复，便能逐步构造出一个复杂的三维实体。

4.1 倒角和异型孔

4.1.1 倒角的基本知识

倒角可在所选的模型边线、面或顶点上生成一倾斜特征。倒角有 3 种类型，即角度-距离、距离-距离、顶点，如图 4-1 所示。

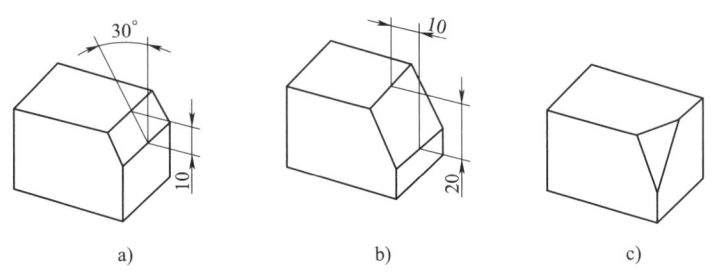

图 4-1 倒角的类型
a）角度-距离 b）距离-距离 c）顶点

生成倒角特征的一般步骤如下。

1）单击"特征"面板中的"倒角"图标按钮 或单击菜单"插入"→"特征"→"倒角"。

2）选择倒角类型。

3）选择需要倒角的边、面或顶点。

4）输入倒角参数。

5）单击"确定"图标按钮✔。

具体操作过程如下。

1）启动 SolidWorks 后，单击窗口最上方的"新建"图标按钮 或者按组合键〈Ctrl+N〉，在弹出的"新建 SolidWorks 文件"对话框中选择"零件"，单击 确定 按钮完成新文件创建的操作。

2）绘制"草图 1"。右击选择 前视基准面，单击"正视于"图标按钮，单击"草图"切换到"草图"面板。单击"中心矩形"图标按钮，绘制出一个中心点在原点的矩形，单击"智能尺寸"图标按钮，标注矩形的长为 40、高为 30，如图 4-2 中①所示。

3）建立"拉伸 1"。单击"特征"切换到"特征"面板。单击"拉伸凸台/基体"图标按钮，系统弹出"凸台-拉伸"属性管理器，在"方向 1"下的"终止条件"下拉列表框中选择"两侧对称"，在"深度" 文本框中输入 40mm，如图 4-2 中②、③所示。其他采用默认设置，单击"确定"图标按钮✔完成拉伸操作，如图 4-2 中④、⑤所示。

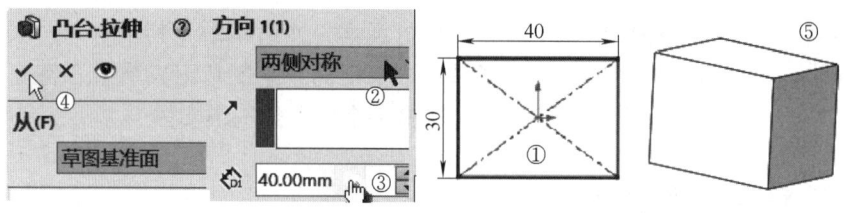

图 4-2　拉伸

4）添加角度-距离倒角。在"特征"面板中单击"倒角"图标按钮，如图 4-3 中①、②所示。系统弹出"倒角"属性管理器，选择倒角类型为"角度-距离"，移动鼠标指针到绘图区中选择想倒角的连线，如图 4-3 中③、④所示。在"距离" 文本框中输入 20mm，在"角度" 文本框中输入 30 度，如图 4-3 中⑤、⑥所示。其他采用默认设置，单击"确定"图标按钮✔完成倒角操作，如图 4-3 中⑦、⑧所示。

5）添加距离-距离倒角。在特征管理器中选择"倒角 1"，从弹出的快捷菜单中选择"编辑特征"选项，如图 4-4 中①、②所示。系统进入编辑特征界面，选择倒角类型为"距离-距离"，选择"对称"选项，在"距离" 文本框中输入 20mm，如图 4-4 中③~⑤所示。其他采用默认设置，单击"确定"图标按钮✔完成倒角操作，结果如图 4-4 中⑥所示。

6）添加顶点倒角。在"特征"面板中单击"倒角"图标按钮，系统弹出"倒角"属性管理器，选择倒角类型为"顶点"，勾选"相等距离"选项，在"距离" 文本框中输入 20mm，如图 4-5 中①~③所示。移动鼠标选择图 4-5 中④所示的顶点，其他采用默认设置，单击"确定"图标按钮✔完成顶点倒角操作，如图 4-5 中⑤所示，结果如图 4-5 中⑥所示。

7）单击窗口最上方的"另存为"图标按钮，在"文件名"文本框中输入"倒角

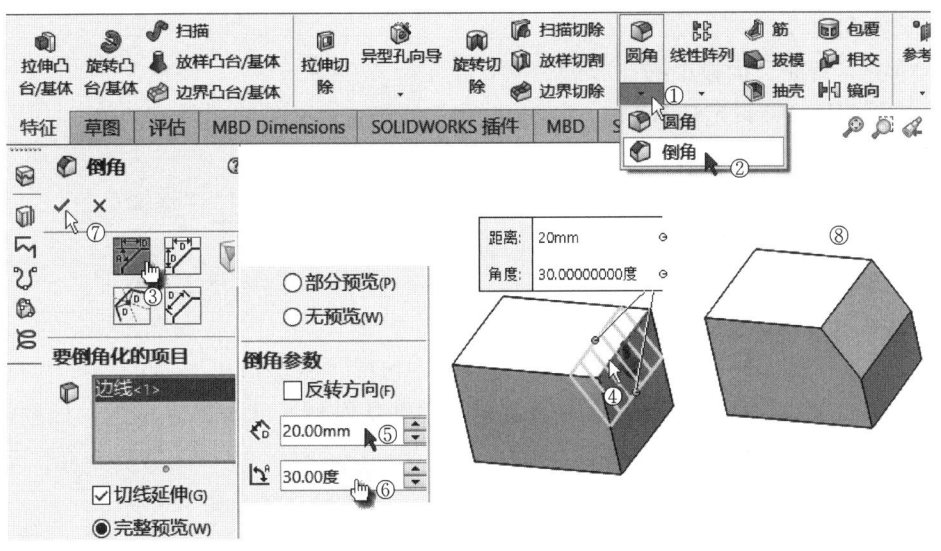

图 4-3 角度-距离倒角

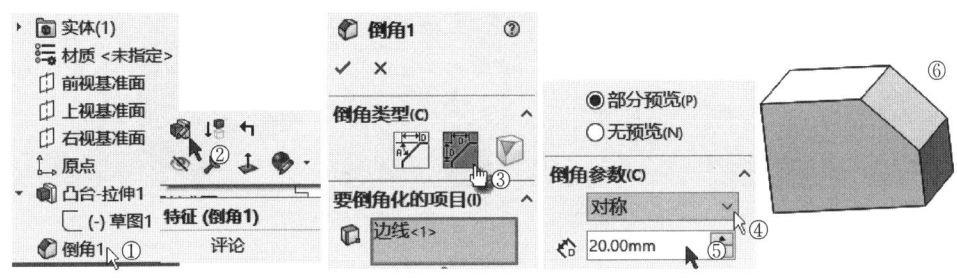

图 4-4 距离-距离倒角

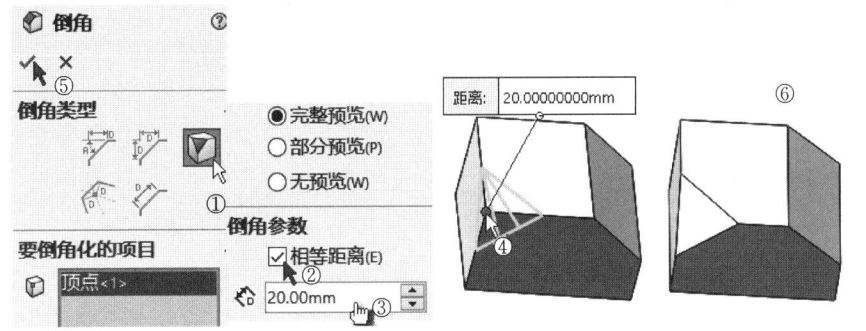

图 4-5 顶点倒角

.SLDPRT",单击 保存(S) 按钮。

4.1.2 异型孔的基本知识

异型孔特征可以创建"柱形沉头孔"、"锥形沉头孔"、"孔"、"直螺纹孔"、"锥形螺纹孔"、"柱孔槽口"、"锥孔槽口"、"槽口"等类型。

创建异型孔的步骤如下。

1）选择孔放置面。
2）单击"特征"面板中的"异型孔向导"图标按钮。
3）选择孔类型，设定孔参数。
4）单击"确定"图标按钮。
5）在特征管理器中右击孔定位草图，在弹出的快捷菜单中选择"编辑草图"。
6）对孔进行几何约束、尺寸约束或添加点来增加孔的个数。
7）退出草图，完成孔定位。

创建螺纹孔的具体操作过程如下。

1）右击选择凸台-拉伸1，从弹出的快捷菜单中选择"编辑特征"，如图4-6中①、②所示。在"深度"文本框中输入20mm，其他采用默认设置，单击"确定"图标按钮完成拉伸操作，如图4-6中③、④所示。

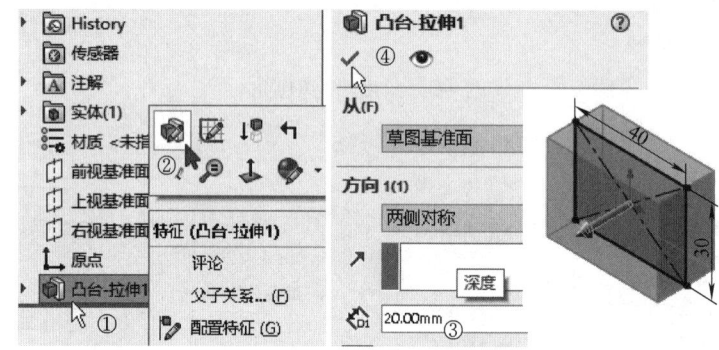

图4-6 编辑特征

2）在"特征"面板中单击"异型孔向导"图标按钮，系统弹出"孔规格"属性管理器，单击"类型"标签，如图4-7中①所示。"孔类型"选择"直螺纹孔"，"标准"选择"GB"，"类型"选择"螺纹孔"，"大小"选择M10，"终止条件"选择"给定深度"为10mm，螺纹线的"给定深度"为5mm，如图4-7中②~⑤所示。单击属性管理器中

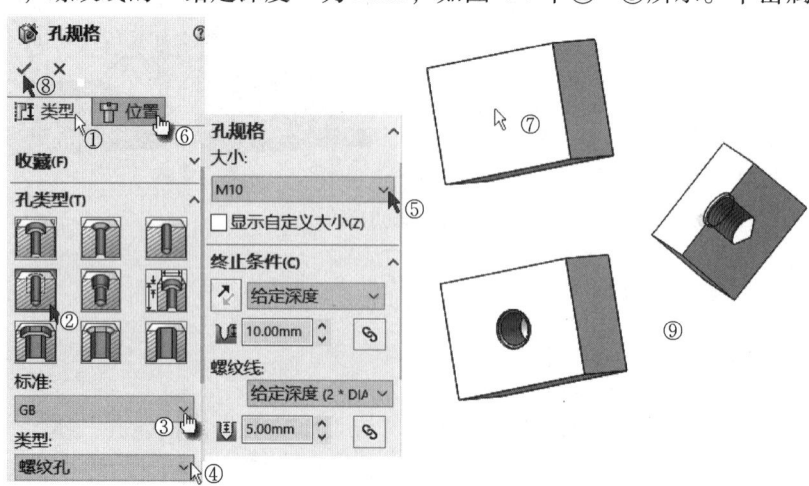

图4-7 创建螺纹孔

的"位置" 标签，在绘图区选择如图 4-7 中⑦所示的面作为孔放置面，单击"确定"图标按钮✔完成孔创建，如图 4-7 中⑥~⑧所示。单击菜单"视图"→"显示"→"剖面视图"，剖面选择"右视基准面"，可以看到螺纹孔剖视图，最后的结果如图 4-7 中⑨所示。从结果中可以看出螺纹孔的位置和个数是否符合设计要求，若不符合，可以编辑螺纹孔定位草图，添加点或进行几何约束和尺寸约束，使螺纹孔的位置和个数达到设计要求。

4.2 拉伸/切除拉伸

拉伸是将轮廓草图向指定的方向直线延伸形成实体，拉伸切除是将轮廓草图从已有实体中切除。它们适用于构造截面相同的实体特征。

拉伸类型可分为薄壁拉伸、凸台拉伸和切除拉伸，如图 4-8 所示。

创建拉伸/切除拉伸的步骤如下。

1）绘制拉伸草图。

2）选择拉伸草图，单击"拉伸"图标按钮 或单击"拉伸切除"图标按钮 。

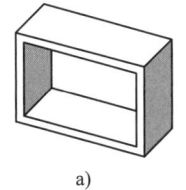
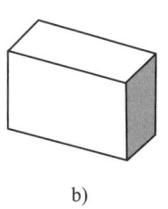
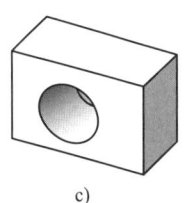

a)　　　　　　b)　　　　　　c)

图 4-8　拉伸类型

a）薄壁拉伸　b）凸台拉伸　c）切除拉伸

3）选择"开始条件"。

4）选择"结束条件"。

5）输入对应的参数。

6）单击"确定"图标按钮✔。

4.2.1　拉伸的三种类型

1. 薄壁拉伸

1）右击选择 凸台-拉伸1，从弹出的快捷菜单中选择"删除"，如图 4-9 中①、②所示。在弹出的"确认删除"对话框中单击 是(Y) 按钮，如图 4-9 中③所示。

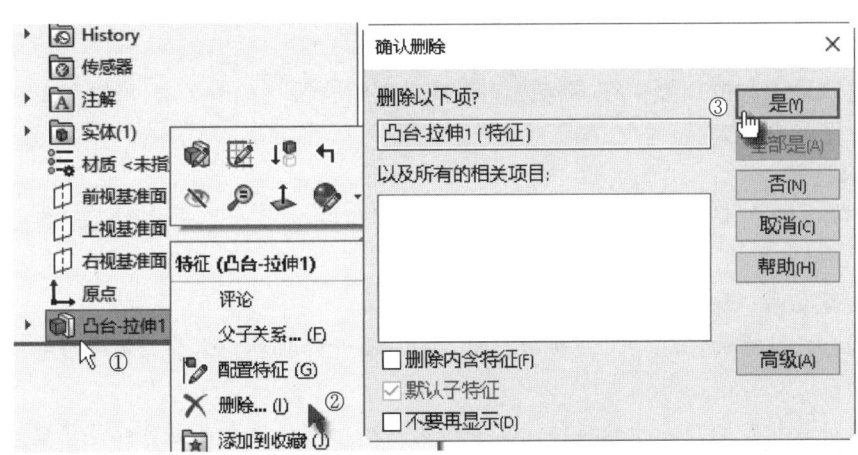

图 4-9　删除特征

2) 右击选择 草图1，从弹出的快捷菜单中选择"编辑草图"，如图4-10中①、②所示。单击"特征"切换到"特征"面板。单击"拉伸凸台/基体"图标按钮，系统弹出"凸台-拉伸"属性管理器，在"深度"文本框中输入20mm，如图4-10中③~⑥所示。勾选"薄壁特征"选项，选择加厚方式为"单向"，单击"反向"图标按钮使壁厚方向向内，输入厚度为3mm，如图4-10中⑦~⑨所示。其他采用默认设置，单击"确定"图标按钮完成薄壁拉伸操作。

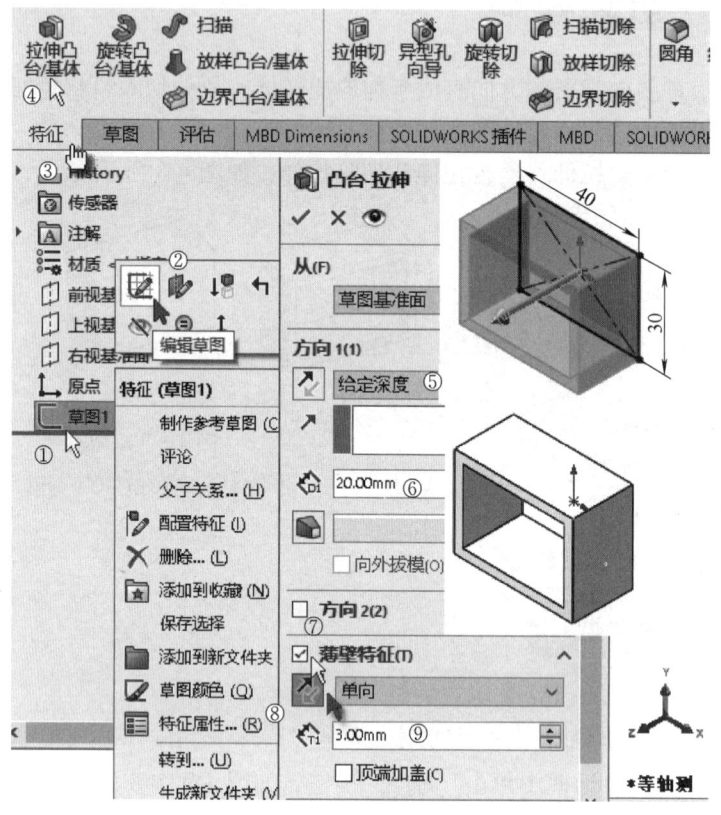

图4-10 薄壁拉伸

单击窗口最上方的"撤销"图标按钮或者按组合键〈Ctrl+Z〉，可取消上一步的操作回到矩形草图状态。

2. 凸台拉伸

拉伸的开始条件是指拉伸开始的位置，包括"草图基准面""曲面/面/基准面""顶点"和"等距"。

● 草图基准面：从绘制草图的基准面开始拉伸。

● 曲面/面/基准面：从指定的曲面、面、基准面开始拉伸，需要指定一个曲面、面或基准面。

● 顶点：从指定的顶点开始拉伸，需要指定一个顶点，这个顶点可以是模型的边线顶点或草图中的直线端点等。

● 等距：拉伸从草图基准面等距一段距离开始，需要输入一个距离值，可以单击"反向"图标按钮，从反向等距开始拉伸。

单击"拉伸凸台/基体"图标按钮，系统弹出"凸台-拉伸"属性管理器，在"深度"文本框中输入20mm，如图4-11中①所示。单击"从"下拉列表框旁的按钮，选择"等距"，输入等距值为30mm，如图4-11中②~⑤所示。其他采用默认设置，单击"确定"图标按钮完成拉伸操作，如图4-11中⑥所示。

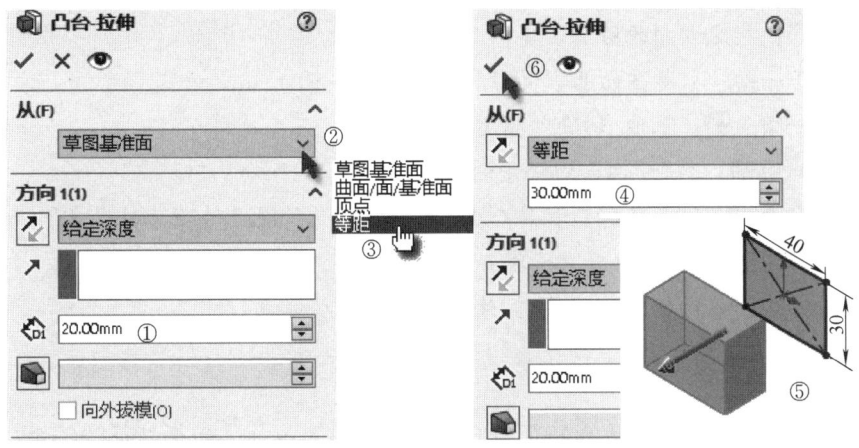

图4-11 等距凸台拉伸

3. 切除拉伸

在刚生成的长方体上选择一个面，单击"草图"切换到"草图"面板。单击"圆"图标按钮，绘制一个圆，如图4-12中①、②所示。单击"特征"切换到"特征"面板。单击"拉伸切除"图标按钮，如图4-12中③所示，系统弹出"切除-拉伸"属性管理器，"方向1"下的"终止条件"选择"完全贯穿"，如图4-12中④、⑤所示。其他采用默认设置，单击"确定"图标按钮完成切除拉伸操作，如图4-12中⑥、⑦所示。

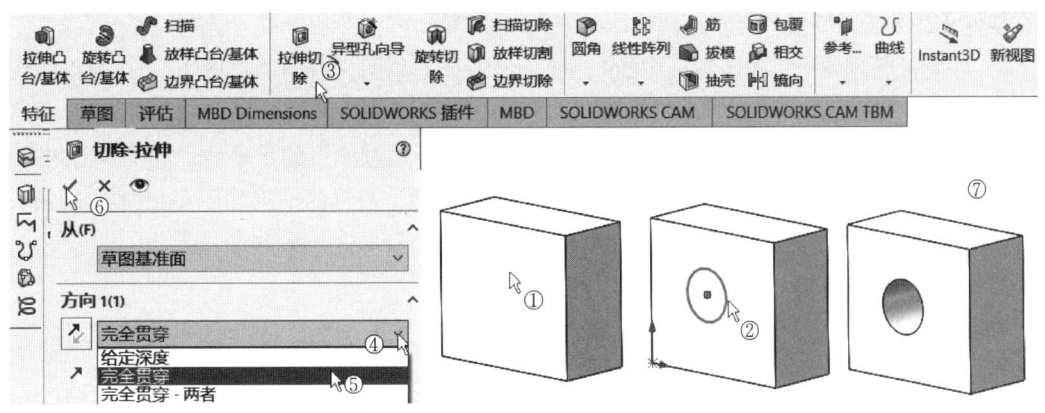

图4-12 切除拉伸

单击窗口最上方的"另存为"图标按钮，在"文件名"文本框中输入"切除拉伸.SLDPRT"，单击 保存(S) 按钮。

📖 注意：切除拉伸只能在已有实体的情况下才能使用，切除拉伸不能空切除（即切除不到实体），否则会出错。

切除拉伸时可以选择不同的终止条件类型。选择不同的终止条件类型，其结果会不一样。终止条件是指拉伸终止的位置，其中各项的含义如下。

- 给定深度 ⚑：拉伸/切除到指定的深度结束。
- 完全贯穿：指定方向的所有实体。
- 成形到下一面：从草图的基准面拉伸特征到下一面。
- 成形到一顶点 ⚑：拉伸/切除到指定的顶点结束。
- 成形到一面 ⚑：拉伸/切除到指定的面结束。
- 到离指定面指定的距离 ⚑：拉伸/切除到距指定面所规定的距离时结束。
- 成形到实体 ⚑：拉伸/切除到已存在的实体结束。
- 两侧对称 ⚑：以两侧对称拉伸/切除到指定的深度结束。

4.2.2 编辑特征

在生成一个特征后，还可以对特征进行一系列的基本操作，包括特征的编辑、压缩、删除、复制。

SolidWorks 特征的编辑主要包括特征草图的编辑、特征参数的编辑及特征尺寸的修改。

1. 特征草图的编辑

要修改特征的草图，可以使用以下方法之一。

1）在特征管理器中单击实体特征前面的 ➕，展开该特征的草图，右击该草图，在出现的快捷菜单中，选择"编辑草图"选项。

2）右击绘图区中相应的特征，在出现的快捷菜单中，选择"编辑草图"选项。

3）单击窗口最上方的"打开"图标按钮 📂 或者按组合键〈Ctrl+O〉，打开第 1 章中建立的零件 1-2. SLDPRT。

4）在特征管理器中，单击特征中的 ▶，展开该特征的草图，右击"草图 1"，在弹出的快捷菜单中，选择"编辑草图"选项，如图 4-13 中①~③所示。按组合键〈Ctrl+8〉后可看到草图"正视于"的结果。单击"直线"图标按钮 ✏️，绘制一条通过原点的水平线，如图 4-13 中④所示。单击"剪裁实体"图标按钮 ✂️，把多余的线条剪裁掉，最终的结果如图 4-13 中⑤所示。单击"重建模型"图标按钮 🔄，按组合键〈Ctrl+7〉后结果如图 4-13 中⑥所示。

2. 特征参数的编辑

草图是控制特征界面形状的，而特征的一些属性参数是在建立特征时定义的。因此，如果想要修改拉伸特征的深度，必须编辑其定义。

3. 特征尺寸的修改

SolidWorks 提供了两种直接修改特征（包括其草图）尺寸的方法。其中一种方法的具体操作过程如下。

1）右击选择 ▭ (-) 草图1，在弹出的快捷菜单中，选择"编辑草图"选项，双击小圆直径18，在弹出的"修改"对话框中输入 36，单击"修改"对话框上方的"确定"图标按钮

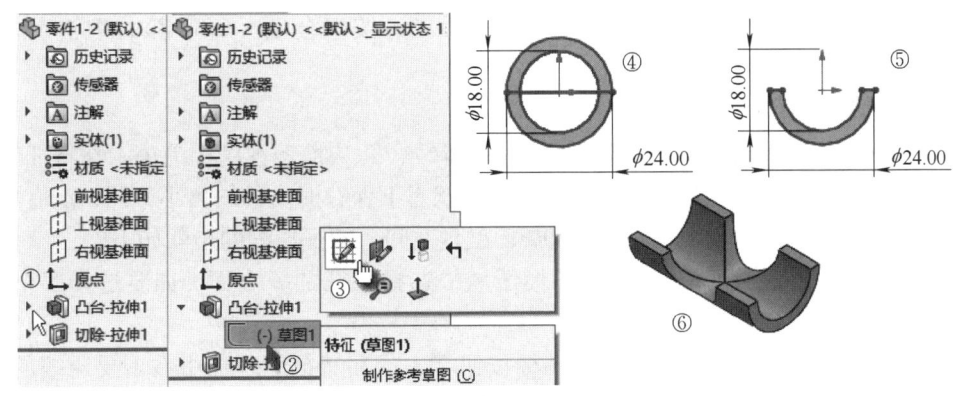

图 4-13 编辑草图

✓，如图 4-14 中①~③所示。单击"重建模型"图标按钮🎱，结果如图 4-14 中④所示。

2）在特征管理器中，双击需要编辑的特征，系统会显示该特征的全部尺寸，如🗐 切除-拉伸1，双击尺寸 30，在弹出的"修改"对话框中输入 90，单击"修改"对话框上方的"确定"图标按钮✓，如图 4-14 中⑤~⑦所示。单击"重建模型"图标按钮🎱，结果如图 4-14 中⑧所示。单击窗口最上方的"保存"图标按钮💾。

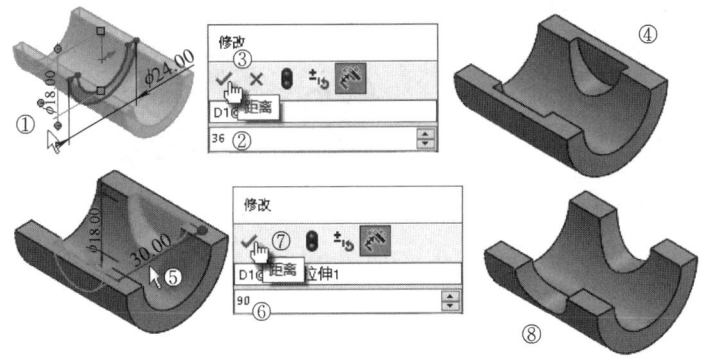

图 4-14 修改草图尺寸和特征参数

3）双击 🗋 (-) 草图2，双击小圆直径 18，在弹出的"修改"对话框中输入 30，单击"修改"对话框上方的"确定"图标按钮✓，如图 4-15 中①~④所示。单击"重建模型"图标按钮🎱，结果如图 4-15 中⑤所示。

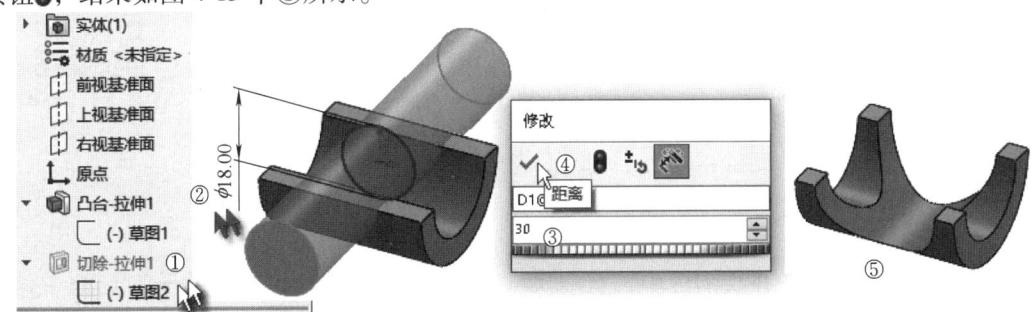

图 4-15 修改草图尺寸

4）单击窗口最上方的"撤销"图标按钮↶或者按组合键〈Ctrl+Z〉，取消上一步的操作。

4. 特征的压缩和解除压缩

特征被压缩后，将从模型中移除（但没有删除），并从模型视图上消失，在特征管理器中显示为灰色。零件文件在特征压缩状态和正常状态下保存时文件的大小不同，所有特征被压缩后，保存文件大约可以节省 20%~80% 的磁盘空间。特征压缩的步骤如下。

1）在特征管理器中选择特征或在图形区域中选择特征的一个面。如要选择多个特征，需要在选择时按住〈Ctrl〉键。

2）单击"特征"栏中的"压缩"图标按钮↓█，或在特征管理器中右击要压缩的特征，在出现的快捷菜单中，选择"压缩"选项。

解除特征压缩的方法与特征压缩的方法类似，特征栏上相应的"解除压缩"图标按钮为↑█。例如，选择 切除-拉伸1，选择"压缩"图标按钮↓█，如图 4-16 中①~③所示。再次选择 切除-拉伸1，选择"解除压缩"图标按钮↑█，如图 4-16 中④~⑥所示。

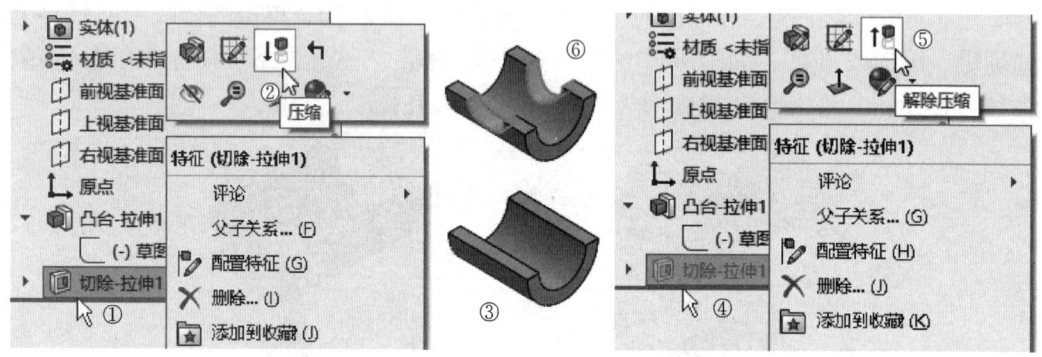

图 4-16 压缩特征

4.2.3 拉伸/切除拉伸实例

【例 4-1】 建立如图 4-17 所示的半圆筒截交模型。本例的目的是使读者熟悉 SolidWorks 的基本操作过程。

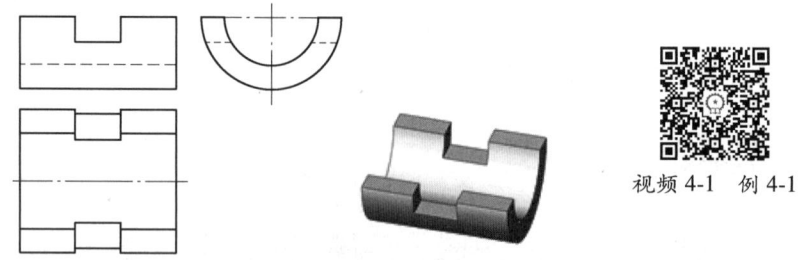

图 4-17 半圆筒截交模型

视频 4-1 例 4-1

1）双击 (-) 草图1，在绘图区中，双击尺寸"φ24"，在弹出的"修改"对话框中修改尺寸为"16"，单击"修改"对话框上方的"确定"图标按钮✓，如图 4-18 中①~③所示。

单击"重建模型"图标按钮,结果如图 4-18 中④所示。单击窗口最上方的"撤销"图标按钮或者按组合键〈Ctrl+Z〉,取消上一步的操作。

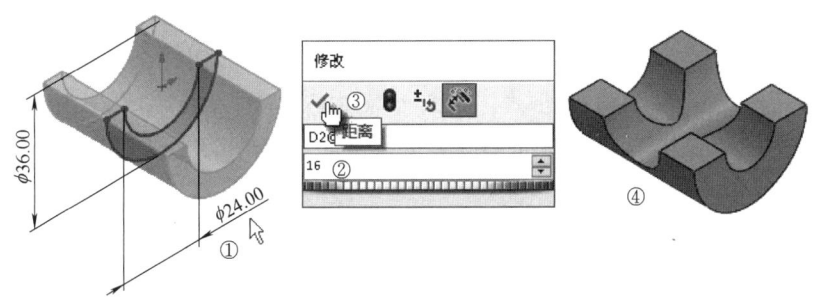

图 4-18 修改特征尺寸

2)右击选择 (-) 草图2,在弹出的快捷菜单中选择"编辑草图"选项,单击"编辑草图",按组合键〈Ctrl+8〉后可看到草图"正视于"的结果。进入草图绘制界面,右击选择圆,在弹出的快捷菜单中选择"删除",在弹出的"草图实体删除确认"对话框中单击 是(M) 按钮,如图 4-19 中①~⑤所示。

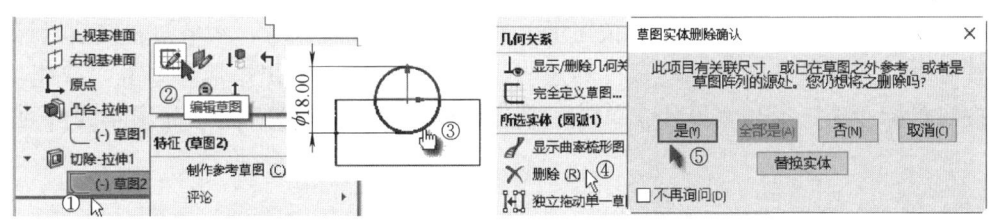

图 4-19 删除草图

3)单击窗口最上方的菜单"工具"→"选项",如图 4-20 中①、②所示。在弹出的"系

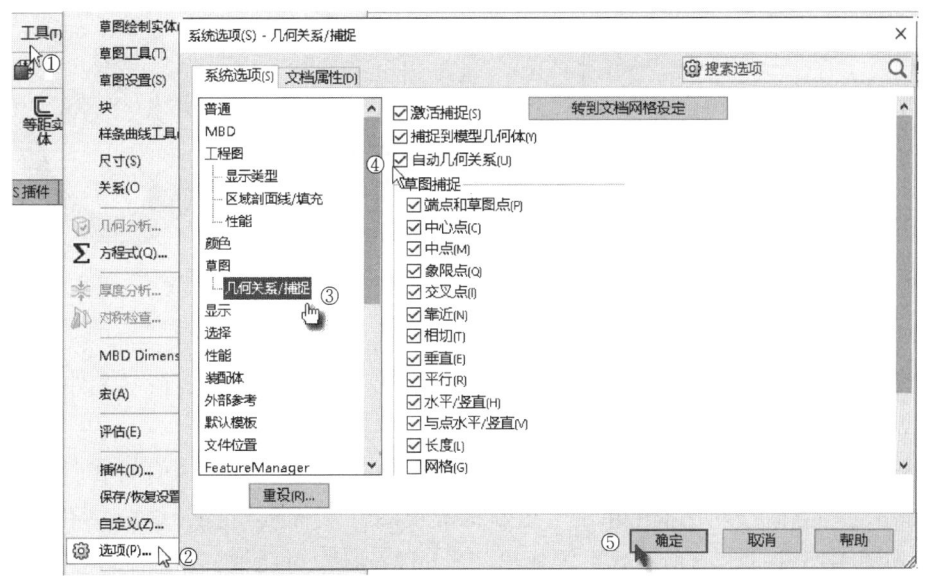

图 4-20 设置自动几何关系

统选项"中选择"几何关系/捕捉",勾选"自动几何关系",单击 确定 按钮,如图4-20中③~⑤所示。

4)单击"直槽口"图标按钮,在绘图区单击确定通过原点的两个点后再向上单击确定一点,如图4-21中①~④所示。单击"智能尺寸"图标按钮,标注槽口中心距为18,宽度为10,单击"确定"图标按钮,如图4-21中⑤~⑦所示。结果如图4-21中⑧所示。单击窗口最上方的"撤销"图标按钮或者按组合键〈Ctrl+Z〉,取消上一步的操作。

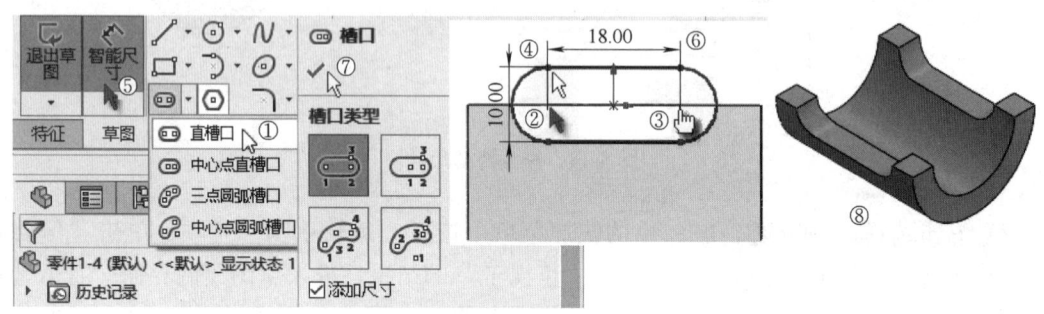

图4-21 槽口截交模型

5)单击"3点中心矩形"图标按钮,在绘图区中捕捉圆心,水平向右移动鼠标到适当位置时单击,再垂直向上移动鼠标到适当位置时单击,绘制出矩形。单击"智能尺寸"图标按钮标注出矩形长宽尺寸,单击"重建模型"图标按钮,结果如图4-22中①~⑤所示。

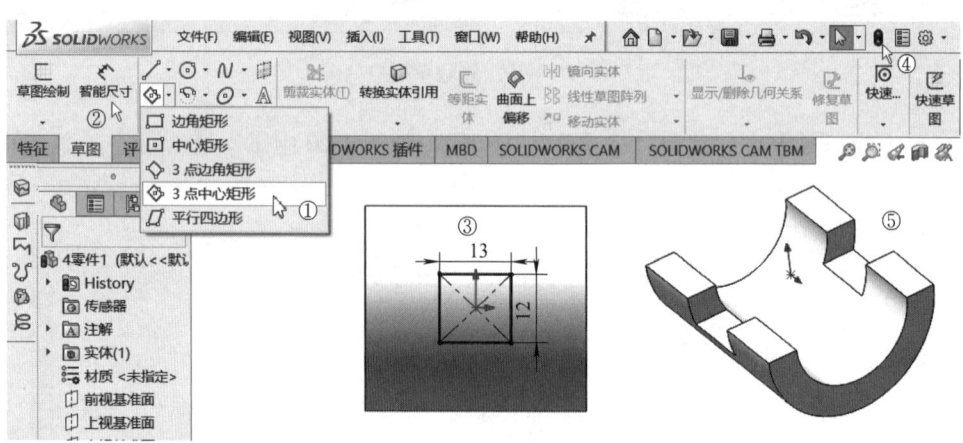

图4-22 创建半圆筒截交模型

6)单击菜单"文件"→"另存为",系统弹出"另存为"对话框,在"文件名"文本框中输入"半圆筒截交模型",单击 保存(S) 按钮。

7)选择圆筒端面,单击"正视于"图标按钮,结果如图4-23中①~③所示。按空格键,在弹出的"方向"对话框中单击"更新标准视图"图标按钮,单击"下视"(不要双击),如图4-23中④、⑤所示。系统弹出"SolidWorks"对话框,单击 是(Y) 按钮,标准视图将对应于此视图并全部更新,按组合键〈Ctrl+7〉后可以看到结果,如图4-23中⑥所示。单击窗口最上方的"另存为"图标按钮 ,在"文件名"文本框中输入"半圆筒截交模型.SLDPRT",单击 保存(S) 按钮。

圆角特征可以在零件上生成一个内圆角或外圆角面,也可以为一个面的所有边线、所选的多组面、所选的边线或边线环生成圆角。生成圆角特征的一般步骤如下。

1)单击"特征"栏中的"圆角"图标按钮 。
2)选择圆角类型(圆角类型包括:等半径、变半径、面圆角、完整圆角)。
3)选择需要添加圆角的边或面。
4)输入圆角半径。
5)设定圆角参数(圆角选项包括:多半径圆角、切线延伸、曲率连续、等宽等)。
6)单击"确定"图标按钮 。

其中变半径是指生成带可变半径值的圆角;面圆角是指将非相邻、非连续的面圆角;完整圆角是指生成相切于三个相邻面组的圆角。

【例 4-2】 建立如图 4-24 所示的托架模型。本例的目的是使读者熟悉 SolidWorks 的基本操作过程。

视频 4-2 例 4-2

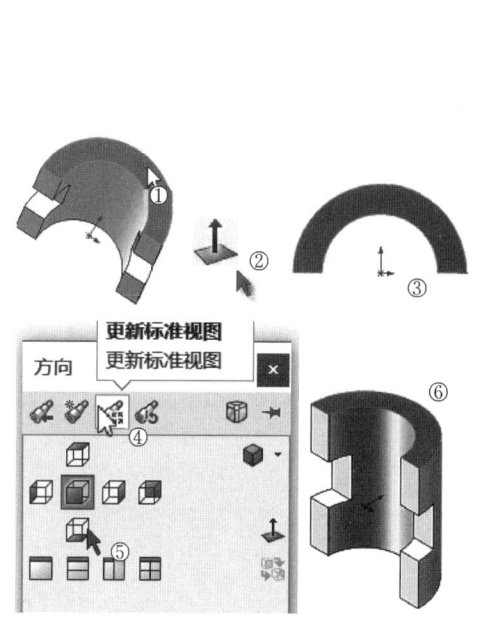

图 4-23 更新标准视图

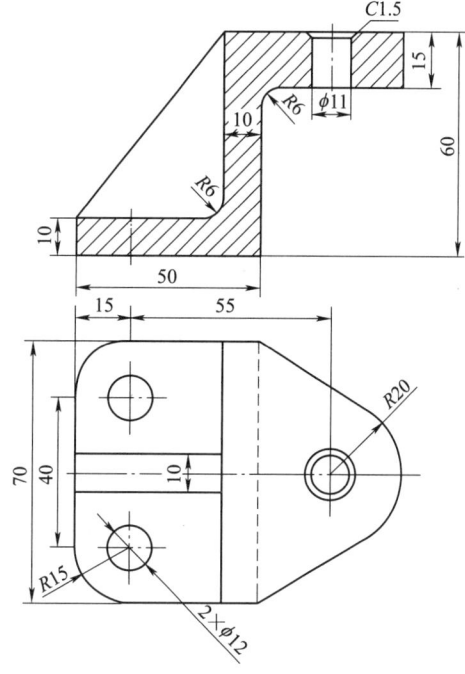

图 4-24 托架模型

1)打开在第 2 章中建立的已经修改过草图和特征的"托架"文件,单击"特征"切换到"特征"面板。选择"圆角"图标按钮 ,系统弹出"圆角"属性管理器,选择"恒定大小圆角"图标按钮 ,如图 4-25 中①、②所示,在"圆角参数"下拉列表中选择"对称"选项,在"半径" 文本框中输入 15mm,如图 4-25 中③~⑤所示。在"要圆角化的项目"中选择需要倒圆角的两条边线,如图 4-25 中⑥~⑧所示,其他采用默认设置,单击

"确定"图标按钮✓,如图 4-25 中⑨所示。

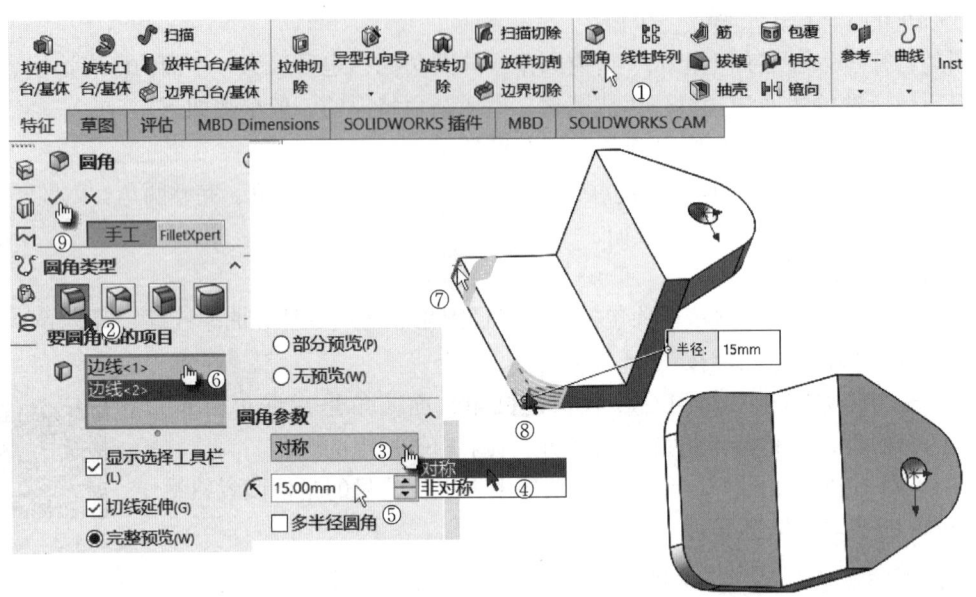

图 4-25 倒圆角

2)右击选择□ 前视基准面,单击"正视于"图标按钮,如图 4-26 中①、②所示,单击"圆"图标按钮⊙,如图 4-26 中③、④所示。先用鼠标接触一下所倒圆角半径,然后选定圆心,单击选定的圆心,在远离圆心处任意位置单击,如图 4-26 中⑤、⑥所示。单击"智能尺寸"图标按钮,如图 4-26 中⑦所示。选择刚绘制的圆,修改尺寸为 12mm,如图 4-26 中⑧、⑨所示。

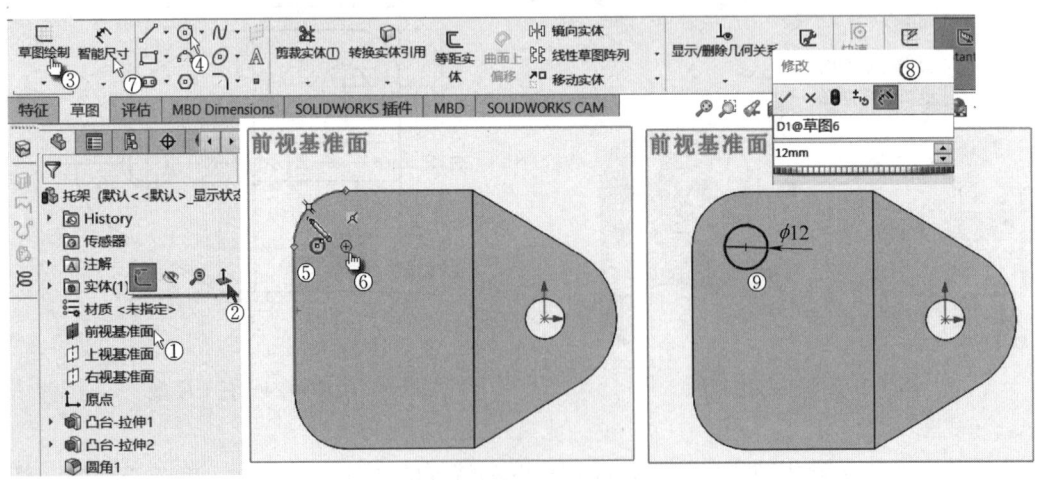

图 4-26 画圆

3)用同样的方法在另一个圆角处画圆,按住〈Ctrl〉键选择两个圆,添加"相等"几何关系═,单击"确定"图标按钮✓,如图 4-27 中①~⑤所示。

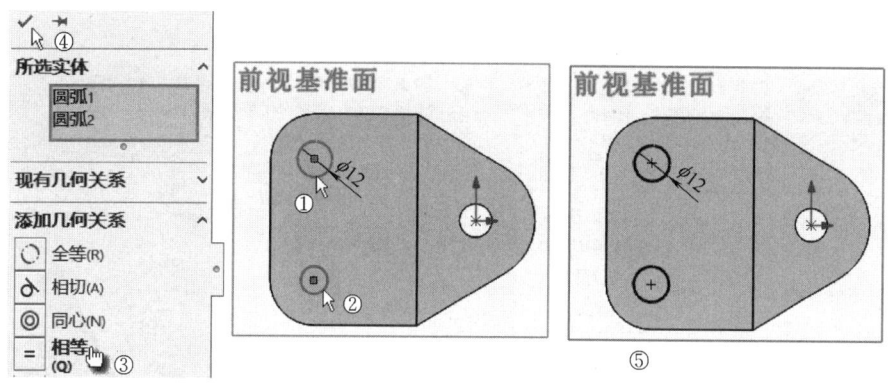

图 4-27 相等约束

4）单击"特征"切换到"特征"面板。单击"拉伸切除"图标按钮，系统弹出"切除-拉伸"属性管理器，在"方向 1"的"终止条件"中选择"完全贯穿"，单击"反向"图标按钮，如图 4-28 中①~⑤所示，所选轮廓选择"草图 6"，其他采用默认设置，如图 4-28 中⑥、⑦所示。单击"确定"图标按钮完成切除拉伸操作，如图 4-28 中⑧、⑨所示。

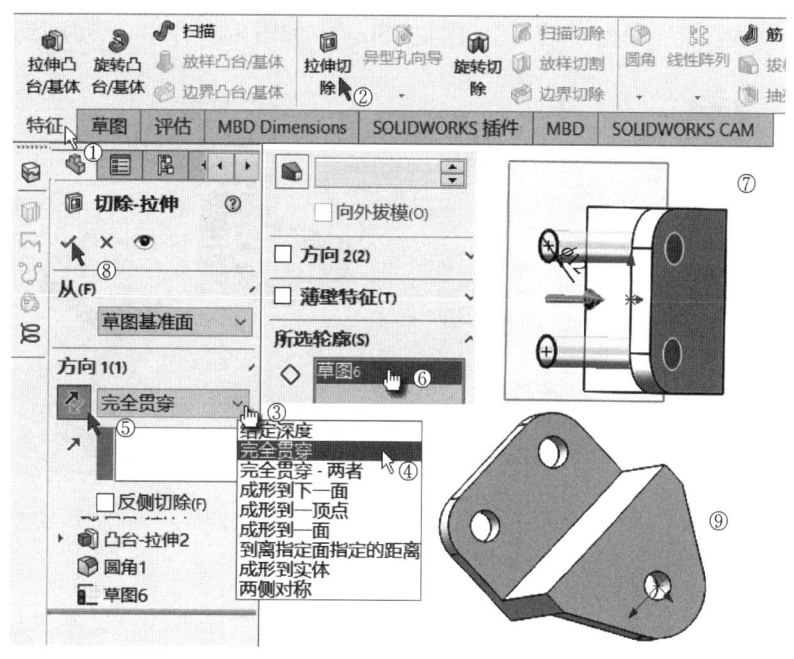

图 4-28 切除拉伸

5）顶板圆倒角。单击"倒角"图标按钮，如图 4-29 中①、②所示。系统弹出"倒角"属性管理器，选择倒角类型为"距离-距离"，"倒角参数"选择"对称"，在"距离"文本框中输入 1.5mm，如图 4-29 中③、④所示。在"要倒角化的项目"中选择圆的一条边线，如图 4-29 中⑤、⑥所示，其他采用默认设置，单击"确定"图标按钮，如图 4-29

中⑦、⑧所示。

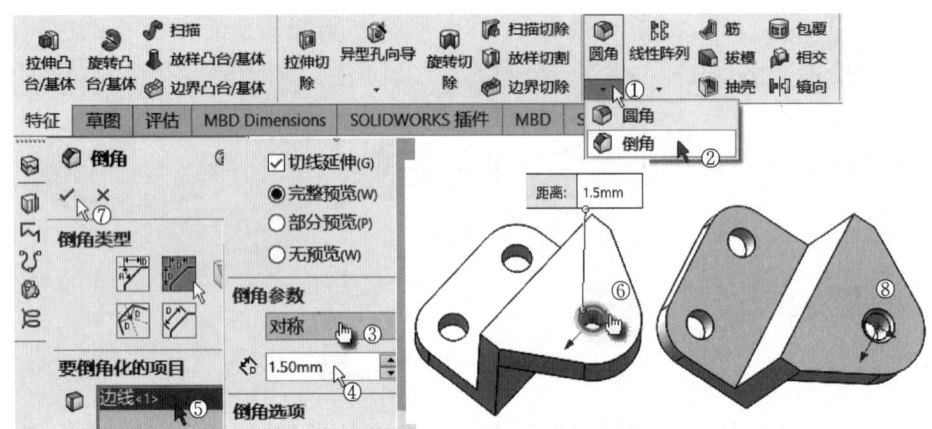

图 4-29　倒角

6）单击"圆角"图标按钮，"圆角类型"选择"恒定大小圆角"，如图 4-30 中①、②所示。"圆角参数"选择"对称"，在"半径"文本框中输入 6mm，如图 4-30 中③、④所示。在"要圆角化的项目"中选择需要倒圆角的两条边线，如图 4-30 中⑤~⑦所示，其他采用默认设置，单击"确定"图标按钮，如图 4-30 中⑧、⑨所示。

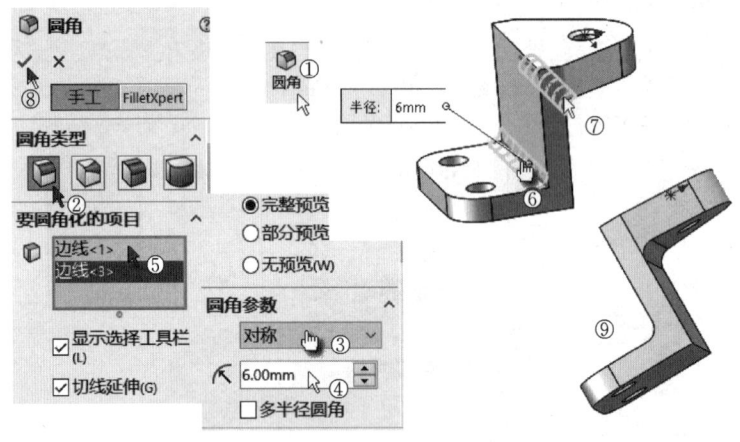

图 4-30　倒圆角

7）单击窗口最上方的"另存为"图标按钮，在"文件名"文本框中输入"托架.SLDPRT"，单击 保存(S) 按钮。

4.3　筋

筋是加强零件强度的一种手段。它在绘制的轮廓与现有零件之间添加指定方向和厚度的材料。可使用单一或多个草图轮廓生成筋。在生成筋的同时可以添加拔模特征。

4.3.1 筋的基本知识

1. 添加筋的步骤

1）绘制直线草图。

2）选中草图，在"特征"面板中单击"筋"图标按钮 。

3）输入厚度，选择厚度类型，选择拉伸方向，可以选择"拔模"选项，输入拔模角度。

4）单击"确定"图标按钮 。

2. "筋"属性管理器参数

1）第一边 ：厚度向第一边增加。

2）两侧 ：厚度向两侧增加。

3）第二边 ：厚度向第二边增加。

4）筋厚度 ：输入筋的厚度值。

5）平行于草图 ：平行于草图方向生成筋。

6）垂直于草图 ：垂直于草图方向生成筋。

7）反转材料方向：勾选这个选项，生成筋的方向相反。

8）拔模开关 ：打开拔模开关，可生成带拔模的筋。

9）所选实体：多实体添加筋时需要指定添加筋的对象实体。

10）所选轮廓 ：草图有相交轮廓时需要指定需要的轮廓。

4.3.2 创建平行于草图的筋实例

创建筋。打开 4.2.3 节创建的拉伸/切除实例"托架"零件文件。

1）右击选择 上视基准面，单击"正视于"图标按钮 ，单击"草图"切换到"草图"面板。单击"直线"图标按钮 ，绘制一条斜线，如图 4-31 中①~⑤所示。

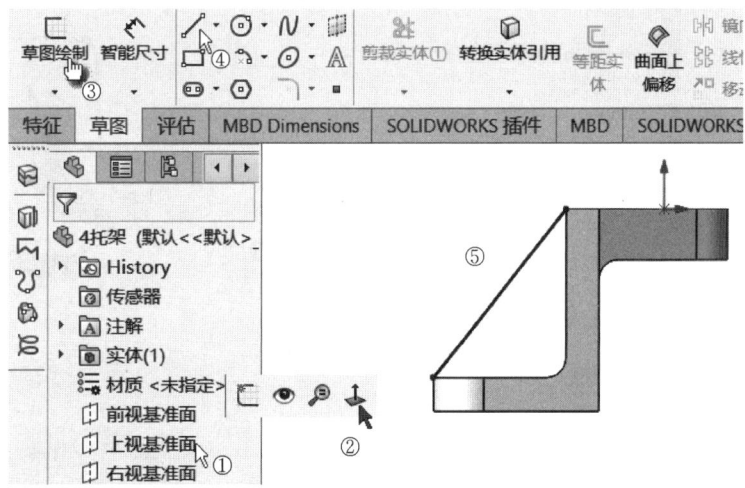

图 4-31 画筋的草图

2）在特征管理器中选择筋草图，在"特征"面板中单击"筋"图标按钮，系统弹出"筋"属性管理器。选择"厚度"类型为"两侧"，在"筋厚度"文本框中输入10mm，选择"拉伸方向"为"平行于草图"，其他采用默认设置，单击"确定"图标按钮✔完成筋特征操作，如图4-32中①~⑧所示。

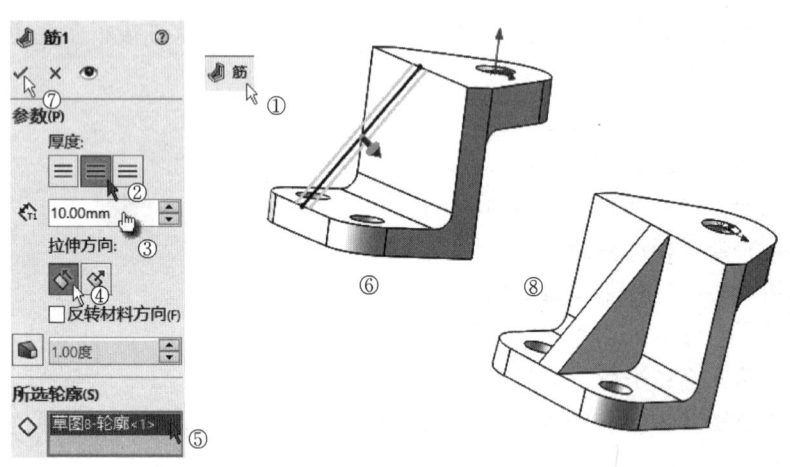

图4-32　平行于草图的筋

3）为了使图形看起来更美观，需要把相切边线隐藏起来。单击窗口最上方的菜单"工具"→"选项"，在弹出的默认的"系统选项"中选择"显示"，在"零件/装配体上的相切边线显示"选项组中选择"移除"，单击"确定"按钮，如图4-33中①~④所示。

4）单击窗口最上方的"保存"图标按钮。

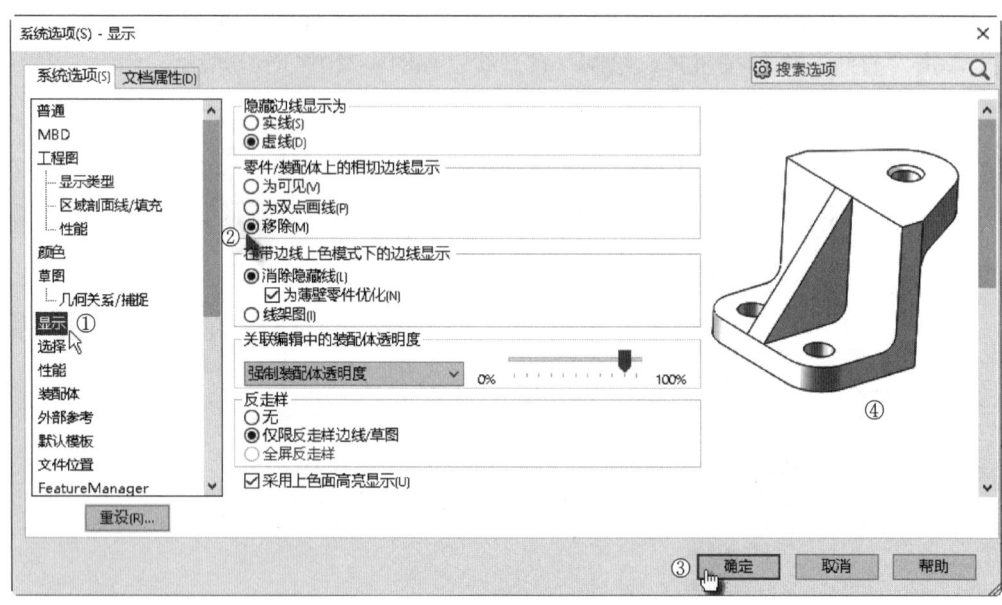

图4-33　隐藏相切边线

4.4 旋转/切除旋转

旋转是将草图轮廓绕指定的旋转轴旋转生成实体特征。切除旋转是将草图轮廓绕指定的旋转轴旋转生成的特征从已有实体中切除。旋转类型有基体（凸台）旋转、薄壁旋转、切除旋转、曲面旋转，见表 4-1。

表 4-1 旋转类型

序号	旋转类型	模型	序号	旋转类型	模型
1	基体（凸台）		3	切除	
2	薄壁		4	曲面	

1. 创建旋转/切除旋转的步骤

1) 绘制旋转/切除旋转草图。
2) 单击"旋转凸台/基体"图标按钮 或"旋转切除"图标按钮 。
3) 选择旋转轴。
4) 设置旋转参数。
5) 单击"确定"图标按钮 。

2. "旋转"和"切除旋转"属性管理器参数

1) 旋转轴 ：旋转必须指定旋转轴。旋转轴可以是中心线、实线、模型边线和轴线。
2) 反向 ：使旋转方向反向。
3) 角度 ：输入旋转角度值。
4) 单向：单方向旋转。
5) 两侧对称：将草图平面向两侧对称旋转。
6) 双向：向两个方向旋转，需输入两个方向的旋转角度值。
7) 多轮廓：在轮廓相交的草图中需指定拉伸的轮廓。
8) 合并结果：勾选这个选项，旋转结果将与原有实体合并成一个实体，这个选项只有在创建第二个旋转时才出现。
9) 特征范围：切除旋转经过多个实体时，需要指定切除实体的范围。
10) 所有实体：切除所有实体。
11) 所选实体：需要指定切除的实体。
12) 自动选择：由系统自动选择。
13) 薄壁特征：勾选这个选项可以创建薄壁特征。
14) 反向 ：以反方向旋转生成旋转特征。

【例 4-3】 滑轮旋转实例,如图 4-34 所示。

1)启动 SolidWorks 后,单击窗口最上方的"新建"图标按钮 或者按组合键〈Ctrl + N〉,在弹出的"新建 SolidWorks 文件"对话框中选择"零件",单击 确定 按钮完成新文件创建的操作。

2)右击选择 前视基准面,单击"正视于"图标按钮,单击"草图"切换到"草图"面板。单击"直线"图标按钮,单击"中心线"图标按钮,在草图中绘制出一条过原点的水平和竖直中心线。单击"边角矩形"图标按钮,在绘图区绘制两个矩形草图,如图 4-35 中①所示。单击"添加几何关系"图标按钮,系统弹出"添加几何关系"对话框,选择两条边线和一条竖直中心线,添加"对称"几何关系,如图 4-35 中②~⑥所示。同理,对图 4-35 中⑦、⑧所示边线做同样的对称操作。单击"确定"图标按钮。

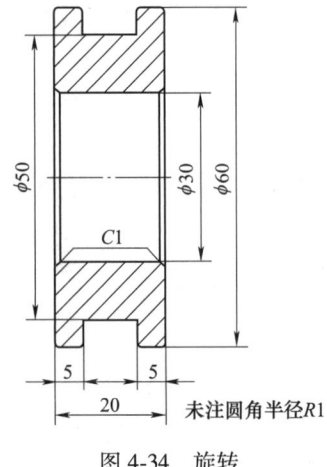

图 4-34 旋转

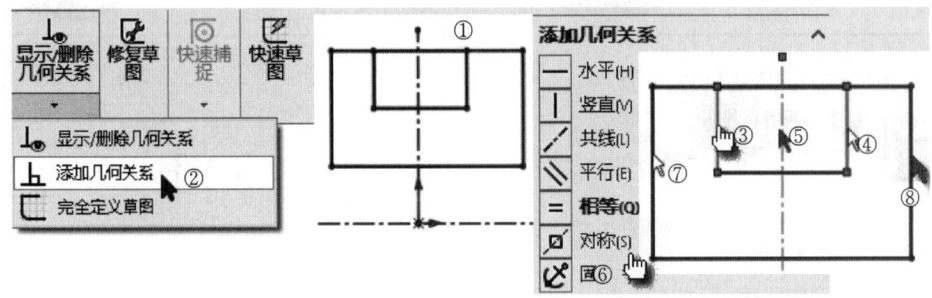

图 4-35 草图

3)单击"草图"面板中的"智能尺寸"图标按钮,对相关尺寸进行尺寸标注,然后单击"剪裁实体"图标按钮,对相关线段进行剪裁,如图 4-36 中①~④所示。

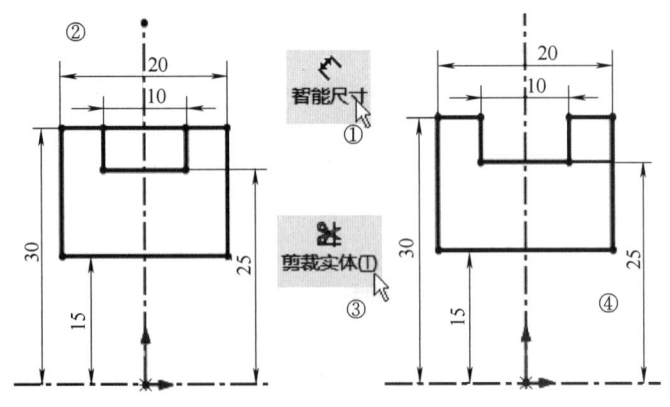

图 4-36 尺寸标注及剪裁

4)单击"特征"切换到"特征"面板。单击"旋转凸台/基体"图标按钮,系统弹出"旋转"属性管理器,"旋转轴" 选择通过原点的中心线,如图4-37中①、②所示。系统默认"角度" 为360度,所选轮廓 选择"草图1",如图4-37中③~⑤所示,其他采用默认设置,单击"确定"图标按钮 ,如图4-37中⑥、⑦所示。

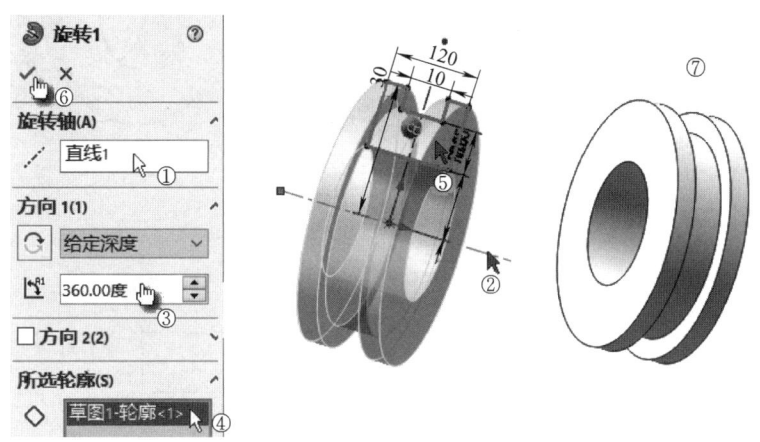

图 4-37 旋转

5)圆角。单击"圆角"图标按钮 ,系统弹出"圆角"属性管理器,"圆角类型"选择"恒定大小圆角" ,"圆角参数"选择"对称",在"半径" 文本框中输入1mm,在"要圆角化的项目"中选择需要圆角化的边线,如图4-38中①~⑥所示。单击"确定"图标按钮 ,如图4-38中⑦、⑧所示。

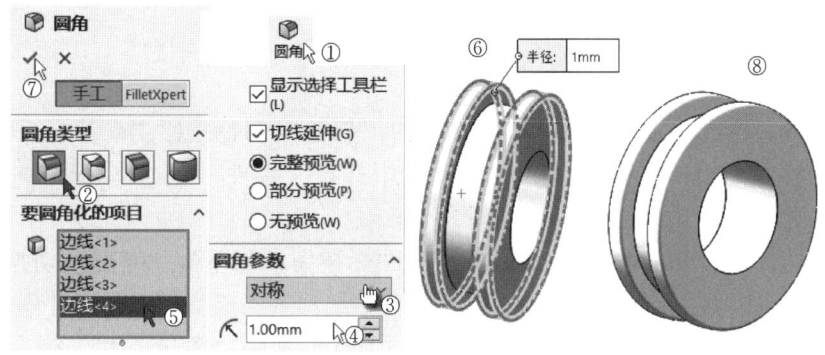

图 4-38 圆角

6)倒角。单击"倒角"图标按钮 ,系统弹出"倒角"属性管理器,选择"倒角类型"为"距离-距离","倒角参数"选择"对称",在"距离" 文本框中输入1mm,如图4-39中①~③所示。在"要倒角化的项目"中选择需要倒角的两条圆边线,如图4-39中④、⑤所示。其他采用默认设置,单击"确定"图标按钮 完成倒角操作,如图4-39中⑥、⑦所示。

7)单击窗口最上方的"另存为"图标按钮 ,在"文件名"文本框中输入"滑轮.SLDPRT",单击 保存(S) 按钮。

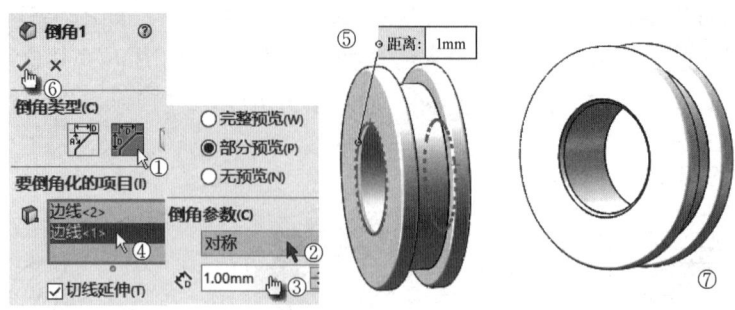

图 4-39 倒角

【例 4-4】 绘制圆球截交模型，如图 4-40 所示。

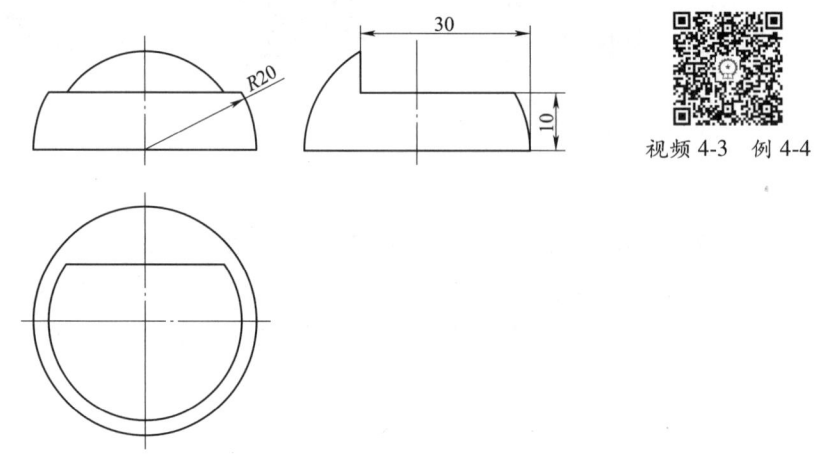

视频 4-3 例 4-4

图 4-40 圆球截交

1）启动 SolidWorks 后，单击窗口最上方的"新建"图标按钮 或者按组合键〈Ctrl+N〉，在弹出的"新建 SolidWorks 文件"对话框中选择"零件"，单击 确定 按钮完成新文件创建的操作。

2）右击选择 前视基准面，单击"正视于"图标按钮，单击"草图"切换到"草图"面板。单击"直线"图标按钮，绘制出一条水平线和一条竖直线。单击"圆"图标按钮，绘制出一个圆心在原点的圆，如图 4-41 中①所示。单击"剪裁实体"图标按钮，把多余的线条剪裁掉，单击"智能尺寸"图标按钮，标注半径为 20，如图 4-41 中②所示。

3）单击"特征"切换到"特征"面板。单击"旋转凸台/基体"图标按钮，系统弹出"旋转"对话框，"旋转轴"选择竖直线，系统默认"角度"为 360 度，其他采用默认设置，单击"确定"图标按钮，如图 4-42 中①~④所示。

4）右击选择 右视基准面，注意单击 2 次"正视于"图标按钮，单击"草图"切换到"草图"面

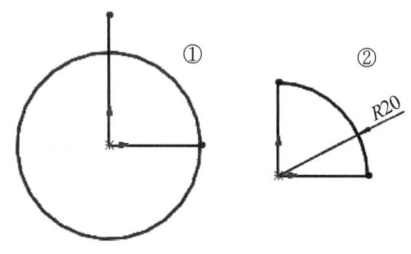

图 4-41 草图

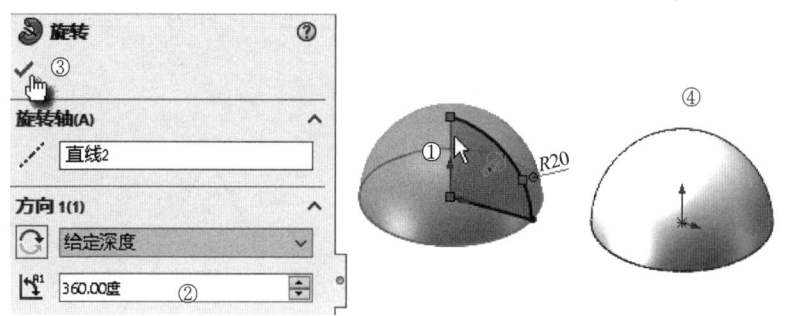

图 4-42 半球

板。单击"直线"图标按钮✎,绘制出一条水平线和竖直线,如图 4-43 中①所示。单击"智能尺寸"图标按钮,标注尺寸如图 4-43 中②所示。

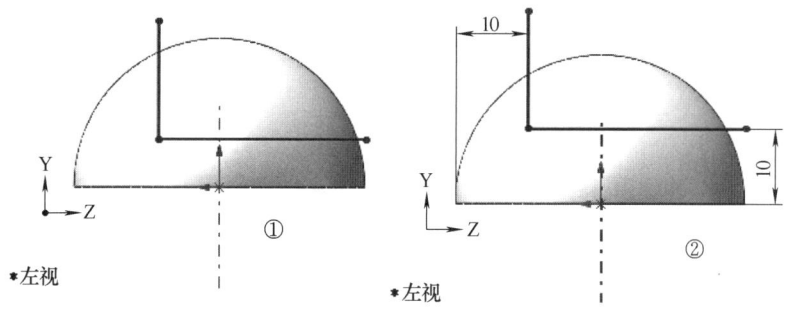

图 4-43 绘制草图

5）单击"特征"切换到"特征"面板。按组合键〈Ctrl+7〉,单击"拉伸切除"图标按钮,系统弹出"切除-拉伸"属性管理器,"方向 1"和"方向 2"的"终止条件"选择"完全贯穿",如图 4-44 中①、②所示,其他采用默认设置。单击"确定"图标按钮✔完成切除拉伸操作,如图 4-44 中③、④所示。

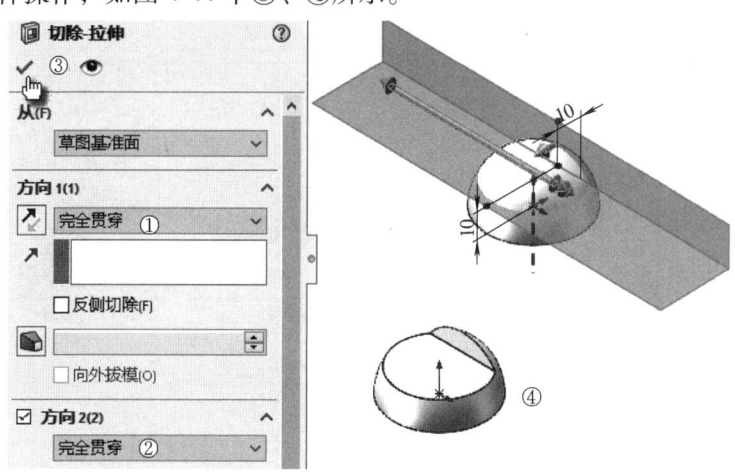

图 4-44 切除

6) 单击窗口最上方的"另存为"图标按钮, 在"文件名"文本框中输入"圆球截交.SLDPRT", 单击 保存(S) 按钮。

【例 4-5】 绘制圆锥穿孔模型, 如图 4-45 所示。

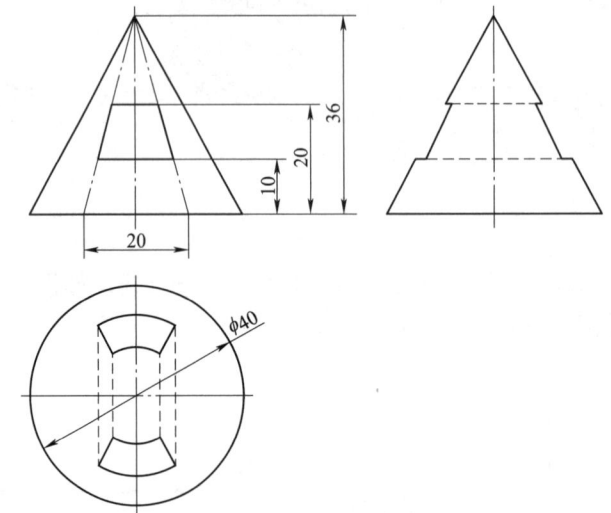

视频 4-4 例 4-5

图 4-45 圆锥穿孔模型

1) 启动 SolidWorks 后, 单击窗口最上方的"新建"图标按钮或者按组合键〈Ctrl+N〉, 在弹出的"新建 SolidWorks 文件"对话框中选择"零件", 单击 确定 按钮完成新文件创建的操作。

2) 右击选择 前视基准面, 单击"正视于"图标按钮, 单击"草图"切换到"草图"面板。单击"直线"图标按钮, 绘制出一个直角三角形(注意原点在直角三角形的左角点)。单击"智能尺寸"图标按钮, 标注尺寸如图 4-46 中①所示。单击"特征"切换到"特征"面板。单击"旋转凸台/基体"图标按钮, 系统弹出"旋转"对话框,"旋转轴"选择竖直线, 系统默认"角度"为 360 度, 其他采用默认设置, 单击"确定"图标按钮, 如图 4-46 中②~④所示。

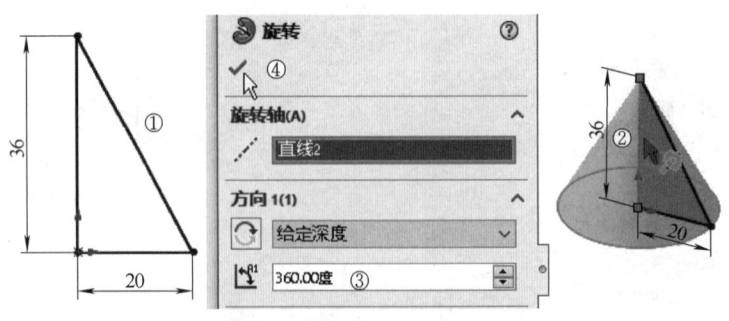

图 4-46 圆锥

3) 右击选择 前视基准面, 单击"正视于"图标按钮, 单击"草图"切换到"草图"面板。单击"直线"图标按钮和"中心线"图标按钮, 绘制草图(注意通过原点和圆锥顶点），按住〈Ctrl〉键选择斜的中心线和直线，如图4-47中①、②所示。添加"共线"几何关系，如图4-47中③所示。单击"智能尺寸"图标按钮，标注尺寸如图4-47中④所示。

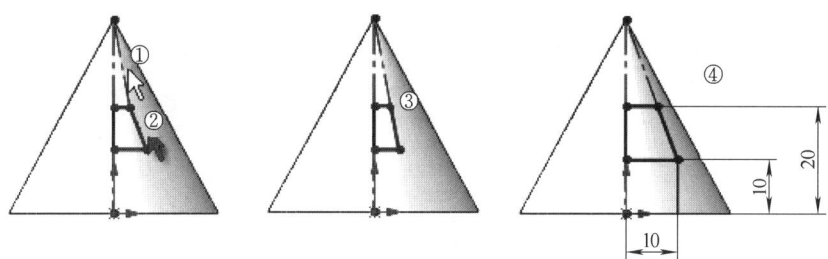

图4-47　草图

4）单击"特征"切换到"特征"面板。按组合键〈Ctrl+7〉，单击"拉伸切除"图标按钮，系统弹出"切除-拉伸"属性管理器，"方向1"的"终止条件"选择"两侧对称"，在"深度"文本框中输入50mm，如图4-48中①~③所示，其他采用默认设置，预览图如图4-48中④所示，单击"确定"图标按钮，如图4-48中⑤所示。

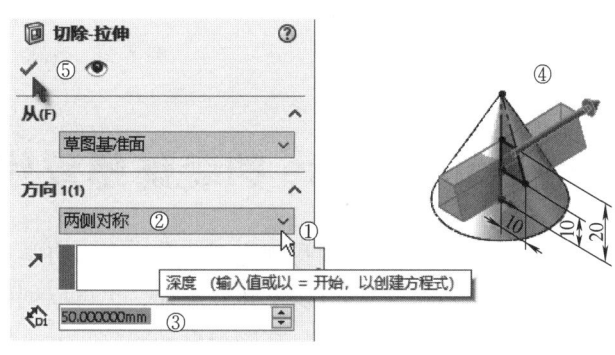

图4-48　切除旋转

5）在特征管理器中选择右视基准面，单击"镜像"图标按钮，如图4-49中①~③所示。

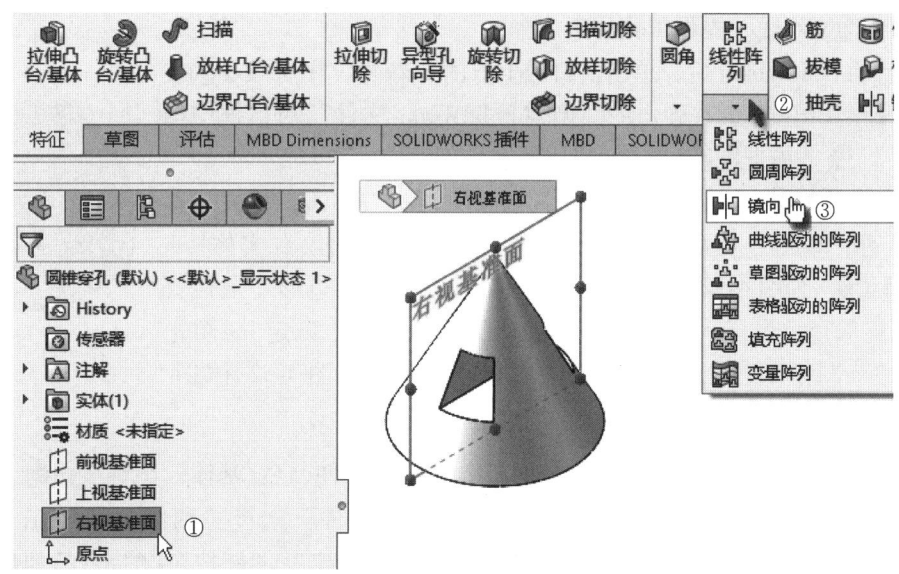

图4-49　选择镜像基准面

6）系统弹出"镜像"属性管理器，单击"要镜像的特征" 下的▶，展开特征，选择 切除-拉伸1，如图4-50中①～③所示。其他采用默认设置，预览图如图4-50中④所示，单击"确定"图标按钮✓，如图4-50中⑤所示，结果如图4-50中⑥所示。

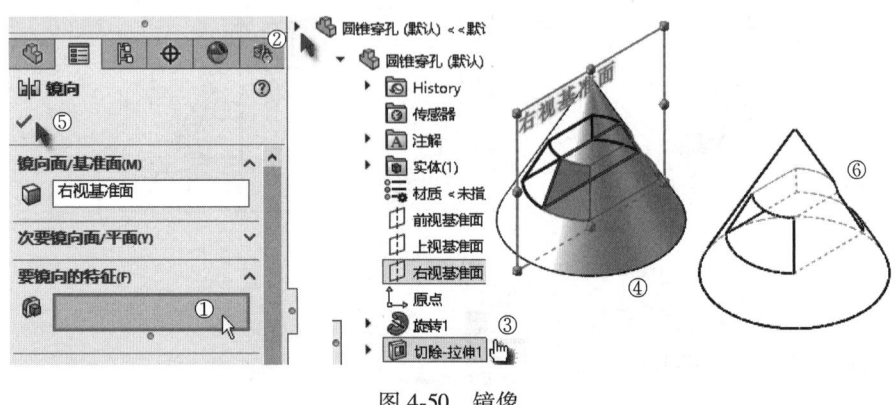

图4-50 镜像

4.5 SolidWorks 的装饰螺纹线

前面已经学会了用异型孔创建螺纹孔，现在再学一种省时省力、显示速度快、占用内存小的创建螺纹的方法，既可以创建外螺纹，也可以创建内螺纹，最重要的是，该螺纹的工程图符合我国国标的螺纹画法。它的缺点是螺纹只显示外观，没有详细的螺纹特征。但是为了画工程图方便，一般推荐用装饰螺纹线创建螺纹。

建立螺母（GB/T 6170 M10）模型，如图4-51所示。

分析：首先要查表，得知螺母内切圆直径为16mm，螺母厚度为8.4mm，螺母小径为10mm×0.85＝8.5mm，倒角15°～30°用旋转切除，最后添加装饰螺纹线。操作步骤如下。

视频4-5 建立螺母模型

1）启动SolidWorks后，单击窗口最上方的"新建"图标按钮 或者按组合键〈Ctrl+N〉，在弹出的"新建SolidWorks文件"对话框中选择"零件" ，单击 确定 按钮完成新文件创建的操作。

2）右击选择 右视基准面，单击"正视于"图标按钮 ，单击"草图"切换到"草图"面板。单击菜单"工具"→"草图绘制实体"→"多边形" ，如图4-52中①～③所示。系统弹出"多边形"属性管理器，捕捉原点，鼠标水平向右移动适当距离后单击"确定"，单击"智能尺寸"图标按钮 ，标注内切圆的直径为16，如图4-52中④～⑥所示。单击"确定"图标按钮✓。

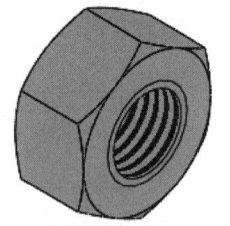

图4-51 螺母

3）单击"特征"切换到"特征"面板。单击"拉伸凸台/基体"图标按钮 ，系统弹出"凸台-拉伸"属性管理器，"方向1"的"终止条件"选择"两侧对称"，在"深度" 文本框中输入8.4mm，其他采用默认设置，单击"确定"图标按钮✓完成拉伸操作，如图4-53中①～③所示。

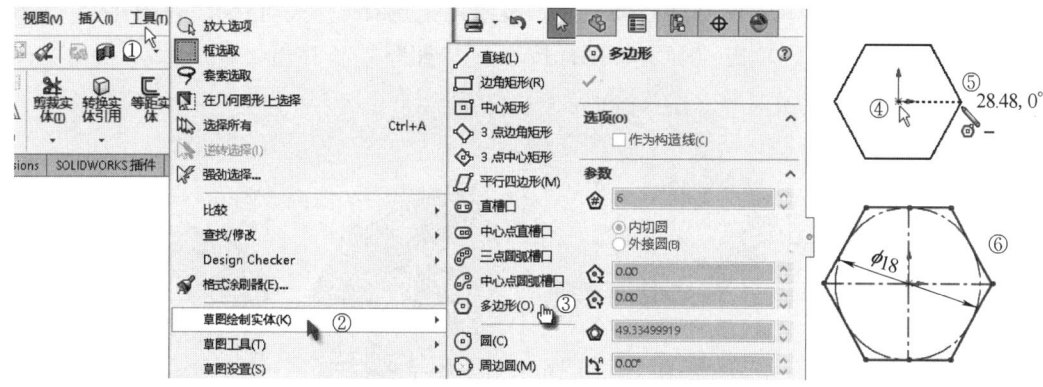

图 4-52 草图

4）选择一个面，如图 4-54 中①所示，单击"正视于"图标按钮，单击"草图"切换到"草图"面板。单击"圆"图标按钮，绘制出一个圆心在原点的圆，单击"智能尺寸"图标按钮，标注圆的直径为 8.5，如图 4-54 中②所示。单击"特征"切换到"特征"面板。单击"拉伸切除"图标按钮，系统弹出"切除-拉伸"属性管理器，"方向 1"的"终止条件"选择"给定深度"，在"深度"文本框中输入 10mm，其他采用默认设置，单击"确定"图标按钮，如图 4-54 中③、④所示。

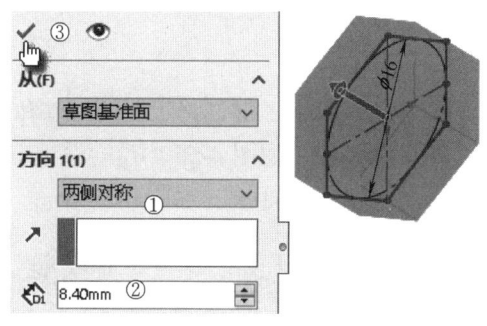

图 4-53 拉伸

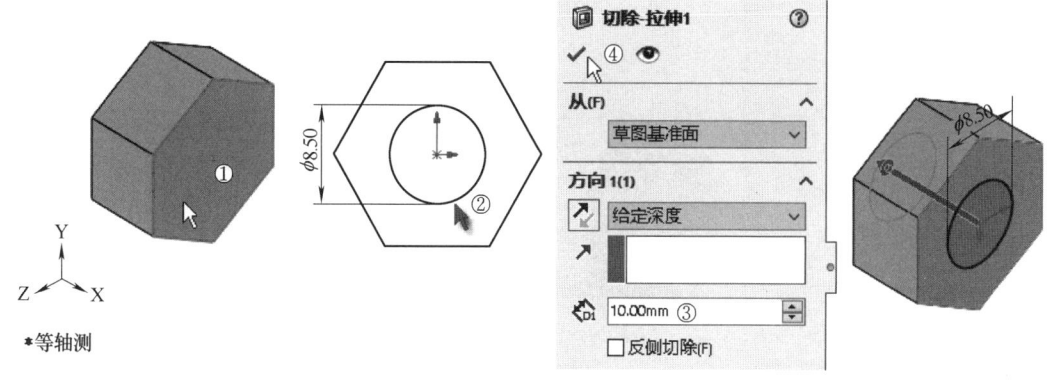

图 4-54 切除-拉伸

5）右击选择 前视基准面，单击"正视于"图标按钮，单击"草图"切换到"草图"面板。单击"中心线"图标按钮，绘制出一条水平中心线，单击"直线"图标按钮，绘制出一个三角形，单击"智能尺寸"图标按钮，标注尺寸，如图 4-55 中①所示。单击"特征"切换到"特征"面板。单击"切除-旋转"图标按钮，系统弹出"切除-旋转"

属性管理器，"旋转轴"栏自动高亮显示，在绘图区选择水平中心线，如图4-55中②所示。其他采用默认设置，单击"确定"图标按钮，如图4-55中③、④所示。

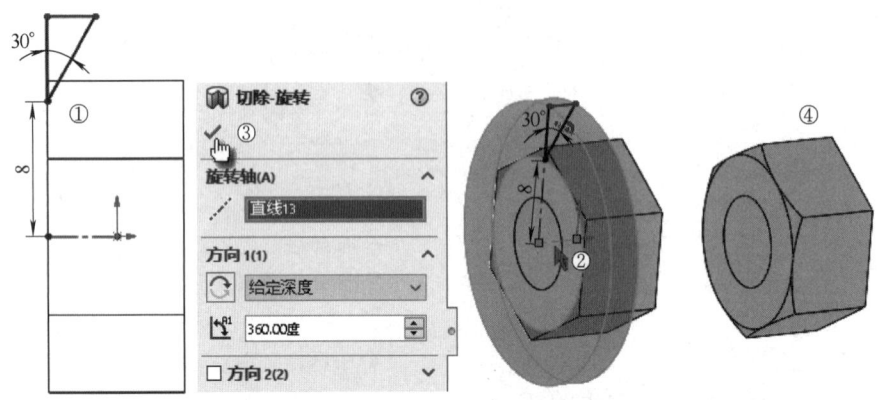

图4-55 切除-旋转

6）按住〈Ctrl〉键选择右视基准面和切除-旋转1，如图4-56中①、②所示。单击"镜像"图标按钮，如图4-56中③、④所示，系统弹出"镜像面/基准面"属性管理器，单击"确定"图标按钮，如图4-56中⑤、⑥所示。

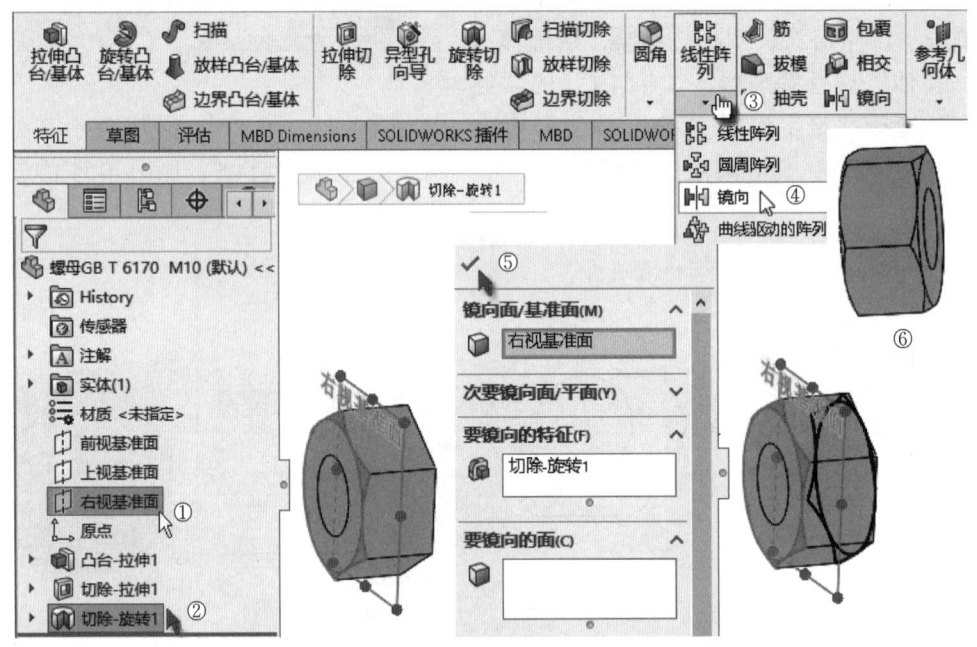

图4-56 镜像特征

7）单击菜单"工具"→"选项"，如图4-57中①、②所示。系统弹出"系统选项"对话框，单击"文档属性"→"出详图"，勾选"上色的装饰螺纹线"，如图4-57中③~⑤所示。单击 确定 按钮，如图4-57中⑥所示。

8）选择小孔的边线，如图4-58中①所示。单击菜单"插入"→"注解"→"装饰螺纹

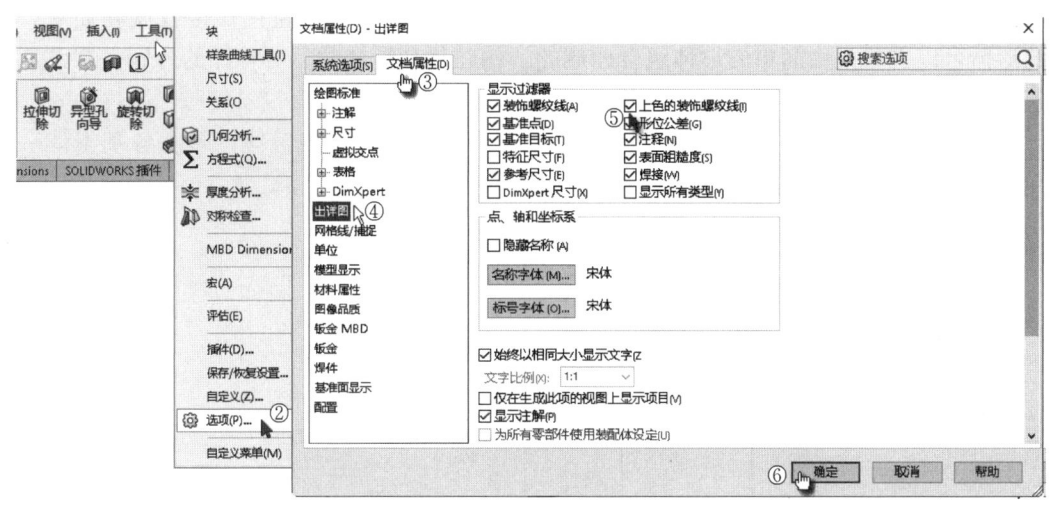

图 4-57 勾选上色装饰螺纹线

线",如图 4-58 中②~④所示。系统弹出"螺纹设定"属性管理器,"从面/基准面开始"框高亮显示,在绘图区用鼠标选择面,"标准"选择"GB","类型"选择"机械螺纹","大小"选择"M10",在"深度" 文本框中输入 10mm,其他采用默认设置,如图 4-58 中⑤~⑨所示。单击"确定"图标按钮 。

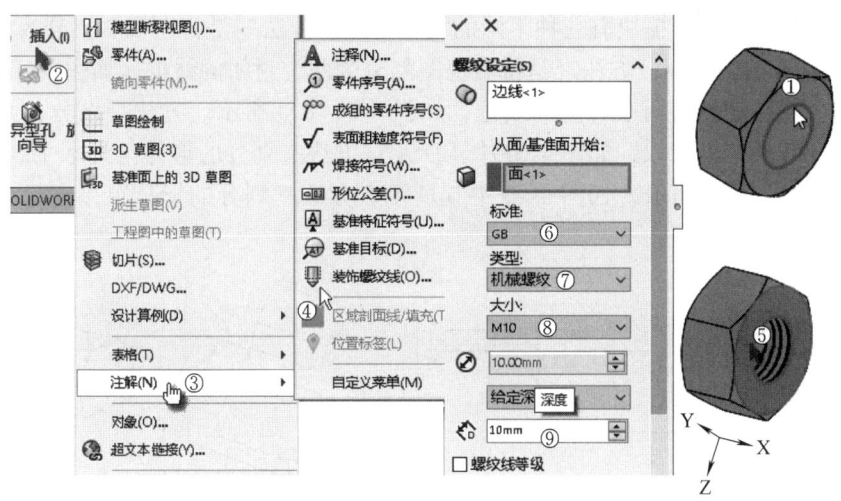

图 4-58 添加装饰螺纹线

9)单击窗口最上方的"另存为"图标按钮 ,在"文件名"文本框中输入"螺母.SLDPRT",单击 保存(S) 按钮。

4.6 叠加组合体

零件是由特征按照一定的位置或拓扑关系组合而成的,零件的造型过程实际上就是构成特征进行组合的过程。简单的形体（如长方体、圆柱和球）可以直接拉伸或旋转而成，复杂的形体可以看成是由简单的形体组合而成的。构建复杂形体时，对特征的分解关系到后续建模的效率、修改的难易程度。

建立如图 4-59 所示的撞块零件模型。这是一个典型的叠加组合体，即由各基本体一个一个用"搭积木"的方式构成。

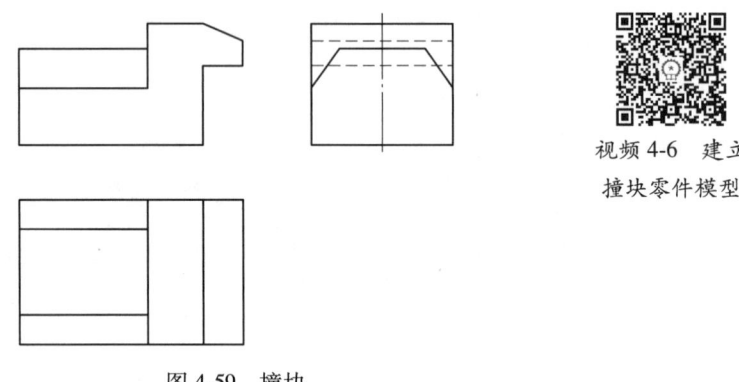

视频 4-6　建立撞块零件模型

图 4-59　撞块

分析： 看图时，通常从最能反映零件形状的特征视图着手，按照线框将组合体划分为若干基本体，然后对照其他视图，运用投影规律，想象出其空间形状、相对位置及连接形式，最后综合想象出组合体的整体形状。划分形体的封闭线框范围时比较灵活，要以便于想象出基本形体的形状为原则。撞块有三种不同的划分方法：方法一是将左视图划分为两个封闭的线框，如图 4-60 中①所示；方法二是将俯视图划分为两个封闭的线框，如图 4-60 中②所示；方法三是将主视图划分为两个封闭的线框，如图 4-60 中③所示。方法一划分的形体比原来的物体形状还复杂，不可取，如图 4-60 中④所示；方法二划分的形体全是水平线或竖直线，形状特征不明显，也不可取，如图 4-60 中⑤所示；方法三划分的形体更接近原物形状，合理，如图 4-60 中⑥所示。

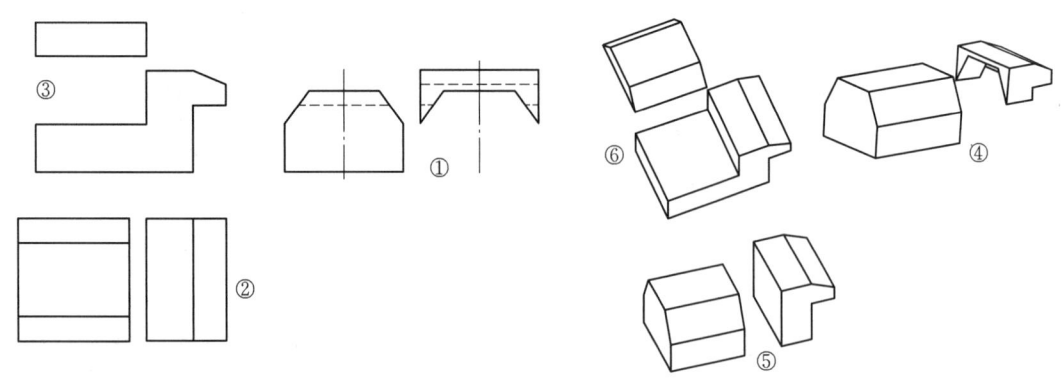

图 4-60　撞块的特征划分

根据构型选择合适的基准面以便于观察和建立模型。例如，方法三划分的较大的一块形状特征很明显，且就位于"前视"面上，上面一小块是长方体，其形状特征需要结合左视图并添加一条水平线来考虑，如图 4-61 中阴影所示的梯形，形状特征在"右视"面上。

撞块的建模步骤如下。

1）启动 SolidWorks 后，单击窗口最上方的"新建"图标按钮□或者按组合键〈Ctrl+N〉，在弹出的"新建 SolidWorks 文件"对话框中选择"零件"，单击 确定 按钮完成新文件创建的操作。

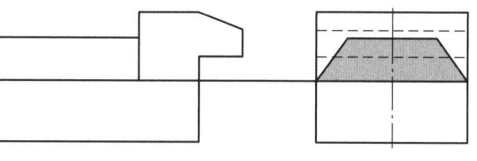

图 4-61　撞块形状特征

2）右击选择 前视基准面，单击"正视于"图标按钮，单击"草图"切换到"草图"面板。单击"直线"图标按钮，绘制出如图 4-62 中①所示的"草图 1"（请注意原点在草图上的位置）。单击"确定"图标按钮。单击"智能尺寸"图标按钮，标注尺寸，如图 4-62 中②所示。单击"特征"切换到"特征"面板。单击"拉伸凸台/基体"图标按钮，系统弹出"凸台-拉伸"属性管理器，"方向 1"的"终止条件"选择"两侧对称"，在"深度"文本框中输入 31mm，如图 4-62 中③所示。其他采用默认设置，单击"确定"图标按钮完成拉伸操作，如图 4-62 中④所示。

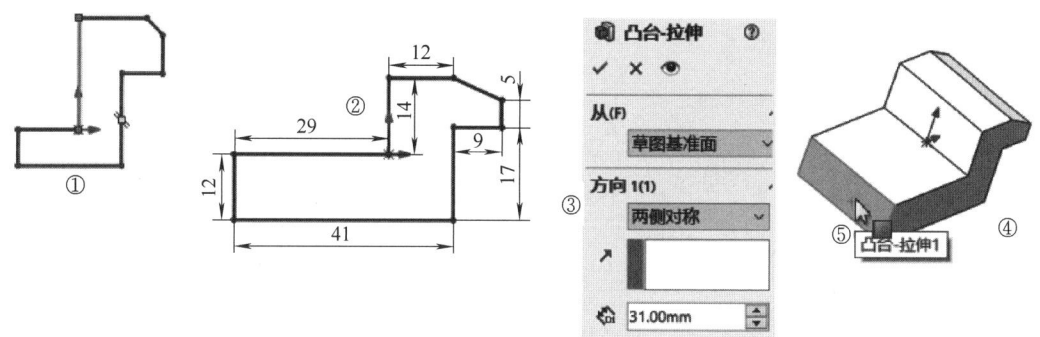

图 4-62　建立基础特征

3）选择左端面，如图 4-62 中⑤所示，单击"正视于"图标按钮，单击"草图"切换到"草图"面板。单击"直线"图标按钮，绘制出两条斜线，单击"中心线"图标按钮，绘制出一条竖直中心线，如图 4-63 中①所示。按住〈Ctrl〉键选择刚刚绘制的三条线，在系统自动弹出的"属性"管理器中添加"对称"几何关系，如图 4-63 中②所示。再次单击"直线"图标按钮，将两条对称线连接起来，如图 4-63 中③所示。在系统自动弹出的"线条属性"属性管理器中选择"水平"，如图 4-63 中④所示，结果如图 4-63 中⑤所示。再绘制一条水平线，如图 4-63 中⑥所示。

4）单击"智能尺寸"图标按钮，标注尺寸，如图 4-64 中①所示。单击"特征"切换到"特征"面板。单击"拉伸凸台/基体"图标按钮，系统弹出"凸台-拉伸"属性管理器，单击"反向"按钮改变拉伸方向，"方向 1"的"终止条件"选择"成形到一面"，移动鼠标在绘图区选择模型上的一个面，如图 4-64 中②~④所示。其他采用默认设置，单击"确定"图标按钮完成拉伸操作，结果如图 4-64 中⑤所示。

5）单击窗口最上方的"另存为"图标按钮，在"文件名"文本框中输入"撞块.SLDPRT"，单击 保存(S) 按钮。

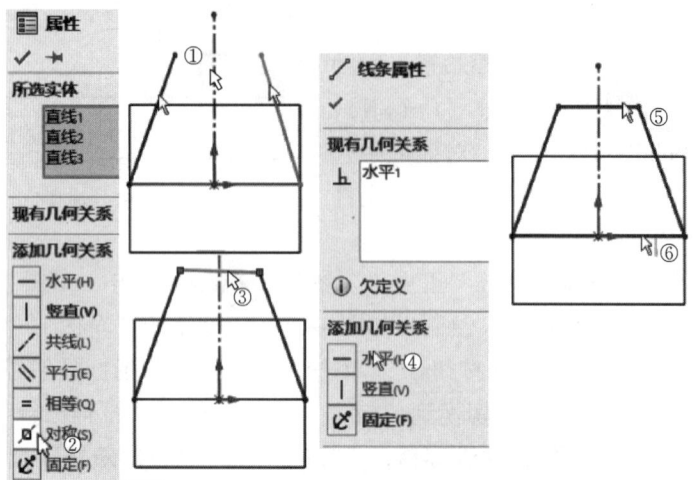

图 4-63 绘制草图

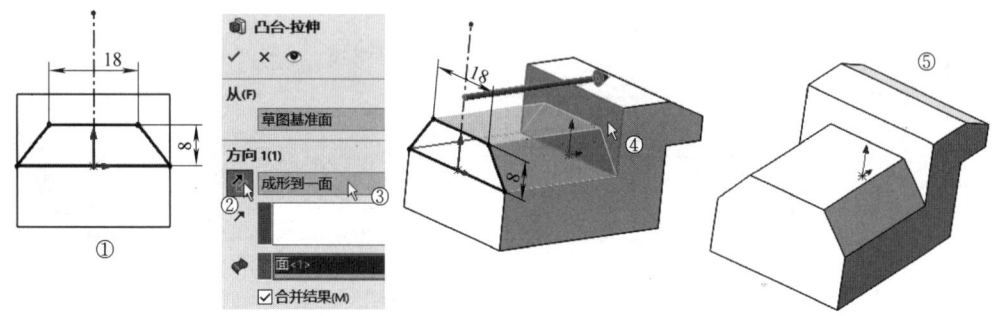

图 4-64 建立撞块模型

4.7 切割组合体

建立如图 4-65 所示的切割组合体。这是一个典型的切割组合体，首先找出最原始的基本体，再用平面、曲面或其他基本体对其进行切割，直到符合要求为止。根据两个视图完全可以确定组合体的立体形状。

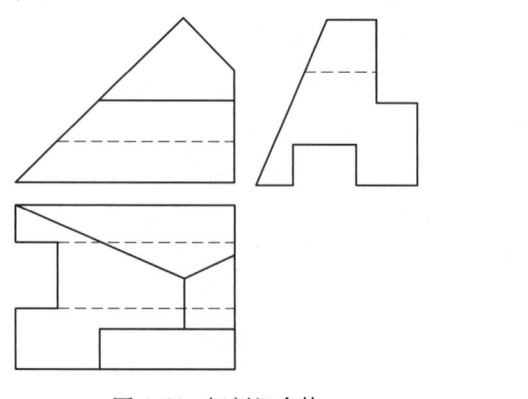

视频 4-7 建立切割组合体

图 4-65 切割组合体

分析：俯视图形体特征不明显，若用主视图轮廓作为最基本的特征（如图 4-66 中①所示），得到的左视图如图 4-66 中②所示。与题目对比后可知还需要在前上方切割一个长方体（如图 4-66 中③所示），后方用平面切除一个三棱柱（如图 4-66 中④所示），下方切割一个长方体（如图 4-66 中⑤所示）才能得到所要的结果。

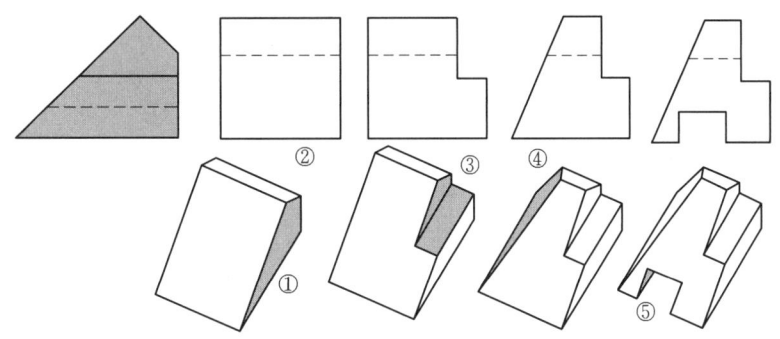

图 4-66　用主视图作为基本特征

若用左视图轮廓作为最基本的特征（如图 4-67 中①所示），得到的左视图如图 4-67 中②所示。与题目对比后可知还需要在左方用平面切除一个三棱柱（如图 4-67 中③所示），后上方用平面切除一个三棱柱（如图 4-67 中④所示），才能得到所要的结果。由此可见，这种方法步骤较少，下面的建模步骤采用此方法。

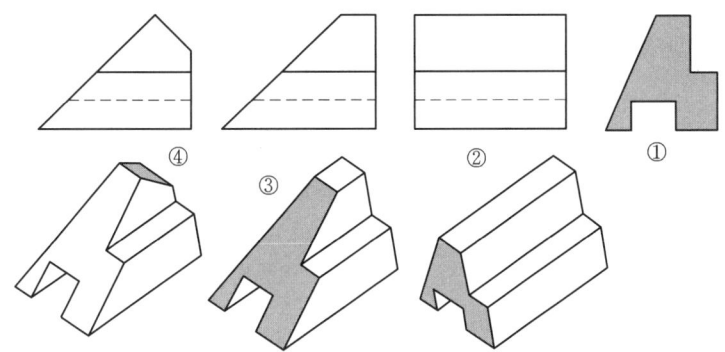

图 4-67　用左视图作为基本特征

切割组合体通常先建立切割前的基本体，再分别进行各部分的切割，其建模步骤如下。

1) 启动 SolidWorks 后，单击窗口最上方的"新建"图标按钮 或者按组合键〈Ctrl+N〉，在弹出的"新建 SolidWorks 文件"对话框中选择"零件" ，单击 确定 按钮完成新文件创建的操作。

2) 右击选择 右视基准面，单击"正视于"图标按钮 ，单击"草图"切换到"草图"面板。单击"直线"图标按钮 ，注意绘图区左下角的坐标为 ，与我国国标的左视图不符合，再次单击"正视于"图标按钮 ，绘图区左下角的坐标为 （即 Z 轴向右，如图 4-68 中①所示），这时再开始绘制出如图 4-68 中②所示的图形。单击"确定"图标按钮 。单击"智能尺寸"图标按钮 ，标注尺寸，如图 4-68 中③所示。单击"特征"切换到"特征"面板。单击"拉伸凸台/基体"图标按钮 ，系统弹出"凸台-拉伸"属性管理器，

"方向1"的"终止条件"选择"给定深度",在"深度"文本框中输入55mm,如图4-68中④所示。其他采用默认设置,单击"确定"图标按钮完成拉伸操作,结果如图4-68中⑤所示。

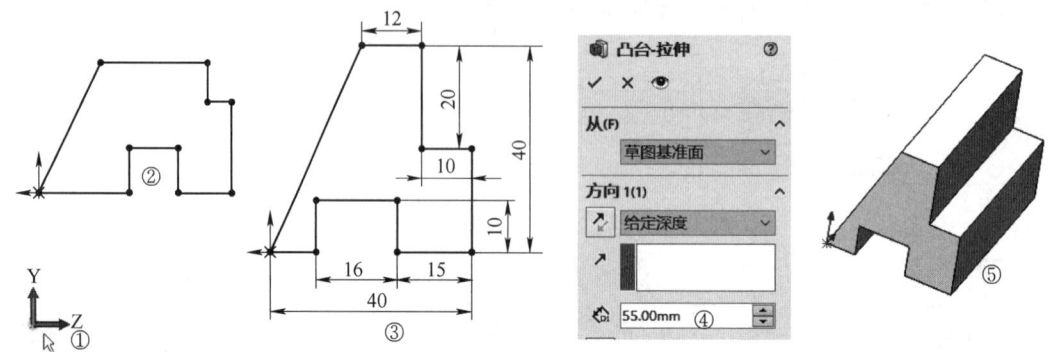

图4-68 拉伸基体

3) 右击选择 前视基准面,单击"正视于"图标按钮,单击"直线"图标按钮,绘制出一条斜线,单击"智能尺寸"图标按钮,标注尺寸,如图4-69中①所示。单击"特征"切换到"特征"面板。单击"拉伸切除"图标按钮,系统弹出"切除-拉伸"属性管理器,"方向1"的"终止条件"选择"完全贯穿",勾选"方向2",其"终止条件"也选择"完全贯穿",如图4-69中②、③所示。其他采用默认设置,单击"确定"图标按钮完成拉伸操作,结果如图4-69中④所示。

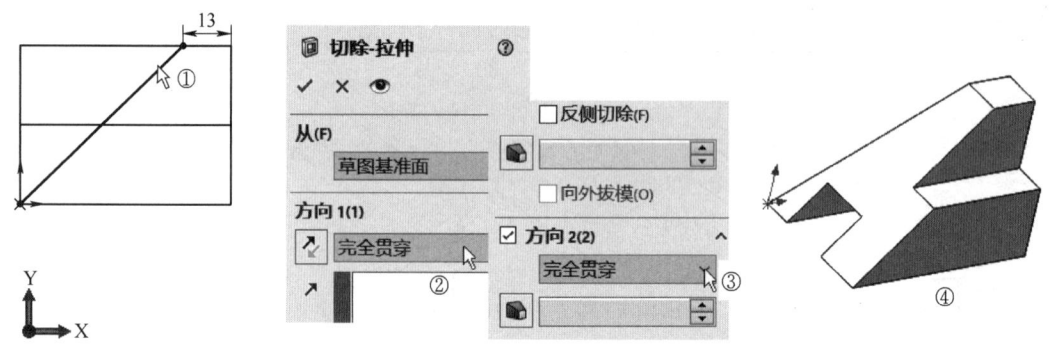

图4-69 切除左端斜面

4) 右击选择 前视基准面,单击"正视于"图标按钮,单击"直线"图标按钮,绘制出一条斜线,单击"智能尺寸"图标按钮,标注尺寸,如图4-70中①所示。单击"特征"切换到"特征"面板。单击"拉伸切除"图标按钮,系统弹出"切除-拉伸"属性管理器,"方向1"的"终止条件"选择"完全贯穿",勾选"方向2",其"终止条件"也选择"完全贯穿",如图4-70中②、③所示。其他采用默认设置,单击"确定"图标按钮完成拉伸操作,结果如图4-70中④所示。

5) 单击窗口最上方的"另存为"图标按钮,在"文件名"文本框中输入"切割组合体.SLDPRT",单击 保存(S) 按钮。

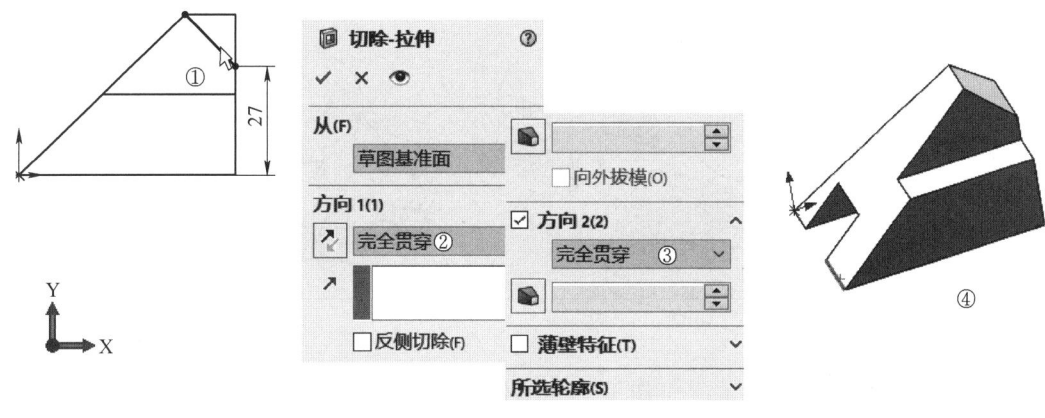

图 4-70　切除右端斜面

4.8　综合组合体

建立如图 4-71 所示的组合体。

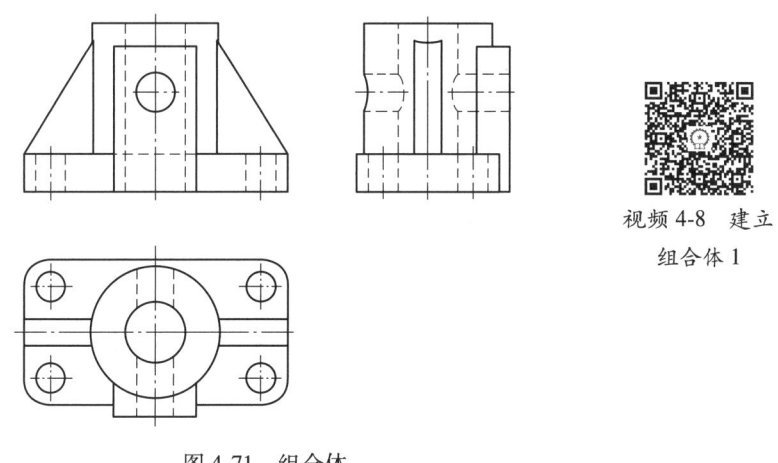

图 4-71　组合体

视频 4-8　建立组合体 1

分析：将组合体分解为四个部分后，要根据构型选择第一个基本特征的草图轮廓。第一部分和第二部分的形状特征图在"前视"（见图 4-72 中①、②），且与后续特征无关，但它们的特征依赖于圆筒（第三部分，见图 4-72 中③）。第三部分圆筒的形状特征图在"上视"，圆筒的尺寸比底板小，且定位依赖于底板。第四部分底板的形状特征图也在"上视"（见图 4-72 中④），可直接拉伸后获得，尺寸较大，且置于最下方起支撑作用。在此基础上，可利用其草图特征创建圆筒，其轮廓利用率较高，适合作为第一个基本特征草图。

建立第一个基本特征时所选的草图平面会影响到模型的观察角度，通常会选择三个基本面之一（见图 4-73 中①~③）。建模时通常使零件位置与观察方向吻合，既方便看图，也方便后续装配中的定位，以及工程图的出图。底板草图位于"上视"，才符合正常的视图方向（见图 4-73 中③）。

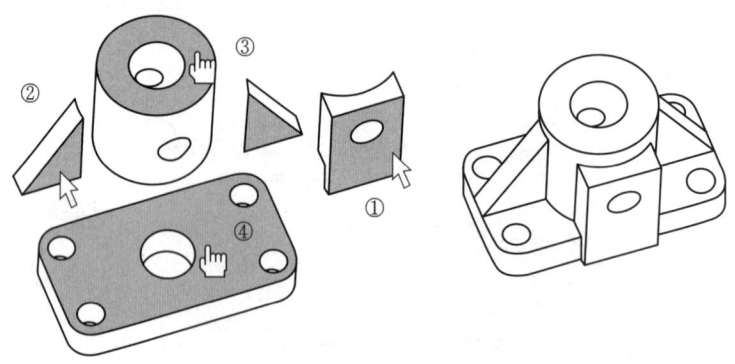

图 4-72 组合体的组成

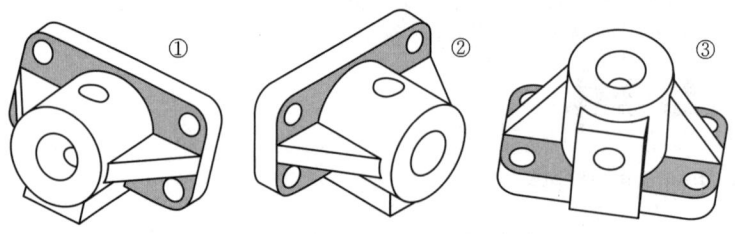

图 4-73 第一个基本特征的草图平面

对零件形体进行分解时，应该先叠加后切割、先外部后内部、先实心后空心。建模过程如图 4-74 中①~⑧所示。

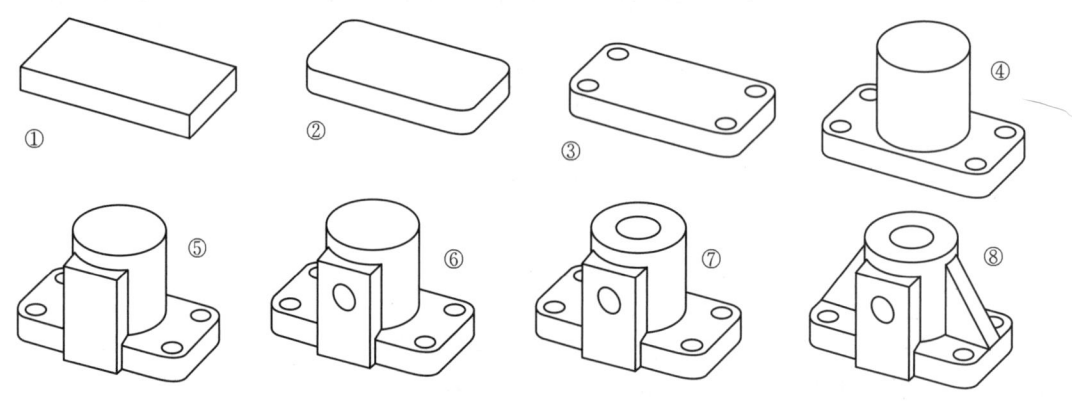

图 4-74 建模过程

组合体的建模步骤如下。

1）启动 SolidWorks 后，单击窗口最上方的"新建"图标按钮 或者按组合键〈Ctrl+N〉，在弹出的"新建 SolidWorks 文件"对话框中选择"零件" ，单击 确定 按钮完成新文件创建的操作。

2）右击选择 上视基准面，单击"正视于"图标按钮 ，单击"草图"切换到"草图"面板。单击"中心矩形"图标按钮 ，绘制出"草图 1"（请注意原点在长方形的正中间）。单击"智能尺寸"图标按钮 ，标注尺寸，如图 4-75 中①所示。单击"特征"切换到"特征"面板。单击"拉伸凸台/基体"图标按钮,系统弹出"凸台-拉伸"属性管理器,"方向1"的"终止条件"选择"给定深度",在"深度"文本框中输入10mm,如图4-75中②所示。其他采用默认设置,单击"确定"图标按钮完成拉伸操作,结果如图4-75中③所示。

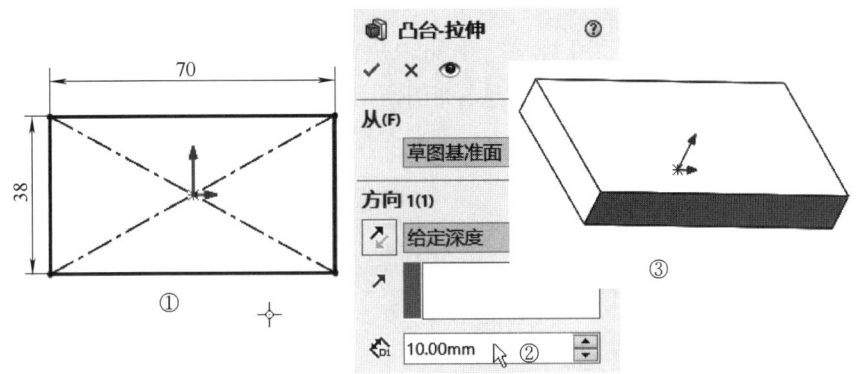

图4-75 建立基础特征

3)单击"圆角"图标按钮,如图4-76中①所示。系统弹出"圆角"属性管理器,选择"圆角类型"为"恒定大小圆角",如图4-76中②所示。在绘图区移动鼠标选择长方形的4条竖直线,如图4-76中③~⑥所示,在"半径"文本框中输入7mm,如图4-76中⑦所示。其他采用默认设置。单击"确定"图标按钮完成圆角操作,如图4-76中⑧、⑨所示。

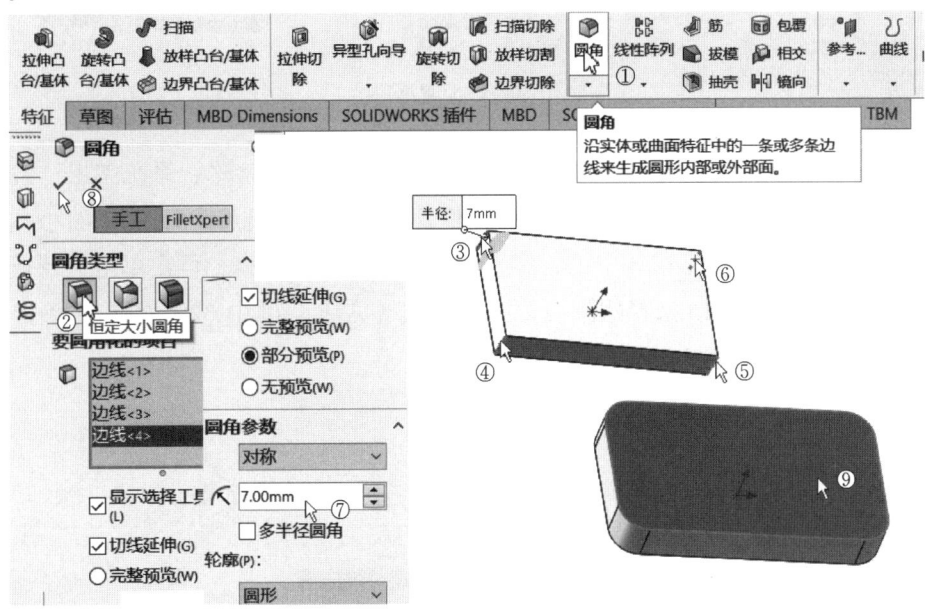

图4-76 圆角

4)切换到"草图"面板,选择长方体的上表面,如图4-76中⑨所示。单击"正视于"图标按钮,单击"点"图标按钮,绘制出一个位于圆弧中心点上的点,如图4-77中

①所示。单击"退出草图"图标按钮↳或"取消"图标按钮✖。

5) 单击"特征"切换到"特征"面板。在"特征"面板中单击"异型孔向导"图标按钮，如图 4-77 中②所示，系统弹出"孔规格"属性管理器，单击"类型"。在"孔类型"列表中选择"孔"，在"标准"下拉列表中选择"GB"，在"类型"下拉列表中选择"钻孔大小"，在"孔规格"的"大小"下拉列表中选择 $\phi 8$，"给定深度"为 10mm，如图 4-77 中③~⑦所示。单击"孔规格"中的"位置"，在绘图区移动鼠标选择长方体的上表面，如图 4-77 中⑧、⑨所示。再选择刚刚绘制的点（见图 4-77 中①），单击"确定"图标按钮✔完成孔创建。

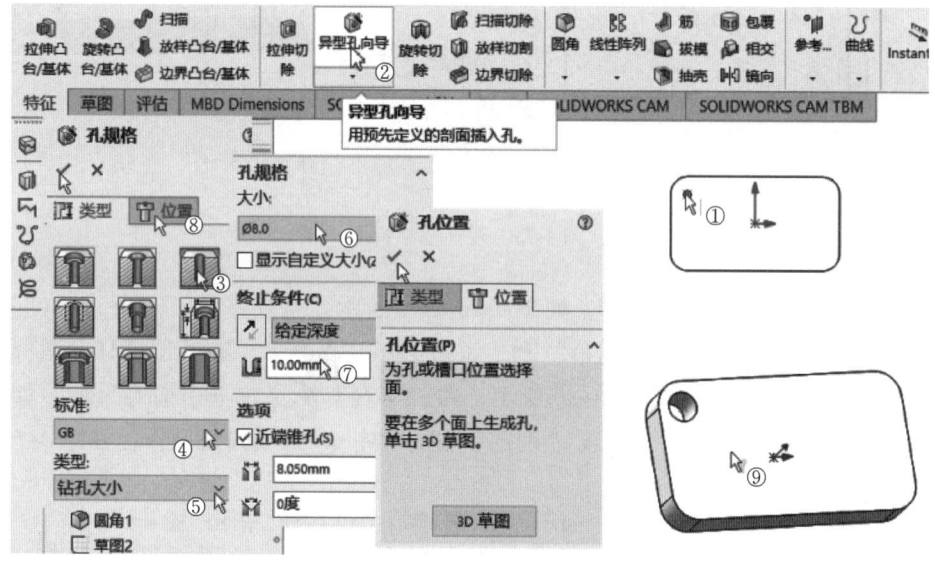

图 4-77 生成小孔

6) 在特征管理器中选择 右视基准面，单击"镜像"图标按钮，系统弹出"镜像"属性管理器，单击"要镜像的特征"下的方框，展开特征，选择刚刚生成的小孔，单击"确定"图标按钮✔（见图 4-78 中①、②）。右击选择 前视基准面，再次单击"特征"面板上的"镜像"图标按钮，选择刚刚镜像出的小孔（见图 4-78 中③），单击"确定"图标按钮✔，如图 4-78 中④所示。

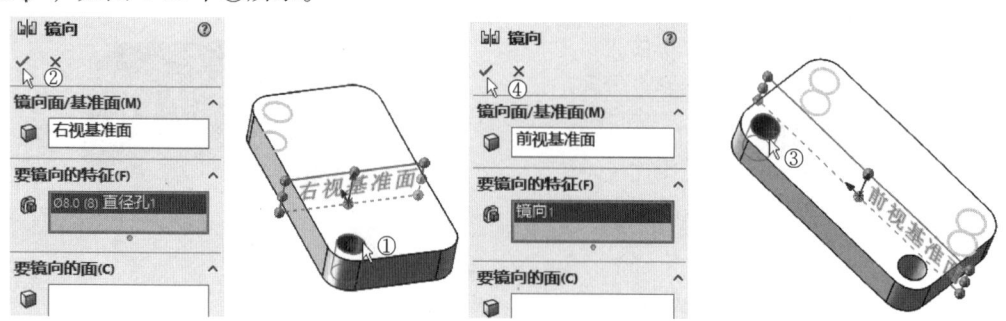

图 4-78 镜像小孔

7）右击选择 上视基准面，单击"正视于"图标按钮，单击"草图"切换到"草图"面板。单击"圆"图标按钮，绘制出草图（请注意原点在圆的圆心处）。单击"确定"图标按钮。单击"智能尺寸"图标按钮，标注尺寸，如图4-79中①所示。单击"特征"切换到"特征"面板。单击"拉伸凸台/基体"图标按钮，系统弹出"凸台-拉伸"属性管理器，"方向1"的"终止条件"选择"给定深度"，在"深度"文本框中输入44mm，如图4-79中②所示。其他采用默认设置，单击"确定"图标按钮完成拉伸操作，结果如图4-79中③所示。

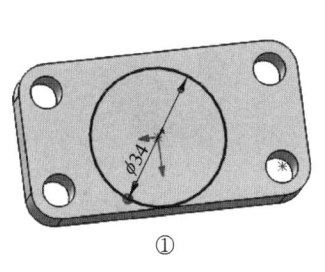  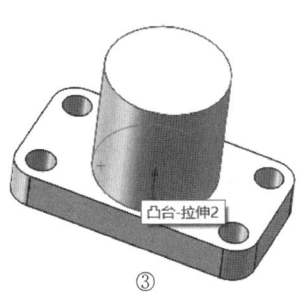

图 4-79　生成圆柱

8）右击选择 前视基准面，单击"正视于"图标按钮，单击"草图"切换到"草图"面板。单击"中心矩形"图标按钮，绘制出草图（请注意原点在长方形下端的中心处）。单击"确定"图标按钮。单击"智能尺寸"图标按钮，标注尺寸，如图4-80中①所示。单击"特征"切换到"特征"面板。单击"拉伸凸台/基体"图标按钮，系统弹出"凸台-拉伸"属性管理器，"方向1"的"终止条件"选择"给定深度"，在"深度"文本框中输入22mm，如图4-80中②所示。其他采用默认设置，单击"确定"图标按钮完成拉伸操作，结果如图4-80中③所示。

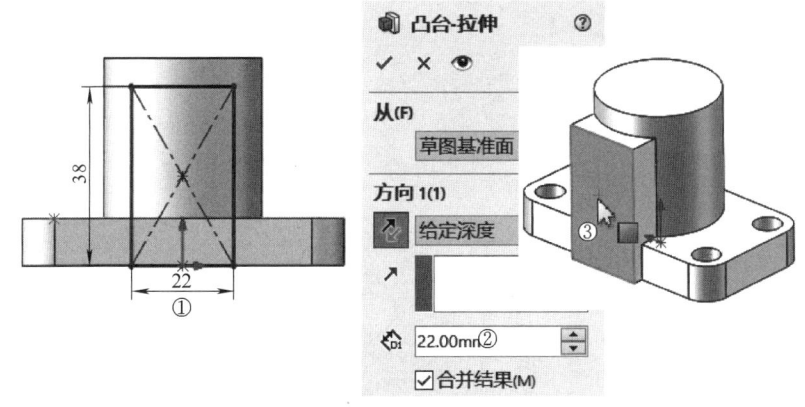

图 4-80　生成前凸台

9）选择模型上的面（见图4-80中③），单击"正视于"图标按钮，单击"草图"，切换到"草图"面板，单击"圆"图标按钮⊙，绘制出草图（请注意原点在圆心的正下方处）。单击"确定"图标按钮✓。单击"智能尺寸"图标按钮，标注尺寸，如图4-81中①所示。单击"特征"切换到"特征"面板。单击"拉伸切除"图标按钮⊡，系统弹出"切除-拉伸"属性管理器，"方向1"的"终止条件"选择"完全贯穿"，如图4-81中②所示。其他采用默认设置，单击"确定"图标按钮✓完成拉伸操作，结果如图4-81中③所示。

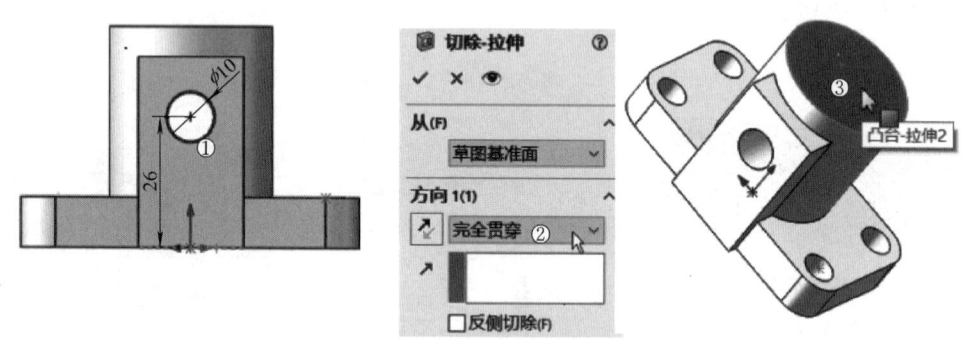

图4-81　生成水平的小孔

10）选择模型的上表面（见图4-81中③），单击"正视于"图标按钮，单击"草图"，切换到"草图"面板，单击"圆"图标按钮⊙，绘制出"草图"（请注意原点在圆心处）。单击"确定"图标按钮✓。单击"智能尺寸"图标按钮，标注尺寸，如图4-82中①所示。单击"特征"切换到"特征"面板。单击"拉伸切除"图标按钮⊡，系统弹出"切除-拉伸"属性管理器，"方向1"的"终止条件"选择"完全贯穿"，如图4-82中②所示。其他采用默认设置，单击"确定"图标按钮✓完成拉伸操作，结果如图4-82中③所示。

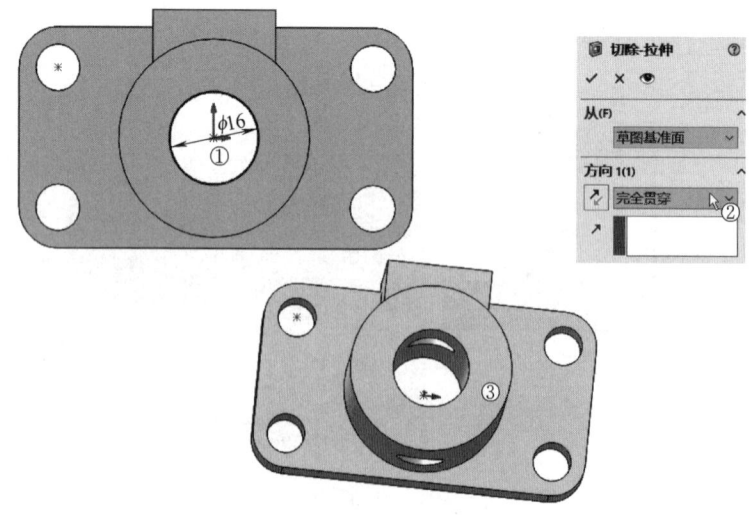

图4-82　生成垂直的小孔

11)右击选择 前视基准面,单击"正视于"图标按钮,单击"草图"切换到"草图"面板。单击"直线"图标按钮,绘制出一条斜线,单击"智能尺寸"图标按钮,标注角度尺寸,如图 4-83 中①所示,单击"确定"图标按钮。单击"特征"切换到"特征"面板。在"特征"面板中单击"筋"图标按钮,系统弹出"筋"属性管理器。选择"厚度"类型为"两侧",在"筋厚度"文本框中输入 7mm,选择"拉伸方向"为"平行于草图",如图 4-83 中②、③所示。其他采用默认设置,单击"确定"图标按钮完成拉伸操作,结果如图 4-83 中④所示。

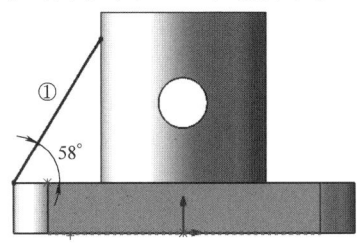
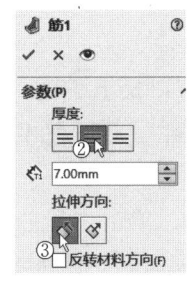
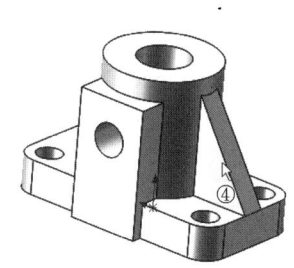

图 4-83 生成筋

12)右击选择 右视基准面,单击"正视于"图标按钮,单击"草图"切换到"草图"面板。单击"特征"面板上的"镜像"图标按钮,选择刚刚生成的筋(见图 4-84 中①),单击"确定"图标按钮,如图 4-84 中②、③所示。

13)单击窗口最上方的"另存为"图标按钮,在"文件名"文本框中输入"综合组合体 . SLDPRT",单击 保存(S) 按钮。

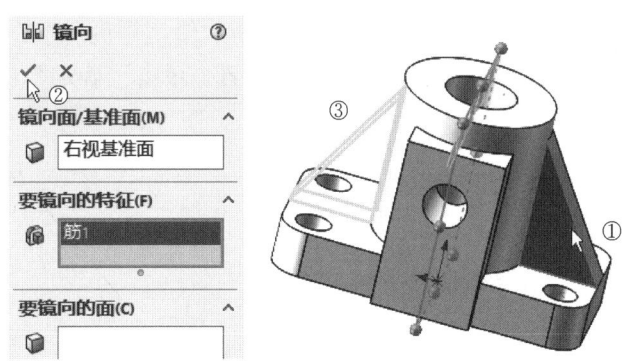

图 4-84 镜像筋

4.9 建立一般位置平面后切割

建立如图 4-85 所示的组合体。

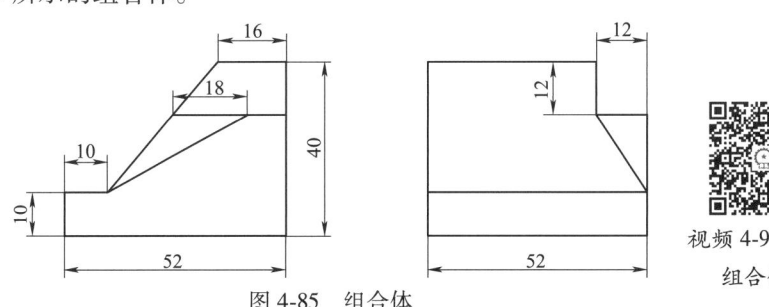

图 4-85 组合体

视频 4-9 建立组合体 2

分析：将组合体分解为三个部分，第一部分的形状特征图在"前视"，第二部分的形状特征图在"右视"，如图4-86中①、②所示。第三部分的形状特征图在与三个投影面都倾斜的"一般位置平面"上，需要建立基准面，

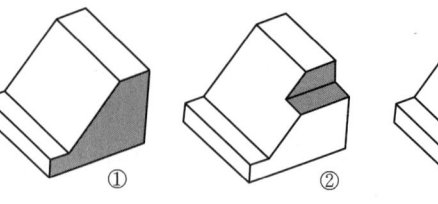

图4-86 组合体的组成

如图4-86中③所示。建立基准面的方法多种多样，可用两条直线、一条直线和一个点、三个点等。

组合体的建模步骤如下：

1）启动SolidWorks后，单击窗口最上方的"新建"图标按钮□或者按组合键〈Ctrl+N〉，在弹出的"新建SolidWorks文件"对话框中选择"零件"，单击 确定 完成新文件创建的操作。

2）用鼠标右键选择□前视基准面，单击"正视于"图标按钮↓，单击"草图"切换到"草图"面板。单击"直线"图标按钮╱，绘制出"草图1"（请注意原点在图形的右下角）。单击"智能尺寸"图标按钮，标注尺寸，如图4-87中①所示。单击"特征"切换到"特征"面板。单击"拉伸凸台/基体"图标按钮，系统弹出"凸台-拉伸"属性管理器，"方向1"的"终止条件"选择"给定深度"，在"深度"文本框中输入52mm，如图4-87中②所示。其他采用默认设置，单击"确定"图标按钮✓完成拉伸操作，如图4-87中③、④所示。

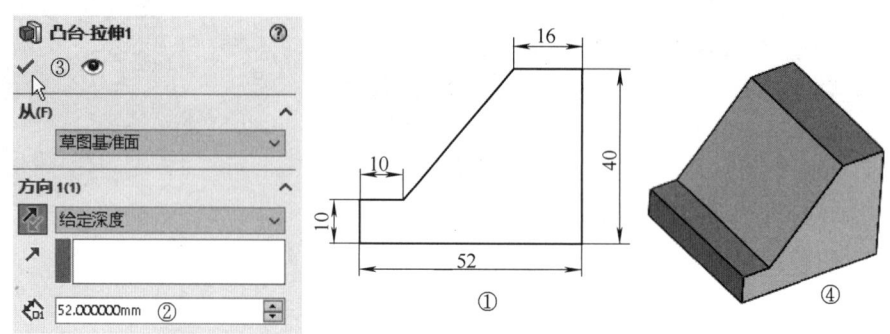

图4-87 拉伸基体

3）右击选择□右视基准面，单击两次"正视于"图标按钮↓，单击"草图"切换到"草图"面板。单击"边角矩形"图标按钮，绘制出正方形，单击"智能尺寸"图标按钮，标注尺寸，如图4-88中①所示。单击"特征"切换到"特征"面板。单击"拉伸切除"图标按钮，系统弹出"切除-拉伸"属性管理器，"方向1"的"终止条件"选择"完全贯穿"，如图4-88中②所示。其他采用默认设置，单击"确定"图标按钮✓完成拉伸操作，如图4-88中③、④所示。

4）右击选择□前视基准面，单击"正视于"图标按钮↓，单击"草图"切换到"草图"面板。单击"点"图标按钮，绘制出一个点。单击"智能尺寸"图标按钮，标注尺寸，如图4-89中①所示，单击"重建模型"图标按钮。

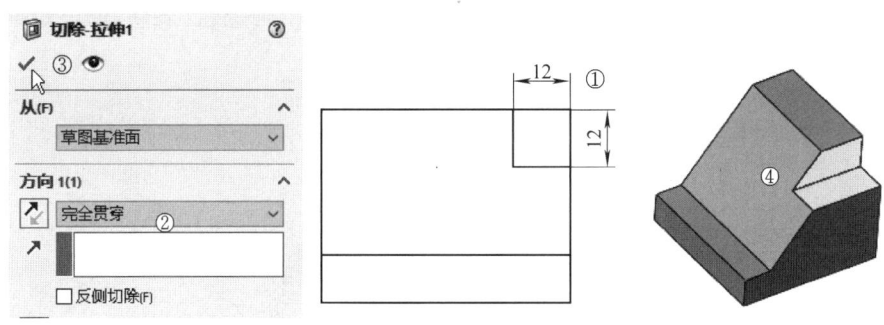

图 4-88 切除长方体

5)单击"特征"面板中的"参考几何体" →"基准面" 或者单击菜单"插入"→"参考几何体"→"基准面",系统弹出"基准面"属性管理器。移动鼠标在绘图区中分别选择模型的三个点,系统自动添加"重合"几何关系,如图 4-89 中②~④所示,其他采用默认设置。单击"确定"图标按钮 完成基准面创建操作,如图 4-89 中⑤所示。

6)选择刚刚建立的基准面,单击"正视于"图标按钮 ,单击"草图"切换到"草图"面板。单击"直线"图标按钮 ,绘制出三角形,如图 4-90 中①所示。单击"特征"切换到"特征"面板。单击"拉伸切除"图标按钮 ,系统弹出"切除-拉伸"属性管理器,"方向 1"的"终止条件"选择"完全贯穿",其他采用默认设置,单击"确定"图标按钮 完成切除拉伸操作,如图 4-90 中②、③所示。

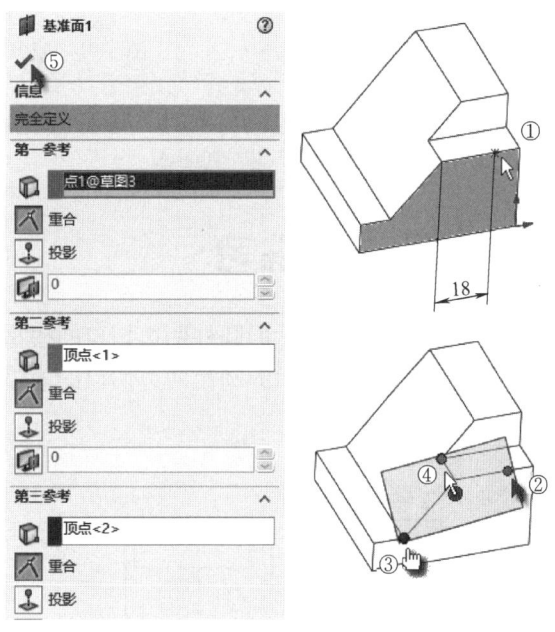

图 4-89 建立基准面

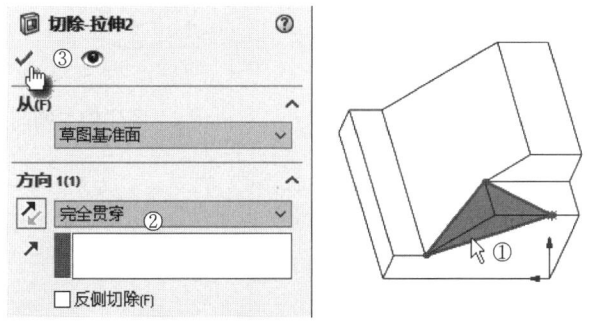

图 4-90 切除拉伸

7）右击选择"基准面1"，在弹出的快捷菜单中选择"隐藏"，旋转并缩放模型，如图 4-91 中①~③所示。

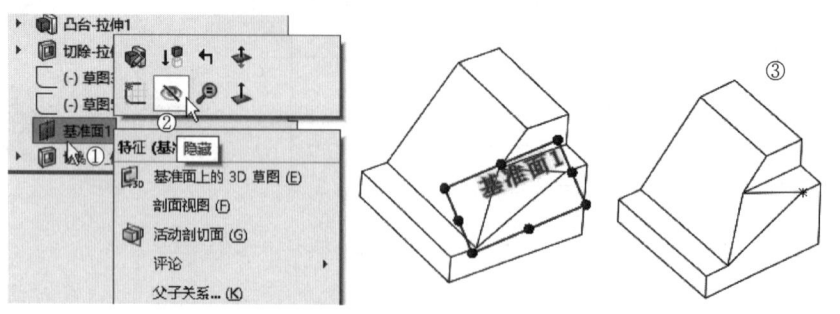

图 4-91　隐藏基准面

8）单击窗口最上方的"另存为"图标按钮，在"文件名"文本框中输入"切割组合体 1.SLDPRT"，单击 保存(S) 按钮。

4.10　思考与练习

1. 建立如图 4-92 所示的圆柱两边切口的模型。
2. 建立如图 4-93 所示的圆筒两边切口的模型。

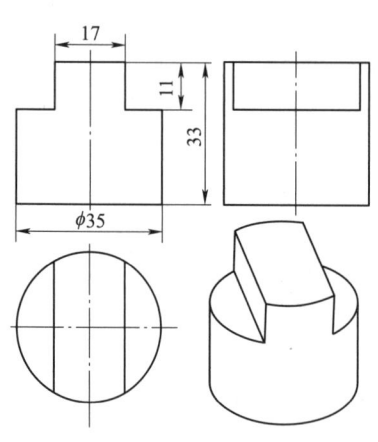

图 4-92　圆柱两边切口

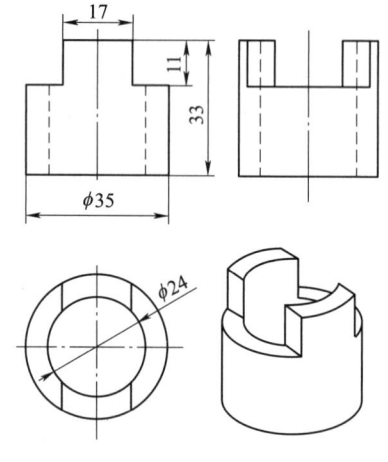

图 4-93　圆筒两边切口

3. 建立如图 4-94 所示的简单组合体模型。
4. 建立如图 4-95 所示的简单组合体模型。
5. 建立如图 4-96 所示的组合体模型。
6. 建立如图 4-97 所示的组合体模型。

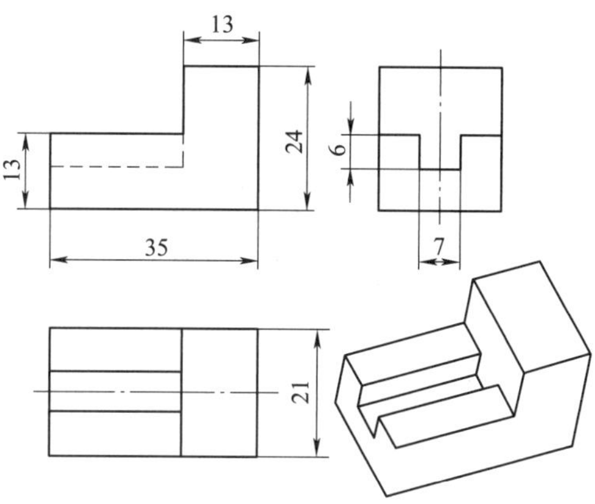

第4章 基 本 特 征

图 4-94 组合体 1

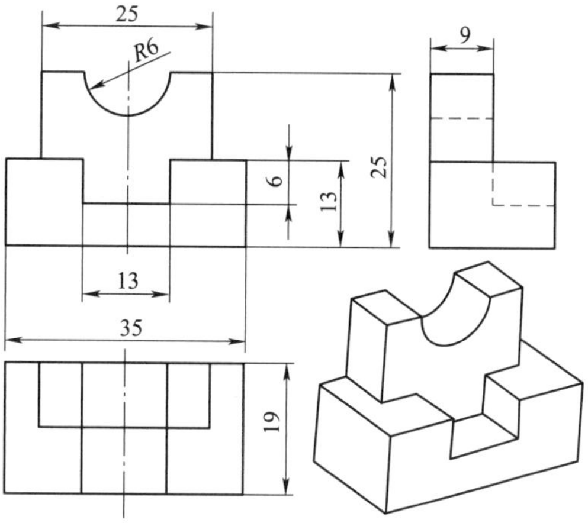

图 4-95 组合体 2

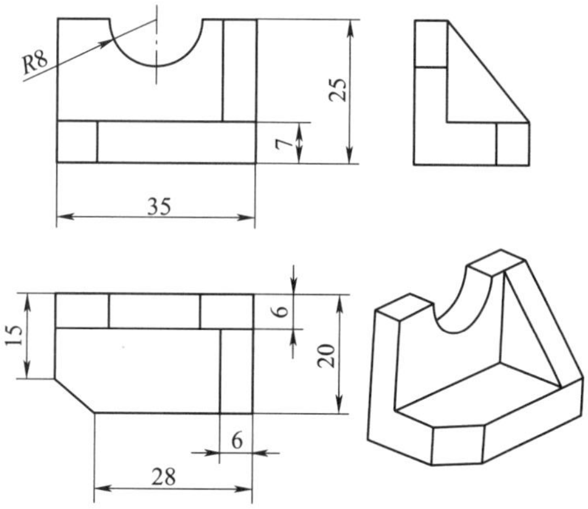

图 4-96 组合体 3

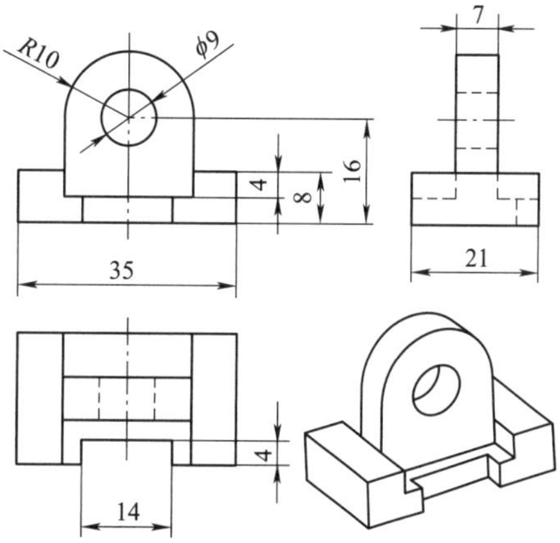

图 4-97 组合体 4

7. 建立如图 4-98 所示的组合体模型。

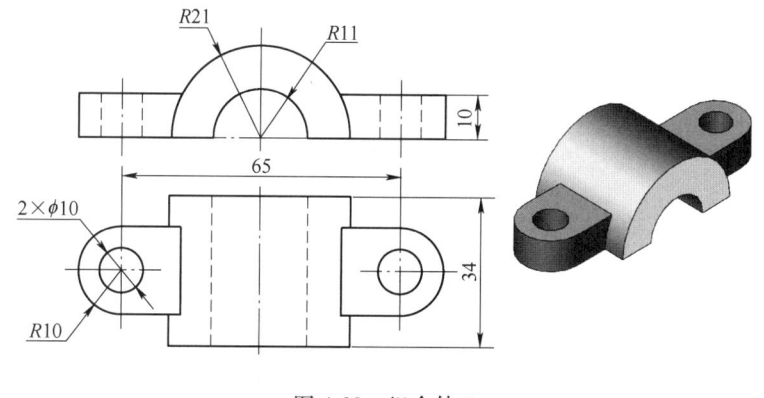

图 4-98 组合体 5

115

8. 建立如图 4-99 所示的组合体模型。

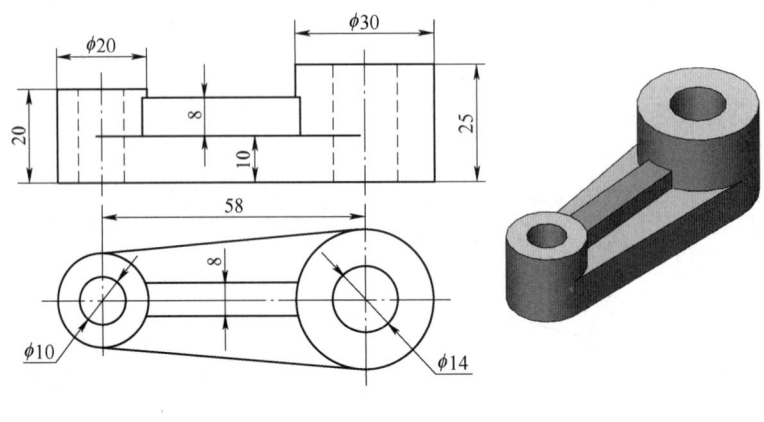

图 4-99　组合体 6

9. 建立如图 4-100 所示的组合体模型。

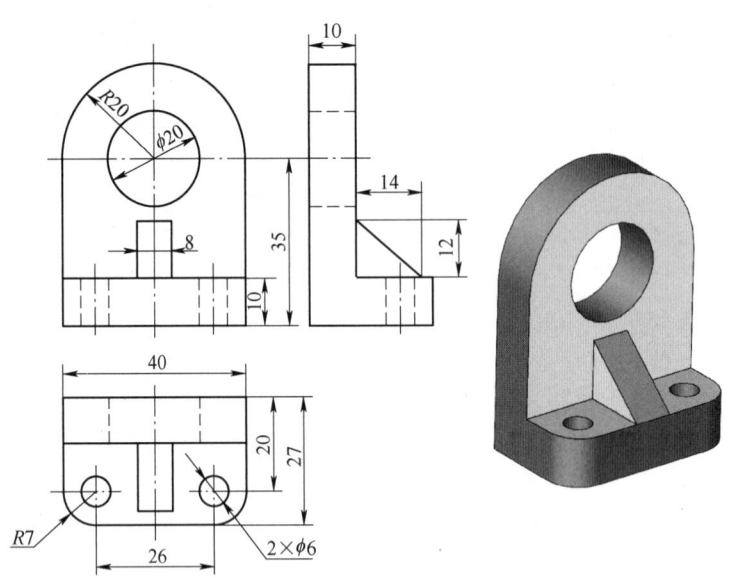

图 4-100　组合体 7

10. 建立如图 4-101 所示的组合体模型。
11. 建立如图 4-102 所示的组合体模型。
12. 建立如图 4-103 所示的组合体模型。
13. 建立如图 4-104 所示的心轴模型。
14. 建立如图 4-105 所示的组合体模型。

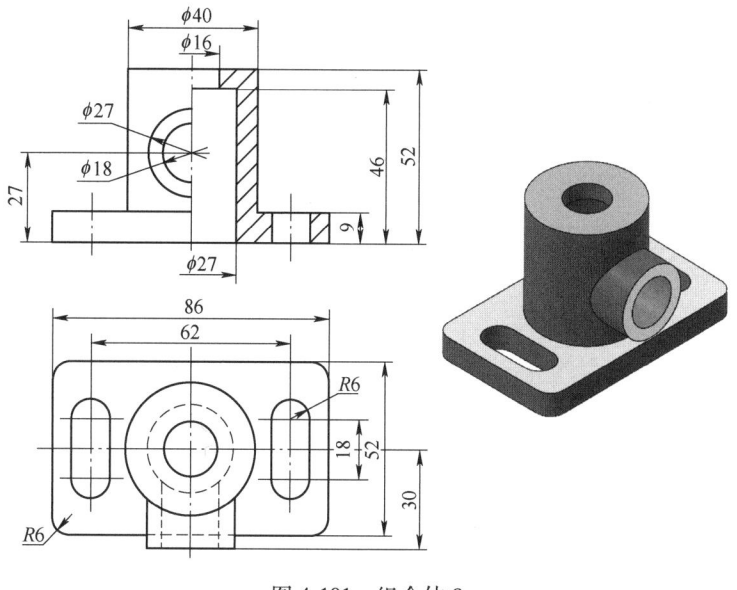

图 4-101 组合体 8

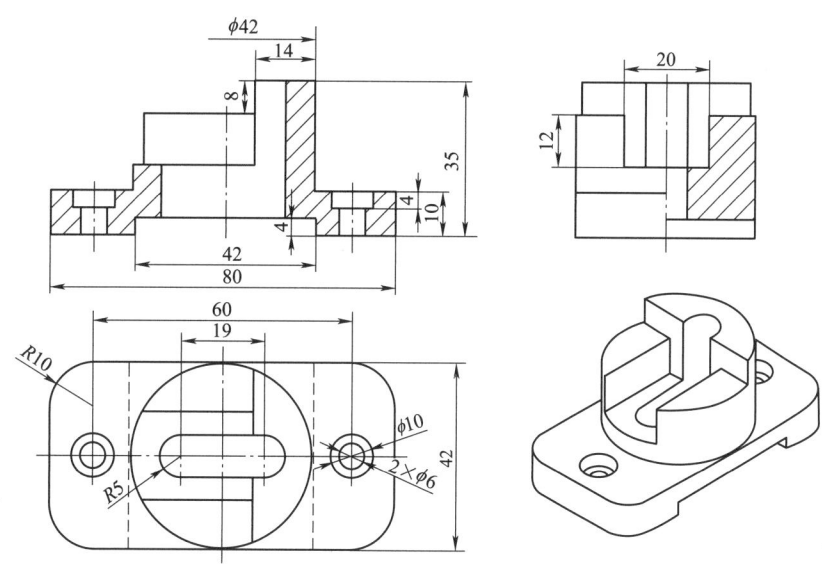

图 4-102 组合体 9

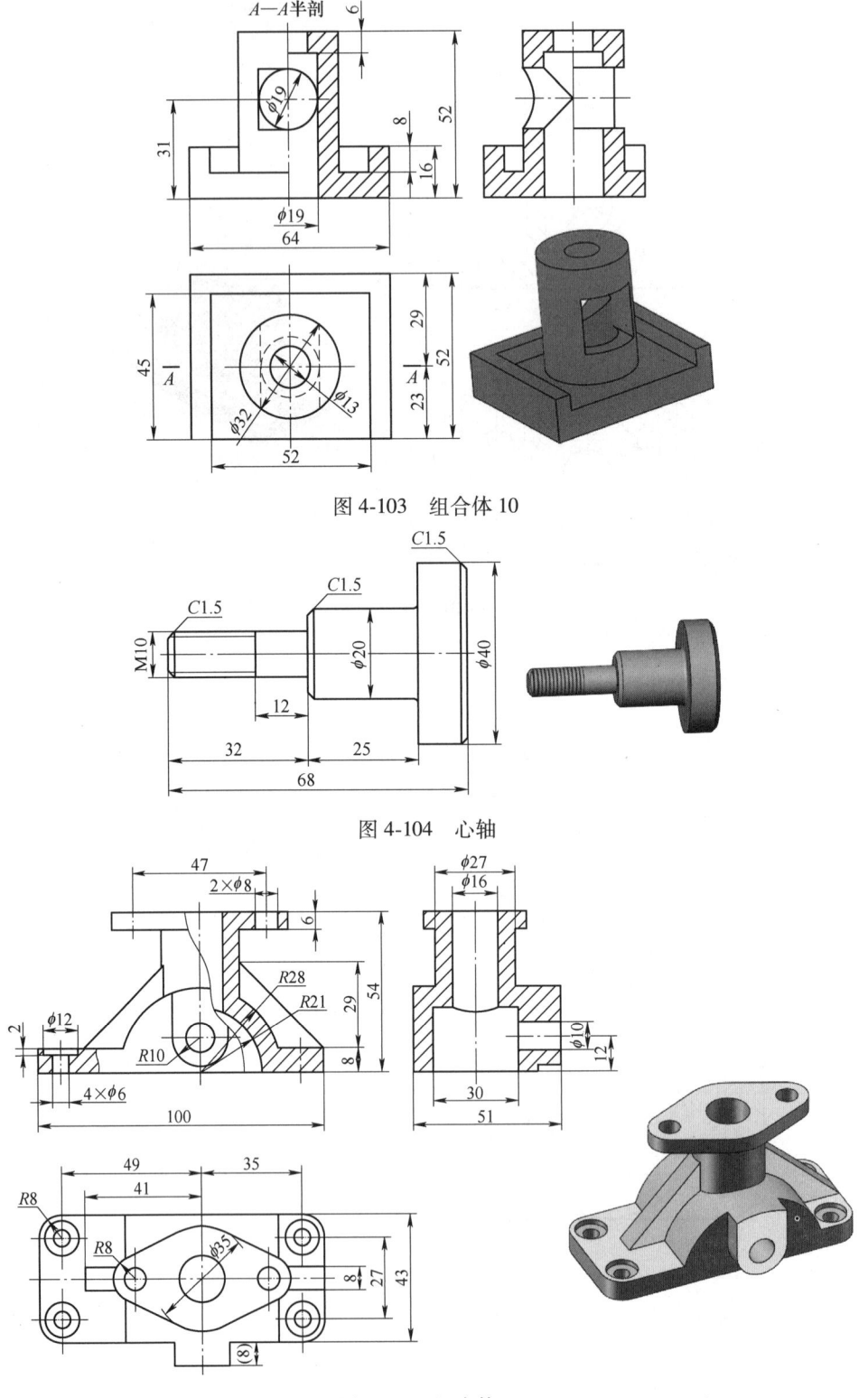

图 4-103 组合体 10

图 4-104 心轴

图 4-105 组合体 11

第 5 章 扫　　描

本章主要讲述扫描的技法。所讲解的实例涵盖了扫描的基本知识、穿透与重合的概念、不允许出现自相交的情况,并再次强化了穿透与重合的问题。

5.1 扫描的轮廓和路径

视频 5-1　扫描的轮廓和路径

扫描就是沿着一条路径移动轮廓(截面)来生成基体、凸台、切除或曲面。扫描必须有轮廓和路径。

对于基体或凸台扫描特征,轮廓必须是闭环的;对于曲面扫描特征,轮廓可以是闭环的,也可以是开环的。扫描轮廓可以是一个或多个封闭的轮廓。如果基体特征草图含有多个轮廓,就会创建多个实体。扫描轮廓可以是单独的、分开的、互相嵌套的,有效的扫描轮廓见表 5-1。

表 5-1　有效的扫描轮廓

单个轮廓	多个轮廓	嵌套轮廓

路径可以是草图、曲线或已有模型的边线等,路径可以是开环的或闭环的。路径没必要垂直于扫描的起始位置,也没必要沿整个扫描路径相切。扫描是从轮廓基准面开始的。下面用具体实例来加深理解。

1) 启动 SolidWorks 后,单击窗口最上方的"新建"图标按钮 或者按组合键〈Ctrl+N〉,在弹出的"新建 SolidWorks 文件"对话框中选择"零件" ,单击 确定 按钮完成新文件创建的操作。

2) 右击选择 前视基准面,单击"正视于"图标按钮 ,单击"草图"切换到"草图"面板。单击"边角矩形"图标按钮 ,绘制一个长 20、高 12 的长方形,注意原点在右上角。单击"智能尺寸"图标按钮 ,标注尺寸,结果如图 5-1 中①所示。单击"特征"切换到"特征"面板。单击"拉伸凸台/基体"图标按钮 ,系统

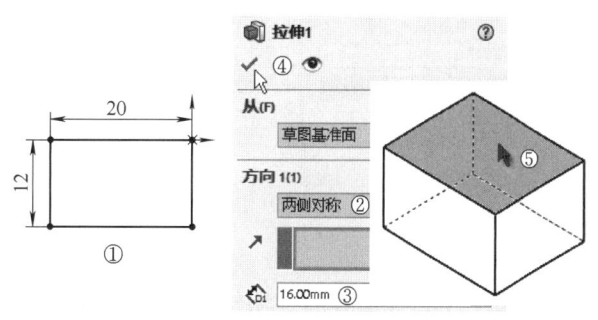

图 5-1　拉伸长方体

弹出"拉伸"属性管理器,"方向1"的"终止条件"选择"两侧对称",在"深度"文本框中输入16mm,其他采用默认设置,单击"确定"图标按钮✓完成拉伸操作,如图5-1中②~④所示。

3) 选择长方体的上表面,如图5-1中⑤所示。单击"草图"切换到"草图"面板。单击"正视于"图标按钮,单击"直线"图标按钮,连接两个角点,如图5-2中①所示。一定要单击"重建模型"图标按钮,单击"等轴测"图标按钮或者按组合键〈Ctrl+7〉后结果如图5-2中②所示。按住鼠标中键旋转模型后选择左端面,如图5-2中③所示。

4) 单击"正视于"图标按钮,单击"直线"图标按钮,绘制三角形,注意其中一个点是中点,如图5-3中①所示。一定要单击"重建模型"图标按钮,单击"等轴测"图标按钮或者按组合键〈Ctrl+7〉后结果如图5-3中②所示。

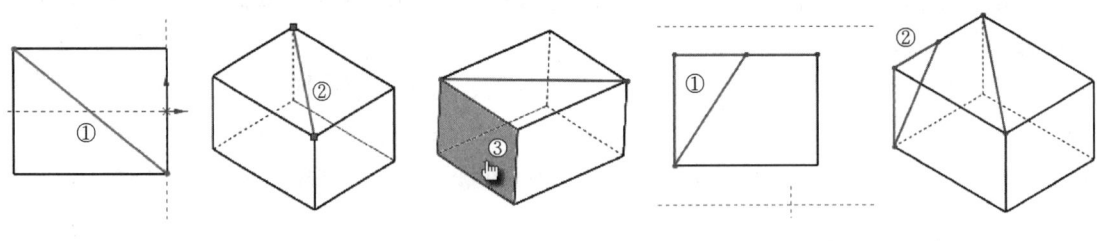

图5-2 绘制直线　　　　　　图5-3 绘制三角形

5) 单击"特征"切换到"特征"面板。单击"扫描切除"图标按钮,系统弹出"切除-扫描"属性管理器,单击"三角形"图标按钮,展开特征树,如图5-4中①、②所示。在特征树中选择"草图3"作为轮廓,再选择"草图2"作为路径,可见预览图,如图5-4中③~⑤所示,路径与扫描轮廓的起始位置不垂直,模型的长度与路径的长度一样长,单击"确定"图标按钮✓,结果如图5-4中⑥所示。

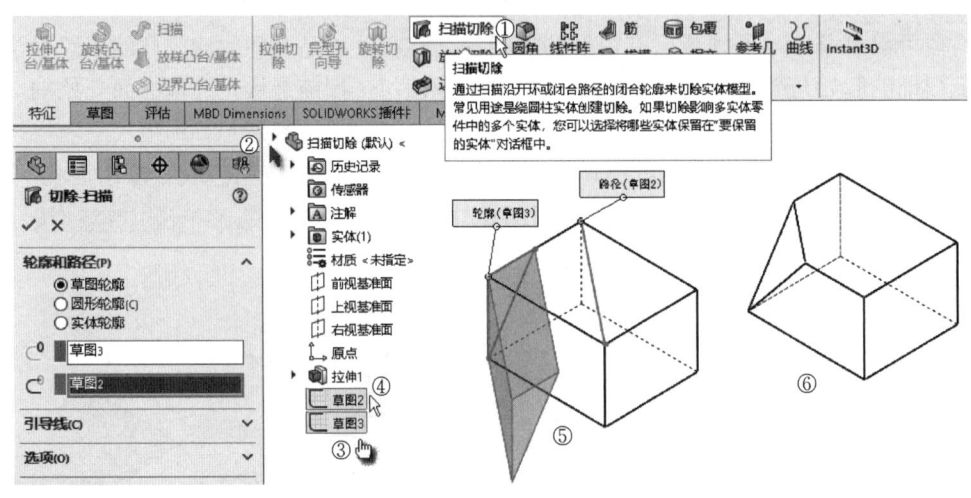

图5-4 扫描切除

6) 单击窗口最上方的"撤销"图标按钮或者按组合键〈Ctrl+Z〉,取消"扫描切除"操作。将鼠标放在回溯棒上,出现手形图标时按住鼠标左键向上移动到"草图3"的上方再松手，如图 5-5 中①、②所示。

7）单击菜单"插入"→"参考几何体"→"基准面"，弹出"基准面 1"属性管理器，在绘图区中选择长方体右端面，如图 5-6 中①所示。单击"偏移距离"图标按钮，输入 10mm，勾选"反转等距"，单击"确定"图标按钮，在长方体正中间建立了新的基准面，如图 5-6 中②~⑤所示。

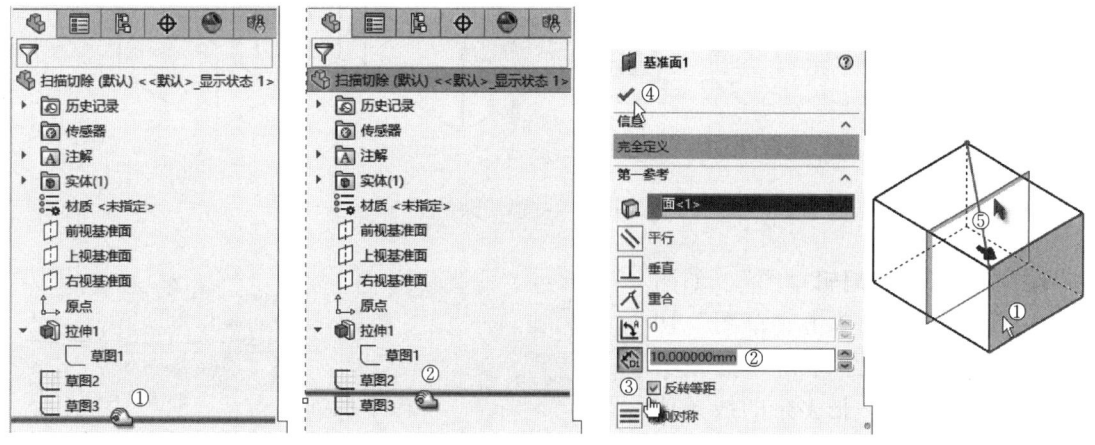

图 5-5　移动回溯棒　　　　　　　　图 5-6　建立基准面

8）将回溯棒拖至最下方。右击特征树中的"草图 3"，选择"编辑草图平面"，单击"三角形"图标按钮，展开特征树，在特征树中选择"基准面 1"，如图 5-7 中①~④所示。单击"确定"图标按钮，如图 5-7 中⑤所示。

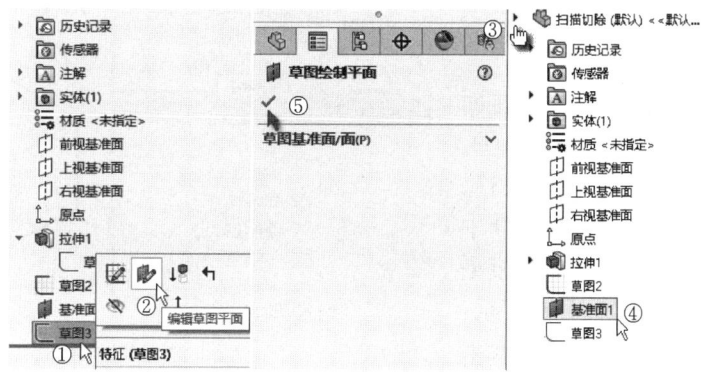

图 5-7　编辑草图平面

9）单击"特征"切换到"特征"面板。单击"扫描切除"图标按钮，系统弹出"切除-扫描"属性管理器，单击"三角形"图标按钮，展开特征树，在特征树中选择"草图 3"作为轮廓，再选择"草图 2"作为路径，系统自动选择了"方向一"，可见预览图，如图 5-8 中①~④所示，路径与扫描轮廓的起始位置不垂直，可见模型的长度比路径的长度短许多，扫描是从轮廓基准面开始的，单击"确定"图标按钮，如图 5-8 中⑤、⑥所示。

10）在特征树中单击"三角形"图标按钮 切除-扫描2 展开特征，右击特征树中的

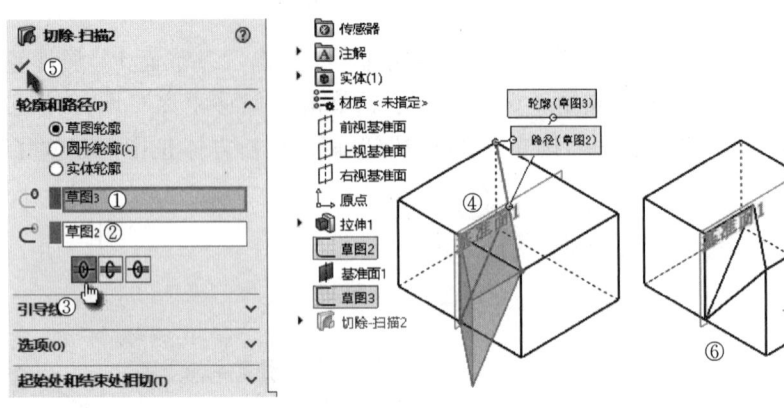

图 5-8 扫描切除

"草图 3",选择"编辑草图",如图 5-9 中①~③所示。单击"草图"切换到"草图"面板。单击"剪裁实体"图标按钮,把多余的线条剪裁掉,单击"直线"图标按钮,绘制通过角点的三角形,如图 5-9 中④所示。单击"重建模型"图标按钮,如图 5-9 中⑤所示。右击选择"切除-扫描 2",从弹出的菜单中选择"编辑特征",如图 5-9 中⑥~⑧所示。单击"重建模型"图标按钮。

11)右击特征树中的"基准面 1",选择"隐藏",如图 5-10 中①、②所示。右击特征树中的"草图 3",选择"编辑草图平面",如图 5-10 中③、④所示。按住鼠标中键旋转模型后选择左端面,如图 5-10 中⑤所示,单击"确定"图标按钮,单击"重建模型"图标按钮,结果如图 5-10 中⑥所示。其三视图如图 5-11 所示。

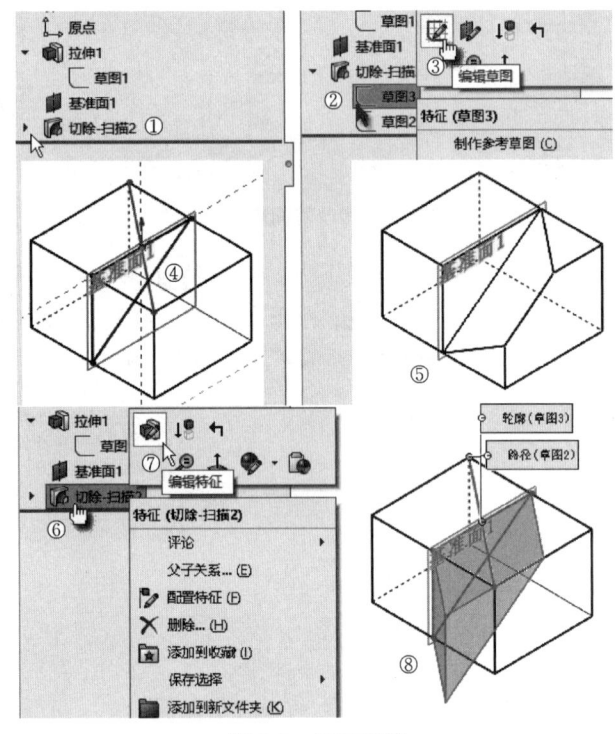

图 5-9 显示草图

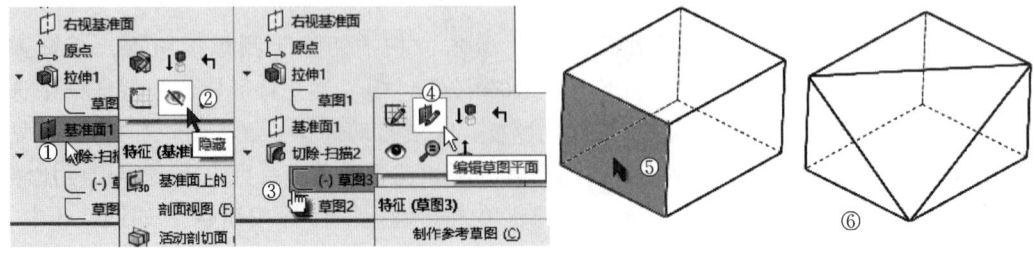

图 5-10 编辑草图平面

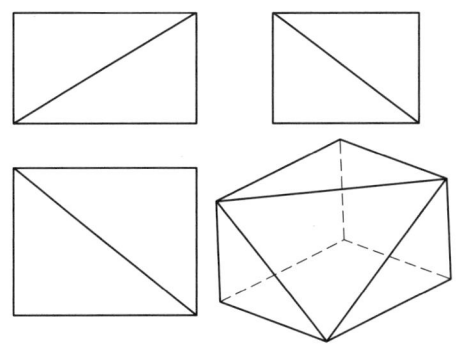

图 5-11　模型的三视图

5.2　随路径变化的扫描

在"扫描"属性管理器中有路径"方向/扭转控制"选项。其中的"随路径变化"是指由路径控制中间截面的方向和扭转。下面用具体实例来加深理解。

1）单击窗口最上方的"新建"图标按钮 或者按组合键〈Ctrl+N〉，在弹出的"新建 SolidWorks 文件"对话框中选择"零件"，单击 确定 按钮完成新文件创建的操作。右击选择 前视基准面，单击"正视于"图标按钮，单击"草图"切换到"草图"面板。单击"圆心/起/终点画弧"图标按钮，绘制一段中心在原点的圆弧，如图 5-12 中①所示。单击"中心线"图标按钮，绘制出一条竖直的中心线，如图 5-12 中②所示。单击"圆周阵列"图标按钮，阵列出三条中心线，如图 5-12 中③~⑥所示。

2）单击菜单"工具"→"草图工具"→"分割实体"，移动鼠标在绘图区中选择两点，单击"关闭"图标按钮，如图 5-13 中①~③所示。

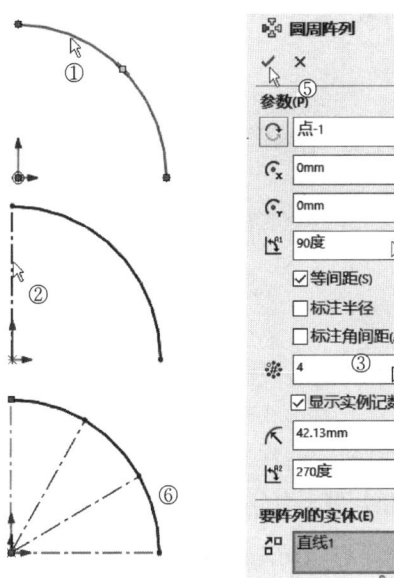

图 5-12　绘制草图

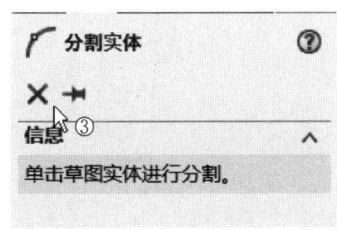

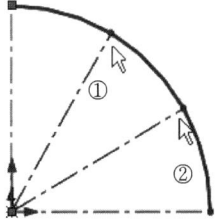

图 5-13　分割草图

3）右击分别选择分割后的圆弧，如图 5-14 中①、②所示。选择"构造几何线"，如图 5-14 中③、④所示。单击"重建模型"图标按钮退出草图绘制。

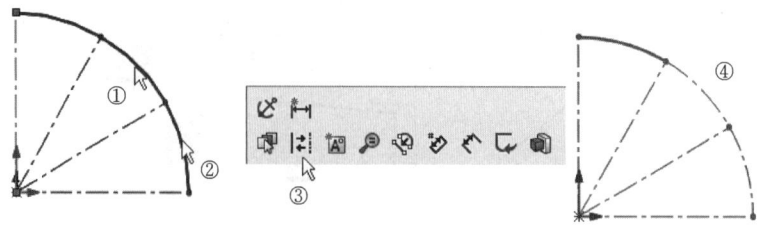

图 5-14　整理草图

4）右击选择右视基准面，单击"正视于"图标按钮，单击"草图"切换到"草图"面板。单击"圆"图标按钮，绘制出一个圆。单击"添加几何关系"图标按钮，分别选择"圆心"和圆弧的上端点，如图 5-15 中①、②所示。单击"重合"，单击"确定"图标按钮，如图 5-15 中③、④所示。结果如图 5-15 中⑤所示。单击"重建模型"图标按钮退出草图绘制。

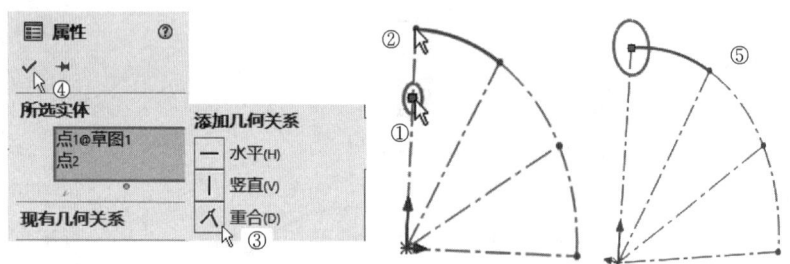

图 5-15　添加"重合"约束

5）为了清楚地观察扫描后的结果，分别在特征管理器中右击"草图 1"和"草图 2"，选择"显示"。按组合键〈Ctrl+7〉使草图呈立体显示。

6）切换到"特征"面板，单击"扫描"图标按钮，系统弹出"扫描"属性管理器，移动鼠标在绘图区中分别选择圆和圆弧，如图 5-16 中①、②所示。选择"选项"选项组中

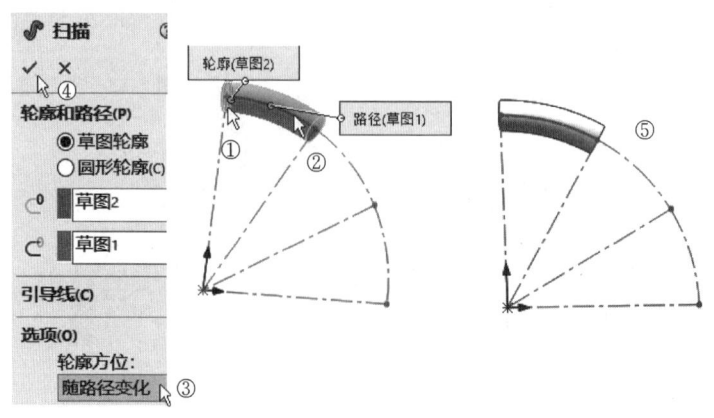

图 5-16　"扫描"属性管理器

的"随路径变化",其他选项取默认值,单击"确定"图标按钮✓,如图 5-16 中③、④所示。结果如图 5-16 中⑤所示。

7) 右击选择⬜前视基准面,单击"正视于"图标按钮↓,单击"草图"切换到"草图"面板。单击"草图绘制"图标按钮⬜,如图 5-17 中①所示。单击"转换实体引用"图标按钮⬜,移动鼠标在绘图区中选择圆弧,单击"确定"图标按钮✓,如图 5-17 中③~⑤所示。单击"重建模型"图标按钮⬤退出草图绘制。

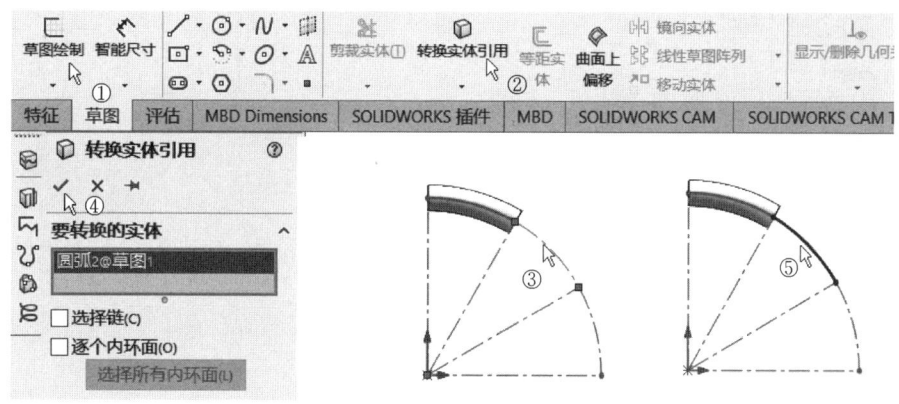

图 5-17 绘制路径

8) 选择模型的面,选择"草图绘制"图标按钮⬜,如图 5-18 中①、②所示。单击"转换实体引用"图标按钮⬜,单击"确定"图标按钮✓,如图 5-18 中③、④所示。结果如图 5-18 中⑤所示。单击"重建模型"图标按钮⬤退出草图绘制。

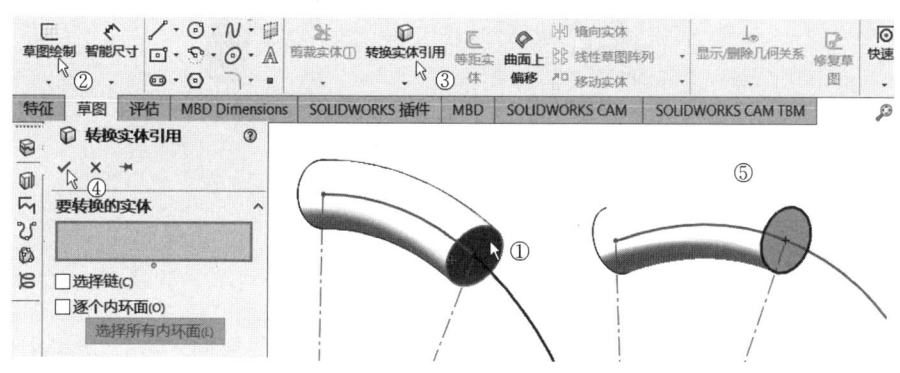

图 5-18 转换实体引用

9) 切换到"特征"面板,单击"扫描"图标按钮🍥,系统弹出"扫描"属性管理器,移动鼠标在特征管理器中分别选择"草图 4"圆轮廓和"草图 3"圆弧路径,如图 5-19 中①、②所示。选择"选项"选项组中的"随路径变化",其他选项取默认值,单击"确定"图标按钮✓,如图 5-19 中③、④所示。显示"草图 3"和"草图 4",结果如图 5-19 中⑤所示。

10) 与步骤 7)~9) 类似扫描出第三段。为了清楚地观察扫描后的结果,分别在特征管理器中右击"草图 5"和"草图 6",选择"显示"。按组合键〈Ctrl+7〉使草图呈立体显

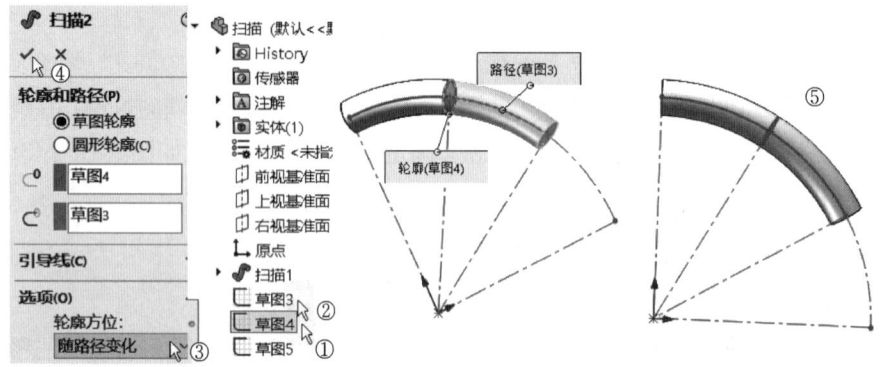

图 5-19 扫描设置

示。结果如图 5-20 所示。可见截面与路径的角度始终保持不变。单击窗口最上方的"保存"图标按钮 或者按组合键〈Ctrl+S〉，保存文件。

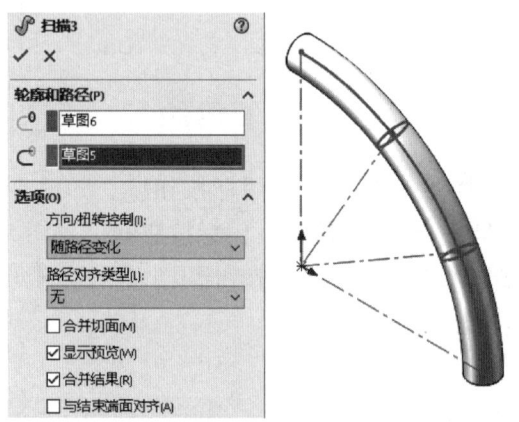

图 5-20 随路径变化的扫描

5.3 保持法向不变的扫描

"扫描"属性管理器中"方向/扭转控制"选项下的"保持法向不变"是指由轮廓草图的基准面决定中间截面的方向，并且截面不会发生扭转。下面用具体实例来加深理解。

1）在特征管理器中右击"草图 1"，选择"编辑草图"。用"剪裁实体" 删除三条斜线，用"中心线" 绘制出三条竖直线，如图 5-21 中①~③所示。单击"重建模型"图标按钮 退出草图绘制。

2）在特征管理器中右击"扫描 1"，选择"编辑特征"。在弹出的"扫描 1"属性管理器中修改"选项"选项组中的"方向/扭转控制"为"保持法向不变"，单击"确定"图标按钮 ，如图 5-22 中①、②所示。结果如图 5-22 中③所示。

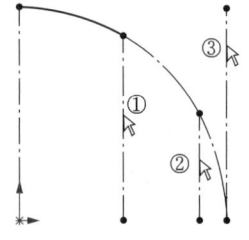

图 5-21 绘制草图

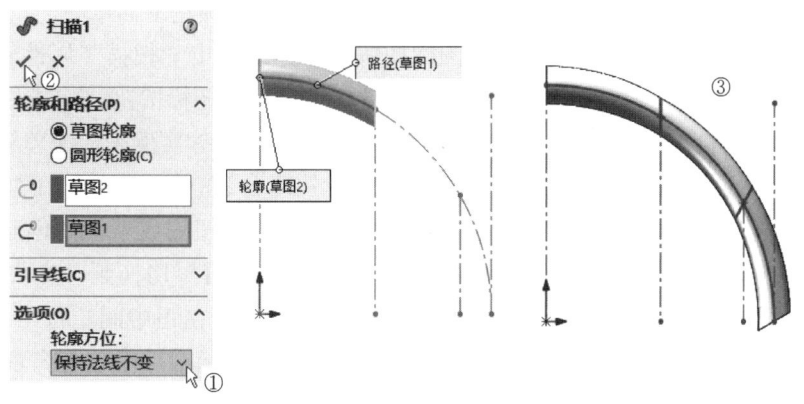

图 5-22 修改扫描选项

3)同理,在特征管理器中分别编辑"扫描 2"和"扫描 3"特征,修改"选项"选项组中的"方向/扭转控制"为"保持法向不变",结果如图 5-23 中①、②所示。单击窗口最上方的"保存"图标按钮 或者按组合键〈Ctrl+S〉,保存文件。

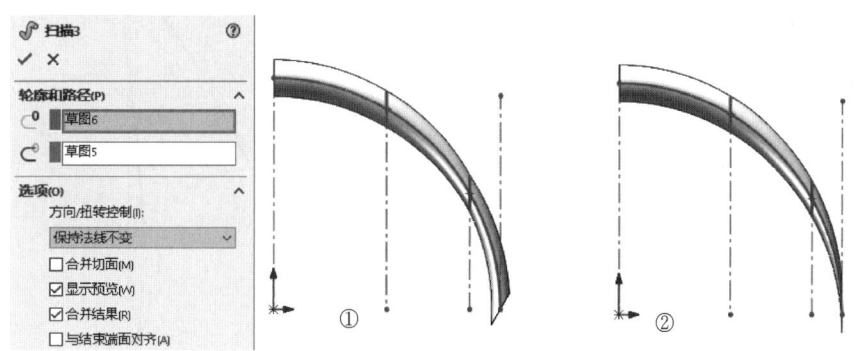

图 5-23 保持法向不变的扫描

5.4 扫描时的注意事项

5.4.1 扫描形成的实体自相交

在扫描操作中,不论是截面、路径,都不能出现自相交的情况。这说明路径不能在任一点接触,但并不是说扫描路径必须是开环的,例如,椭圆是可以作为扫描路径的。

生成扫描的步骤如下。

1)绘制扫描路径草图。路径曲线可以是平面草图、3D 草图、现有的模型边线、分割线、螺旋线等。

2)绘制引导线草图。引导线可以是平面草图、3D 草图、投影曲线、模型的边线或分割线。根据模型的需要可以绘制多条引导线,引导线需要与轮廓线的端点做穿透约束,轮廓线中缺少端点时,可以在轮廓线中绘制出点来做穿透约束,也可以将轮廓线分段产生端点来做穿透约束。用 3D 草图作为引导线时,引导线的端点与轮廓线的端点必须做穿透约束。

3）在垂直于路径的基准面上绘制扫描轮廓，轮廓草图必须是平面草图。

4）在"特征"面板中单击"扫描"图标按钮，系统弹出"扫描"属性管理器，分别选择"轮廓"、"路径"和"引导线"，单击"确定"图标按钮完成扫描特征。

扫描形成的实体如果自相交，轮廓将发生变化。下面用具体实例来加深理解。

1）单击窗口最上方的"新建"图标按钮或者按组合键〈Ctrl+N〉，在弹出的"新建 SolidWorks 文件"对话框中选择"零件"，单击 确定 按钮完成新文件创建的操作。右击选择 前视基准面，单击"正视于"图标按钮，单击"草图"切换到"草图"面板。单击"中心线"图标按钮，绘制出一条水平的中心线，原点在正中间。再绘制两条斜线，单击"智能尺寸"图标按钮，标注尺寸，如图 5-24 中①所示。单击"样条曲线"图标按钮，在屏幕中分别单击三点，得到一条样条曲线。选择样条曲线和一条斜中心线，添加"相切"几何关系，再选择样条曲线和另一条斜中心线，添加"相切"几何关系，单击"智能尺寸"图标按钮，标注尺寸，如图 5-24 中②所示。右击选择样条曲线，在弹出的快捷菜单中选择"显示最小半径"，如图 5-24 中③、④所示。

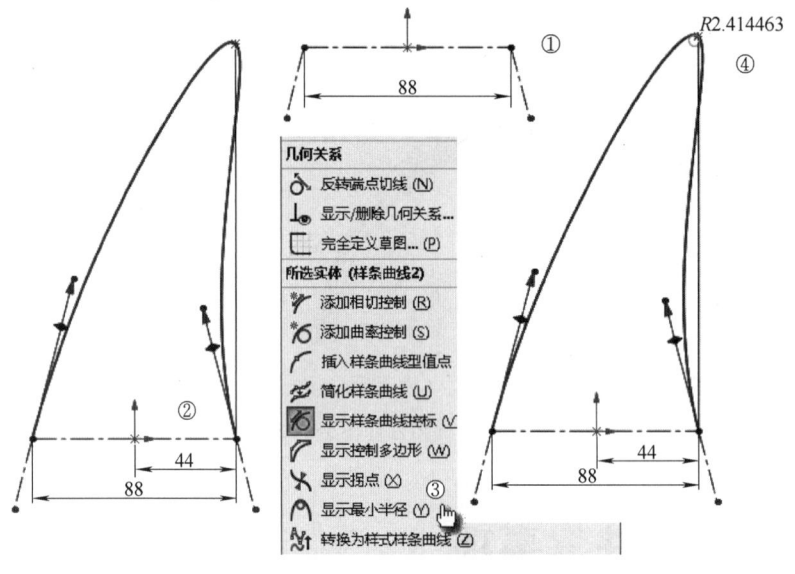

图 5-24　绘制样条曲线

2）单击"特征"面板中的"参考几何体"→"基准面"或者单击菜单"插入"→"参考几何体"→"基准面"，系统弹出"基准面"属性管理器，移动鼠标在绘图区中选择样条曲线，添加"垂直"几何关系，勾选"将原点设在曲线上"，其他采用默认设置。单击"确定"图标按钮完成基准面创建操作，如图 5-25 中①~④所示。

3）选择刚生成的基准面，单击"正视于"图标按钮，单击"草图"切换到"草图"面板。单击"圆"图标按钮，在原点上绘制一个圆，单击"智能尺寸"图标按钮，标注尺寸，如图 5-26 所示。单击绘图区右上角的图标按钮退出绘制草图。

注意：此圆的半径一定要比上面的最小曲率半径大。

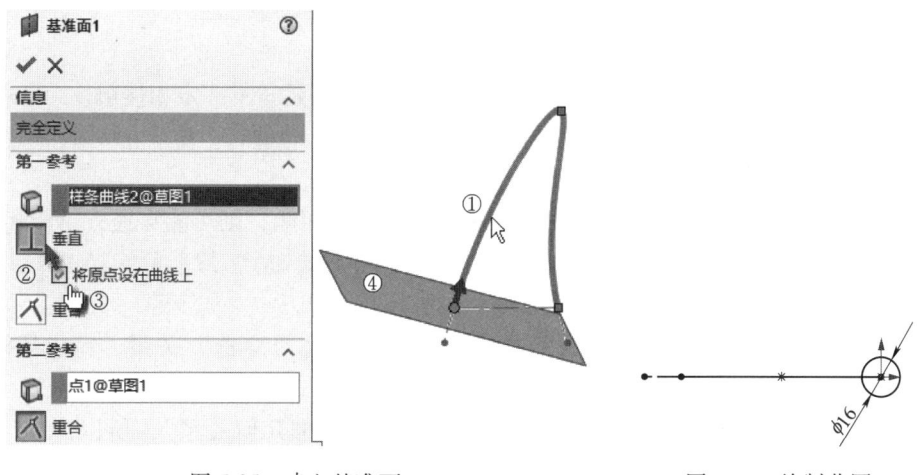

图 5-25 建立基准面　　　　　　图 5-26 绘制草图

4) 旋转模型呈立体显示效果。单击"特征"面板上的"扫描"图标按钮，在特征管理器中选择截面和轮廓，单击"确定"图标按钮，如图 5-27 中①~④所示。当圆沿着路径扫描时，几何体会自相交，这是因为圆的半径是 8mm，样条曲线顶部的最小半径是 2.24mm，圆的半径比扫描所沿曲线的半径大。当作为轮廓的圆沿着曲线路径扫描时，它自身会重叠，顶部的轮廓曲线已经不是圆了，如图 5-27 中⑤所示。如果将圆的半径改为小于 2.24mm，如 2mm，顶部的轮廓曲线一直是圆。

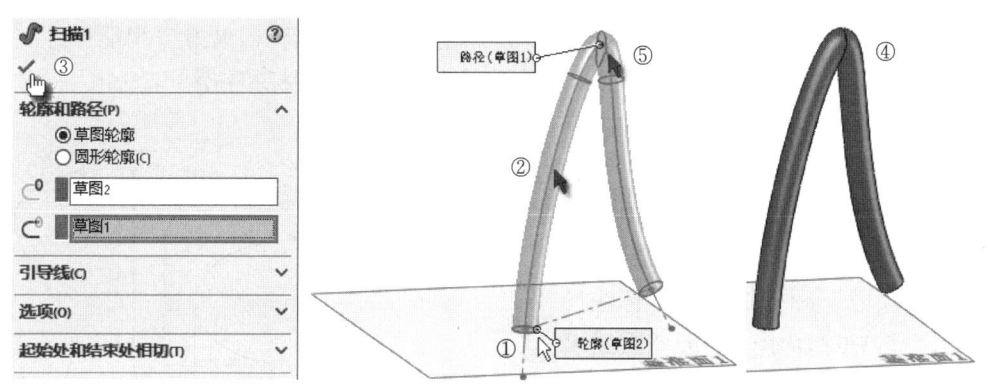

图 5-27 将产生自相交的扫描模型

5.4.2 穿透

扫描中一个十分重要的概念是穿透。穿透是指草图点与基准轴（或边线或曲线）在草图基准面上穿透的位置重合。

被穿透的点可以是任何与草图相关的点，如端点、圆心、草图点。进行穿透的对象可以是轴、边线、直线、圆弧、样条曲线等。穿透的点必须与穿透的对象相交。穿透约束的添加方法与其他添加几何关系的方法相同。

穿透必须相触（锁在曲线上），重合就不一定了。穿透是重合的一个特例，重合不必穿透，但穿透绝对重合。如同数学中的"子集"概念，"穿透"正是"重合"中的一个子集。

两个不能互相"接触"的图形间,可以"重合",却不能"穿透"。

草图可以构建在任何平面上。所谓重合,有两种含义。

1)同一平面的图元间:是指延长线方向上的重合。图元间不一定相接触。

2)不同平面的图元间:是指垂直这个平面方向投影上的重合。重合的对应点并不一定接触。

无论是否同一平面,穿透与否,首先是能否接触,能相触,则可能穿透;不能相触,则不能穿透。例如平行平面上的两个草图之间,可以重合(投影),却不可能穿透。又如同平面的草图,被尺寸约束,可以重合(延长线),也不能穿透。

在大多数情况下,SolidWorks 可以用"重合"关系代替"穿透"关系,完成建模绘图。然而在有些复杂的情况下,必须要用"穿透"关系。

由于 SolidWorks 在绘制草图时的默认状态是"自动添加几何关系",所以许多"重合"关系是自动加上的。尽管绝大多数情况下"重合"与"穿透"关系是不会冲突的,但并不是说任何情况下都不会冲突。在发生一些莫明其妙的"过定义""无解"等情况而不能扫描时,应该检查一下草图的约束情况(即查看几何关系),解除一些约束错误、约束冲突、双重甚至多重定义的约束,特别是对于有"重合"约束的地方,因为不可能"穿透"约束的草图,却是"重合"的。建构草图时请务必认真,该穿透的地方不要用重合来代替。

1)单击窗口最上方的"新建"图标按钮 或者按组合键〈Ctrl+N〉,在弹出的"新建 SolidWorks 文件"对话框中选择"零件" ,单击 确定 按钮完成新文件创建的操作。右击选择 前视基准面,单击"正视于"图标按钮 ,单击"草图"切换到"草图"面板。单击"直线"图标按钮 ,绘制出一条竖直线,下端点与原点重合,单击"智能尺寸"图标按钮 ,标注尺寸,如图 5-28 中①所示。单击"重建模型"图标按钮 。

2)右击选择 上视基准面,单击"正视于"图标按钮 ,单击"草图"切换到"草图"面板。单击"椭圆"图标按钮 ,绘制出一个圆心在原点的椭圆,单击"智能尺寸"图标按钮 ,标注尺寸,如图 5-28 中②所示。单击"重建模型"图标按钮 。

3)右击选择 前视基准面,单击"正视于"图标按钮 ,单击"草图"切换到"草图"面板。单击"中心线"图标按钮 ,绘制出两条水平的中心线,左端点分别与竖直线重合。单击"样条曲线"图标按钮 ,在屏幕中分别单击五点,开始点分别与水平线右端点重合。单击"智能尺寸"图标按钮 ,标注尺寸,如图 5-28 中③所示。单击"重建模型"图标按钮 。

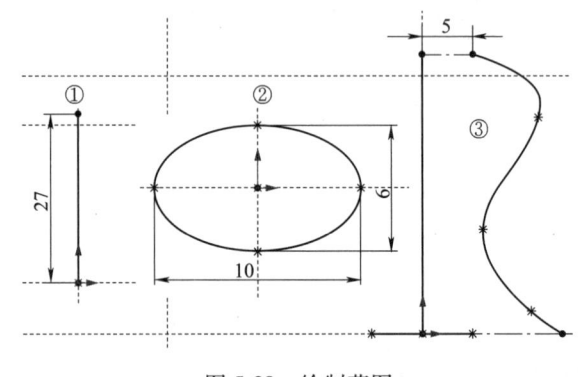

图 5-28 绘制草图

4)单击"特征"面板上的"扫描"图标按钮 ,在特征管理器中选择截面和轮廓,单击"确定"图标按钮 ,如图 5-29 中①~④所示。

5)单击窗口最上方的"撤销"图标按钮 或者按组合键〈Ctrl+Z〉,取消上一步的操作。这次扫描想要椭圆随着引导线变大变小。

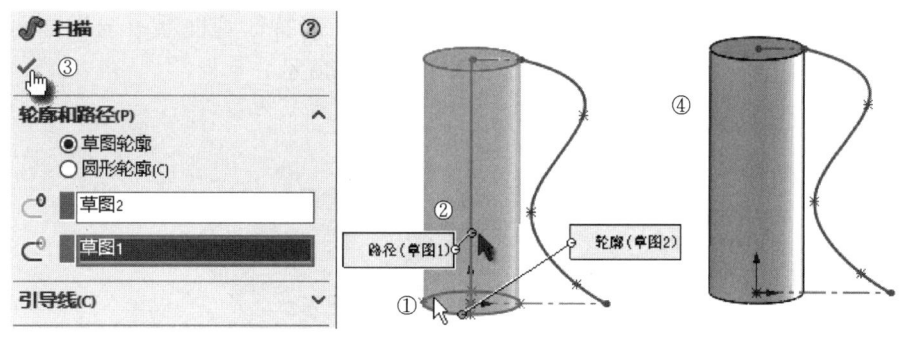

图 5-29 椭圆柱

6）单击"特征"面板上的"扫描"图标按钮，在特征管理器中选择截面和轮廓，单击"确定"图标按钮，如图 5-30 中①~④所示。系统弹出"重建模型错误"对话框，如图 5-30 中⑤所示。单击"取消"图标按钮，如图 5-30 中⑥所示。穿透指引导线的端点和截面的边线在空间相交。

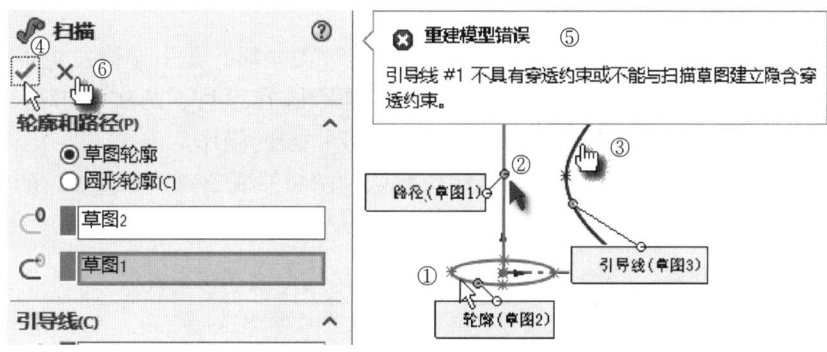

图 5-30 "扫描"属性管理器

7）编辑草图 3，分别选择引导线的下端点和椭圆，单击"穿透"，单击"确定"图标按钮，如图 5-31 中①~④所示。此时引导线的下端点发生变化，向右移动到与椭圆重合，如图 5-31 中⑤所示。

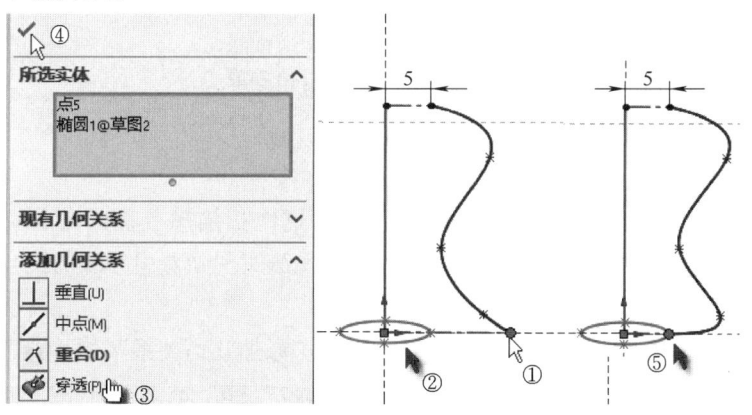

图 5-31 添加"穿透"约束

8）单击"特征"面板上的"扫描"图标按钮，在特征管理器中选择截面、轮廓、引导线，单击"确定"图标按钮，如图5-32中①~④所示。

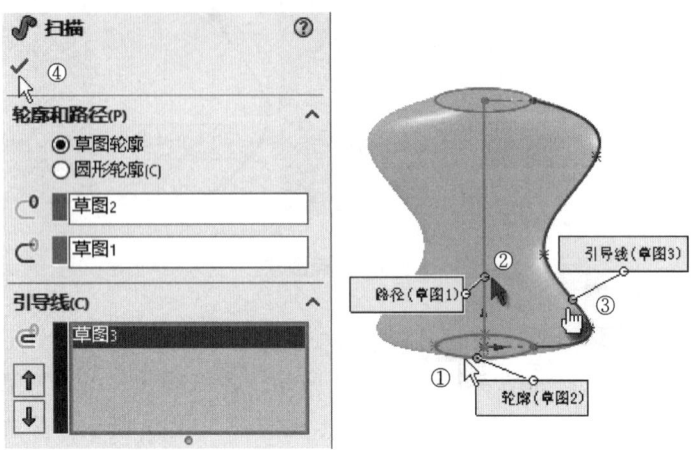

图5-32 扫描1

9）由于引导线是最后绘制的，所以添加"穿透"关系时，是引导线发生了变化，但如果想保持引导线不变而是椭圆发生变化，应该是椭圆画在最后。两次单击窗口最上方的"撤销"图标按钮或者按组合键〈Ctrl+Z〉，取消上一步的操作。

10）将鼠标指针放在"草图3"上，按住鼠标左键向上拖动到"草图2"的上方，如图5-33中①、②所示。

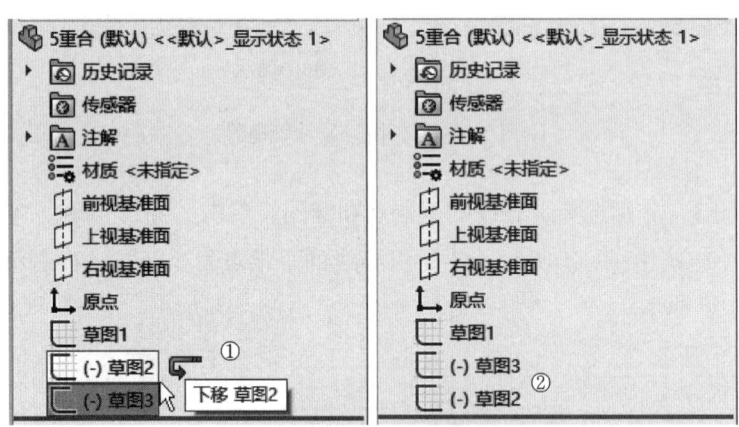

图5-33 改变草图顺序

11）引导线可以用来更多地控制特征的形状，这次扫描想要椭圆随着引导线变大、变小，但是轮廓草图椭圆已经标注了尺寸，动不了，无法实现随着引导线的变化而变化，因此编辑草图2，删除尺寸。

12）单击"添加几何关系"图标按钮，弹出"添加几何关系"属性管理器。移动鼠标在绘图区选择椭圆上的右端点与样条曲线，单击"穿透"，单击"确定"图标按钮，如图5-34中①~④所示。此时椭圆变大到与样条曲线下端点重合，如图5-34中⑤所示。

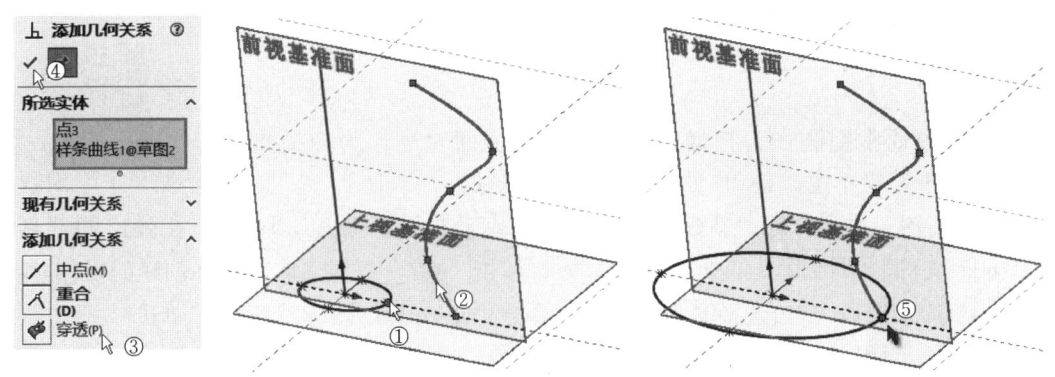

图 5-34　添加几何关系属性管理器和添加穿透后效果图

13）单击"特征"面板上的"扫描"图标按钮，在特征管理器中选择截面、轮廓、引导线，由预览图可以看到，由于椭圆的圆心被锁定在路径上，"穿透"约束使得椭圆改变直径，即当椭圆沿着路径移动时，穿透点同时沿着引导线的形状移动，椭圆的形状不断地变化。单击"确定"图标按钮，如图 5-35 中①~④所示。这是典型的竖扫案例。在扫描中通常把路径是竖直线、引导线是模型侧面轮廓、截面是模型底面的扫描称为竖扫。

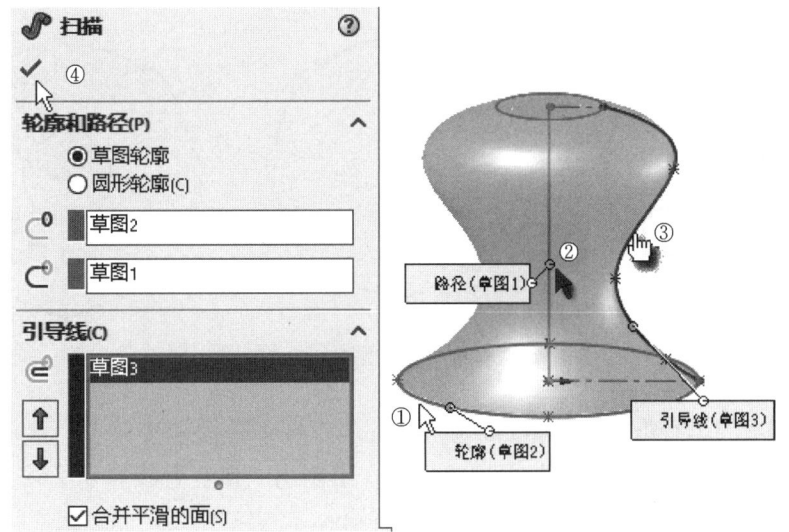

图 5-35　扫描 2

使用引导线进行扫描的总结如下。
1）引导线可以用来更多地控制特征的形状。
2）扫描可以使用多条用于成形实体的引导线。
3）应在生成路径和引导线之后生成截面。
4）引导线必须与轮廓或轮廓草图中的点穿透。
5）路径必须为单一实体（如直线、圆弧等）或路径线段必须相切。
6）扫描长度在路径和引导线中使用最短的线。

5.5 横扫

在扫描中通常把圆作为扫描路径，模型的侧面轮廓作为扫描轮廓，引导线平行于路径草图或是 3D 曲线的扫描称为横扫。

视频 5-2　横扫

1）单击窗口最上方的"新建"图标按钮 或者按组合键〈Ctrl+N〉，在弹出的"新建 SolidWorks 文件"对话框中选择"零件"，单击 按钮完成新文件创建的操作。

2）绘制草图 1。右击选择 上视基准面，单击"正视于"图标按钮 ，单击"草图"切换到"草图"面板。单击"多边形"图标按钮 ，绘制出一个八边形，内切圆的圆心与原点"重合"。单击"中心线"图标按钮 ，绘制出一条竖直的中心线，单击"智能尺寸"图标按钮 ，标注出内切圆的直径为 120，如图 5-36 中①所示。单击"绘制圆角"图标按钮 ，将八边形的八个角倒圆弧 R20，如图 5-36 中②所示。单击绘图区右上角的图标按钮 退出绘制草图。

3）绘制草图 2。右击选择 上视基准面，单击"正视于"图标按钮 ，单击"草图"切换到"草图"面板。单击"圆"图标按钮 ，绘制出一个圆，圆心与原点"重合"，如图 5-36 中③所示。单击绘图区右上角的图标按钮 退出绘制草图。

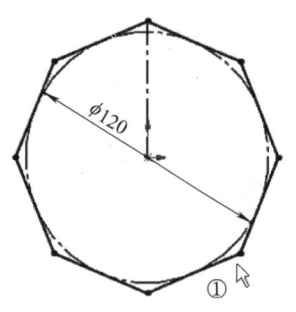 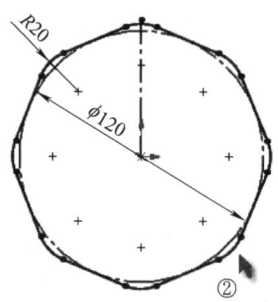 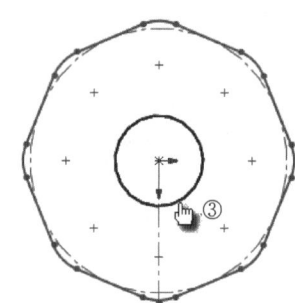

图 5-36　绘制草图 1 和 2

4）绘制草图 3。右击选择 前视基准面，单击"正视于"图标按钮 ，单击"草图"切换到"草图"面板。单击"直线"图标按钮 ，绘制出一条竖直线和水平线，竖直线和水平线分别与原点"重合"，如图 5-37 中①、②所示。

5）单击"椭圆"图标按钮 ，绘制出一个圆心在原点的椭圆，单击"剪裁实体"图标按钮 ，把多余的线条剪裁掉，得到 1/4 个椭圆，如图 5-37 中③所示。单击"智能尺寸"图标按钮 ，标注竖直线的尺寸为 40，如图 5-37 中④所示。

6）旋转模型，分别选择椭圆的左端点和草图 1 的圆弧，如图 5-37 中⑤、⑥所示。做"穿透"约束 ，结果如图 5-37 中⑦所示。单击绘图区右上角的图标按钮 退出绘制草图。

7）创建扫描。在"特征"面板中单击"扫描"图标按钮 ，系统弹出"扫描"属性管理器，在"轮廓" 中选择"草图 3"作为扫描轮廓，在"路径" 中选择"草图 2"作为路径，在"引导线" 中选择"草图 1"作为引导线，如图 5-38 中①~③所示，单击"确定"图标按钮 完成扫描特征。结果如图 5-39 所示。

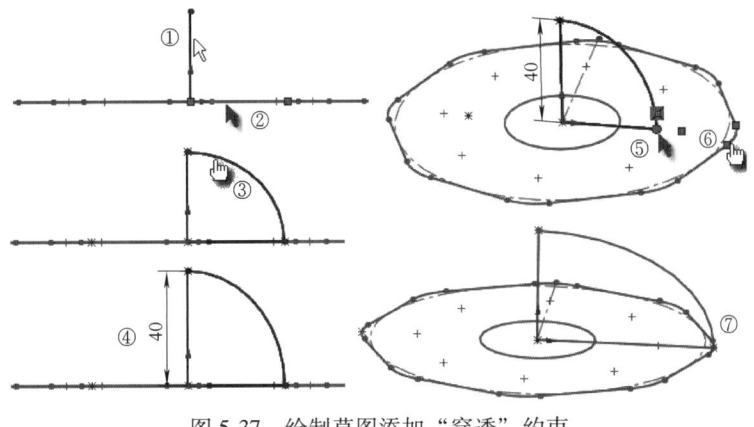

图 5-37 绘制草图添加"穿透"约束

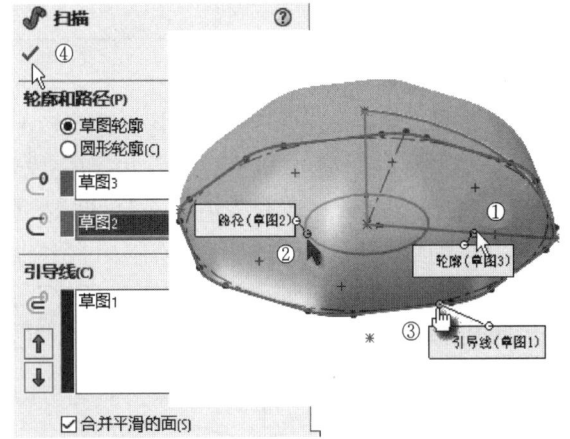

图 5-38 "扫描"属性管理器

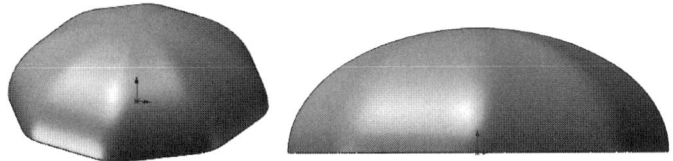

图 5-39 创建的六角单面体模型

5.6 弹簧线

图 5-40 所示的弹簧线是由一个扫描特征创建而成的。创建弹簧线的关键是选择扫描类型为"沿路径扭转"。

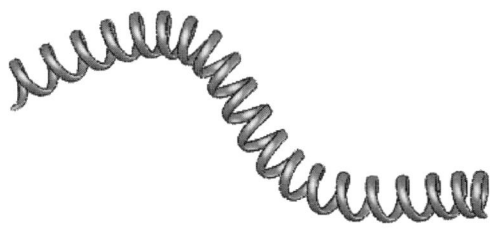

图 5-40 弹簧线

创建弹簧线的步骤见表 5-2。

表 5-2 创建弹簧线的步骤

步骤	模型	说明	步骤	模型	说明
1	208	绘制草图 1	3		创建扫描
2	4　2　8	绘制草图 2			

下面具体介绍创建弹簧线的方法。

1）单击窗口最上方的"新建"图标按钮，或者按组合键〈Ctrl+N〉，在弹出的"新建 SolidWorks 文件"对话框中选择"零件"，单击 确定 按钮完成新文件创建的操作。

2）绘制草图 1。右击选择 前视基准面，单击"正视于"图标按钮，单击"草图"切换到"草图"面板。单击"样条曲线"图标按钮，绘制出一条曲线，拖动曲线控制点，使曲线形状符合设计要求，如图 5-41 中①所示。单击"智能尺寸"图标按钮，标注出曲线的长度尺寸，如图 5-41 中②所示。单击绘图区右上角的图标按钮 退出绘制草图。

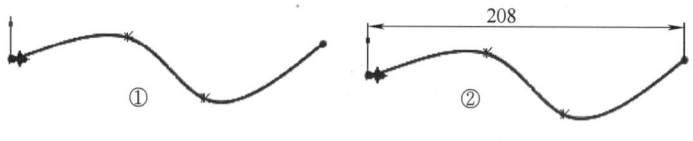

图 5-41 绘制草图 1

3）绘制草图 2。右击选择 前视基准面，单击"正视于"图标按钮，单击"草图"切换到"草图"面板。单击"椭圆"图标按钮，绘制出一个椭圆，如图 5-42 中①所示。将椭圆的两个长轴点做"水平"约束，将椭圆的短轴点与原点做"竖直"约束。单击"智能尺寸"图标按钮，标注出如图 5-42 中②所示的尺寸。单击绘图区右上角的图标按钮 退出绘制草图。

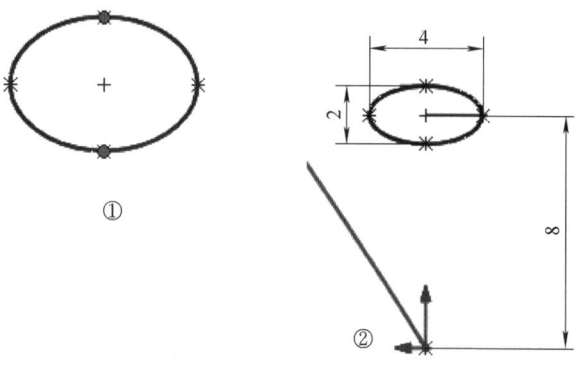

图 5-42 绘制草图 2

4）创建扫描。在"特征"面板中单击"扫描"图标按钮，系统弹出"扫描"属性管理器，在"轮廓" 中选择"草图 2"作为扫描轮廓，在"路径" 中选择"草图 1"作为路径，在"选项"中"轮廓方位"选择"随路径变化"，"轮廓扭转"选择"指定扭转值"，"扭转控制"选择"圈数"，"方向 1"中输入 30，其他采用默认设置，如图 5-43 中

①~⑥所示。单击"确定"图标按钮✓完成扫描特征，如图5-43中⑦、⑧所示。

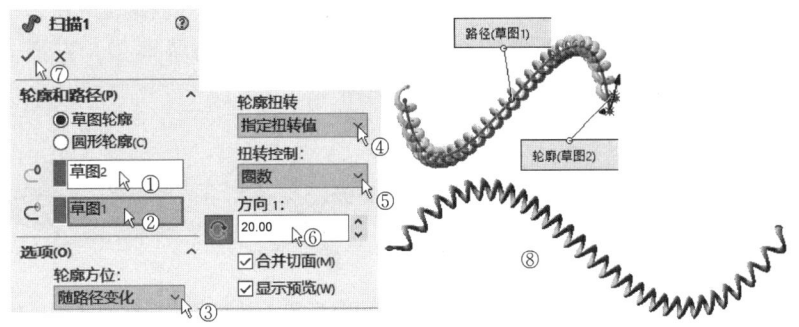

图5-43 "扫描"属性管理器

> 经验：用一个扫描特征做出弹簧线是本实例的亮点。操作时要注意选择扫描类型为"沿路径扭转"。在绘制扫描路径草图时要注意曲线的半径曲率不能太大，否则扫描将不能成功。

5.7 思考与练习

1. 运用简单路径扫描生成如图5-44所示的模型。
2. 运用简单路径扫描生成如图5-45所示的模型。
3. 用一条引导线扫描生成如图5-46所示的模型。

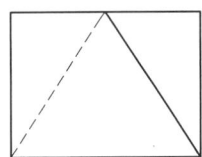
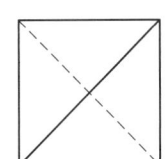
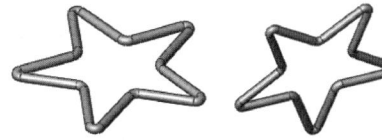

图5-45 简单扫描模型

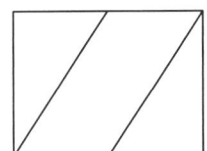
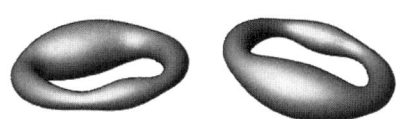

图5-44 扫描模型　　　　　　　　图5-46 用一条引导线扫描模型

4. 运用横扫生成如图5-47所示的六角单面体模型。
5. 运用"沿路径扭转"的扫描类型生成如图5-48所示的模型。

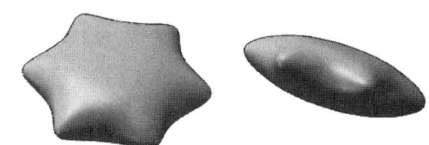

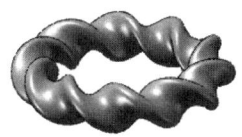

图5-47 六角单面体模型　　　　图5-48 沿路径扭转的扫描模型

6. 运用多轮廓扫描生成如图 5-49 所示的模型。

7. 运用"取消合并平滑面"的扫描类型生成如图 5-50 所示的模型。在产品设计中有些产品需要平滑的面,有些不需要平滑的面,如图 5-50 中的五角星模型,它需要保持明显的棱角,在扫描时要取消选择"合并平滑面"的选项。

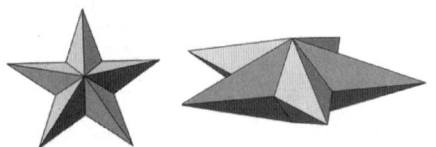

图 5-49　多轮廓扫描模型　　　　　　图 5-50　取消合并平滑面的扫描模型

8. 生成如图 5-51 所示的环连环,它由一个环路径和一个圆轮廓扫描而成。同一个轮廓沿两条路径扫描,而两条路径是闭合的。

经验技巧:用一个扫描轮廓和一个扫描路径做扫描,产生随路径形状变化的特征,但只要移动扫描轮廓的位置,扫描出来的结果就会有所不同,读者可以拖动扫描轮廓观看结果有什么不同。

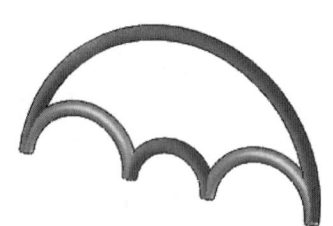

图 5-51　环连环

9. 运用切除扫描生成如图 5-52 所示的模型。切除扫描的创建步骤和属性管理器参数与实体扫描基本一致,在切除扫描中,"轮廓"选项可以选择"轮廓扫描"和"实体扫描","轮廓扫描"是选择平面草图为轮廓的扫描,"实体扫描"是选择实体沿路径移动的扫描。

图 5-52　实体切除扫描

10. 生成如图 5-53 所示的轮廓切除扫描。

11. 生成如图 5-54 所示的拉簧模型。拉簧模型是以 3D 草图为路径的扫描创建而成的。将螺旋线与 2D 草图结合应用生成 3D 草图,以 3D 草图作为扫描路径创建拉簧模型。

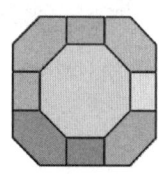

图 5-53　轮廓切除扫描　　　　　　　图 5-54　拉簧

12. 生成如图 5-55 所示的五角螺旋弹簧模型,它是以投影曲线为路径的扫描创建而成的。将现有的草图投影到模型面或曲面上来生成一条 3D 曲线,以 3D 曲线为路径创建扫描生成五角螺旋弹簧模型。

13. 生成如图 5-56 所示的口杯模型,它是由一个扫描特征做出来的。杯口是圆形,杯底是五边形,杯底中还有一个圆形的凹槽和一个五边形凸出花形。创建这个口杯的关键在于草图的约束。

经验技巧：用一个扫描特征做出杯口圆形，杯底五边形及杯底中的圆形凹槽是本实例的关键点。要做到上下形状不一致的扫描，关键在于草图的约束。在操作时要注意 SelectionManager 选择工具的选择，在选择五边形做引导线时要选择"闭环"选项，如果选择"组"选项，则选择五边形的五个小圆弧时很难选上。

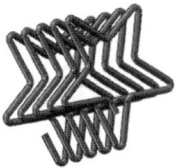

图 5-55　五角螺旋弹簧模型

14. 生成如图 5-57 所示的笔筒模型。模型在西红柿造型上进行创意设计，在西红柿靠近蒂部处开了一个椭圆口，作为插笔口，在西红柿底部创建了一个托座，托座底面与西红柿主模型倾斜了 15°，在西红柿蒂部创建了六片小叶和一个蒂头。

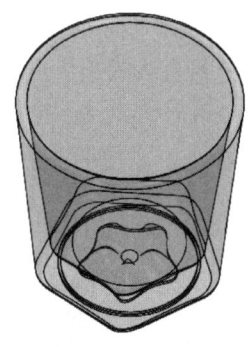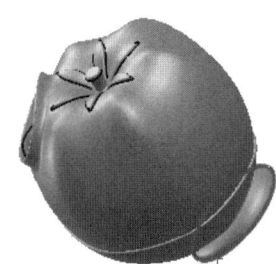

图 5-56　口杯　　　　　　　　　　图 5-57　笔筒

第 6 章 放 样

本章介绍了放样的基本知识、放样时选择相关实体的问题、轮廓草图线段节数不等时的放样等。

6.1 放样的基本知识

放样就是利用两个或多个截面轮廓线混合生成的特征。放样的截面轮廓线可以是草图、曲线、模型边线。放样的第一个轮廓线和最后一个轮廓线可以是一条直线或一个点。放样与扫描的区别在于，放样至少需要两个轮廓封闭的草图。

可在生成放样时使用斑马条纹来查看放样。将指针放置在放样上，右击打开快捷菜单，然后选择"斑马条纹"即可。取消斑马条纹预览，同样使用快捷菜单。

1. 放样轮廓

放样之前一定要退出最后一张草图，选择放样轮廓时最好是在绘图区，而不是在特征管理器中选择，这样可以选择顶点附近的轮廓，使顶点与相邻的轮廓匹配。此外，要注意按照期望的放样顺序选择轮廓，注意预览图是否与实际相符，如果不相符，应调整轮廓的选择顺序。

视频 6-1 放样轮廓

建立如图 6-1 所示的模型。

1）启动 SolidWorks 后，单击窗口最上方的"新建"图标按钮 或者按组合键〈Ctrl+N〉，在弹出的"新建 SolidWorks 文件"对话框中选择"零件"，单击 确定 按钮完成新文件创建的操作。

2）右击选择 前视基准面，单击"正视于"图标按钮 ，单击"草图"切换到"草图"面板。单击"中心矩形"图标按钮 ，绘制中心在原点的矩形，单击"智能尺寸"图标按钮 ，标注尺寸，如图 6-2 中①所示。

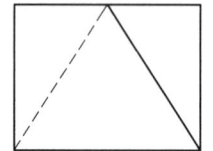
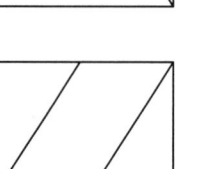

图 6-1 模型

3）单击"特征"切换到"特征"面板。单击"拉伸凸台/基体"图标按钮 ，系统弹出"凸台-拉伸"属性管理器，"方向 1"的"终止条件"选择"两侧对称"，在"深度" 文本框中输入 20mm，其他采用默认设置，单击"确定"图标按钮 完成拉伸操作，如图 6-2 中②～④所示。

4）选择长方体最上面的面，单击"草图"切换到"草图"面板。单击"直线"图标按钮 ，绘制一个三角形，注意斜线的一端在中点处，如图 6-3 中①、②所示。单击"重建模型"图标按钮。

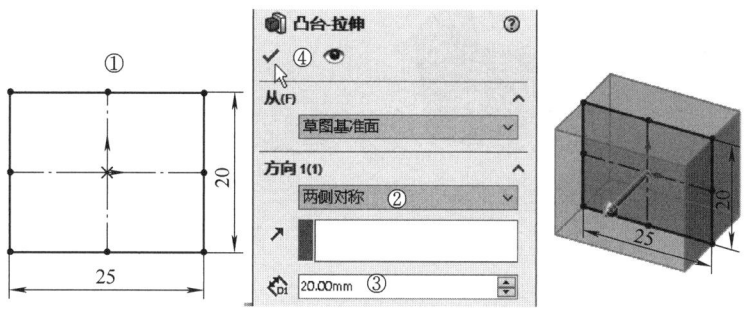

图 6-2 绘制长方体

5)旋转模型,选择长方体的最下方端面,单击"草图"切换到"草图"面板。单击"点"图标按钮,绘制一个点,如图 6-4 中①、②所示。单击"重建模型"图标按钮。

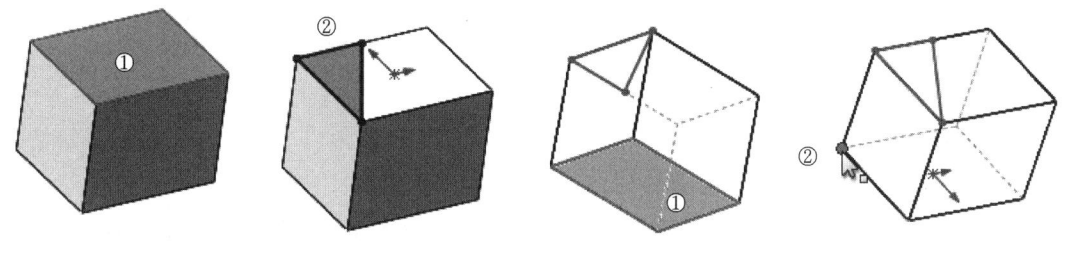

图 6-3 绘制三角形草图 1　　　　　　　图 6-4 绘制点 1

6)单击"特征"切换到"特征"面板。单击"放样切除"图标按钮,系统弹出"切除-放样"属性管理器,分别选择三角形和点,其他采用默认设置,单击"确定"图标按钮完成放样切除操作,如图 6-5 中①~④所示。

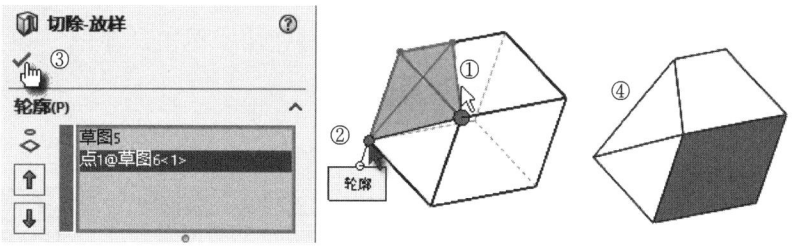

图 6-5 放样切除 1

7)选择长方体最上面的面,单击"草图"切换到"草图"面板。单击"直线"图标按钮,绘制一个三角形,注意斜线的一端在中点处,如图 6-6 中①、②所示。单击"重建模型"图标按钮。

8)旋转模型,选择长方体的最下方端面,单击"草图"切换到"草图"面板。单击"点"图标按钮,绘制一个点,如图 6-7 中①、②所示。单击"重建模型"图标按钮。

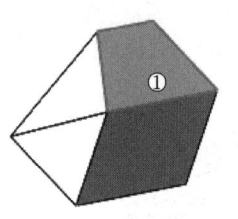 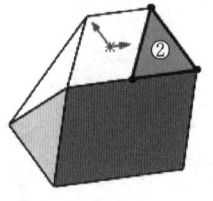 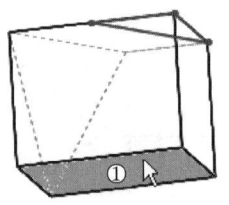 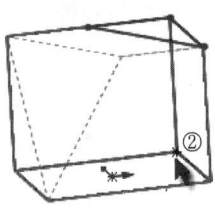

图 6-6　绘制三角形草图 2　　　　　　图 6-7　绘制点 2

9）单击"特征"切换到"特征"面板。单击"放样切除"图标按钮，系统弹出"切除-放样"属性管理器，分别选择三角形和点，其他采用默认设置，单击"确定"图标按钮完成放样切除操作，如图 6-8 中①~④所示。

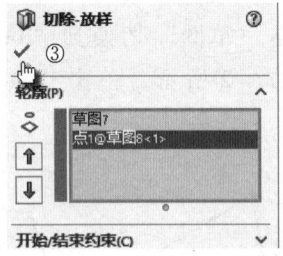 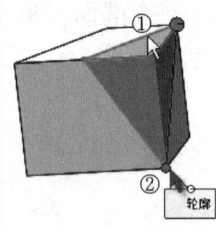 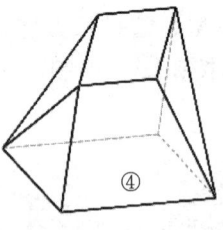

图 6-8　放样切除 2

2. 轮廓草图线段节数不等时的放样

放样时最好使轮廓草图具有相同的线段节数，否则对于多余的顶点，SolidWorks 也不知道该如何处理，常常造成放样扭曲，达不到理想的效果。在无法避免轮廓草图出现不同节数的线段时，通常需要将节数少的线段断开，以形成多段线段。

1）启动 SolidWorks 后，单击窗口最上方的"新建"图标按钮或者按组合键〈Ctrl+N〉，在弹出的"新建 SolidWorks 文件"对话框中选择"零件"，单击 确定 按钮完成新文件创建的操作。

2）右击选择 上视基准面，单击"正视于"图标按钮，单击"草图"切换到"草图"面板。单击"中心矩形"图标按钮，绘制中心在原点的矩形、长宽均为 52 的正方形，单击"重建模型"图标按钮。

3）单击"特征"面板中的"参考几何体"→"基准面"或者单击菜单"插入"→"参考几何体"→"基准面"，系统弹出"基准面"属性管理器。移动鼠标在绘图区中选择 上视基准面，在"偏移距离"中输入 50mm，其他采用默认设置。单击"确定"图标按钮完成基准面创建操作，如图 6-9 中①~③所示。

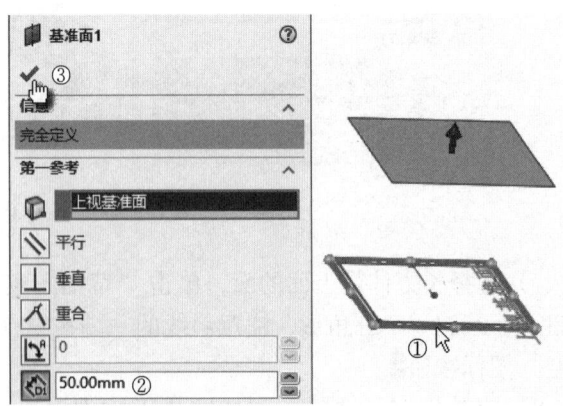

图 6-9　建立基准面

4）选择刚生成的基准面，单击"正视于"图标按钮，单击"草图"切换到"草图"

面板。单击"多边形"图标按钮⊙,输入边数为5,绘制中心在原点的多边形,单击"智能尺寸"图标按钮,标注尺寸,如图6-10中①~③所示,单击"重建模型"图标按钮。

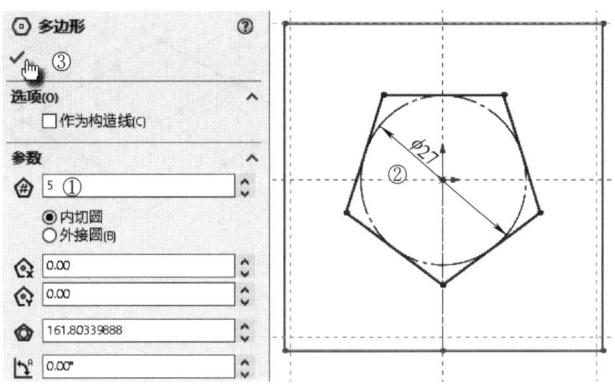

图6-10 绘制五边形

5)单击"特征"切换到"特征"面板。单击"特征"面板上的"放样凸台/基体"图标按钮,系统弹出"放样"属性管理器。在绘图区移动鼠标分别选择两个草图,其他采用默认设置,单击"确定"图标按钮,如图6-11中①~④所示。可见这时放样有扭转。

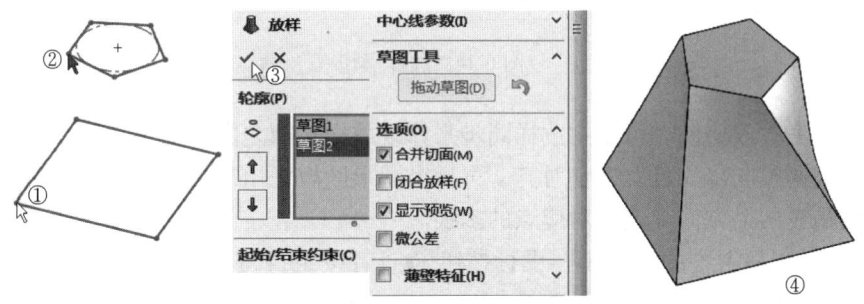

图6-11 线段节数不等时的放样

6)单击窗口最上方的"撤销"图标按钮或者按组合键〈Ctrl+Z〉,或单击菜单"编辑"→"撤销",恢复到未放样前的状态。按住"草图1"不放,将其拖动到"草图2"的后面,如图6-12中①、②所示。

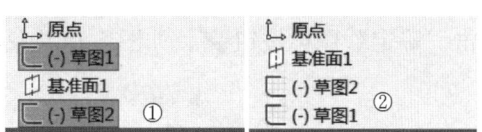

图6-12 调整草图的顺序

7)右击"草图1",从弹出的快捷菜单中选择"编辑草图",进入草图编辑状态。单击菜单"工具"→"草图工具"→"分割实体",单击与五边形角点对应的矩形边线上的中点,单击"分割实体"属性管理器上的"关闭"图标按钮,如图6-13中①、②所示。单击"重建模型"图标按钮。

8)单击"特征"面板上的"放样凸台/基体"图标按钮,系统弹出"放样"属性管理器。在绘图区移动鼠标选择草图,如图6-14中①、②所示。其他采用默认设置,单击"确定"图标按钮,如图6-14中③、④所示,可见这时放样扭转有所改善。

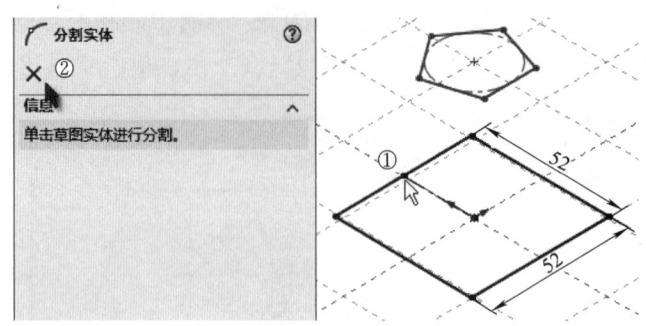

图 6-13 分割草图实体

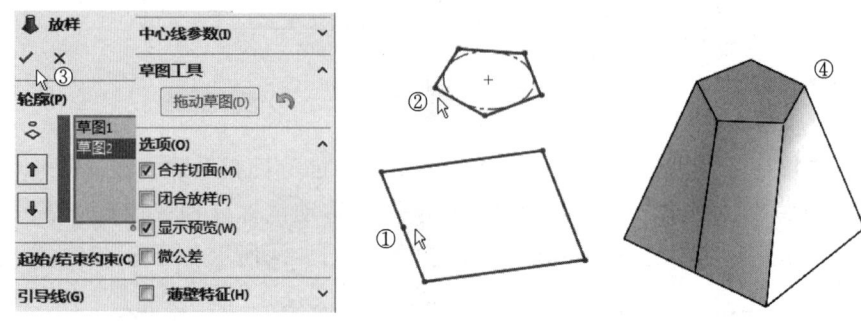

图 6-14 放样操作

如果放样失败或扭曲，可使用放样同步来修改放样轮廓之间的同步，可以通过更改轮廓之间的对齐来调整同步。若要调整对齐，可操纵图形区域中出现的控标，此为连接线的一部分。连接线是在两个方向上连接对应点的多线。

1）单击窗口最上方的"撤销"图标按钮 或者按组合键〈Ctrl+Z〉，或单击菜单"编辑"→"撤销"，恢复到未放样前的状态。

2）旋转模型到如图 6-15 中①所示的状态。单击"特征"面板上的"放样凸台/基体"图标按钮 ，系统弹出"放样"属性管理器。在绘图区移动鼠标选择草图，其他取默认值，单击"确定"图标按钮 ，如图 6-15 中②~⑤所示。

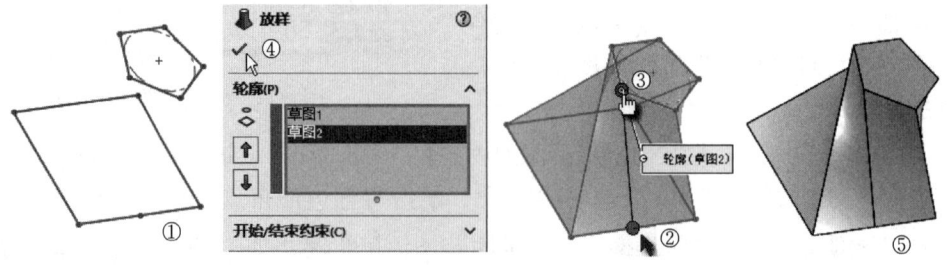

图 6-15 改善放样扭转

3）在特征树中右击选择 放样1，在弹出的快捷菜单中选择"编辑特征"。将控标向着要重新安放连接线的顶点拖动，连接线会沿着指定边线移动到下一个顶点，放样预览随着新的同步而更新,如图 6-16 中①所示。同理,将控标移到如图 6-16 中②所示的位置,单击"确定"图标按钮✓,如图 6-16 中③、④所示。

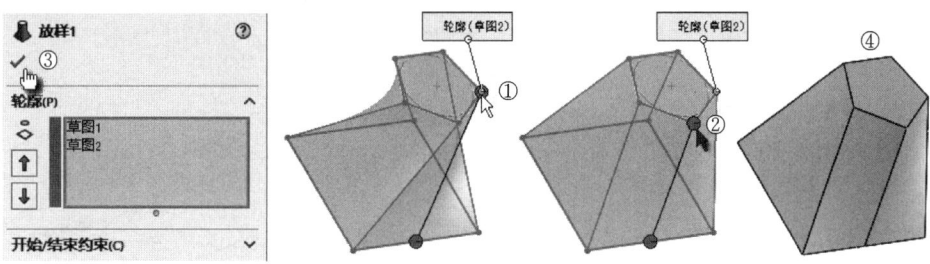

图 6-16 移动控标

6.2 放样凸台/基体

创建放样的步骤如下。

1) 单击"特征"面板上的"放样凸台/基体"图标按钮。
2) 选择放样轮廓,可以是草图、模型边线或模型面。
3) 设置起始/结束约束。
4) 添加引导线,如果没有引导线这一步跳过。
5) 输入中心线,如果没有中心线这一步跳过。
6) 设置薄壁参数,如果不需要生成薄壁特征,这一步跳过。
7) 单击"确定"图标按钮✓。

建立四棱锥模型的操作步骤如下。

1) 启动 SolidWorks 后,单击窗口最上方的"新建"图标按钮或者按组合键〈Ctrl+N〉,在弹出的"新建 SolidWorks 文件"对话框中选择"零件",单击 确定 按钮完成新文件创建的操作。

2) 绘制草图 1。右击选择 上视基准面,单击"正视于"图标按钮,单击"草图"切换到"草图"面板。单击"多边形"图标按钮,在绘图区中绘制出一个矩形,单击"智能尺寸"图标按钮,标注尺寸,如图 6-17 所示。单击"重建模型"图标按钮。

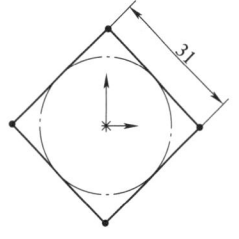

图 6-17 绘制草图

3) 创建基准面 1。单击"特征"面板中的"参考几何体"→"基准面"或者单击菜单"插入"→"参考几何体"→"基准面",系统弹出"基准面"属性管理器。移动鼠标在绘图区中选择 上视基准面,在"偏移距离"中输入 36mm,其他采用默认设置。单击"确定"图标按钮✓完成基准面创建操作,如图 6-18 中①~③所示。

4) 选择刚生成的基准面,单击"正视于"图标按钮,单击"草图"切换到"草图"面板。单击"点"图标按钮,绘制一个点,如图 6-19 中①所示。单击"重建模型"图标按钮。

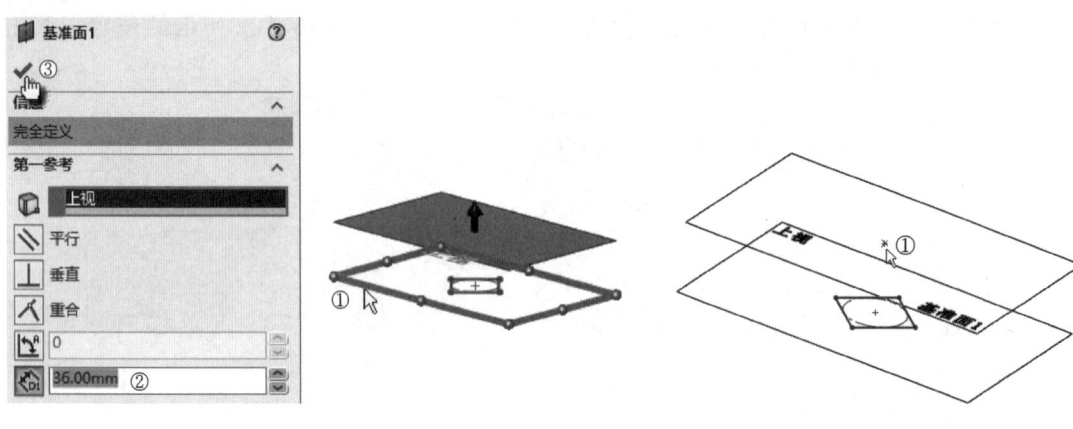

图 6-18 建立基准面　　　　　　　　图 6-19 绘制点

5）建立放样。切换到"特征"面板，单击"放样凸台/基体"图标按钮，系统弹出"放样"属性管理器，在"轮廓"中输入"草图 1"和"草图 2"作为放样轮廓，其他采用默认设置。单击"确定"图标按钮完成放样操作，如图 6-20 中①~④所示。

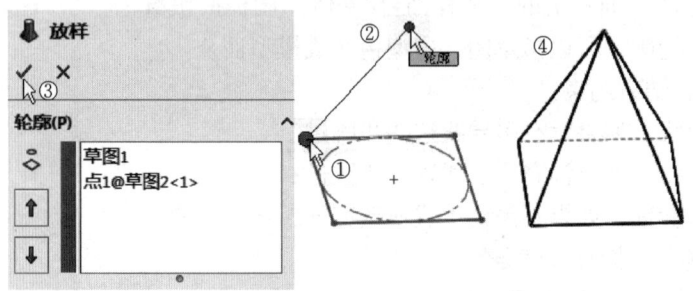

图 6-20 建立放样

6）编辑放样特征。在特征管理器中右击"放样 1"，选择"编辑特征"，系统弹出"放样"属性管理器。在"起始/结束约束"选项组的"开始约束"中选择"垂直于轮廓"，在"起始处相切长度"文本框中输入 1，如图 6-21 中①~④所示。其他采用默认设置，单击"确定"图标按钮完成编辑放样操作。

可见放样的形状改变了。无任何约束的放样以直线连接两个轮廓，添加垂直于轮廓的约束后，两个轮廓之间的连接不再是直线，而是与轮廓垂直的样条曲线的连接。

7）在特征管理器中右击"放样 1"，从弹出的快捷菜单中选择"删除"。

8）单击菜单"插入"→"3D 草图"，单击

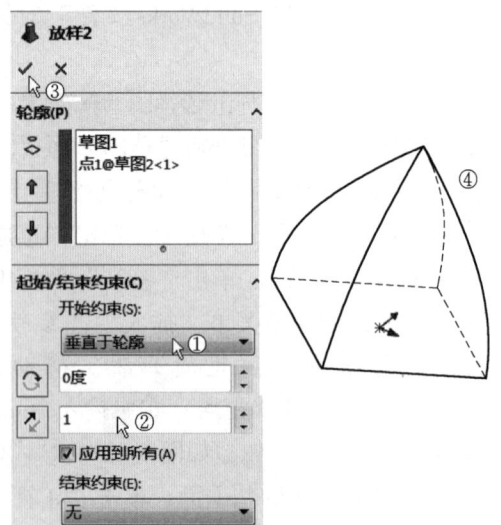

图 6-21 添加"起始/结束约束"

"中心线"图标按钮，绘制出一条中心线，如图 6-22 中①、②所示。单击绘图区右上角

的图标按钮退出绘制草图。

9)切换到"特征"面板,单击"放样凸台/基体"图标按钮,系统弹出"放样"属性管理器。在"轮廓"中输入"草图 1"和"草图 2"作为放样轮廓,如图 6-23 中①、②所示。在"起始/结束约束"选项组的"开始约束"中选择"方向向量",在绘图区选择"3D 草图 1"作为向量方向,在"起始处相切长度"文本框中输入 1,如图 6-23 中③~⑤所示。其他采用默认设置,单击"确定"图标按钮完成放样操作,如图 6-23 中⑥、⑦所示。

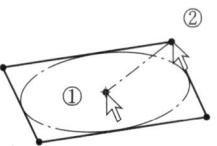

图 6-22 绘制中心线

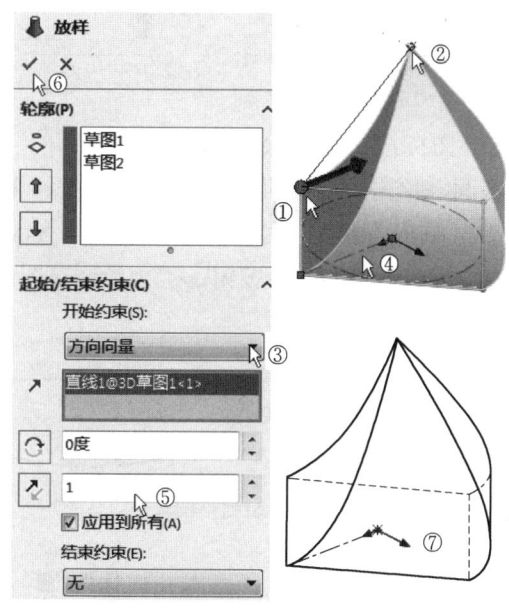

图 6-23 放样

6.3 与面约束有关的放样

6.3.1 "与面的曲率"约束的放样

利用"起始/结束约束"选项组中的"与面的曲率"选项,可以使放样出的面质量达到 G2 效果。

视频 6-2 "与面的曲率"约束的放样

使用空间轮廓线放样,就是指放样的轮廓线中,至少有一个是三维的空间轮廓线。空间轮廓线可以是模型边线。

1)启动 SolidWorks 后,单击窗口最上方的"新建"图标按钮或者按组合键〈Ctrl+N〉,在弹出的"新建 SolidWorks 文件"对话框中选择"零件",单击 确定 按钮完成新文件创建的操作。

2)绘制草图 1。右击选择 上视基准面,单击"正视于"图标按钮,单击"草图"切换到"草图"面板。单击"圆"图标按钮,绘制出一个圆心在原点的直径为 12 的圆,如

图 6-24 中①所示。

3) 创建拉伸 1。切换到"特征"面板，单击"拉伸凸台/基体"图标按钮，系统弹出"拉伸"属性管理器。单击"从"旁的按钮，选择"等距"，输入等距值为 80mm，在"方向 1"的"终止条件"中选择"给定深度"，在"深度"文本框中输入 12mm，其他采用默认设置，单击"确定"图标按钮，如图 6-24 中②~⑥所示。

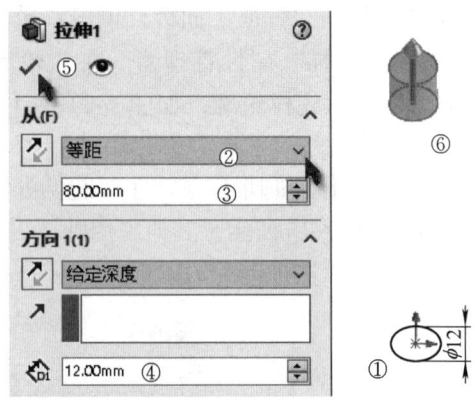

图 6-24 创建拉伸 1

4) 绘制草图 2。右击选择 上视基准面，单击"正视于"图标按钮，单击"草图"切换到"草图"面板。单击"椭圆"图标按钮，绘制出一个圆心与原点重合的椭圆。单击"添加几何关系"图标按钮，将箭头所指的椭圆长轴点和原点做"水平"约束。单击"智能尺寸"图标按钮，标注长、短半轴尺寸，如图 6-25 中①~③所示。单击绘图区右上角的图标按钮退出绘制草图。

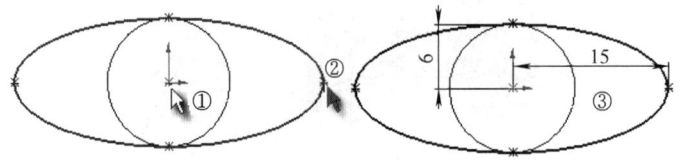

图 6-25 绘制草图 2

5) 建立基准面。单击"特征"面板中的"参考几何体" → "基准面" 或者单击菜单"插入"→"参考几何体"→"基准面"，系统弹出"基准面"属性管理器。移动鼠标在特征设计树中选择，在"偏移距离"文本框中输入 55mm，其他采用默认设置。单击"确定"图标按钮完成基准面创建操作，如图 6-26 中①~③所示。

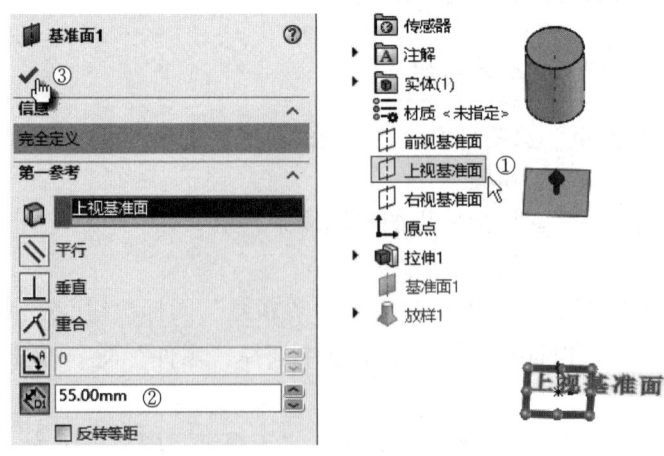

图 6-26 建立基准面

6）绘制草图 3。选择刚刚建立的基准面，单击"正视于"图标按钮，单击"草图"切换到"草图"面板。单击"边角矩形"图标按钮，绘制出一个矩形。单击"中心线"图标按钮，绘制出一条矩形的对角线，如图 6-27 中①所示。单击"椭圆"图标按钮，绘制出一个圆心在原点的椭圆，单击"添加几何关系"图标按钮，将箭头所指的原点和椭圆长轴点做"水平"约束，如图 6-27 中②、③所示。将如图 6-27 中④~⑦所示的矩形的四个角点分别和"椭圆"做"重合"约束。将矩形的两条竖边转换成构造线，单击"剪裁实体"图标按钮，修剪椭圆与矩形相交的线，单击"智能尺寸"图标按钮，标注长、短半轴尺寸，最终的结果如图 6-27 中⑧所示。单击绘图区右上角的图标按钮退出绘制草图。

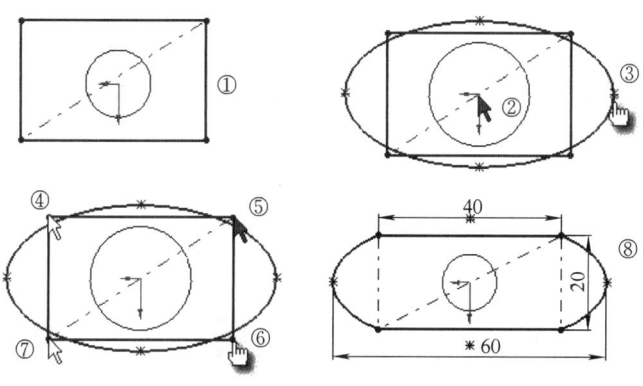

图 6-27　绘制草图 3

7）建立放样。切换到"特征"面板，单击"放样凸台/基体"图标按钮，系统弹出"放样"属性管理器。在"轮廓"列表框中依次输入"面1""草图3"和"草图2"作为放样轮廓，如图 6-28 中①~③所示。在"起始/结束约束"的"开始约束"下拉列表框中选择"与面的曲率"，在"起始处相切长度"文本框中输入 1，在"结束约束"下拉列表框中

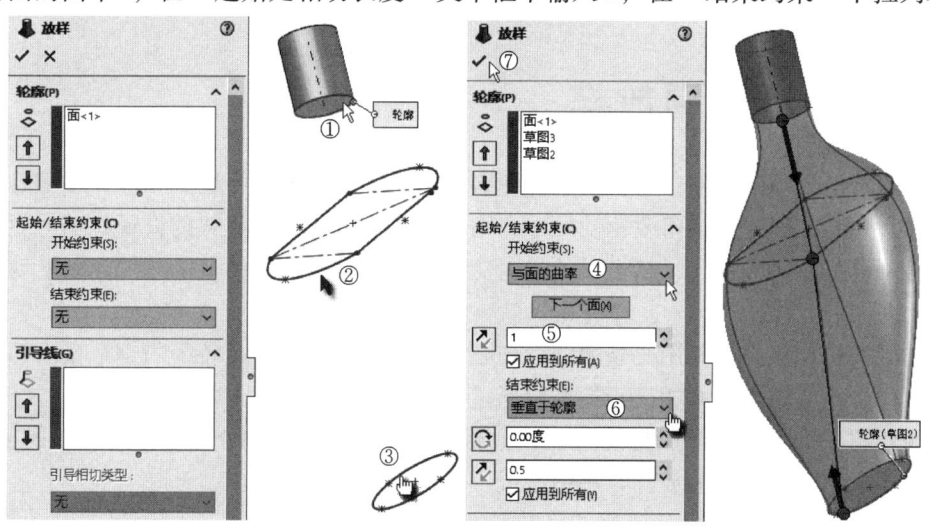

图 6-28　建立放样

选择"垂直于轮廓",在"结束处相切长度"文本框中输入 0.5,单击"确定"图标按钮✔完成放样操作,如图 6-28 中④~⑦所示。建好的花瓶模型如图 6-29 所示。

6.3.2 "与面相切"约束的放样

利用"起始/结束约束"选项组中的"与面相切"选项,可以使放样出的面质量达到 G1 效果。

在特征管理器中右击"放样 1"特征,选择"编辑特征"。在"起始/结束约束"选项组的"开始约束"下拉列表框中选择"与面相切",在"起始处相切长度"文本框中输入 1,如图 6-30 中①、②所示。在"结束约束"下拉列表框中选择"无",如图 6-30 中③所示,其他采用默认设置,单击"确定"图标按钮✔完成放样操作,如图 6-30 中④、⑤所示。再次"编辑特征",改变数值和起始/结束约束,会得到不同的效果,如图 6-30 中⑥所示。

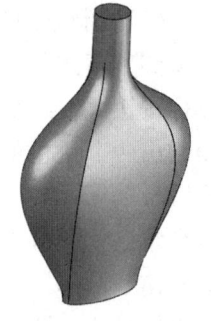

图 6-29 花瓶

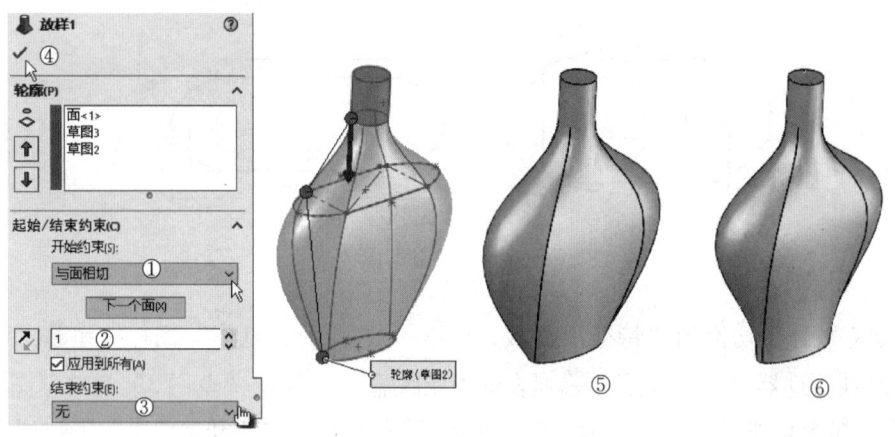

图 6-30 放样

6.4 中心线控制放样

方程式以模型中的尺寸作为变量,并建立数学关系。草图、特征、零件和装配等均可建立方程式。建立方程式后,修改驱动尺寸,则从动尺寸将根据方程式的设置,随着驱动尺寸而变化。驱动尺寸是自变量,从动尺寸是因变量,驱动尺寸都在等号的右侧,而从动尺寸都在等号的左侧。

用中心线控制放样是利用一条曲线为中心线生成放样特征,且特征的每个截面都与中心线垂直,中心线必须与轮廓相交于轮廓内部。

下面介绍一个用中心线控制放样绘制螺旋面的实例。本实例介绍了方程式、螺旋线/涡状线以及不用中心线控制的放样与用中心线控制的放样对比。

(1) 新建文件

启动 SolidWorks 后,单击窗口最上方的"新建"图标按钮⬜或者按组合键〈Ctrl+N〉,

在弹出的"新建SolidWorks文件"对话框中选择"零件"，单击 确定 按钮完成新文件创建的操作。

（2）绘制草图1

右击选择 上视基准面，单击"正视于"图标按钮，单击"草图"切换到"草图"面板，单击"圆"图标按钮，绘制出一个圆心与原点重合的圆，单击"智能尺寸"图标按钮，标注圆的直径为60。

（3）绘制出一个三角形

单击"中心线"图标按钮 和"智能尺寸"图标按钮，绘制出一个三角形，如图6-31中①所示。

（4）建立方程式

1）选择菜单栏中的"工具"→"方程式"命令，系统弹出"方程式、整体变量及尺寸"对话框。单击"方程式"下的空白处，以激活该文本框，如图6-31中②所示。在绘图区单击三角形的水平尺寸"195.33"（此时"方程式"文本框中显示为"D2@草图1"），如图6-31中③所示。单击激活"数值/方程式"文本框，在绘图区单击尺寸"ϕ60"（此时"数值/方程式"文本框中显示为"D1@草图1"），如图6-31中④所示。在"数值/方程式"文本框中输入"*pi"，如图6-31中⑤所示。单击"估算到"，此时文本框中数值变为"188.50mm"。单击 确定 按钮，如图6-31中⑥所示。此时三角形的水平尺寸变为"188.5"（即圆周长），如图6-31中⑦所示。

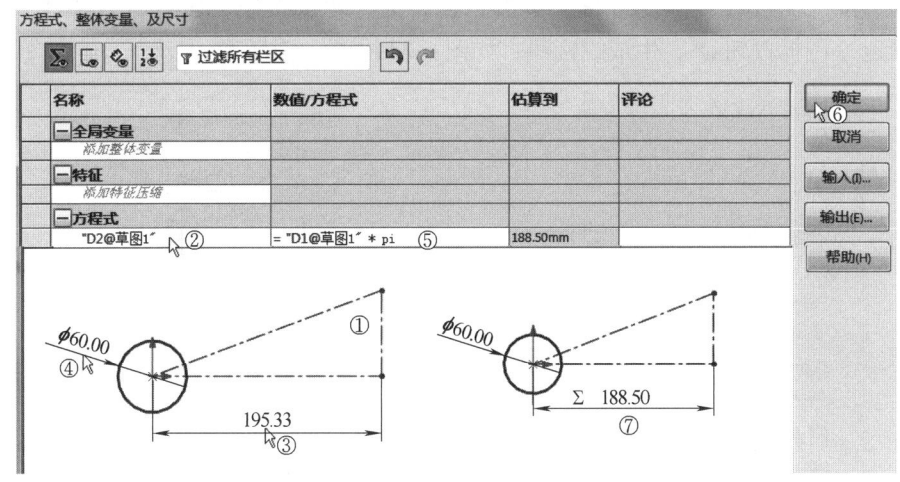

图6-31 添加方程式1

2）单击"智能尺寸"图标按钮，标注如图6-32中①处尺寸为111.12。单击菜单栏中的"工具"→"方程式"命令，系统弹出"方程式、整体变量及尺寸"对话框。单击"方程式"下的空白处，以激活该文本框，如图6-32中②所示。在绘图区单击尺寸"111.12"。单击激活"数值/方程式"文本框，在绘图区单击尺寸"188.50"，如图6-32中③所示。在"数值/方程式"文本框中输入"*tan(30)"，如图6-32中④所示。单击 确定 按钮，如图6-32中⑤所示。此时三角形的竖直尺寸变为"108.83"，如图6-32中⑥所示。

3）修改圆的直径，单击"重建模型"图标按钮，系统会自动按方程式计算出从动参

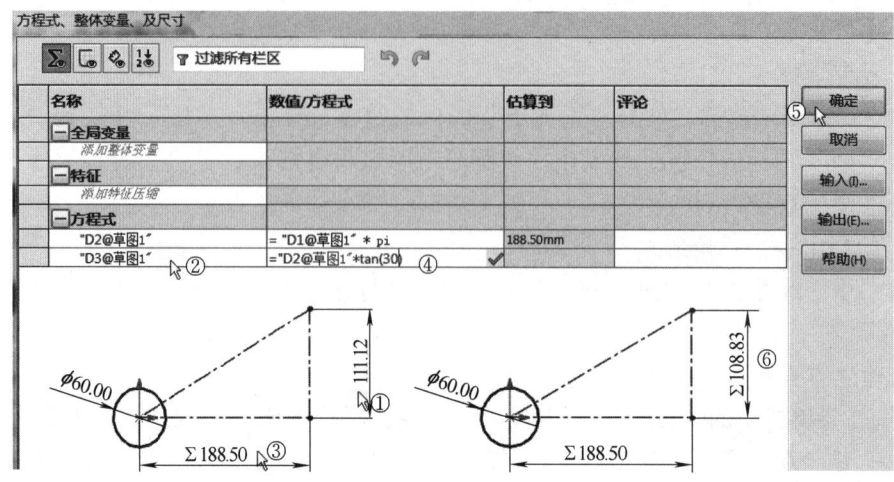

图 6-32 添加方程式 2

数,即三角形的水平尺寸和竖直尺寸。单击绘图区右上角的图标按钮 退出绘制草图。

(5) 生成螺旋线

单击菜单"插入"→"曲线"→"螺旋线/涡状线"命令,系统弹出"螺旋线/涡状线"属性管理器,"定义方式"选择"螺距和圈数","螺距"为 183mm,"圈数"为 1,如图 6-33 中①~③所示。"起始角度"为 0 度,单击"逆时针"单选按钮,如图 6-33 中④、⑤所示。单击"确定"图标按钮 ,生成螺旋线,如图 6-33 中⑥、⑦所示。

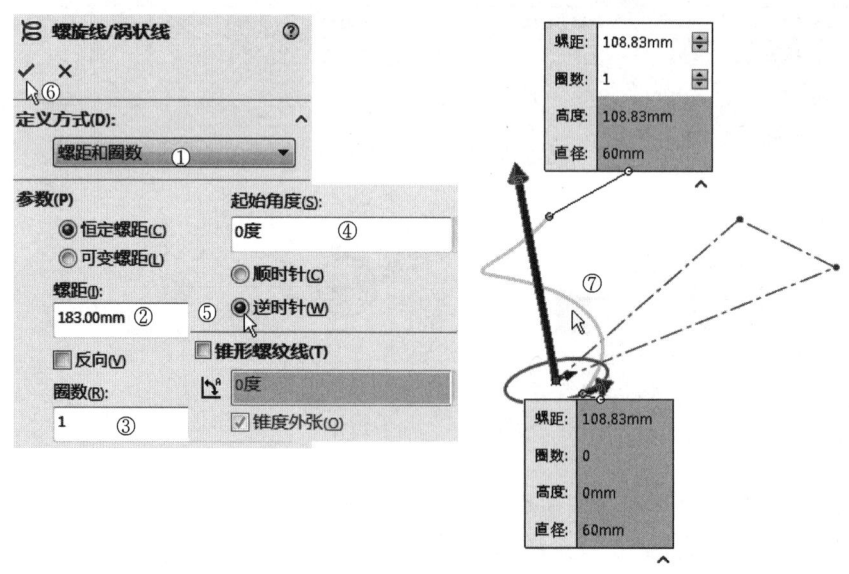

图 6-33 生成螺旋线

(6) 绘制草图 2

右击选择 右视基准面,单击"正视于"图标按钮 ,单击"草图"切换到"草图"面板。单击"直线"图标按钮 ,分别绘制出两条长度相等的水平线,如图 6-34 中①、②所示,单击绘图区右上角的图标按钮退出绘制草图。

(7) 建立曲面放样

单击菜单"插入"→"曲面"→"放样曲线"命令,系统弹出"曲面-放样"属性管理器,在绘图区中选择边线,系统弹出 SelectionManager 选择功能,单击"确定"图标按钮✔完成"打开组<1>"的选择,如图 6-35 中①、②所示。在绘图区中选择另一条边线,右击,完成"打开组<2>"的选择,如图 6-35 中③所示,单击"确定"图标按钮✔完成"打开组<1>"的选择。用鼠标选择控制点,如图 6-35 中④所示。按住鼠标左键不放将其拖到另一个控制点,如图 6-35 中⑤所示。其他采用默认设置,单击"确定"图标按钮✔完成曲面放样操作,结果如图 6-35 中⑥所示。

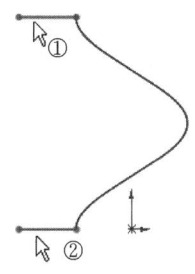

图 6-34 绘制草图 2

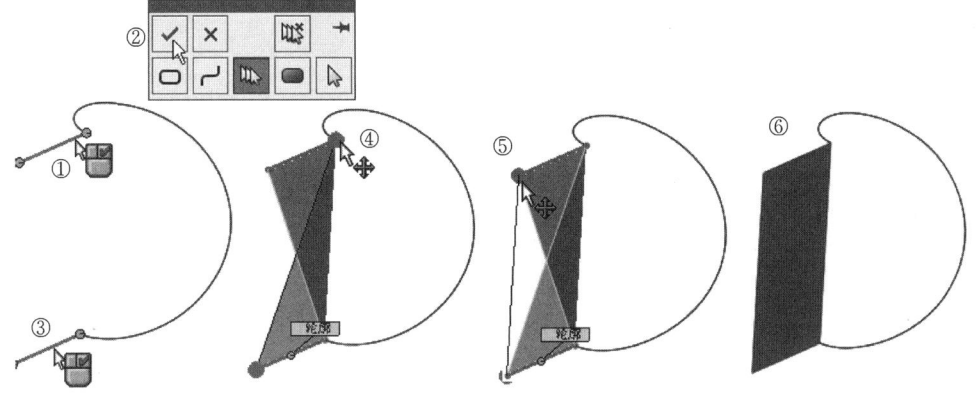

图 6-35 建立曲面放样

(8) 编辑曲面放样

在特征设计树中右击"曲面-放样2",在弹出的快捷菜单中选择"编辑特征",如图 6-36 中①、②所示。系统弹出"曲面-放样"属性管理器,展开"中心线参数",如图 6-36 中③所示。在绘图区选择"螺旋线/涡状线",如图 6-36 中④所示。单击"确定"图标按钮✔完成曲面放样编辑操作,如图 6-36 中⑤、⑥所示。

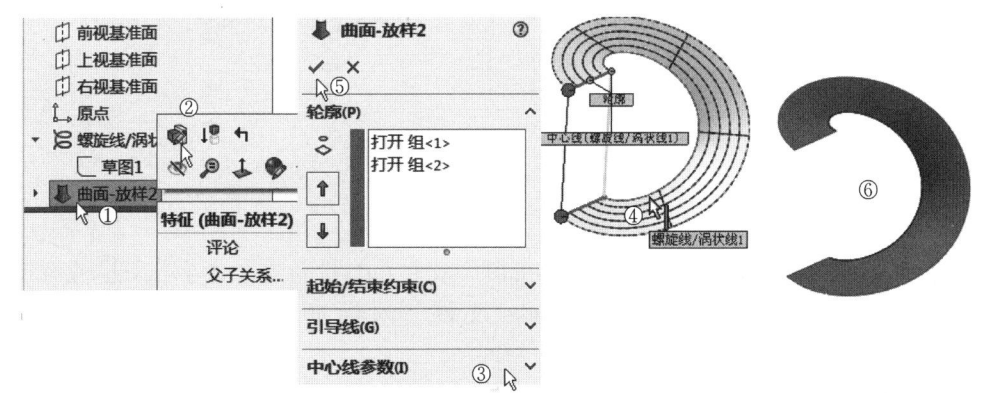

图 6-36 编辑曲面放样

6.5 放样切割

放样切割必须在已有实体的基础上进行。放样切割就是用放样特征去切除已有实体。

1. 创建放样切割的步骤

1) 单击"特征"面板中的"放样切割"图标按钮 。
2) 选择放样轮廓，可以是草图、模型边线或模型面。
3) 设置起始/结束约束。
4) 添加引导线，如果没有引导线这一步跳过。
5) 输入中心线，如果没有中心线这一步跳过。
6) 设置薄壁参数，如果不需要生成薄壁特征，这一步跳过。
7) 单击"确定"图标按钮 。

2. "放样切割"属性管理器参数

"放样切割"属性管理器参数设置与"放样"属性管理器参数设置一样，这里不再介绍。

3. 放样切割实例

放样切割实例如图 6-37 所示。

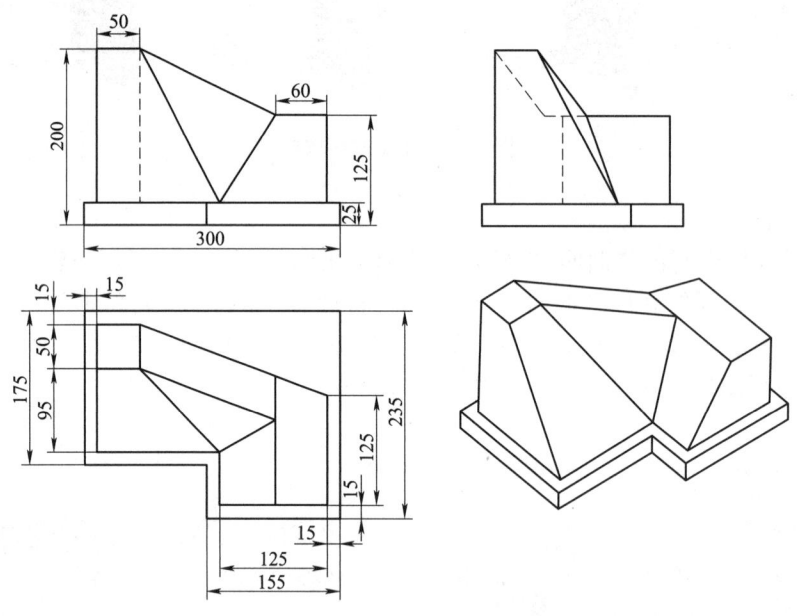

图 6-37 放样切割实例

1) 新建文件。启动 SolidWorks 后，单击窗口最上方的"新建"图标按钮 或者按组合键〈Ctrl+N〉，在弹出的"新建 SolidWorks 文件"对话框中选择"零件" ，单击 确定 按钮完成新文件创建的操作。

2) 绘制草图 1。右击选择 上视基准面，单击"正视于"图标按钮 ，单击"草图"切换到"草图"面板。单击"直线"图标按钮 ，绘制出如图 6-38 中①所示的图形，并用

"智能尺寸"图标按钮标注尺寸。单击绘图区右上角的图标按钮退出绘制草图。

3)绘制拉伸凸台1。切换到"特征"面板,单击"拉伸凸台/基体"图标按钮,系统弹出"凸台-拉伸"属性管理器,"方向1"的"终止条件"选择"给定深度",在"深度"文本框中输入25mm,其他采用默认设置,单击"确定"图标按钮,如图6-38中②~④所示。

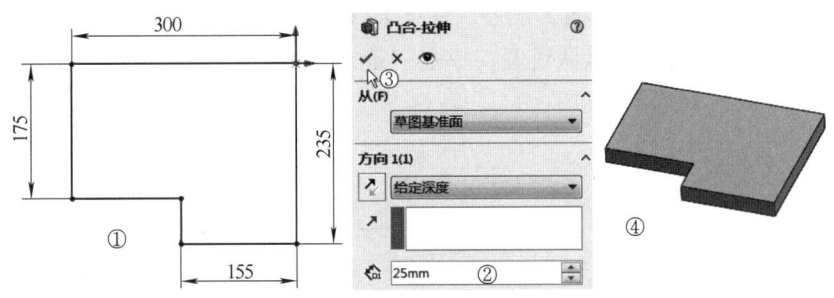

图6-38 绘制拉伸凸台1

4)绘制草图2。从模型中选择拉伸凸台的一面,如图6-39中①所示,单击"正视于"图标按钮,单击"草图"切换到"草图"面板。单击"直线"图标按钮,绘制出如图6-39中②所示的图形,并用"智能尺寸"图标按钮标注尺寸。单击绘图区右上角的图标按钮退出绘制草图。

5)绘制拉伸凸台2。切换到"特征"面板,单击"拉伸凸台/基体"图标按钮,系统弹出"凸台-拉伸"属性管理器,在"从"下拉列表中选择"等距",输入15mm,单击"反向"按钮,如图6-39中③~⑥所示。"方向1"的"终止条件"选择"给定深度",在"深度"文本框中输入205mm,单击"反向"按钮,如图6-39中⑦、⑧所示,其他采用默认设置,单击"确定"图标按钮,如图6-39中⑨所示。

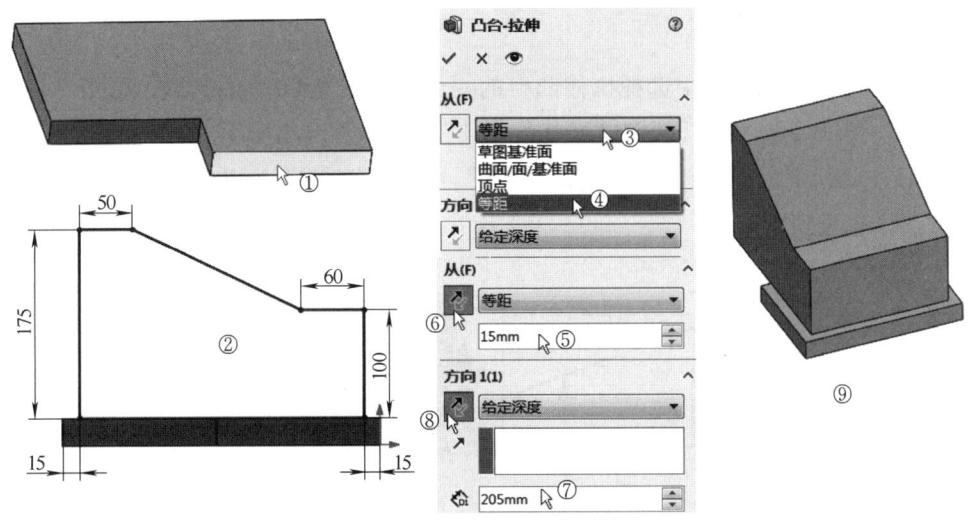

图6-39 绘制拉伸凸台2

6）绘制草图 3。从模型中选择拉伸凸台的一面，如图 6-40 中①所示，单击"正视于"图标按钮↓，单击"草图"切换到"草图"面板。单击"直线"图标按钮╱，绘制出如图 6-40 中②所示的图形，并用"智能尺寸"图标按钮✎标注尺寸。单击绘图区右上角的图标按钮⤴退出绘制草图。

7）绘制切除拉伸 1。切换到"特征"面板，单击"拉伸切除"图标按钮⬚，系统弹出"切除-拉伸"属性管理器，"方向 1"的"终止条件"选择"给定深度"，在"深度"⇲文本框中输入 175mm，其他采用默认设置，单击"确定"图标按钮✔，如图 6-40 中③、④所示。结果如图 6-40 中⑤所示。

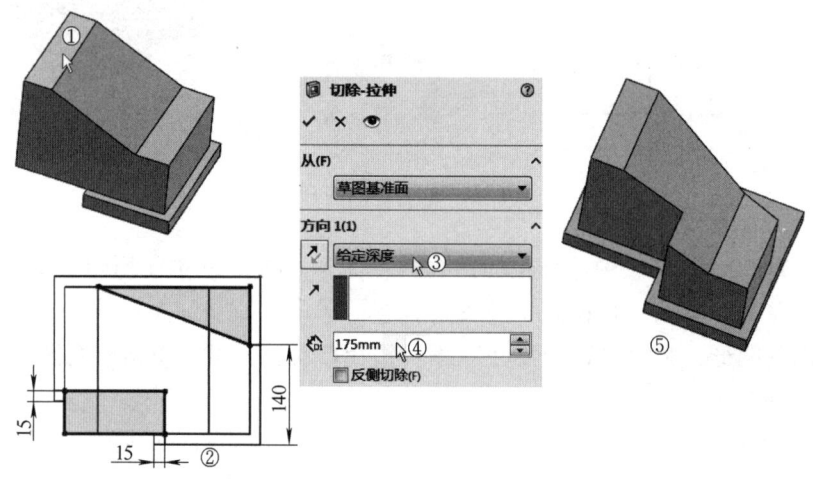

图 6-40　绘制切除拉伸 1

8）绘制草图 4。从模型中选择拉伸凸台的一面，如图 6-41 中①所示，单击"正视于"图标按钮↓，单击"草图"切换到"草图"面板。单击"边角矩形"图标按钮▭，绘制出如图 6-41 中②所示的矩形，并用"智能尺寸"图标按钮✎标注尺寸。单击绘图区右上角的图标按钮⤴退出绘制草图。

9）绘制草图 5。从模型中选择拉伸凸台的一面，如图 6-42 中①所示，单击"正视于"图标按钮↓，单击"草图"切换到"草图"面板。单击"边角矩形"图标按钮▭，绘制出如图 6-42 中②所示的矩形，并用"智能尺寸"图标按钮✎标注尺寸。单击绘图区右上角的图标按钮⤴退出绘制草图。

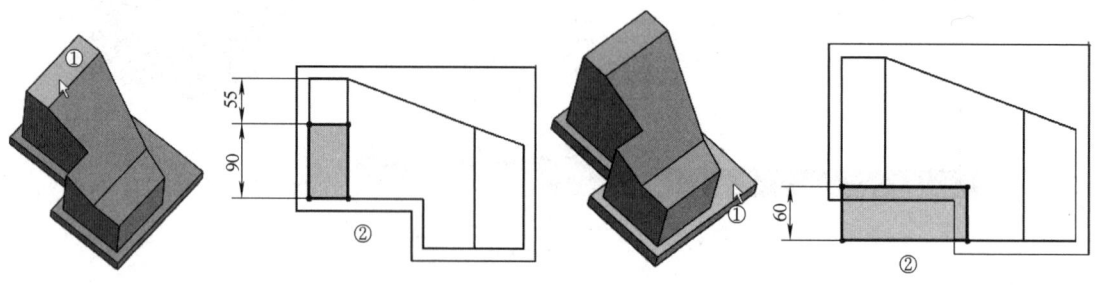

图 6-41　绘制草图 4　　　　　　　图 6-42　绘制草图 5

10)绘制放样切除 1。切换到"特征"面板,单击"放样切除"图标按钮,系统弹出"切除-放样"属性管理器,在绘图区或特征管理器中分别选择"草图 6"和"草图 7",如图 6-43 中①、②所示。在"轮廓"列表框中自动出现输入的两个草图,如图 6-43 中③所示,其他采用默认设置,单击"确定"图标按钮,如图 6-43 中④、⑤所示。

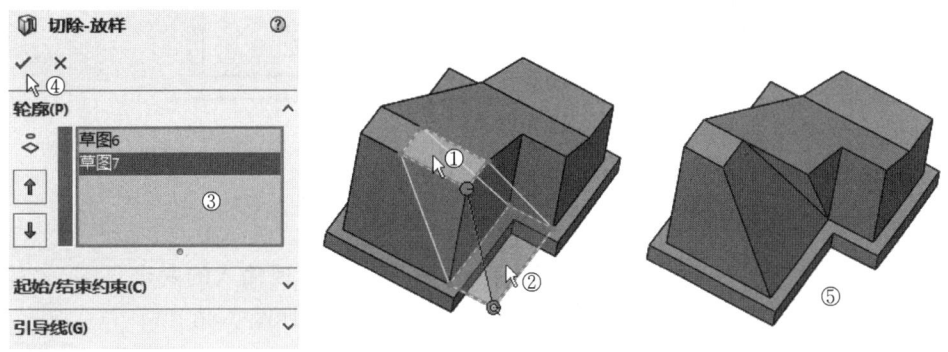

图 6-43 绘制放样切除 1

11)绘制 3D 草图 1。单击菜单"插入"→"3D 草图",单击"草图"面板上的"直线"图标按钮,移动鼠标依次单击如图 6-44 中的①~④,绘制出一个封闭的三角形,并用"智能尺寸"图标按钮标注如图 6-44 中⑤所示的尺寸。单击"重建模型"图标按钮退出绘制 3D 草图。

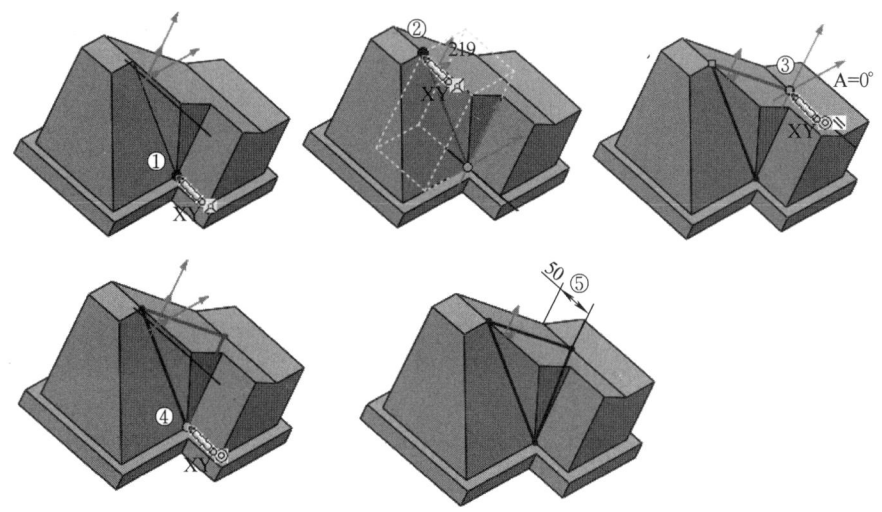

图 6-44 绘制 3D 草图 1

12)绘制草图 6。从模型中选择拉伸凸台的一面,如图 6-45 中①所示,单击"正视于"图标按钮,单击"草图"切换到"草图"面板。单击"直线"图标按钮,绘制出如图 6-45 中②所示的图形。单击绘图区右上角的图标按钮退出绘制草图。

13)绘制放样切除 2。切换到"特征"面板,单击"放样切除"图标按钮,系统弹出"切除-放样"属性管理器,在绘图区或特征管理器中分别选择"3D 草图 1"和"草图

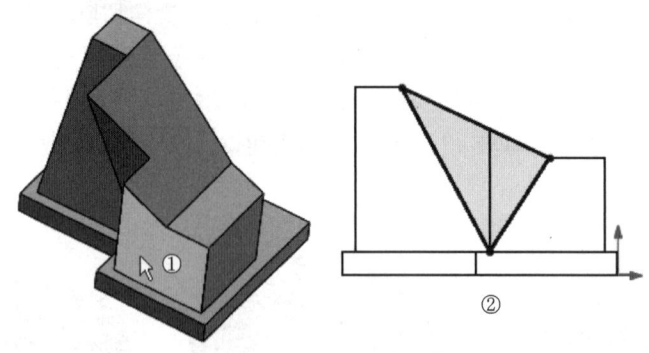

图 6-45 绘制草图 6

6",如图 6-46 中①、②所示。在"轮廓"列表框中自动出现输入的两个草图,如图 6-46 中③所示,其他采用默认设置,单击"确定"图标按钮,如图 6-46 中④、⑤所示。

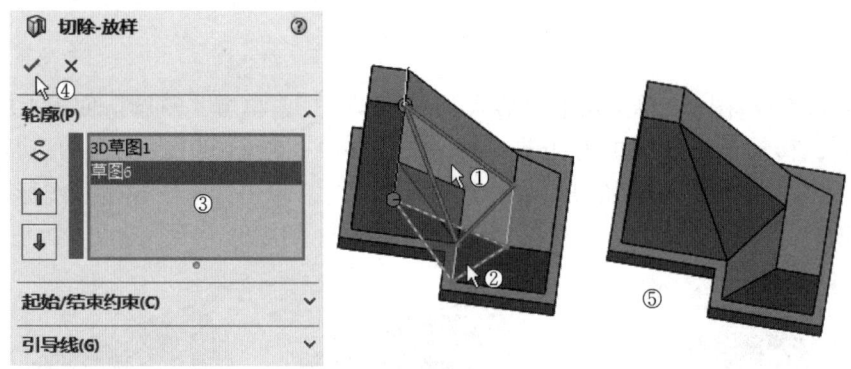

图 6-46 绘制放样切除 2

6.6 引导线放样

引导线放样是使用一条或多条引导线,连接轮廓线生成放样特征,轮廓线可以是平面或空间的轮廓线,引导线控制特征中间的轮廓线形。

下面建立手柄的模型。

1) 新建文件。启动 SolidWorks 后,单击窗口最上方的"新建"图标按钮 或者按组合键〈Ctrl+N〉,在弹出的"新建 SolidWorks 文件"对话框中选择"零件",单击 确定 按钮完成新文件创建的操作。

2) 绘制草图 1。右击选择 前视基准面,单击"正视于"图标按钮,单击"草图"切换到"草图"面板。单击"直线"图标按钮,绘制一条左端点在原点且长度为 138 的水平线,一条下端点在原点且长度为 10 的竖直线。单击"样条曲线"图标按钮,绘制出一条有 3 个控制点的样条曲线。选择如图 6-47 中①箭头所指的样条曲线控标,勾选"相切驱动",在"样条曲线"属性管理器的参数栏中将"相切径向方向"角度值修改成 -90°,将"相切重量 1"修改成 44,单击"确定"图标按钮,如图 6-47 中②~⑤所示。单击绘图区右上角的图标按钮↳退出绘制草图。

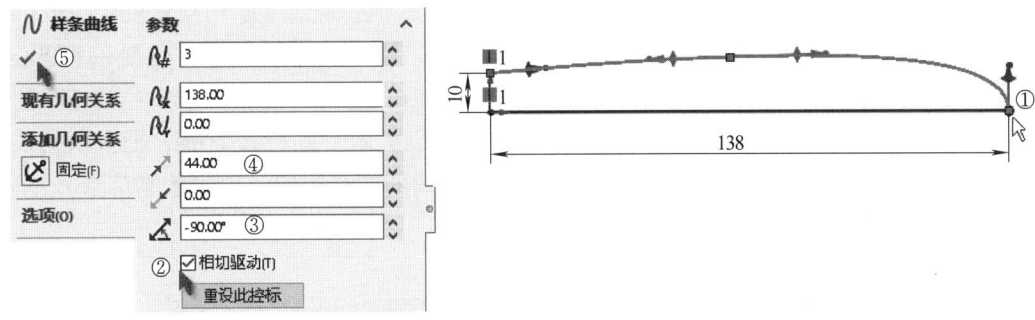

图 6-47 绘制草图 1

3）绘制草图 2。右击选择 前视基准面，单击"正视于"图标按钮↓，单击"草图"切换到"草图"面板。单击"直线"图标按钮∕，绘制一条左端点在原点且长度为 138 的水平线，一条上端点在原点且长度为 10 的向下的竖直线。单击"样条曲线"图标按钮𝒩，绘制出一条有 12 个控制点的样条曲线。选择如图 6-48 中①箭头所指的样条曲线控标，勾选"相切驱动"，在"样条曲线"属性管理器的参数栏中将"相切径向方向"角度值修改为 90°，将"相切重量 1"修改为 10，单击"确定"图标按钮✓，如图 6-48 中②~⑤所示。单击绘图区右上角的图标按钮↳退出绘制草图。

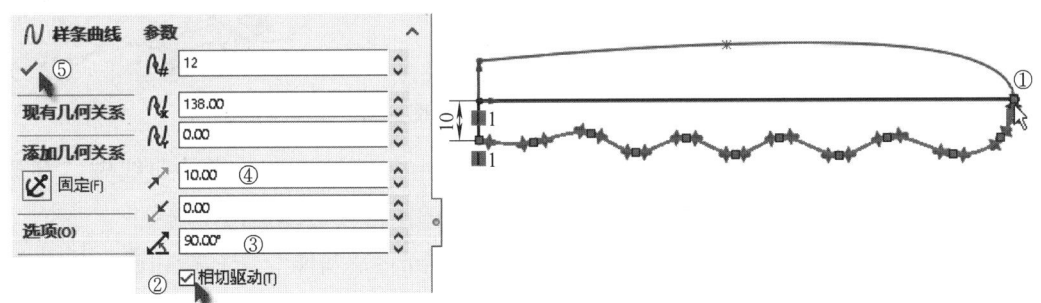

图 6-48 绘制草图 2

4）绘制草图 3。右击选择 上视基准面，单击"正视于"图标按钮↓，单击"草图"切换到"草图"面板。单击"直线"图标按钮∕，绘制一条左端点在原点且长度为 138 的水平线，一条下端点在原点且长度为 11 的向上的竖直线。单击"圆"图标按钮⊙，绘制一个圆心在刚绘制直线上的半径为 9 的圆。单击"3 点圆弧"图标按钮，绘制一个半径为 500 的圆弧，添加圆与圆弧的"相切"几何关系。单击"剪裁实体"图标按钮，把多余的线条剪裁掉，最终的结果如图 6-49 所示。单击绘图区右上角的图标按钮↳退出绘制草图。

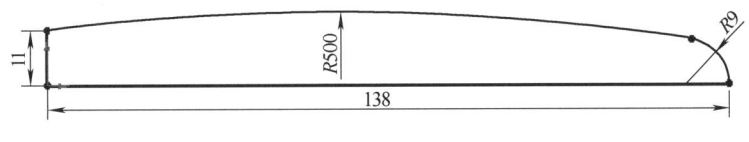

图 6-49 绘制草图 3

5）绘制草图 4。右击选择 上视基准面，单击"正视于"图标按钮，单击"草图"切换到"草图"面板。单击"直线"图标按钮，绘制一条左端点在原点且长度为 138 的水平线，一条下端点在原点且长度为 11 的竖直线。单击"圆"图标按钮，绘制一个圆心在刚绘制直线上的半径为 9 的圆。单击"3 点圆弧"图标按钮，绘制一个半径为 500 的圆弧，添加圆与圆弧的"相切"几何关系。单击"剪裁实体"图标按钮，把多余的线条剪裁掉，最终的结果如图 6-50 所示。单击绘图区右上角的图标按钮退出绘制草图。

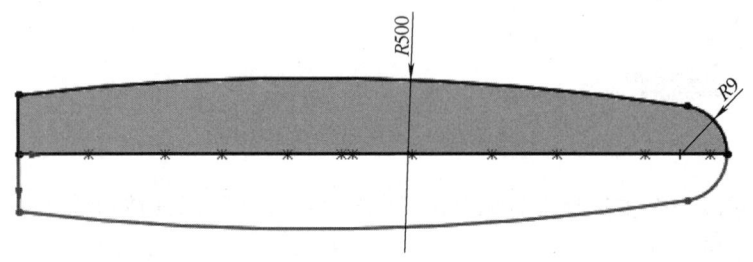

图 6-50　绘制草图 4

6）绘制草图 5。右击选择 右视基准面，单击"正视于"图标按钮，单击"草图"切换到"草图"面板。单击"椭圆"图标按钮，绘制出一个椭圆，圆心与原点重合，如图 6-51 中①所示。单击"添加几何关系"图标

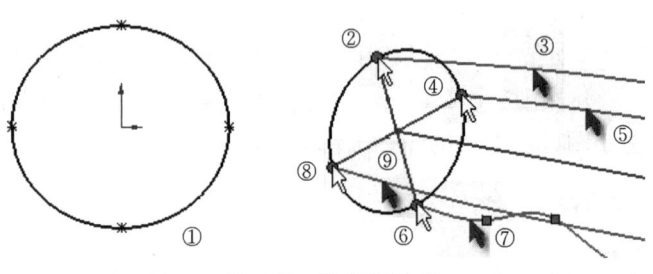

图 6-51　绘制草图 5

按钮，将白色箭头所指的椭圆的 4 个轴点分别与 4 个灰色箭头所指的曲线做"穿透"约束，如图 6-51 中②~⑨所示。单击绘图区右上角的图标按钮退出绘制草图。

7）建立放样。切换到"特征"面板，单击"放样凸台/基体"图标按钮，系统弹出"放样"属性管理器。在"轮廓"列表框中依次输入"草图 4""草图 1""草图 3"和"草图 2"作为放样轮廓，如图 6-52 中①~④所示。在"引导线"列表框中输入"草图

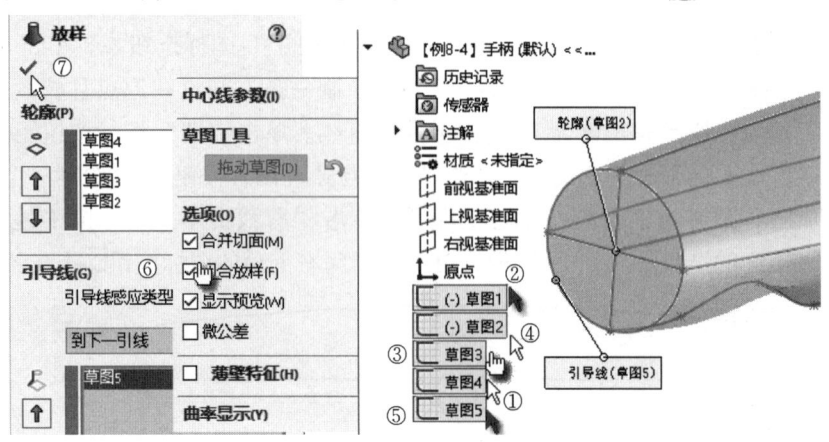

图 6-52　建立放样

160

5"，勾选"闭合放样"选项，如图 6-52 中⑤、⑥所示，单击"确定"图标按钮✓完成放样操作，如图 6-52 中⑦所示，结果如图 6-53 所示。

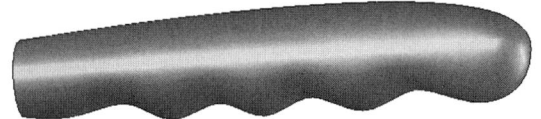

图 6-53　建好的手柄模型

6.7　思考与练习

1. 建立如图 6-54 所示的三维模型。
2. 建立如图 6-55 所示的三维模型。

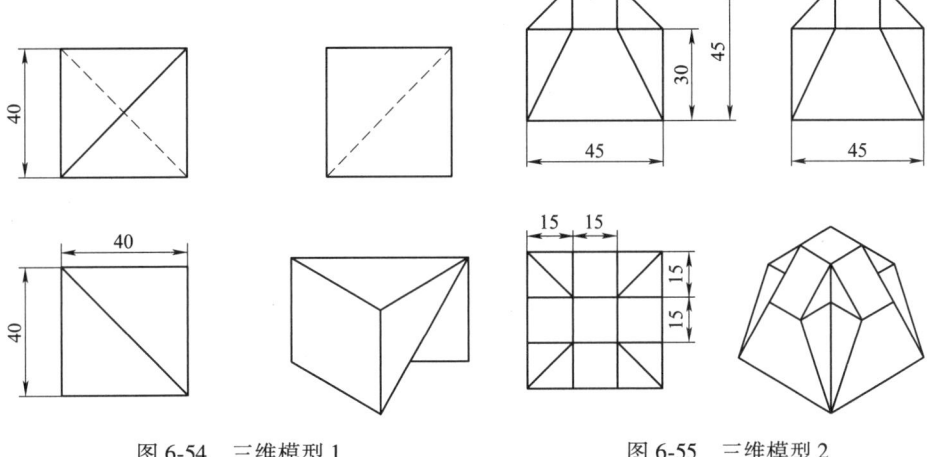

图 6-54　三维模型 1　　　　　　图 6-55　三维模型 2

3. 建立如图 6-56 所示的三维模型。

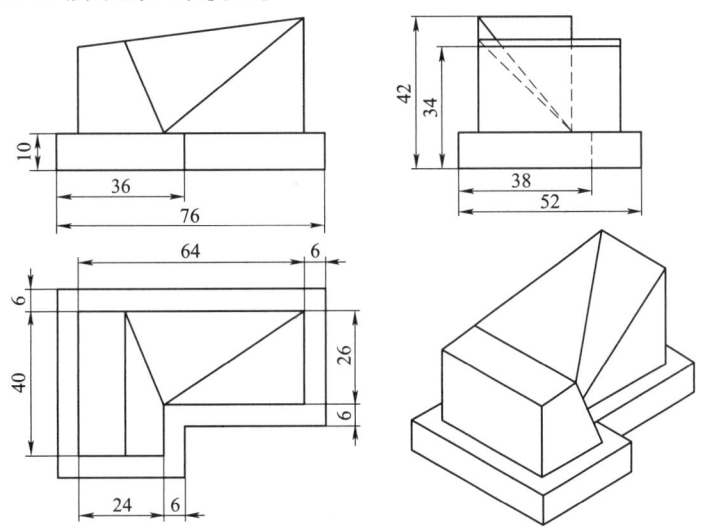

图 6-56　三维模型 3

4. 建立使用"方向向量"约束的放样模型，参考模型如图6-57所示。体验"放样"属性管理器中"起始/结束约束"选项下"方向向量"的使用效果。

5. 建立使用"与面相切"约束的放样模型，参考模型如图6-58所示。

 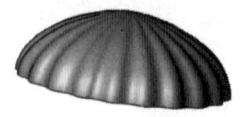 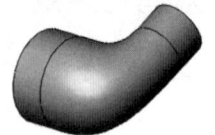 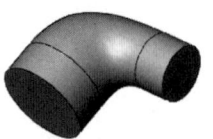

图 6-57　创建好的放样模型 1　　　　　图 6-58　创建好的放样模型 2

6. 创建使用中心线控制的放样模型，参考模型如图6-59所示。

7. 建立纽带的模型，参考模型如图6-60所示。它由一个闭合放样创建而成，其特点是利用两个拉伸实体作为放样轮廓，运用闭合放样的功能将轮廓扭曲放样。

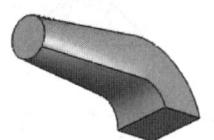 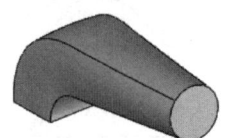 

图 6-59　创建好的放样模型 3　　　　　图 6-60　纽带

8. 建立方形盘的模型，参考模型如图6-61所示。它使用多引导线控制模型的轮廓线形，可以将模型的空间轮廓表现得更加细致。

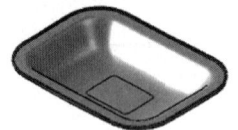 

图 6-61　方形盘

第 7 章 曲 面

本章简要地介绍了斑马条纹、G0/G1/G2、曲率的基本知识,通过实例综合应用各种曲面特征并说明做网的方法、做产品设计时的方法。

7.1 曲面的基本知识

3D 软件中的曲面为有限大小的、连续的、处处可导的欧氏几何曲面,其理论厚度为零,没有质量,3D 软件不支持无限大的曲面。无限大的曲面一般用作基准面。

从几何意义上看,曲面模型与实体模型所表达的结果是完全一致的。通常情况下可交替地使用实体和曲面特征。实体建模快捷高效,曲面建模用于完成相对复杂的建模过程。

创建曲面特征的方法和创建实体特征的方法有些基本相同,如拉伸、旋转、扫描、放样。但是由于曲面的特殊性,它也有一些特殊的创建方法,如剪裁、解除剪裁、延伸及缝合等。曲面特征在大多数情况下是一种过渡特征。对于封闭的曲面实体,也可以将其加厚后变成实体特征,因此,很多工业设计应用中都首先利用曲面建模,再将其转换为实体特征。

高质量的曲线是构建高质量曲面的基础,一个高质量的曲面应该是曲率颜色过渡均匀、斑马条纹连续顺滑且没有扭曲现象。SolidWorks 可以用曲率、斑马条纹来获得曲面的相关信息,以及评鉴曲线与曲面的品质。

7.1.1 斑马条纹

斑马条纹是模仿在光泽表面上反射的长光线条纹。用斑马条纹可以查看曲面中标准显示难以分辨的小变化,可以直观地查看曲面中是否有褶皱、破绽,可以检查连接的曲面是否曲率连续。

查看斑马条纹的步骤如下。

1)在 SolidWorks 中,单击"视图"工具栏上的"斑马条纹"图标按钮 或选择菜单"视图"→"显示"→"斑马条纹",可调出斑马条纹属性窗口。

2)在"设定"下,可通过"条纹数" 、"条纹宽度" 、"条纹精度" 按钮来调整它们的值,可更改"条纹颜色"和"背景颜色",可选择球形映射或方形映射。

3)单击"确定"图标按钮 。

斑马条纹有两种形式:球形映射和方形映射。球形映射是模仿零件处于内部充满光纹的大球形内,斑马条纹总是弯曲的,并展示奇异性,所有系统上都可使用。方形映射是模仿零件处于充满光纹的大方形内,斑马条纹在平面上显示为直线。方形映射显示非条纹带,表示方形角落的折射,如图 7-1 所示,仅在装有支持立方形纹理映射的图形卡的系统上使用。如果计算机上没有此类图形卡,SolidWorks 将不允许选择此选项。方形映射比较准,但是费时间并需要硬件支持。

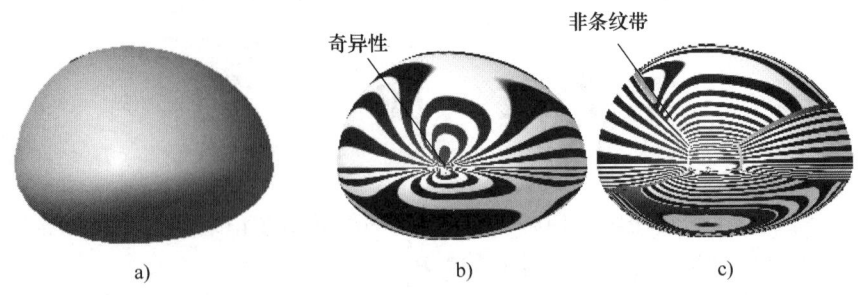

图 7-1 斑马条纹的几种形式
a）无斑马条纹 b）球形映射 c）方形映射

那么如何通过斑马条纹来观察曲面的品质？当观察到斑马条纹形成聚集条纹时，并不一定是一个收敛点或褶皱，那可能是球形映射固有的"奇异性"条纹，这时可以通过转动零件来观察，如果从多个方向观察都显示该处为条纹聚集，则可以判断该处曲面品质有问题。如果显卡支持方形映射，也可以通过方形映射来观察。方形映射由非条纹带隔成多个区域，如果曲面曲率连续，则每个区域内的条纹都应该是连续的，通过转动零件就可以观察到曲面品质是否达到预期的要求。

图 7-2 所示为两曲面的斑马条纹。比较两曲面斑马条纹图，可见图 7-2a 所示的曲面斑马条纹扭曲抖动，而图 7-2b 所示的曲面斑马条纹基本是平行和直的，因而很形象地反映出两曲面的质量高低，即图 7-2b 所示的曲面比图 7-2a 所示的曲面质量高。

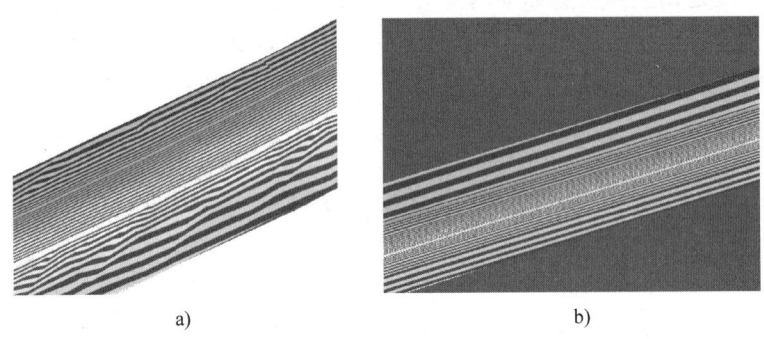

图 7-2 斑马条纹
a）斑马条纹有抖动 b）斑马条纹较直

7.1.2 G0、G1、G2 的基本知识

G0 表示曲面仅连接（接触）在一起，曲面只是连续，但并不可微，也就是曲面函数不可导或者说 0 阶可导。斑马条纹在两个面的边界处有断开或错位，线条没有对齐，表现为模型上为尖角等情况，见表 7-1。

G1 表示曲面相切连接，曲面一阶可导，曲率值在相切点有突变（即不连续）。斑马条纹在转折处为突变的情况，呈折线变化，线条仅仅是在边界上对齐，表现在模型上为圆角等情况。在两面边界线两边有明显的颜色上的分界，见表 7-1。

G2 表示曲面曲率连续，曲率值没有突变（连续），但并不是光滑过渡，二阶可导。如果把曲率看作一个函数,它连续但不可导。斑马条纹光滑连续地穿过两曲面的边界,线条对齐且通过边界,看上去很舒服。一般产品外观,如消费类电子产品等外观均做此要求,表现在模型上为面圆角等情况。在两曲面边界线两边颜色是均匀过渡的,见表7-1。

表7-1 G0、G1、G2 的斑马条纹和曲率

类型	G0	G1	G2
曲面	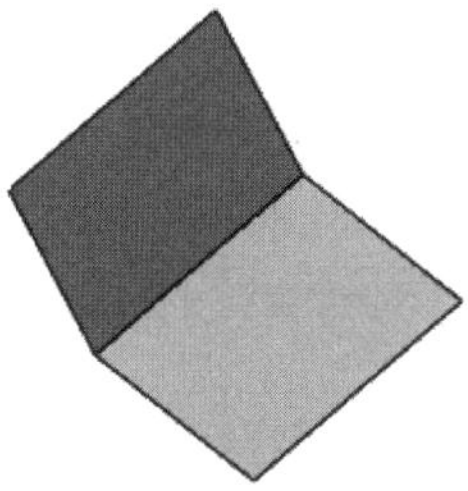	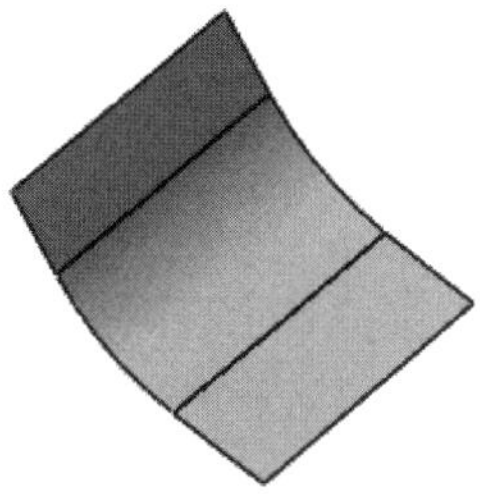	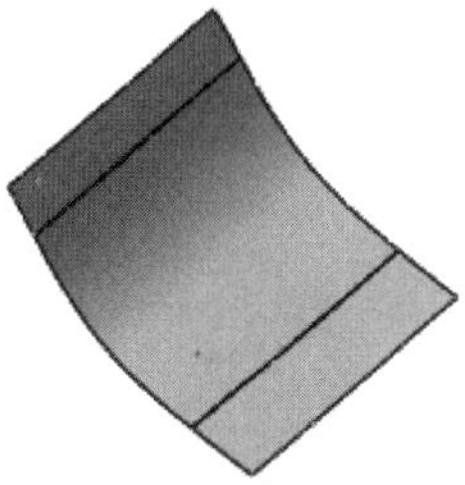
斑马条纹			
曲率	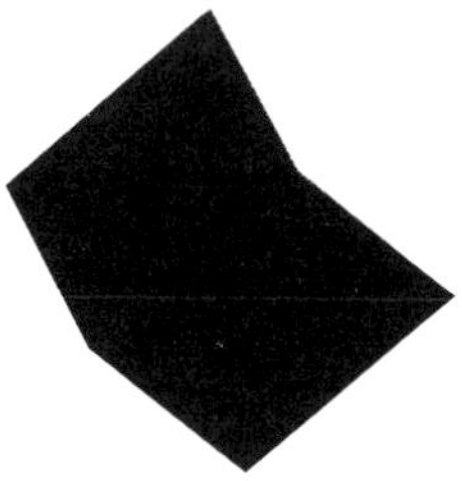		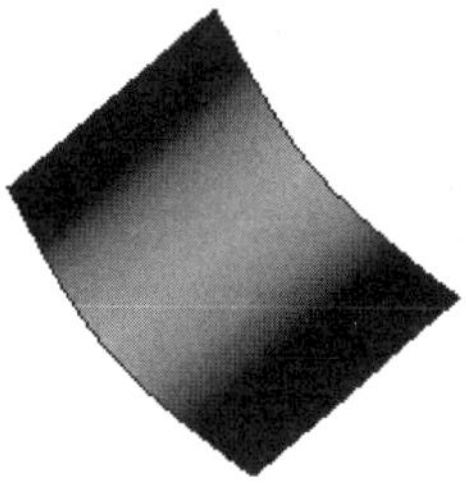

用斑马条纹可直观地确定在曲面之间存在什么类型的边界。

7.1.3 曲率

曲率是半径的倒数(1/半径),其使用当前模型的单位。默认情况下,所显示的最大曲率值为1.000,最小曲率值为0.0010。曲率越小,曲面就越平。

随着曲率半径的减小,曲率值增加,相应的颜色从黑色(0.0010)依次变为蓝色、绿色和红色(1.0000)。平面的曲率值为0。红色代表最大的曲率(最小的半径),而黑色代表最小的曲率(最大的半径)。

使曲面呈现各种颜色并显示曲率半径的步骤如下。

1)单击菜单"工具"→"选项"→"显示/选择",确保选择"图形视区中动态高亮显示"复选框,如图7-3中①~④所示。

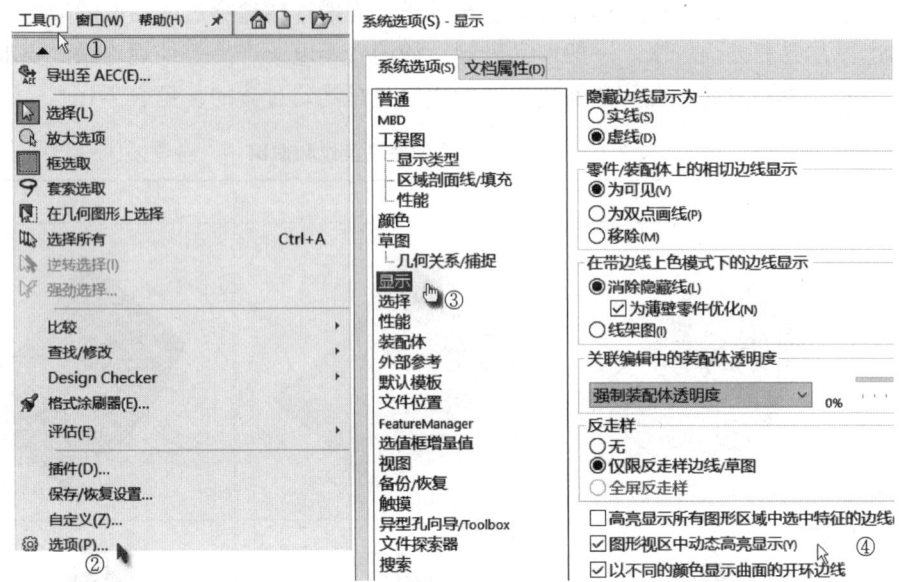

图 7-3 "系统选项"对话框

2)单击"视图"工具栏上的"曲率显示"图标按钮■、单击菜单"视图"→"显示"→"曲率"或在曲面上右击并在弹出的快捷菜单中选择"曲率",模型的曲率就会以彩色显示。当指向一个模型曲面、样条曲线或曲线时,其曲率值和曲率半径会显示在指针旁边。

显示曲率可能会造成系统资源的过度集中。在许多情形下,可以只显示想要评估的面,以改善系统性能。

3)如要移除颜色,请单击"视图"工具栏上的"曲率显示"图标按钮■以清除此复选标记。

7.2 曲面实例

7.2.1 3D 构线

本实例的目的在于熟悉 3D 草图和可调节相切程度的功能。

【例 7-1】 3D 构线。

1)启动 SolidWorks 后,单击窗口最上方的"新建"图标按钮□或按组合键〈Ctrl+N〉,在弹出的"新建 SolidWorks 文件"对话框中选择"零件" ,单击 确定 按钮完成新文件创建的操作。

2)右击选择□前视基准面,单击"正视于"图标按钮↓,单击"草图"切换到"草图"面板。单击"中心线"图标按钮✓,绘制 3 条水平线、2 条竖直线,单击"智能尺寸"图标按钮♦,标注尺寸,如图 7-4 中①所示。单击"样条曲线"图标按钮∧,绘制有 3 个控制点的样条曲线,单击"添加几何关系"图标按钮┴,分别添加样条曲线端点与水平线的"相切"几何关系♂。选中样条曲线,分别对 3 个控制点的参数进行设置,如图 7-4 中②~

⑦所示,单击"确定"图标按钮✔。单击图标按钮↩退出绘制草图。

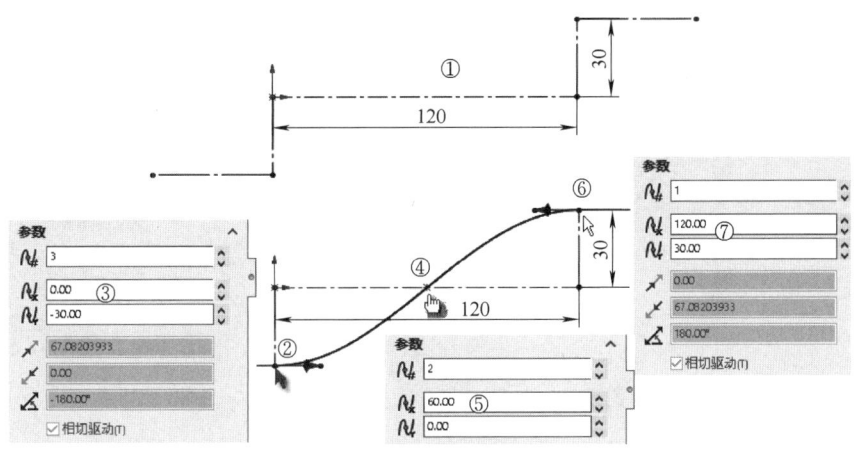

图 7-4 样条曲线

3) 单击菜单"插入"→"3D 草图",用类似于草图 1 的步骤绘制出 3D 草图并标注尺寸,选中样条曲线,分别对 3 个控制点的参数进行设置,如图 7-5 中①~⑥所示。

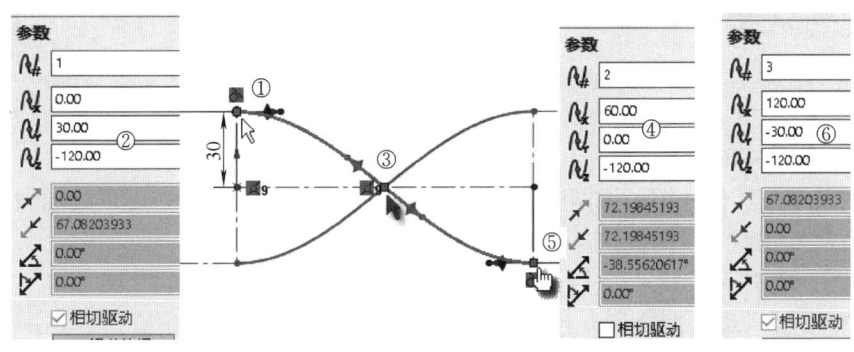

图 7-5 3D 样条曲线

4) 草图 2 中两个尺寸 120 和 30 是为了让 3D 样条曲线与中间点对称,实际上,就相当于在距前视面 120 的地方作了一个基准面。要放样,需要两个草图,因此草图 2 需要与草图 1 平行,且拉开一定的距离,即 120。草图 1 的长是 120,高是 30,草图 2 也是这样的,只是反过来了。草图 1 是样条曲线,草图 2 也是样条曲线,只是草图 2 是一条空间的 3D 线。插入 3D 草图时,当在绘图区中单击后,会出现一个红色的坐标,这个红色的坐标就是当前作图的平面,这时作出来的图是在这个平面上的。而空间是由三个相互垂直的平面构成的,可以把作图的平面定到另外两个平面上去,方法是按〈Tab〉键,如图 7-6 中①所示。

5) 切换到"特征"面板,单击菜单"插入"→"曲面"→"放样曲面",如图 7-7 中①~③所示。

6) 系统弹出"曲面-放样"属性管理器,在绘图区中选择"草图 1"和"3D 草图",单击"确定"图标按钮✔,如图 7-8 中①~③所示,放样结果如图 7-8 中④所示。

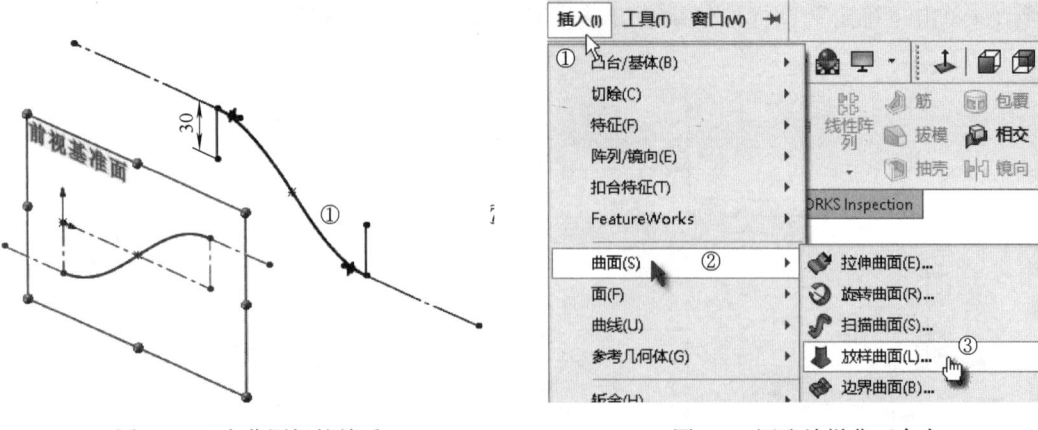

图7-6 两个草图间的关系　　　　　图7-7 调取放样曲面命令

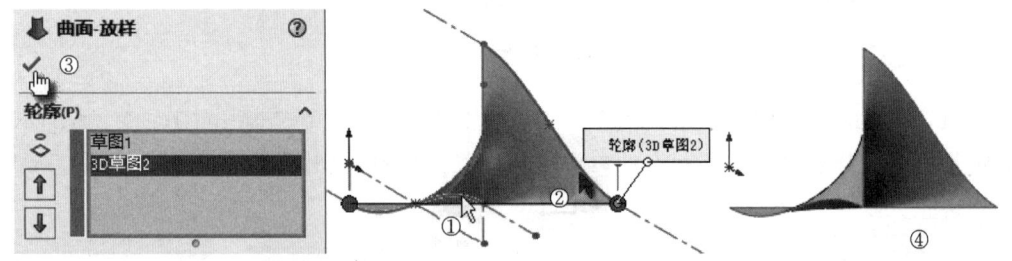

图7-8 "曲面-放样"属性管理器及放样结果

7.2.2 篮球网

本实例及下一实例介绍了做网的方法。本章末尾的思考与练习中还有其他做网的方法，读者可分析比较它们各自的优缺点。

【例7-2】 篮球网。

1）新建文件。单击窗口最上方的"新建"图标按钮□或者按组合键〈Ctrl+N〉，在弹出的"新建SolidWorks文件"对话框中选择"零件"，单击 确定 按钮完成新文件创建的操作。右击选择□ 前视基准面，单击"正视于"图标按钮，单击"草图"切换到"草图"面板。单击"直线"图标按钮，绘制直角梯形草图，单击"智能尺寸"图标按钮，标注尺寸，如图7-9中①所示。

2）旋转实体。单击"旋转凸台/基体"图标按钮，系统弹出"旋转"属性管理器，"旋转轴"选择通过原点的竖直线，系统默认"角度"为360度，其他采用默认设置，单击"确定"图标按钮，如图7-9中②~④所示。

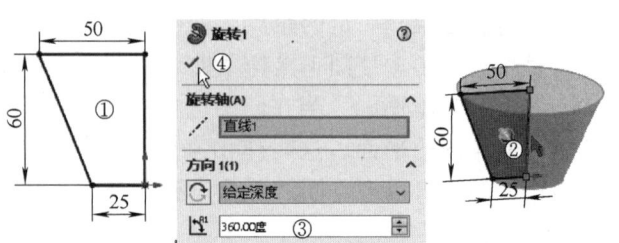

图7-9 设置旋转参数

3）扫描曲面转换实体引用。右击选择□ 上视基准面，从弹出的快捷菜单中选择"草图绘制"，在草图处于激活状态时，单击"转换实体引用"图标按钮，在绘图区移动鼠标选择模型下方的圆边线,单击"确定"图标按钮✔,如图7-10中①~④所示。

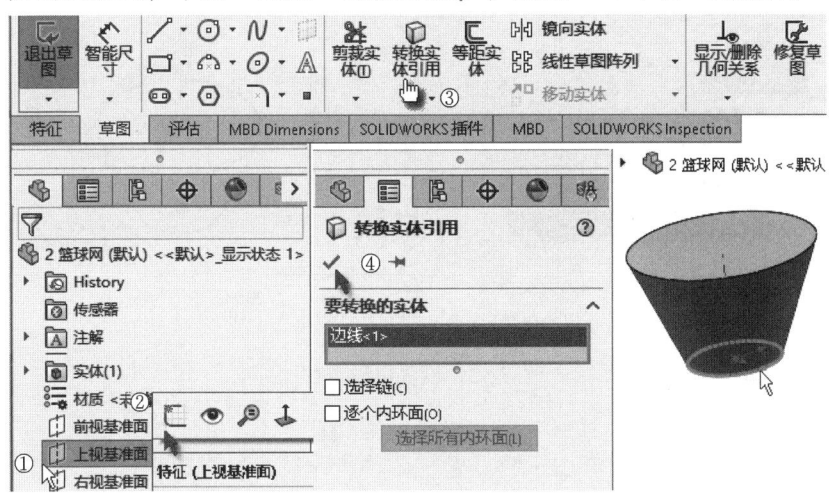

图 7-10 转换实体引用

4)单击菜单"插入"→"曲线"→"螺旋线/涡状线",在弹出的"螺旋线/涡状线"属性管理器和绘图区中进行设置和选择,如图7-11所示,单击"确定"图标按钮✔。

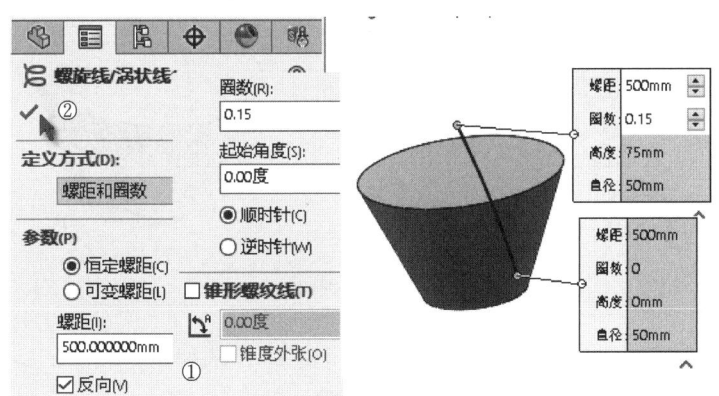

图 7-11 螺旋线

5)绘制草图3。右击选择 📄 上视基准面,单击"正视于"图标按钮 ↓,单击"草图"切换到"草图"面板。单击"直线"图标按钮 ╱,绘制一条竖直线,单击"重建模型"图标按钮 🔴,如图7-12所示。

6)切换到"特征"面板,单击菜单"插入"→"曲面"→"扫描曲面",系统弹出"曲面-扫描"属性管理器,移动鼠标在绘图区中选择轮廓和路径,其余采用默认设置,单击"确定"图标按钮✔,如图7-13中①~③所示。

7)绘制3D草图。单击菜单"插入"→"3D草图",选择"交叉曲线",依次选择两个面,如图7-14中①~④所示。单击"重建模型"图标按钮 🔴。

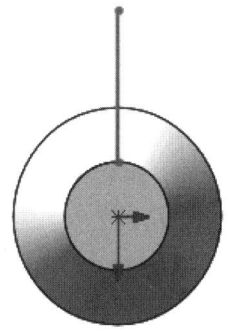

图 7-12 绘制草图 3

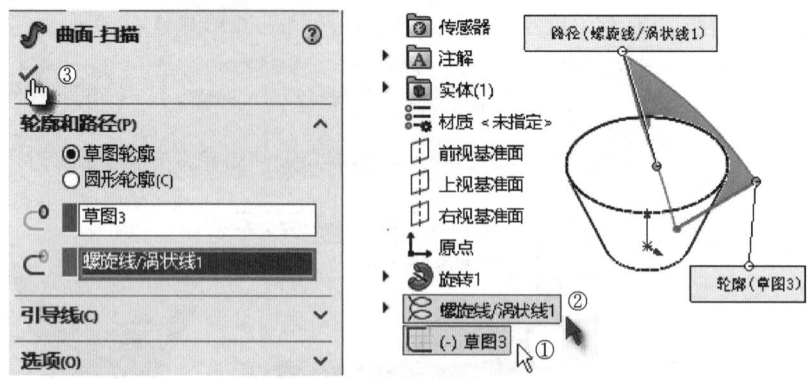

图 7-13 设置扫描参数

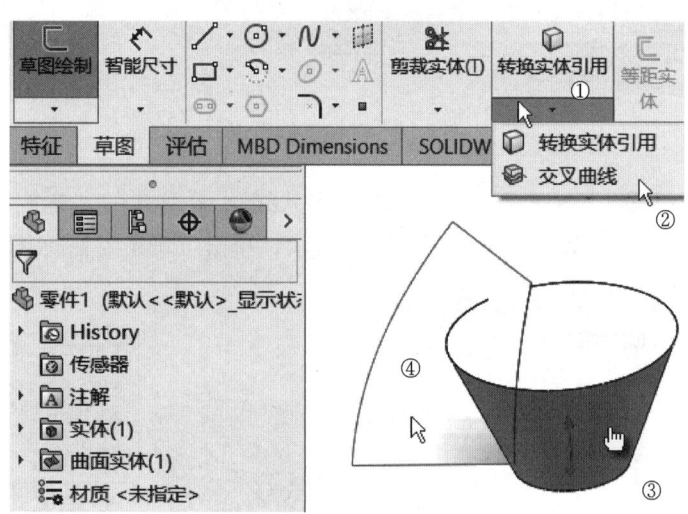

图 7-14 选择面

8)扫描一条篮球网线。右击选择"曲面-扫描1",从弹出的快捷菜单中选择"隐藏"。右击选择 上视基准面,单击"正视于"图标按钮,单击"草图"切换到"草图"面板。单击"圆"图标按钮,绘制直径为2.5的圆,如图7-15所示。单击绘图区右上角的图标按钮退出绘制草图。

9)切换到"特征"面板,单击菜单"插入"→"曲面"→"扫描曲面",系统弹出"曲面-扫描"属性管理器,移动鼠标在绘图区中选择轮廓和路径,如图7-16中①、②所示,其余采用默认设置,单击"确定"图标按钮,如图7-16中③、④所示。

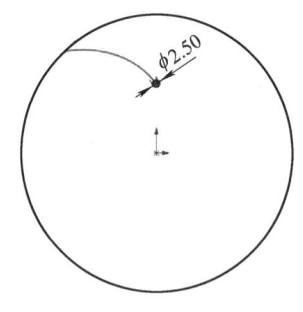

图 7-15 绘制草图 4

10)镜像。单击"特征"切换到"特征"面板,依次单击"线性阵列"图标按钮→"镜像"图标按钮,系统弹出"镜像"属性管理器,移动鼠标在绘图区中选择镜像面和要镜像的实体,如图7-17中①~④所示,出现镜像后的预览,如图7-17中⑤所示,单击"确定"图标按钮,如图7-17中⑥所示。

11)圆周阵列。依次单击"特征"面板上的"线性阵列"图标按钮→"圆周阵列"

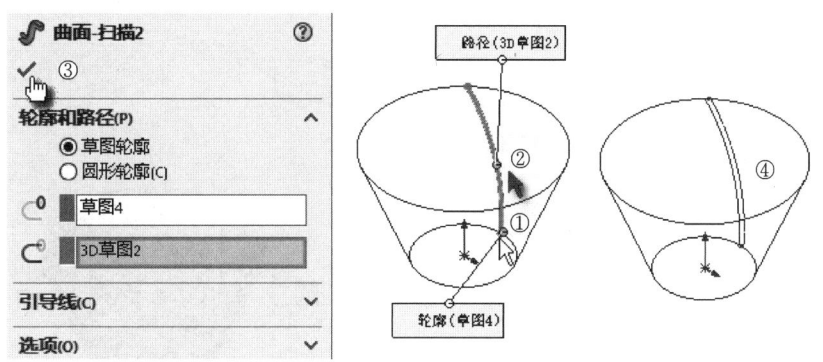

图 7-16 扫描

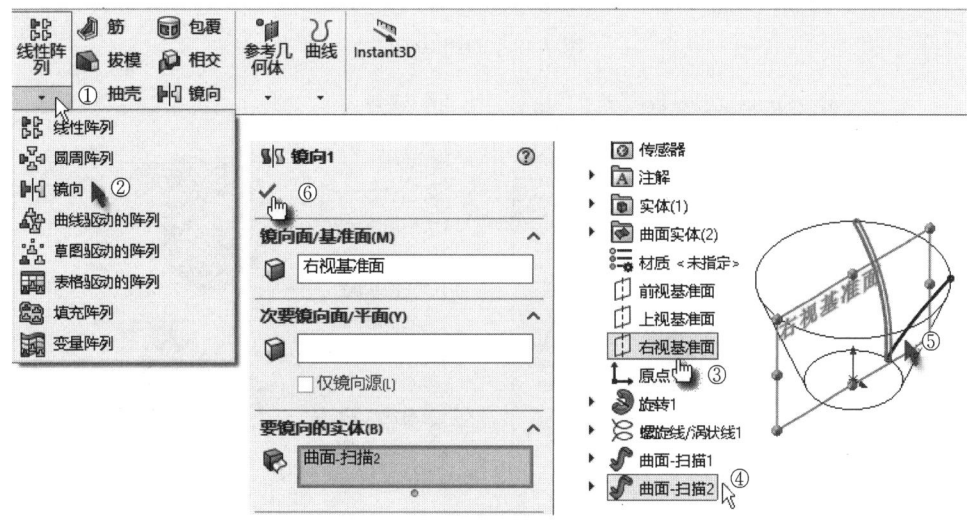

图 7-17 镜像

图标按钮,系统弹出"阵列(圆周)"属性管理器,移动鼠标在绘图区中选择圆台面,选中"等间距",设置角度和阵列数,选择要阵列的实体"镜像 1"和"曲面-扫描 2",如图 7-18 中①~⑤所示,出现镜像后的预览,单击"确定"图标按钮,如图 7-18 中⑥所示。

12)删除实体。单击菜单"插入"→"特征"→"删除/保留实体",系统弹出"实体-删除/保留"属性管理器,移动鼠标在绘图区中选择要删除的实体"曲面-扫描 2"和"旋转1",如图 7-19 中①、②所示,单击"确定"图标按钮,如图 7-19 中③、④所示。

13)绘制草图。右击选择 前视基准面,单击"正视于"图标按钮,单击"草图"切换到"草图"面板。单击"圆"图标按钮,绘制一个直径为 5 的圆,单击"中心线"图标按钮,绘制一条中心线,如图 7-20 中①所示。

14)生成旋转特征。单击"特征"切换到"特征"面板。单击"旋转凸台/基体"图标按钮,系统弹出"旋转"属性管理器,"旋转轴"选择通过原点的竖直中心线,系统默认"角度"为 360 度,其他采用默认设置,单击"确定"图标按钮,如图 7-20 中②~④所示。最终结果如图 7-20 中⑤所示。

SolidWorks 2023 基础教程

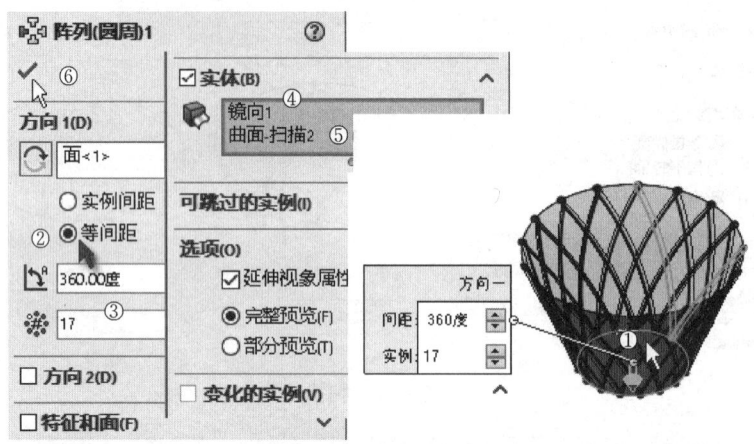

图 7-18　圆周阵列

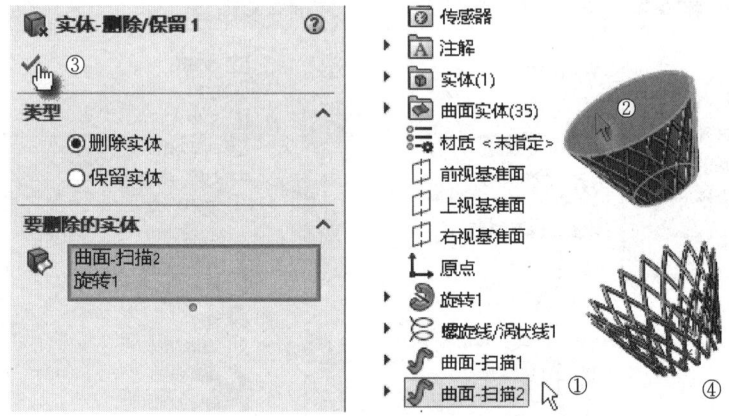

图 7-19　删除实体

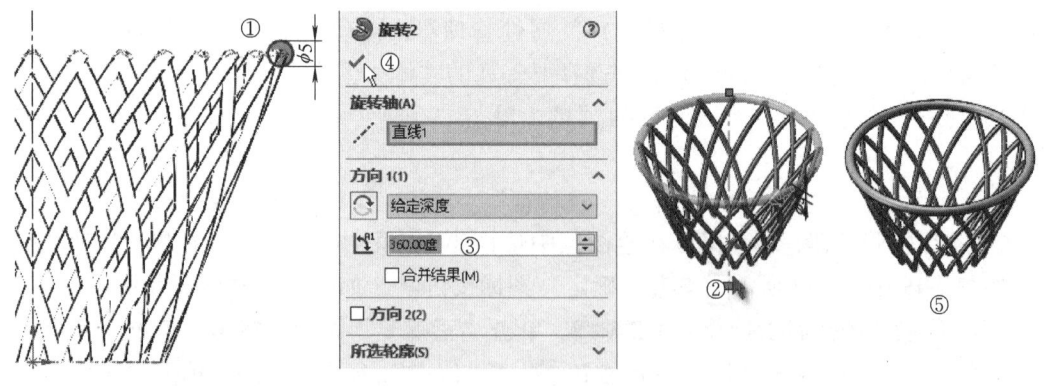

图 7-20　篮球网

7.2.3　圆周格栅网

【例 7-3】　圆周格栅网。

1）单击窗口最上方的"新建"图标按钮□或者按组合键〈Ctrl+N〉，在弹出的"新建

SolidWorks 文件"对话框中选择"零件"，单击 确定 按钮完成新文件创建的操作。

2）绘制草图 1。右击选择 前视基准面，单击"正视于"图标按钮，单击"草图"切换到"草图"面板。绘制出如图 7-21 所示的草图。

3）将图 7-22 中箭头所指的直线和两个点做"对称"约束。单击绘图区右上角的图标按钮退出绘制草图。

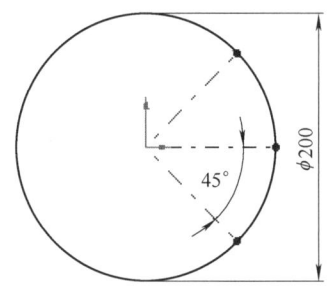
图 7-21　草图 1

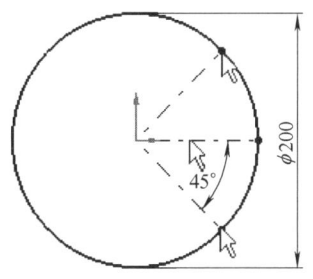
图 7-22　添加几何关系

4）曲面拉伸。单击菜单"插入"→"曲面"→"拉伸曲面"，系统弹出"曲面-拉伸"属性管理器，"方向 1"的"终止条件"选择"给定深度"，在"深度"文本框中输入 200mm，其他采用默认设置，单击"确定"图标按钮，如图 7-23 中①~④所示。

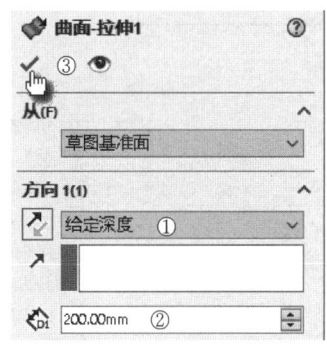
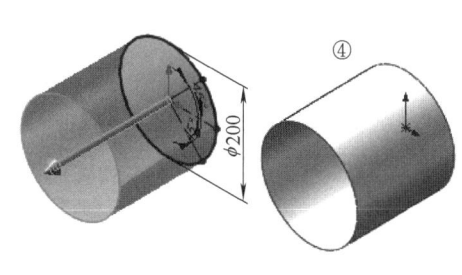

图 7-23　拉伸面

5）绘制草图 2。右击选择 右视基准面，单击"草图"切换到"草图"面板。单击"中心线"图标按钮，绘出如图 7-24 所示的草图。将图 7-25 中箭头所指的两个点做"重合"约束。将图 7-26 中箭头所指的两个点做"重合"约束。

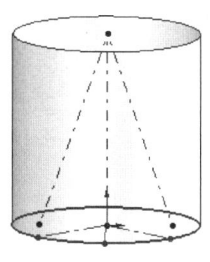
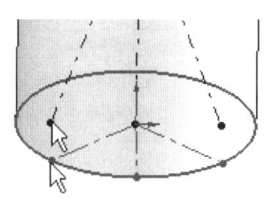
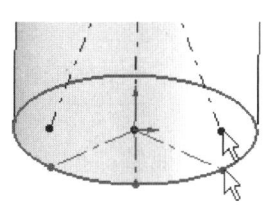

图 7-24　绘制草图 2　　图 7-25　选择两点　　图 7-26　再选择两点

6）单击"等距实体"图标按钮，选择两条斜的中心线，在属性管理器的"等距距离"中输入 0.5mm，勾选"双向"，单击"确定"图标按钮✔，如图 7-27 中①~④所示。

7）放大图形，单击"剪裁实体"图标按钮，把多余的线条剪裁掉，其放大图如图 7-28 中①所示。单击"直线"图标按钮，用直线封闭右边的开口，其放大图如图 7-28 中②、③所示。单击绘图区右上角的图标按钮退出绘制草图。

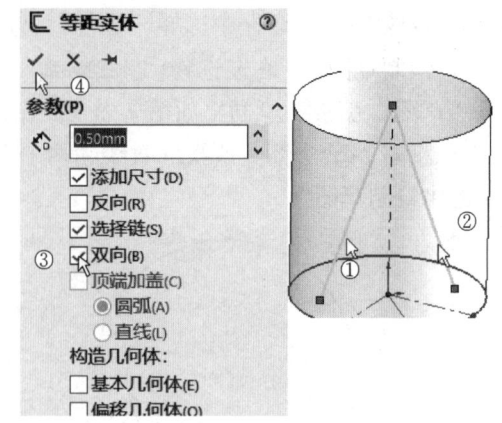

图 7-27 双向等距直线

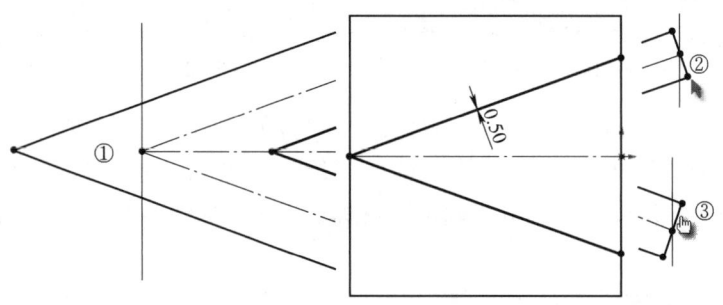

图 7-28 放大图形

8）剪裁曲面。单击菜单"插入"→"曲面"→"剪裁曲面"，系统弹出"曲面-剪裁"属性管理器，在绘图区中选择"草图 2"作为剪裁工具，在属性管理器中选择"移除选择"，在绘图区中选择要移除的面（注意：共 5 个面），单击"确定"图标按钮✔，如图 7-29 中①~⑦所示。

9）建立加厚特征。单击菜单"插入"→"凸台基体"→"加厚"，弹出"加厚"属性管理器，在绘图区中选择"曲面-裁剪 1"作为加厚对象，在属性管理器中选择向内加厚，输入厚度 1mm，单击"确定"图标按钮✔，步骤如图 7-30 中①~③所示。

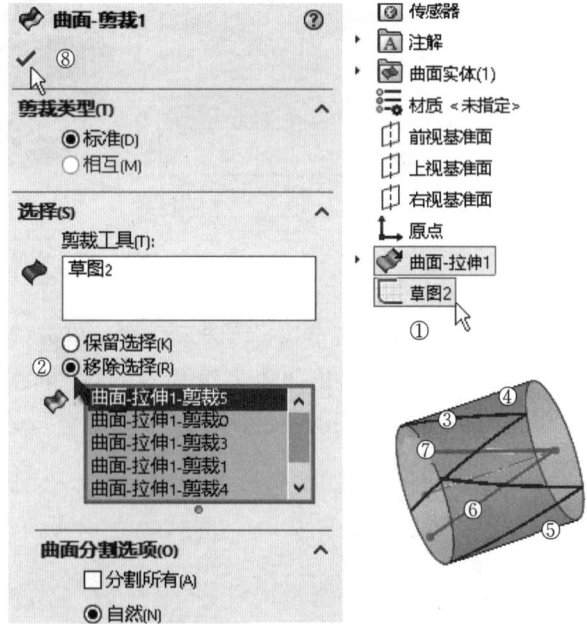

图 7-29 剪裁曲面

10）建立基准轴。单击"特征"面板中的"参考几何体"→"基准轴"或者单击菜单"插入"→"参考几何体"→"基准轴"，系统弹出"基准轴"属性管理器。选择"两平面"，选择右视基准面和

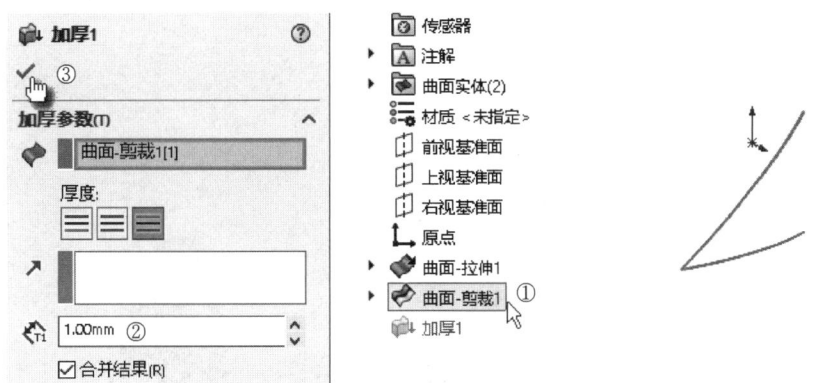

图 7-30 加厚

[]上视基准面，如图 7-31 中①~③所示。其他采用默认设置，预览轴如图 7-31 中④所示。单击"确定"图标按钮✓完成基准轴创建操作。

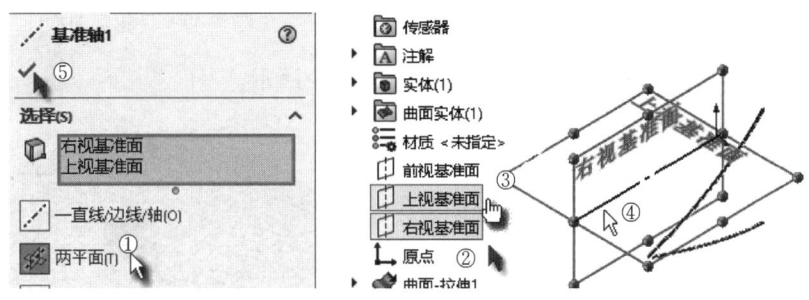

图 7-31 建立基准轴

11）圆周阵列。选择基准轴后，单击"特征"面板上的"线性阵列"图标按钮→"圆周阵列"图标按钮，系统弹出"阵列（圆周）1"属性管理器，输入角度 360 度，阵列数 36 个，选中"等间距"选项，选择要阵列的实体，在绘图区中展开特征树选择"加厚1"特征，单击"确定"图标按钮✓，如图 7-32 中①~④所示。最终结果如图 7-33 所示。

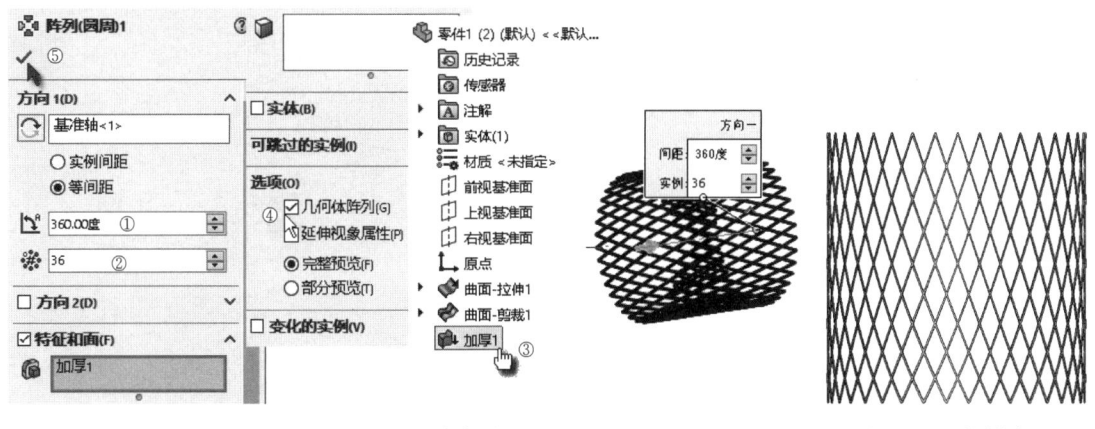

图 7-32 圆周阵列　　　　　　　　　　图 7-33 圆周格栅网

7.3 思考与练习

1. 做出马鞍面，参考模型如图 7-34 所示。
2. 做出自相交曲面，参考模型如图 7-35 所示。

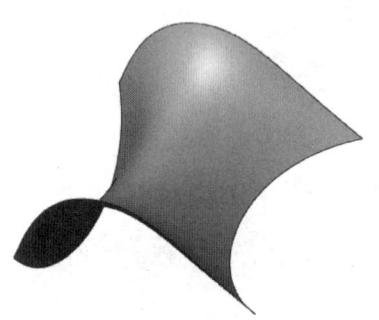 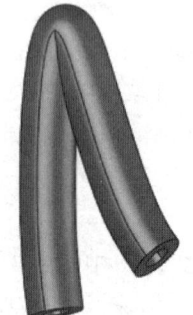

图 7-34　马鞍面　　　　　图 7-35　自相交曲面

3. 做出风罩和网罩，参考模型如图 7-36 和图 7-37 所示。

 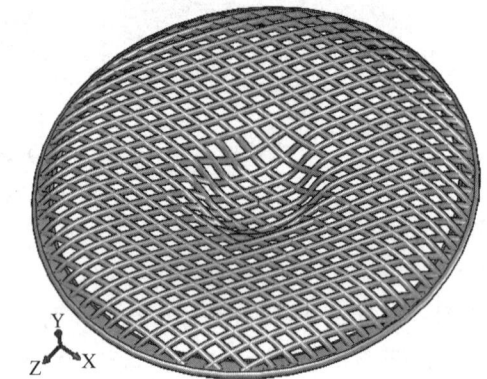

图 7-36　风罩　　　　　图 7-37　网罩

第8章 零件常用设计方法

标准件的使用场合很多，本章介绍典型标准件，如垫圈、键、销、螺母、螺栓和滚动轴承的绘制方法。

在不同类型、不同规格的各种机器中，有相当多的零部件是相同的，将这些零件加以标准化，并按尺寸不同加以系列化即成为标准件或常用件。设计者需要某些零部件时，无须重复计算就可直接从标准件与常用件中选用。

如果 SolidWorks 窗口最右边没有"任务窗格"工具栏，如图 8-1 中①所示，则需要将其显示出来，具体做法是在任意图标上右击，系统弹出快捷菜单，选择"工具栏"→"任务窗格"，如图 8-1 中②、③所示。

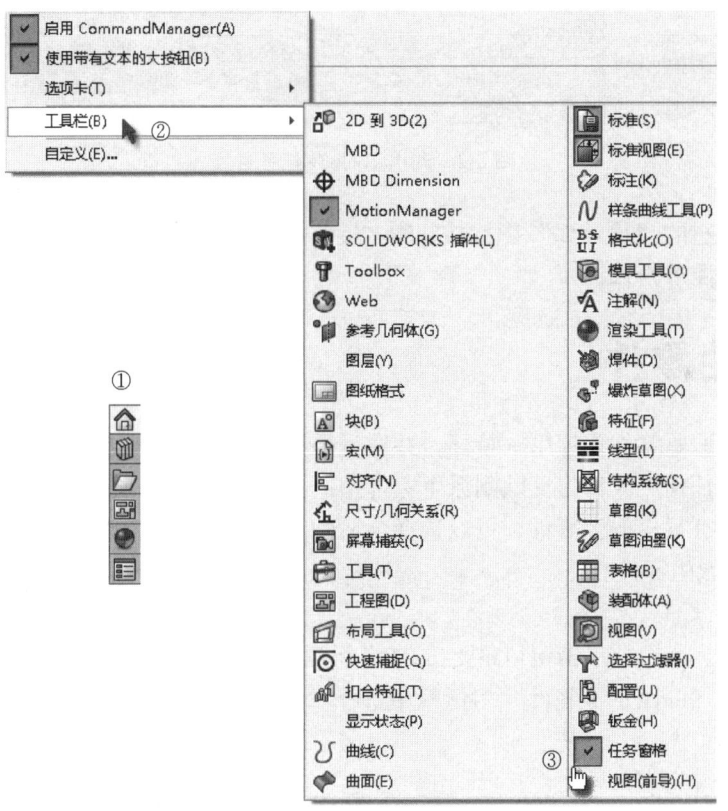

图 8-1 调出"任务窗格"工具栏

一般软件默认自带 Toolbox 标准件库，如果打开软件没有，单击菜单"工具"→"插件"，系统弹出"插件"对话框，在 SolidWorks Toolbox 前的方框中进行勾选，如果需要默认每次启动 SolidWorks 时启动插件，则可以勾选后面的启动方框，单击 确定 按钮，如图 8-2 中①~⑦所示。

177

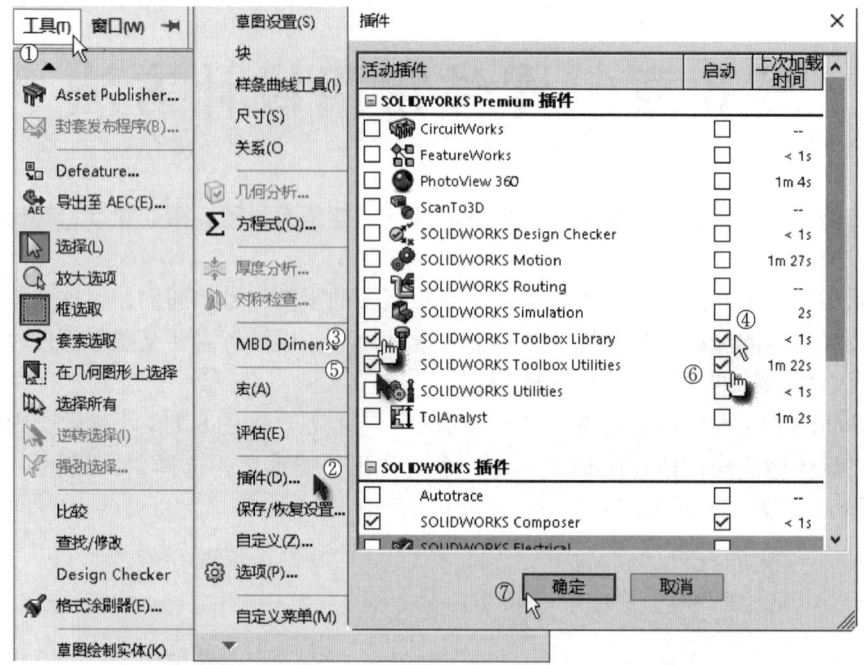

图 8-2 调出 Toolbox 标准件库

单击窗口右边的"设计库"图标按钮，展开设计库，从设计库中可以进行派生零件、标准件库和设计库等操作。

8.1 派生零件

派生零件以原始零件作为第一特征，并通过外部参考方式联结到原始零件。这意味着对原始零件所做的任何更改都将反映到派生零件中。

在设计库中有很多派生零件，可以选择合适的一种或者自定义制作一个。

【例 8-1】 派生零件。

（1）建立新文件

启动 SolidWorks 后，单击窗口最上方的"新建"图标按钮或者按组合键〈Ctrl+N〉，在弹出的"新建 SolidWorks 文件"对话框中选择"零件"，单击 确定 按钮完成新文件创建的操作。

（2）插入派生零件

单击窗口右边的"设计库"图标按钮，展开设计库，双击"Design Library"→"parts"→"hardware"，找到"nut"零件，如图 8-3 中①~⑤所示。

将"nut"零件拖到绘制区，系统弹出如图 8-4 所示的对话框，单击 是(Y) 按钮。

系统弹出"插入零件"对话框，根据需要在这里可以做一些设置，在绘图区单击，系统弹出对话框，单击"否"，完成派生零件的插入，如图 8-5 中①、②所示。单击菜单"文件"→"另存为"，输入零件名称，选择想要保存的位置，单击 保存(S) 按钮。

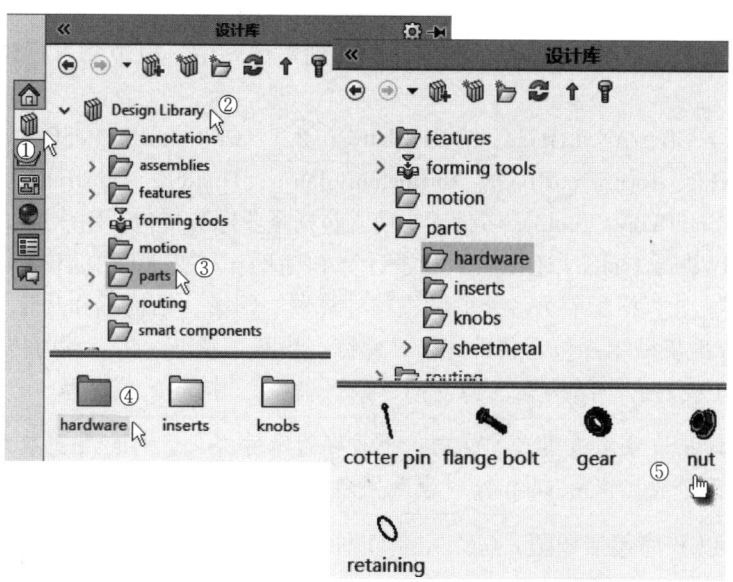

图 8-3　从设计库中找到"nut"零件

图 8-4　弹出确认对话框

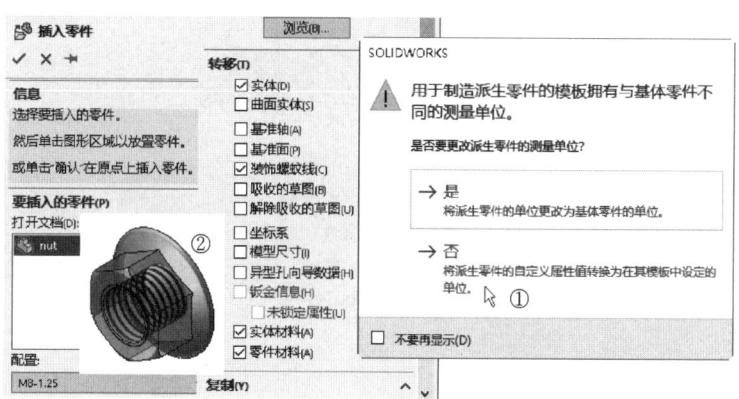

图 8-5　插入派生零件

8.2　标准件库

在 SolidWorks 的三维零件设计库中可以设计标准零件。Toolbox 三维零件库是同 SolidWorks 完全集成的三维标准零件库。它是充分利用了 SolidWorks 的智能零件技术（独特的自动化装配技术）而开发的应用软件。设计人员在 SolidWorks 的环境下，选择要添加的标准机械零件，只需设置相应标准和类型，利用拖拉放置的方式，便可把标准机械零件添加到组合件中，也可自行将公司内部的标准零件添加到零件库中，以节省日后建立标准零件的时间。

Toolbox 支持 GB、ANSI Inch、ANSI Metric、BSI、CISC、DIN、ISO、JIS、PEMRInch、PEMRMetric、SKFR、TorringtonRInch、TorringtonRMetric、TruarcR、UnistrutR 和自定义企业标准。还可自定义 SolidWorks Toolbox 零件库，使之包括企业标准或包括用户最常引用的零件。

此外，SolidWorks Toolbox 还提供了几个计算和辅助作图工具，如计算轴承负载力和寿命的轴承计算器、计算横梁应力和挠曲的横梁计算器、凹槽、结构钢和凸轮等。

Toolbox 的标准机械零件包含各种螺栓、螺钉、垫圈、螺母、销、动力传动（包含链轮、齿轮、带轮）、工模衬套、结构梁（包含铝、钢）、轴承、扣环、凸轮等。

> 使用设计库时应该注意将用过的标准件也另存为零件文件，可避免重装系统后由于路径改变等原因而造成在使用 Toolbox 时出现问题。

Toolbox 中的 GB 库包括如图 8-6 所示的 11 种类型。

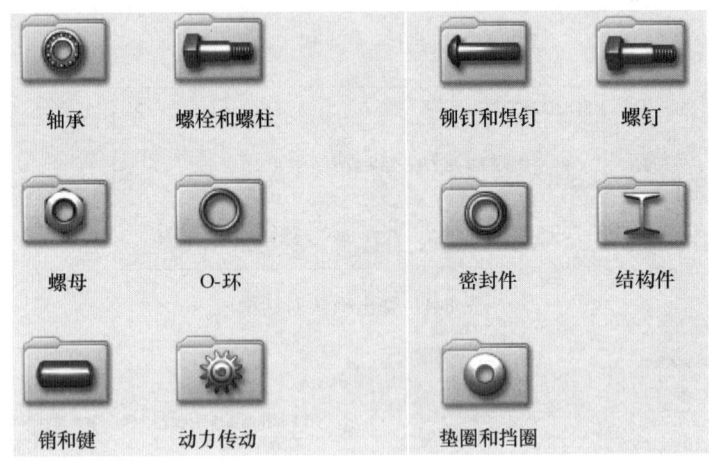

图 8-6　GB 库

Toolbox 中几种键的分类、模型和名称见表 8-1。

表 8-1　键的分类、模型和名称

分类	模型	名称
平行键		普通型　平键 GB/T 1096—2003
		导向型　平键 GB/T 1097—2003
		薄型　平键 GB/T 1567—2003

（续）

分类	模型	名称
切向键		C 普通切向键 GB/T 1974—2003
		普通切向键 GB 1974—2003
半月形键		普通型 半圆键 GB/T 1099.1—2003
楔键		普通型 楔键 GB/T 1564—2003
		钩头型 楔键 GB/T 1565—2003
花键		矩形花键 GB/T 1144—2001

Toolbox 中圆锥销的分类、模型和名称见表 8-2。

由于篇幅的关系，Toolbox 中其他的库的内容在此就不展开了，有兴趣的读者可以自己打开查看。

【例 8-2】 建立圆锥销的模型：圆锥销 GB/T 117—2000 A5×30，如图 8-7 所示。

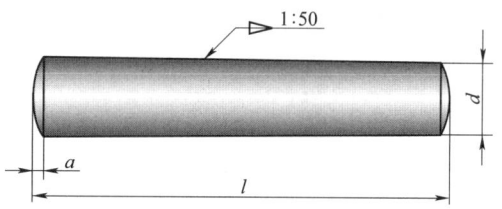

图 8-7 圆锥销的标注

从表 8-2 中得到圆锥销数据：$d=5$mm，$l=30$mm，$a=0.63$mm，锥度为 1∶50。

表 8-2 圆锥销规格

d（公称）/mm h10	a/mm ≈	l/mm（商品规格范围）	100mm 长的质量/kg ≈
0.6	0.08	4~8	0.0003
0.8	0.10	5~12	0.0005
1	0.12	6~16	0.0010
1.2	0.16	6~20	0.0012
1.5	0.20	8~24	0.0015

（续）

d（公称）/mm h10	a/mm ≈	l/mm （商品规格范围）	100mm 长的质量/kg ≈
2	0.25	10~35	0.0027
2.5	0.30	10~35	0.0040
3	0.40	12~45	0.0062
4	0.50	14~55	0.0107
5	0.63	18~60	0.0160
6	0.80	22~90	—
8	1.00	22~120	—
10	1.20	26~160	—
12	1.60	32~180	—

1）建立新文件。单击窗口最上方的"新建"图标按钮 或者按组合键〈Ctrl+N〉，在弹出的"新建 SolidWorks 文件"对话框中选择"零件" ，单击 确定 按钮完成新文件创建的操作。

2）单击"设计库"图标按钮 ，展开设计库。

3）双击 Toolbox 图标。

4）选择"GB"→"销和键"→"锥销"，右击"圆锥销"，从弹出的快捷菜单中选择"生成零件"，如图 8-8 中①~⑦所示。

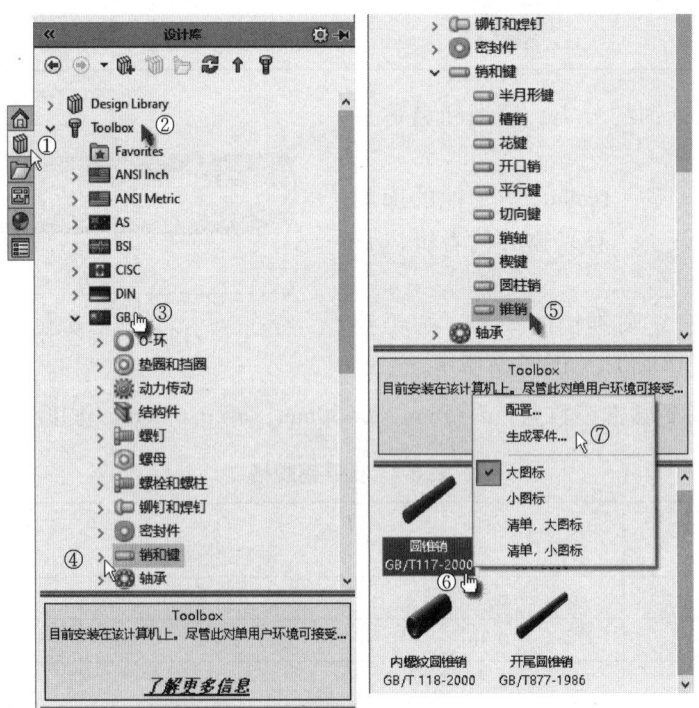

图 8-8 选择生成零件

第8章 零件常用设计方法

5) 系统弹出"圆锥销"属性管理器,设置各项参数,单击"确定"图标按钮✔,系统经过计算后建成圆锥销模型,如图8-9所示。将文件另存,完成圆锥销设计。

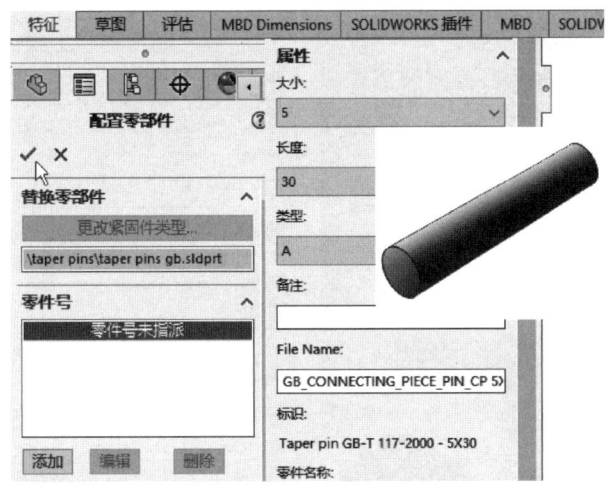

图8-9 生成的圆锥销模型

【例8-3】 调用齿轮。

齿轮是机械设计中常用的零件且齿轮大多已形成标准件,所以在SolidWorks中为了提高设计效率,省去不必要的绘图步骤,可以直接从设计库中调用齿轮。齿数 $z = 14$,模数 $m = 3$mm,压力角 $= 20°$。通过计算可知:齿顶圆直径 $= m(z+2) = 48$mm,分度圆直径 $= mz = 42$mm,齿根圆直径 $= m(z-2.5) = 34.5$mm,齿厚 $= 3.14159m/2 ≈ 4.71$mm,面宽 $= 30$mm。

调用齿轮的步骤如下。

1) 单击窗口最上方的"新建"图标按钮,或者按组合键〈Ctrl+N〉,在弹出的"新建SolidWorks文件"对话框中选择"零件",单击 确定 按钮完成新文件创建的操作。

2) 单击"设计库"图标按钮,展开设计库,双击 Toolbox图标,选择"GB"→"动力传动"→"齿轮",右击"正齿轮",从弹出的快捷菜单中选择"生成零件",如图8-10中①~⑦所示。

3) 系统弹出"配置零部件"属性管理器,设置各项参数,单击"确定"图标按钮✔,系统经过计算后建成齿轮模型,如图8-11中①~⑨所示。注意文件自动另存在C盘相应的文件夹中。

4) 单击窗口最上方的"打开"图标按钮,或者按

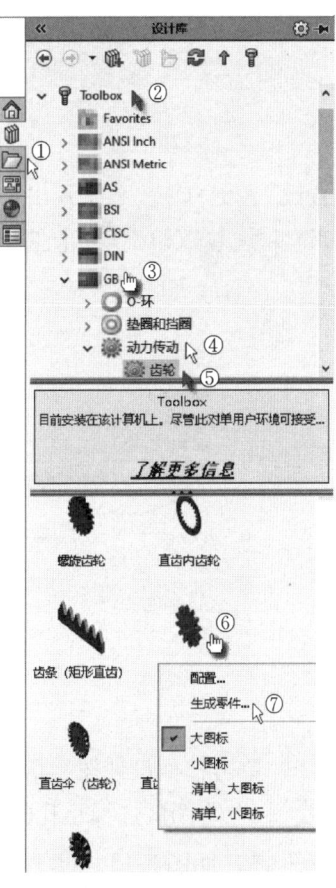

图8-10 调用齿轮

图 8-11 齿轮模型

组合键〈Ctrl+O〉。系统弹出"打开"对话框，选择文件所在的文件夹，找到需要的文件，单击 打开 按钮，单击 以只读方式打开(R) 按钮，如图 8-12 中①~④所示。

图 8-12 打开齿轮模型

5）单击特征设计树，切换到"草图"面板，选择齿轮的端面，单击"草图绘制"图标按钮，在绘图区选择小孔的边线，单击"转换实体引用"图标按钮，单击"确定"图标按钮，如图 8-13 中①~③所示。

6）单击"特征"切换到"特征"面板。单击"拉伸凸台/基体"图标按钮，系统弹

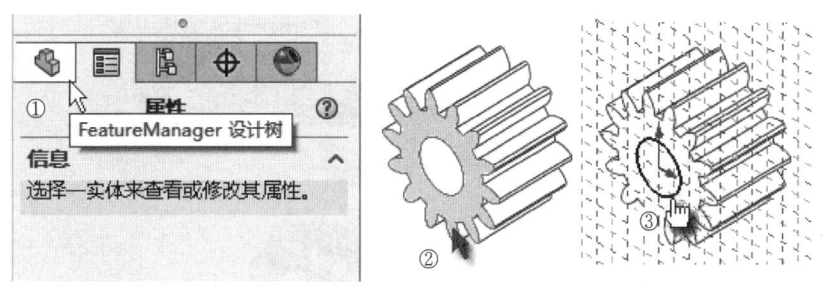

图 8-13 选择小孔的边线

出"凸台-拉伸"属性管理器,"方向 1"的"终止条件"选择"给定深度",在"深度"文本框中输入 13mm,"方向 2"的"终止条件"选择"给定深度",在"深度"文本框中输入 43mm,其他采用默认设置,单击"确定"图标按钮完成拉伸操作,如图 8-14 中①~④所示。

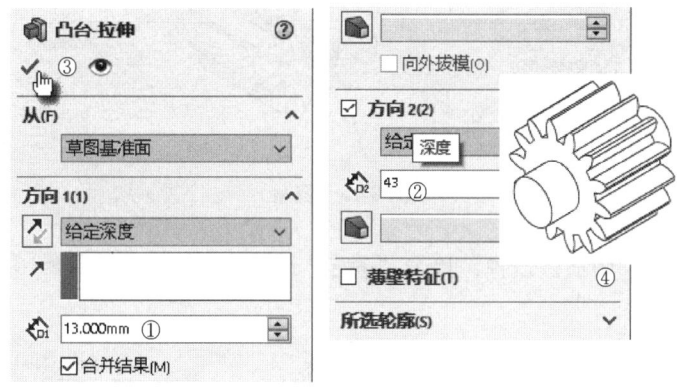

图 8-14 生成齿轮轴

7) 单击"倒角"图标按钮,系统弹出"倒角"属性管理器,"倒角类型"选择"角度距离",单击"要倒角化的项目"下的方框,在"边线,面,特征和环"中选择要倒角的两条边线,"倒角参数"的"距离"文本框中输入 1mm,其他采用默认设置,单击"确定"图标按钮,如图 8-15 中①~⑧所示。

8) 单击窗口最上方的"另存为"图标按钮,在"文件名"文本框中输入"从动齿轮.SLDPRT",单击 保存(S) 按钮。

9) 修改"从动齿轮.SLDPRT",从左到右直径分别为 18、18、14、8、10,从左到右长度分别为 12、79、19、2、17,两端倒角为 1。建立键槽特征时选择 前视基准面,单击"正视于"图标按钮,单击"草图"切换到"草图"面板。单击"直槽口"图标按钮,绘制键槽,单击"智能尺寸"图标按钮,标注尺寸,如图 8-16 中①所示。单击"特征"切换到"特征"面板。单击"切除拉伸"图标按钮,系统弹出"切除-拉伸"属性管理器,单击"从"下的按钮,选择"等距",输入等距值为 4mm,如图 8-16 中②、③所示。"方向 1"的"终止条件"选择"给定深度",单击"反向"按钮,在"深度"文本框

SolidWorks 2023 基础教程

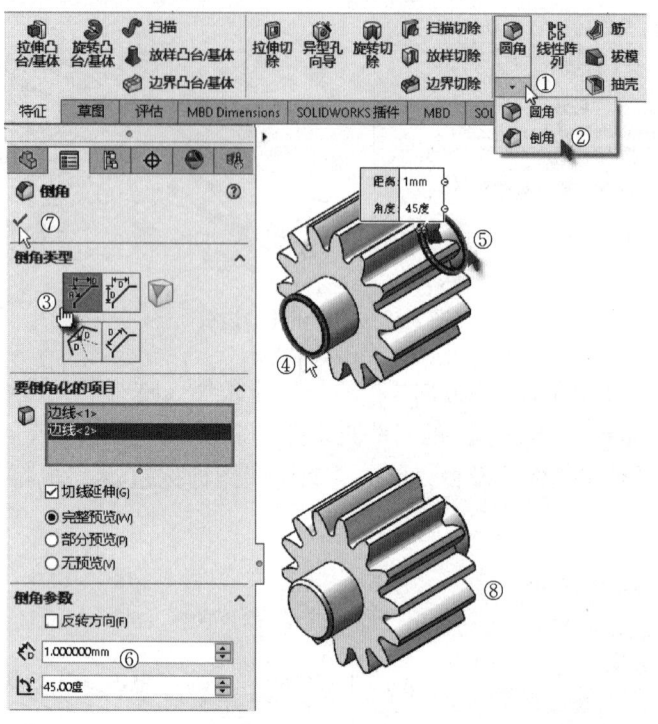

图 8-15 倒角

中输入 10mm，其他采用默认设置，单击"确定"图标按钮✓，如图 8-16 中④~⑥所示。

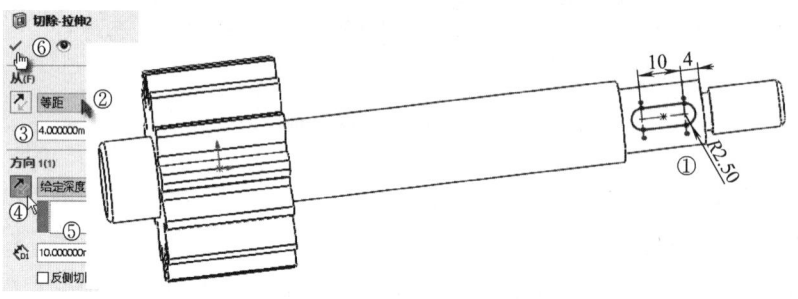

图 8-16 修改从动齿轮

10）单击窗口最上方的"另存为"图标按钮，在"文件名"文本框中输入"主动齿轮.SLDPRT"，单击 保存(S) 按钮。

8.3 设计库

设计库中除了添加零件模型，还可以添加常用的文字内容如技术要求、未注公差等，在后续的工程图中可以直接调用。其方法和零件添加入库的方法类似。直接在文字内容上右击后，选择"添加到库"，就可以在需要的时候使用了。

第8章 零件常用设计方法

1. 库特征

库特征通常由添加到基体特征的特征组成，但不包括基体特征本身。因为在一个零件中不能有两个基体特征，无法将包含基本特征的库特征添加到已经具有基本特征的零件上。然而，可以生成包括基本特征的特征，并将其插入到空零件中。建立库特征可以实现特征重用。库特征文件使用单独的文件类型来保存，其后缀是 .SLDLFP。

2. 应用实例

【例 8-4】 用库特征建立键槽。

1）建立新文件。单击窗口最上方的"新建"图标按钮 或者按组合键〈Ctrl+N〉，在弹出的"新建 SolidWorks 文件"对话框中选择"零件"，单击 确定 按钮完成新文件创建的操作。选取 右视基准面，建立一个直径为25、长度为60的圆柱。建立与圆柱上表面相切的基准面1，选取基准面1，绘制一个长度为35、宽度5的键槽，切除深度为12.5。保存零件为"键槽 .SLDPRT"。

2）选取将要创建库特征的零件。在特征管理器中按住〈Ctrl〉键，选择"草图2""基准面1"和"切除−拉伸1"，如图8-17中①所示。

3）另存为库特征文件。单击菜单栏中的"文件"→"另存为"命令，系统弹出"另存为"对话框。在"保存类型"下拉列表框中选择库特征零件（*.SLDLFP），在"文件名"文本框中输入"键槽 .SLDLFP"，选择保存路径，新建一个"键槽"文件夹，进入"键槽"文件夹，如图8-17中②~⑤所示，单击 保存(S) 按钮，将文件保存在"键槽"文件夹中。

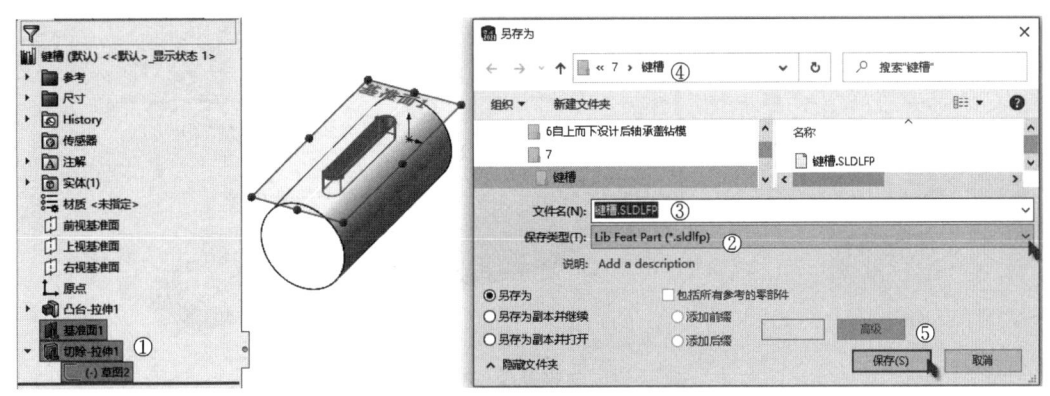

图 8-17 保存库特征

4）将自定义库特征载入设计库。单击窗口右边的"设计库"图标按钮 ，展开设计库，单击"添加文件位置"图标按钮 ，系统弹出"选取文件夹"对话框，在"查找范围"下拉列表框中找到刚才新建的"键槽"文件夹，单击 确定 按钮。自定义的库特征文件被添加到设计库中，如图8-18中①~⑤所示。

5）打开文件。单击窗口最上方的"打开"图标按钮 或者按组合键〈Ctrl+O〉。系统弹出"打开"对话框，在弹出的文件管理器中找到对应的文件，"轴未加槽 .SLDPRT"文件，单击 打开 按钮。

6）插入库特征。单击"设计库"图标按钮 ，展开设计库，选择 键槽 库特征，出现"键槽"库特征，用鼠标将它拖到绘图区，系统弹出"键槽"属性管理器，"配置"选择

187

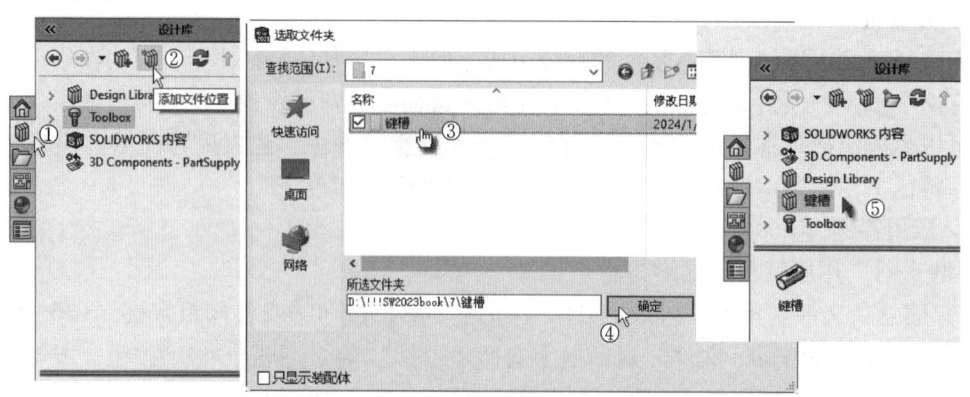

图 8-18　设计库中增加了选择的文件

"默认","参考"列表框中的"上视基准面"和"草图绘制点 1"分别选择上视基准面和轴心,单击"确定"图标按钮✓,如图 8-19 中①~⑥所示。添加库特征后的零件如图 8-20 所示。

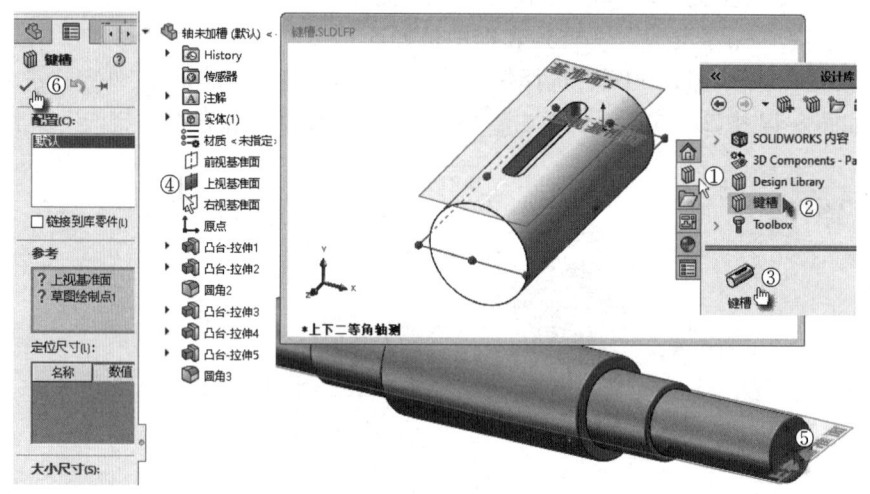

图 8-19　选择参考点和参考面

7）编辑库特征。如果槽深、槽长、槽宽和位置有不符合要求的地方,可以通过对库特征的编辑来达到要求。在特征管理器中右击"键槽"库特征,在弹出的菜单中选择"编辑特征",弹出"库特征"属性管理器,在"大小尺寸"中勾选"覆盖尺寸数值"选项,

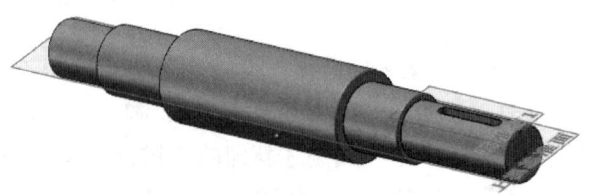

图 8-20　添加库特征后的零件

将槽长的尺寸 D2 由 30mm 改为 50mm,单击"确定"图标按钮✓,完成编辑,如图 8-21 中①~③所示。

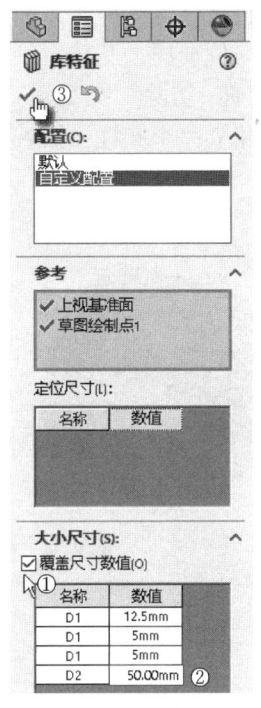

图 8-21 编辑添加的库特征

8.4 思考与练习

1. 建立一个齿轮的派生零件,如图 8-22 所示。

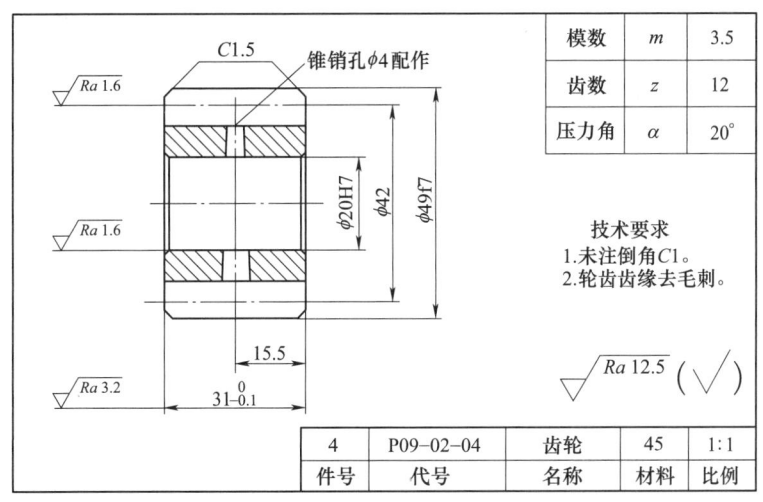

图 8-22 齿轮模型

2. 建立一个 GB/T 6170—2015 的标准六角螺母,其规格有 M3、M4、M5、M6、M8、M10 6 种,依据设计手册查出尺寸后,用系列零件设计表方式和手工配置,做出六种规格的螺母。保存为"螺母.SLDPRT",如图 8-23 所示。

3. 建立一个六槽的花键槽轴孔的特征库,基体直径为 40mm,深度为 20mm,花键槽轴孔尺寸如图 8-24 所示,孔径的"拉伸-切除"类型为"完全贯穿",保存文件,文件名为"六槽花键孔的特征库.SLDLFP"。建立一个圆柱,插入库特征。

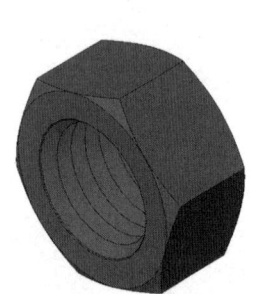
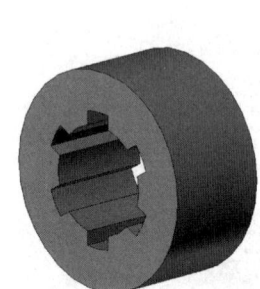
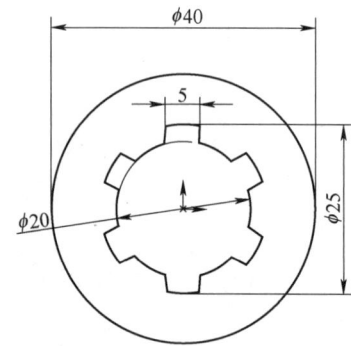

图 8-23　标准六角螺母　　　　　图 8-24　轴孔花键槽的特征库

第 9 章 装　　配

在机械设计中,大多数的零件都不是单一的零件,而是由许多零件装配而成,如简单的螺栓与螺母紧固件、柱塞泵、减速器、轴承等。在 SolidWorks 中可以生成由许多零部件组成的复杂装配体。装配体的零部件可以包括独立的零件和其他装配体,称为子装配体。对于大多数的操作,两种零部件的绘图方式是相同的。本章针对不同类型的零件讲述相应的装配方法。

9.1 装配体操作

9.1.1 新建装配体文件

1) 打开"切除拉伸.SLDPRT",修改长方体的长为 60、高为 50,小孔直径为 24,单击窗口最上方的"另存为"图标按钮，在"文件名"文本框中输入"板.SLDPRT",单击 保存(S) 按钮。

2) 启动 SolidWorks 后,单击窗口最上方的"新建"图标按钮或者按组合键〈Ctrl+N〉,在弹出的"新建 SolidWorks 文件"对话框中选择"装配体"，单击 确定 按钮进入装配体制作界面,装配体文件的扩展名为*.SLDASM。"插入零部件"图标按钮默认被按下,"插入零部件"属性管理器自动出现。单击 浏览(B)... 按钮,如图 9-1 中①所示,出现"打开"对话框,找到"板.SLDPRT"文件,单击 打开 按钮,如图 9-1 中②、③所示,单击"确定"图标按钮即可在原点插入零部件,如图 9-1 中④所示。

如果所插入的零部件是第一个零件,则该零部件会被固定。特征管理器中的零件前面自动标有"固定",表明其已定位,如图 9-1 中⑤所示。如果插入的不是第一个零件,该零部件不会被固定。在装配体窗口的绘图区中,单击要放置零部件的位置。如果插入位置不太恰当,选择零部件,按住鼠标左键,将其拖动到恰当位置。

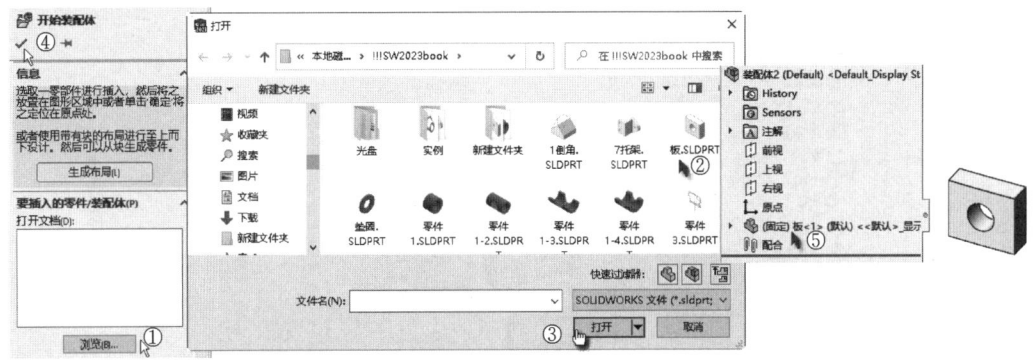

图 9-1　插入零部件

9.1.2 移动零部件和旋转零部件

1）单击"装配体",单击"插入零部件"图标按钮,如图 9-2 中①、②所示。单击 浏览(B)... 按钮,出现"打开"对话框,找到"零件 1-2.SLDPRT"文件,单击 打开 ▼ 按钮,在绘图区中任意位置单击插入零件,如图 9-2 中③所示。单击"移动零部件"图标按钮,出现"移动零部件"属性管理器,指针变成,在绘图区选择"零件 1-2.SLDPRT"后按住鼠标拖动到所需的位置,单击"确定"图标按钮,如图 9-2 中④~⑥所示。

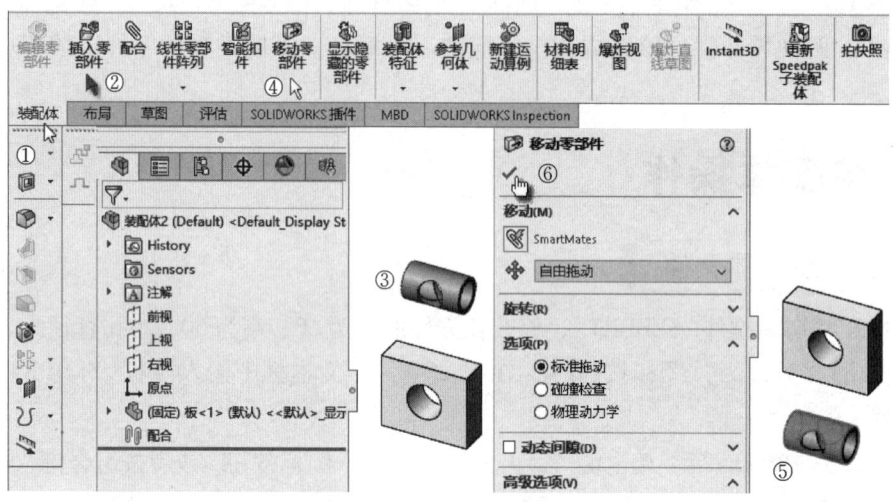

图 9-2 移动零部件

2）单击"旋转零部件"图标按钮,出现"旋转零部件"属性管理器,鼠标指针变成,在绘图区选择"零件 1-2.SLDPRT"后按住鼠标旋转到所需的位置,单击"确定"图标按钮,如图 9-3 中①~⑤所示。

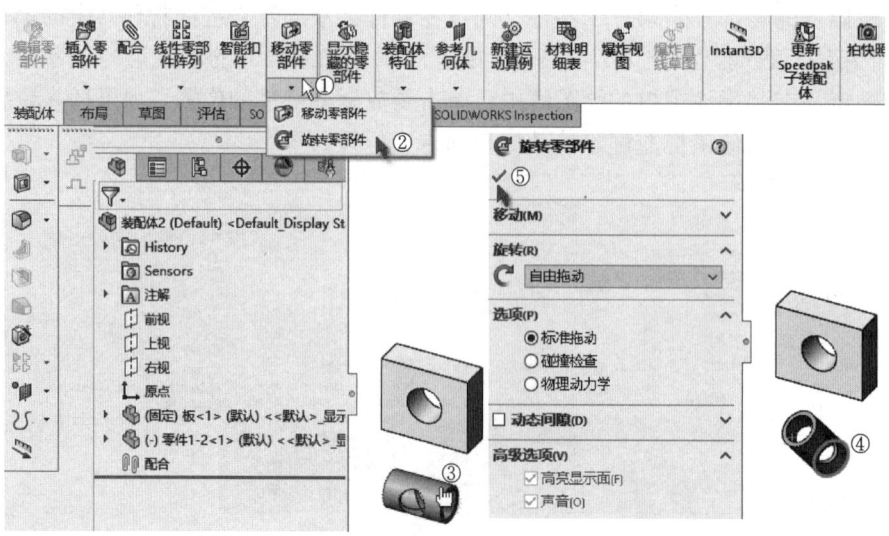

图 9-3 旋转零部件

移动和旋转零部件时各选项的作用见表9-1。

表 9-1 移动和旋转零部件时各选项的作用

移动零部件的方式	
自由拖动	选择零部件并沿任意方向拖动
沿装配体 X、Y、Z 方向	选择零部件并沿装配体的 X、Y 或 Z 方向拖动。绘图区域中显示坐标系,以帮助确定方向。若要选择沿轴拖动,拖动前在轴附近单击
沿实体	选择实体,然后选择零部件并沿该实体拖动。如果实体是一条直线、边线或轴,所移动的零部件具有一个自由度。如果实体是一个基准面或平面,所移动的零部件具有两个自由度
由三角形 X、Y、Z 数值	选择零部件,在"移动零部件"属性管理器中输入 X、Y 或 Z 值,然后单击应用。零部件按照指定的数值移动
到 X、Y、Z 坐标位置	选择零部件上的一点,在"移动零部件"属性管理器中输入 X、Y 或 Z 坐标,然后单击"应用"。零部件的点移动到指定坐标。如果选择的项目不是顶点或点,则零部件的原点会被置于所指定的坐标处
旋转零部件的方式	
自由拖动	选择零部件并沿任意方向拖动
绕实体	选择一条直线、边线或轴,然后围绕所选实体拖动零部件
由三角形 X、Y、Z 数值	选择零部件,在"旋转零部件"属性管理器中输入 X、Y 或 Z 值,然后单击"应用"。零部件按照指定角度数值绕装配体的轴转动

3)单击"配合"图标按钮,如图9-4中①所示,出现"配合"属性管理器,选择如图9-4中②、③所示的两个平面,系统自动作"重合"配合,预览无误后,单击"确定"图标按钮,如图9-4中④~⑥所示。

4)单击"关闭"图标按钮,如图9-4中⑦所示。单击窗口最上方的"撤销"图标按钮或者按组合键〈Ctrl+Z〉,取消上一步的操作。

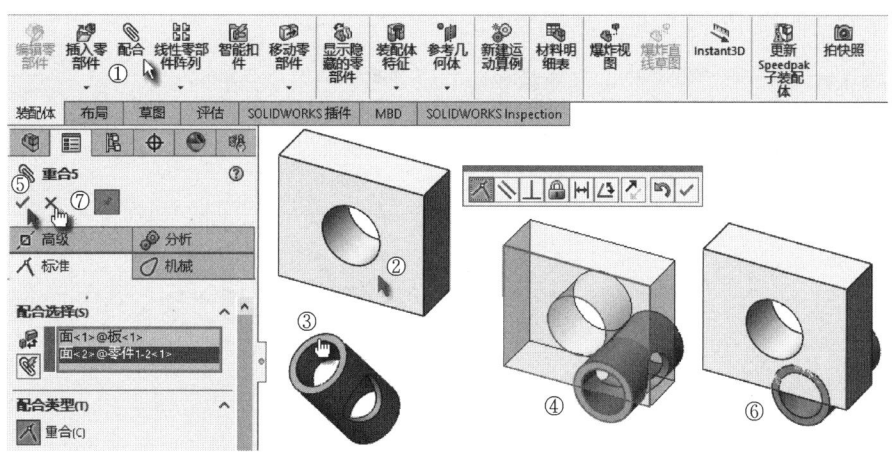

图 9-4 选择两个面作"重合"配合

5）单击"配合"图标按钮，如图9-5中①所示，出现"配合"属性管理器，选择如图9-5中②、③所示的两个圆柱面，系统自动作"同轴心"配合，预览无误后，单击"确定"图标按钮，如图9-5中④~⑥所示。单击"关闭"图标按钮，如图9-5中⑦所示。单击窗口最上方的"另存为"图标按钮，在"文件名"文本框中输入"装配体1.SLDASM"，单击 保存(S) 按钮。

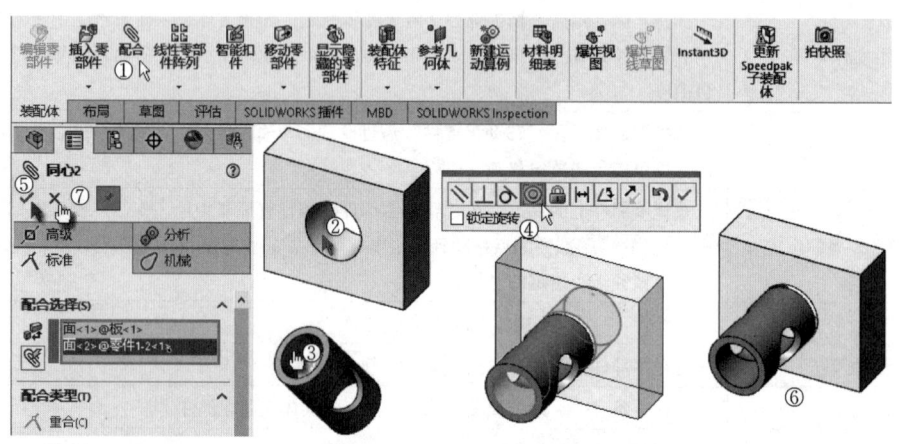

图 9-5　选择两个圆柱面作"同轴心"配合

9.2　配合方式

9.2.1　标准配合

单击"配合"图标按钮，出现"配合"属性管理器，如图9-6所示。选择零部件上所需配合实体。所选实体被列在"配合选择"列表框中。有效的配合关系见表9-2。

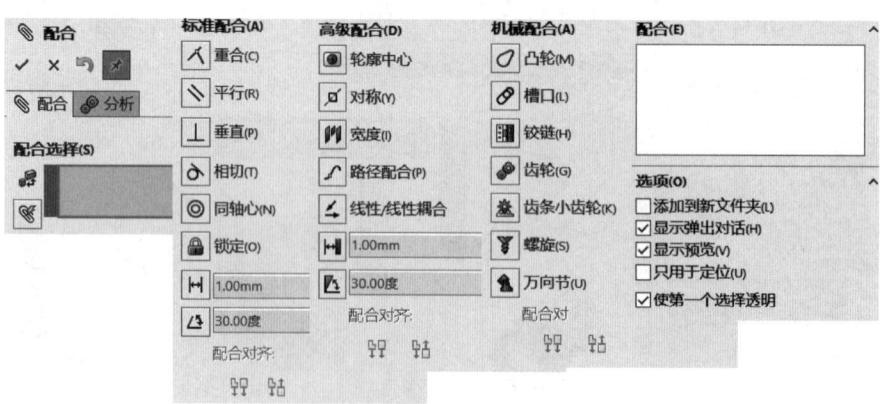

图 9-6　"配合"属性管理器

表 9-2 配合关系

配合	说明	配合	说明
重合	将所选择的两个零部件面、边线及基准面（它们之间相互组合或与单一顶点组合）重合在一条无限长的直线上或将两个点重合配合	锁定	将所选的对象固定
垂直	将所选的两个零部件以 90° 相互垂直配合	角度	将所选的两个零部件以指定的角度配合
同轴心	使所选的两个零部件位于同一中心线配合	宽度	可以使目标零部件位于凹槽宽度内的中心
距离	使所选的两个零部件之间保持指定的距离配合	线性/线性耦合	此配合在一个零部件的平移和另一个零部件的平移之间建立几何关系
对称	强制使两个相似的零部件相对于零部件的基准面、平面或装配体的基准面对称	限制角度	限制两个零部件在一定的角度范围内移动，需要指定开始角度以及最大和最小值
路径配合	将零部件上所选的点约束到路径。可以在装配体中选择一个或多个对象来定义路径。可以定义零部件在沿路径经过时的纵倾、偏转和摇摆	铰链	将两个零部件之间的移动限制在一定的旋转范围内。其效果相当于同时添加"同心"配合和"重合"配合
限制距离	限制两个零部件在一定的距离范围内移动，需要指定开始距离以及最大和最小值	齿轮	将选择的两个零部件绕所选轴相对旋转。"齿轮"配合的有效旋转轴包括圆柱面、圆锥面、轴和线性边线
凸轮	为一相切或重合配合类型。它允许将圆柱、基准面或点与一系列相切的拉伸曲面相配合	螺旋	将两个零部件约束为同心，并在一个零部件的旋转和另一个零部件的平移之间添加纵倾几何关系。一零部件沿轴方向的平移会根据纵倾几何关系引起另一个零部件的旋转。同样，一个零部件的旋转可引起另一个零部件的平移
平行	使所选的两个零部件保持相同的方向，并且互相保持相同的距离配合	齿条小齿轮	使零部件（齿条）的线性平移引起另一零部件（小齿轮）做圆周旋转
相切	使所选的两个零部件保持相切配合（至少有一选项为圆柱面、圆锥面或球面）	万向节	使一个零部件（输出轴）绕自身轴的旋转是由另一个零部件（输入轴）绕其轴的旋转驱动的

9.2.2 对齐配合

配合关系中的对齐条件如下。

1）对齐 🔂：以所选面的法向或轴向量，指向相同方向来放置零部件。
2）反向对齐 🔃：以所选面的法向或轴向量，指向相反方向来放置零部件。

"重合""距离"和"同轴心"与"对齐条件"结合的效果见表 9-3。

表 9-3 "重合""距离"和"同轴心"与"对齐条件"结合的效果

类型	同向对齐	反向对齐
重合		
距离 30.00mm □反转尺寸(F)		
距离、尺寸反转到另一边 30.00mm ☑反转尺寸(F)		
同轴心		

9.3 干涉检查

在一个复杂的装配体中，用视觉来检查零部件之间是否有干涉的情况，是件困难的事。利用干涉体积检查功能，可以方便地在零部件之间进行干涉检查，并且能查看所检查到的干涉体积。

9.3.1 干涉体积检查

干涉体积检查的操作步骤如下。

1) 打开"装配体1.SLDASM"文件。

2) 单击"评估"→"干涉检查" ，如图9-7中①、②所示，系统弹出"干涉检查"属性管理器，在"所选零部件"中，右击选择"装配体1"，从弹出的快捷菜单中选择"消除选择"，如图9-7中③、④所示。然后选择"板"和"零件1-2"，单击 计算(C) 按钮，"结果"列表框中显示"无干涉"，说明两个零件的体积没有重合部分，如果有重合，则在"结果"列表框中会显示出干涉信息，并在干涉处以红色显示，如图9-7中⑤~⑧所示，单击"确定"图标按钮 ，如图9-7中⑨所示。

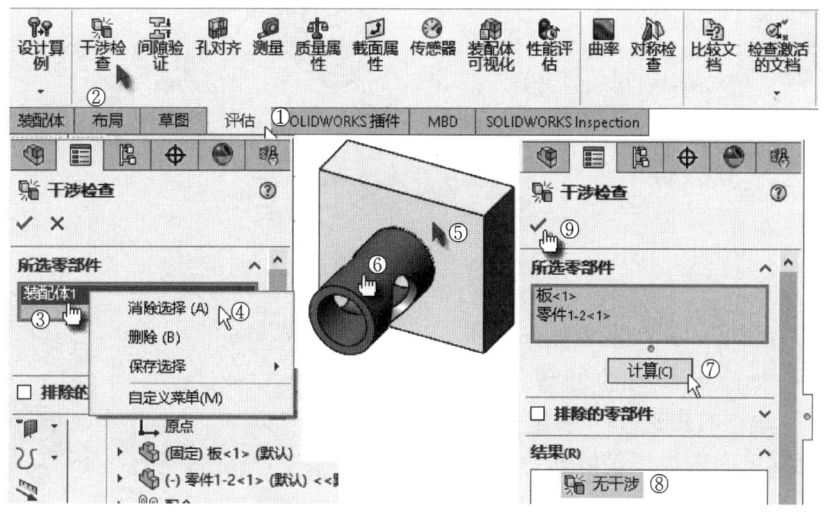

图9-7 选择干涉检查零件

3) 单击 配合 旁边的三角形按钮，选择"同心1"，在弹出的快捷菜单中选择"反转配合对齐"，如图9-8中①~③所示。结果如图9-8中④所示。单击窗口最上方的"另存为"图标按钮 ，在"文件名"文本框中输入"装配体1.SLDASM"，单击 保存(S) 按钮。

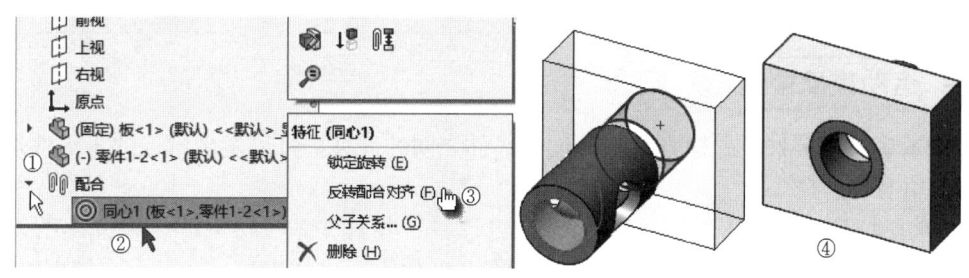

图9-8 反转配合对齐

4) 右击选择"零件1-2.SLDPRT"，在弹出的快捷菜单中单击"编辑零部件"图标按钮 ，如图9-9中①、②所示。双击圆柱，双击直径24，将其改为26，即将圆柱外径增大2mm，单击"修改"对话框上方的"确定"图标按钮 ，如图9-9中③~⑤所示。按组合键〈Ctrl+B〉"重建模型"。再次单击"编辑零部件"图标按钮 ，如图9-9中⑥所示。

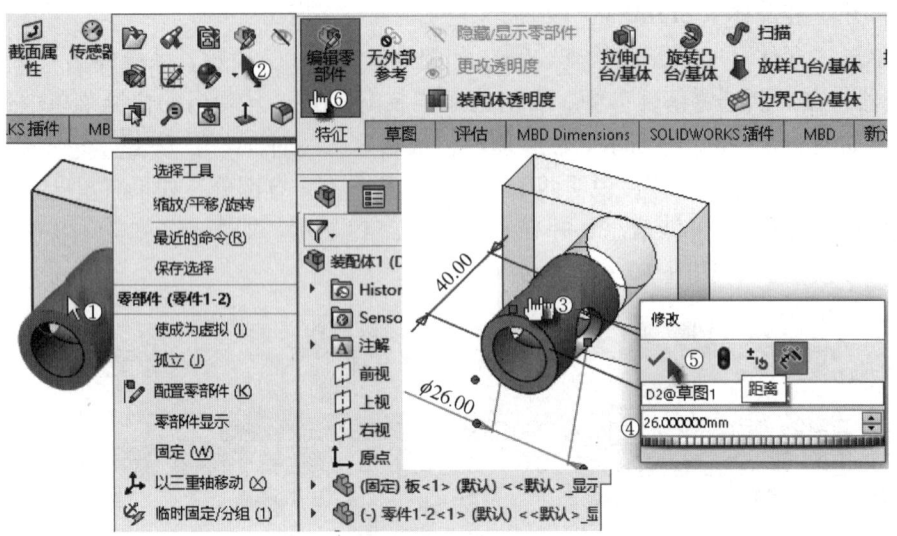

图 9-9 修改尺寸

5）单击"评估"→"干涉检查" ，系统弹出"干涉检查"属性管理器，在"所选零部件"中，右击选择"装配体 1"，从弹出的快捷菜单中选择"消除选择"，然后选择"板"和"零件 1-2"，单击 计算 按钮，在"结果"列表框中显示出干涉信息，在绘图区以红色显示出干涉部位，如图 9-10 中①~⑤所示。单击"确定"图标按钮 ，如图 9-10 中⑥所示。

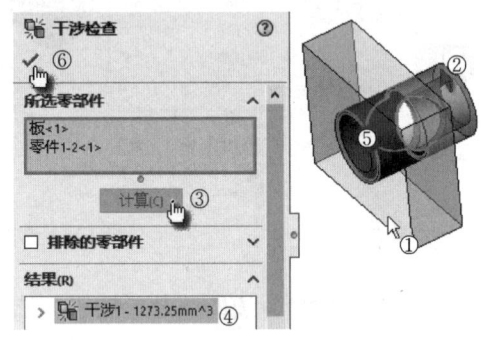

图 9-10 干涉检查

注意：轴和轴承的配合是过盈配合，轴的直径要大于轴承内径 0.06~0.1mm，配合时要加热轴承使之膨胀，再和轴进行配合，所以这两项干涉是正常的。

9.3.2 运动碰撞检查

移动或旋转零部件时，检查它与其他零部件之间的冲突，可以发现所选的零部件是否发生碰撞。其操作步骤如下。

1）重新打开"装配体 1.SLDASM"，右击选择"零件 1-2.SLDPRT"，在弹出的快捷菜单中单击"编辑零部件"图标按钮 。选择"零件 1-2.SLDPRT"的端面，如图 9-11 中①所示。单击"正视于"图标按钮 ，单击"草图"切换到"草图"面板。单击"圆"图标按钮 ，绘制一个与长方形相切的圆，单击"特征"切换到"特征"面板。单击"拉伸凸台/基体"图标按钮 ，系统弹出"凸台-拉伸"属性管理器，"方向 1"的"终止条件"选择"给定深度"，在"深度" 文本框中输入 10 mm，其他采用默认设置，单击"确定"图标按钮 完成拉伸操作，如图 9-11 中②~⑤所示。按组合键〈Ctrl+B〉"重建模型"。再次单击"编辑零部件"图标按钮 。

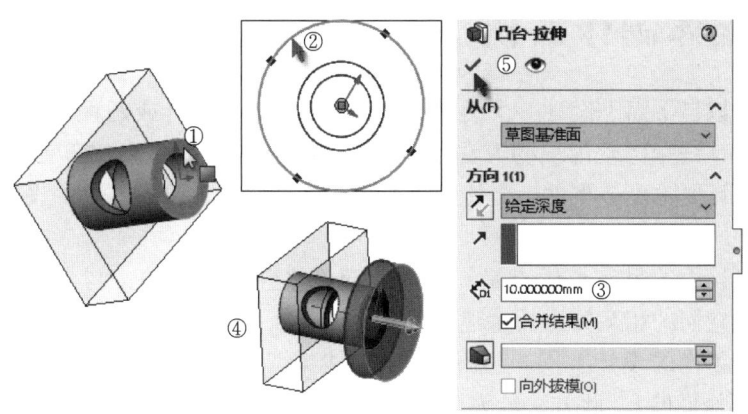

图 9-11 编辑零部件

2）旋转模型到适当的位置，单击"移动零部件"图标按钮，出现"移动零部件"属性管理器。选择"碰撞时检查""碰撞时停止""高亮显示面"和"声音"等选项，如图 9-12 中①~④所示。然后将"零件 1-2. SLDPRT"（见图 9-12 中⑤）向板（向左方）移动，两者碰撞时会发出声音，同时高亮显示碰撞部分，并停止移动，如图 9-12 中⑥所示。

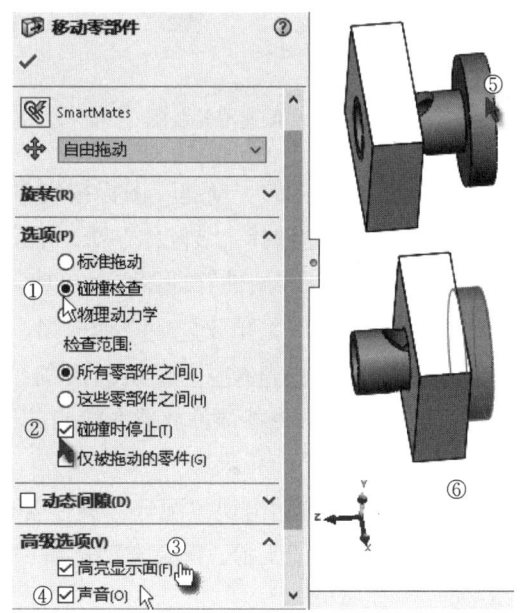

图 9-12 碰撞检查

装配体中零部件在移动或旋转运动时会不会相互碰撞与干涉，可通过"移动零部件"命令和"旋转零部件"命令来检查。

查明装配干涉情况后，可通过修改配合条件或修改零件参数来消除干涉。限于篇幅，本章不对此展开叙述。

9.4 装配体制作实例

在设计中可以自下而上设计一个装配体、自上而下进行设计或两种方法结合使用。

自下而上设计法是比较传统的方法。在自下而上设计中,先生成零件并将其插入装配体,然后根据设计要求配合零件。当使用以前生成的零件时,自下而上的设计方案是首选的方法。

自下而上设计法的另一个优点是,因为零部件是独立设计的,与自上而下设计法相比,它们的相互关系及重建行为更为简单。使用自下而上设计法,可以专注于单个零件的设计工作。当不需要建立控制零件大小和尺寸参考关系时(相对于其他零件),此方法较为适用。

视频9-1 自下而上设计低速滑轮

9.4.1 自下而上设计低速滑轮

完成低速滑轮装置的装配,如图9-13所示。

图9-13 低速滑轮装配

1)启动SolidWorks后,单击窗口最上方的"新建"图标按钮 或者按组合键〈Ctrl+N〉,在弹出的"新建SolidWorks文件"对话框中选择"装配体",单击 确定 按钮。"插入零部件"图标按钮 默认被按下,"插入零部件"属性管理器自动出现。单击 浏览(B)... 按钮,出现"打开"对话框,找到"托架.SLDPRT",单击 打开 按钮,单击"确定"图标按钮 即可在原点插入零部件。再次单击 浏览(B)... 按钮,找到"衬套.SLDPRT",单击 打开 按钮,在绘图区中适当位置单击,将零部件放置在恰当的位置,单击"确定"图标按钮 。

2)单击"配合"图标按钮 ,系统自动出现"配合"属性管理器,分别选择欲配合的衬套和托架的圆柱孔面,如图9-14中①、②所示,配合类型选择"同轴心" ,单击"确定"图标按钮 。

3)选择欲配合的衬套和托架的端面,如图9-15中①、②所示,配合类型选择"重合" ,单击"反向对齐"图标按钮 ,单击"确定"图标按钮 ,单击"关闭"图标按钮 关闭"配合"属性管理器。

4)单击"插入零部件"图标按钮 ,单击 浏览(B)... 按钮,出现"打开"对话框,找到"滑轮.SLDPRT",单击 打开 按钮,将零部件放置在恰当的位置。单击"确定"图标按钮 。单击"配合"图标按钮 ,系统自动出现"配合"属性管理器,分别选择滑轮和衬套的圆柱孔面，如图9-16中①、②所示，配合类型选择"同轴心"◎，单击"确定"图标按钮✔。

5）选择欲配合的滑轮和衬套的端面，如图9-17中①、②所示，配合类型选择"重合"人，单击"反向对齐"图标按钮，单击"确定"图标按钮✔，单击"关闭"图标按钮✖关闭"配合"属性管理器。

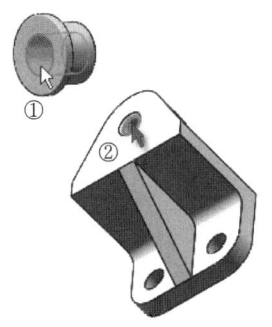
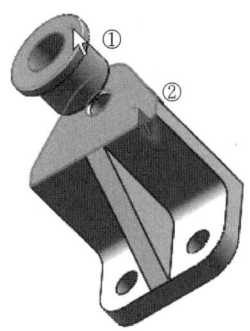

图 9-14　两圆柱孔的同轴心配合　　　　图 9-15　托架和衬套的端面重合配合

图 9-16　两圆柱孔面同轴心配合1　　　图 9-17　衬套和滑轮的端面重合配合

6）单击"插入零部件"图标按钮，单击 浏览(B)... 按钮，出现"打开"对话框，找到"心轴.SLDPRT"，单击 打开 ▼按钮，将零部件放置在恰当的位置。单击"确定"图标按钮✔。单击"配合"图标按钮，系统自动出现"配合"属性管理器，分别选择心轴与衬套的圆柱面，如图9-18中①、②所示，配合类型选择"同轴心"◎，单击"确定"图标按钮✔。

7）选择欲配合的心轴与衬套的端面，如图9-19中①、②所示，配合类型选择"重合"人，单击"确定"图标按钮✔完成配合，单击"关闭"图标按钮✖关闭"配合"属性管理器。

8）单击"插入零部件"图标按钮，单击 浏览(B)... 按钮，出现"打开"对话框，找到"垫片.SLDPRT"，单击 打开 ▼按钮，将零部件放置在恰当的位置。单击"确定"图标按钮✔。单击"配合"图标按钮，系统自动出现"配合"属性管理器，分别选择垫圈和心轴的圆柱孔面，如图9-20中①、②所示，配合类型选择"同轴心"◎，单击"确定"图标按钮✔完成配合，单击"关闭"图标按钮✖关闭"配合"属性管理器。

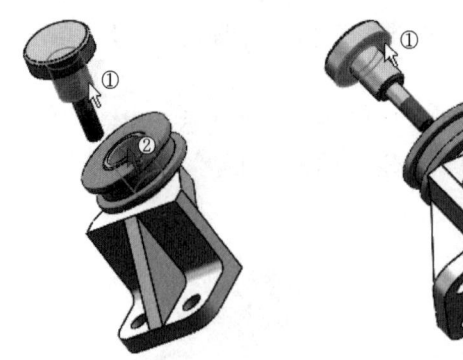

图 9-18　两圆柱孔面同轴心配合 2　　　　图 9-19　心轴面和衬套面重合配合

9）分别选择垫圈和托架的端面，如图 9-21 中①、②所示，配合类型选择"重合"，单击"反向对齐"图标按钮，单击"确定"图标按钮。

图 9-20　垫圈和心轴　　　　　　　图 9-21　垫圈内孔和托架
　　　的圆柱孔面重合配合　　　　　　　　　的同轴心配合

10）单击"插入零部件"图标按钮，单击 浏览(B)... 按钮，出现"打开"对话框，找到"螺母.SLDPRT"，单击 打开 按钮，将零部件放置在恰当的位置。单击"确定"图标按钮。单击"配合"图标按钮，系统自动出现"配合"属性管理器，分别选择螺母与垫圈的圆柱面，如图 9-22 中①、②所示，配合类型选择"同轴心"，单击"确定"图标按钮。

11）选择螺母与垫圈的表面，如图 9-23 中①、②所示，配合类型选择"重合"，单击"反向对齐"图标按钮，单击"确定"图标按钮完成配合，单击"关闭"图标按钮关闭"配合"属性管理器。装配完成，如图 9-23 中③所示。

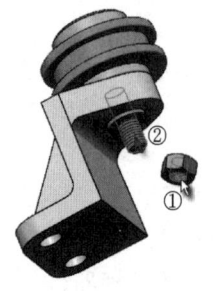
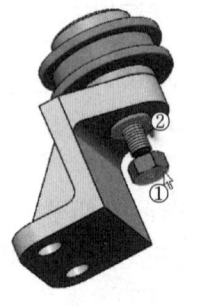

图 9-22　螺母内孔和　　　　　　　图 9-23　螺母端面和
　　　垫圈同轴心配合　　　　　　　　　　　垫圈端面的重合配合

12）保存文件为"低速滑轮.SLDASM"。

9.4.2 自上而下设计机床夹具

自上而下设计法是从装配体开始设计工作。可以使用一个零件的几何体来帮助定义另一个零件的位置、形状、尺寸或生成组装零件后才添加的加工特征。可以将布局草图作为设计的开端，定义固定的零件位置、基准面等，然后参考这些定义来设计零件。

例如，可以将一个零件插入装配体中，然后根据此零件生成一个夹具。使用自上而下设计法在关联中生成夹具，这样可参考模型的几何体，通过与原零件建立几何关系来控制夹具的尺寸。

下面介绍自上而下设计机床夹具。

利用电机后轴承盖中 $\phi 320$ 内止口定位尺寸（见图 9-24 中深色面①）和大小孔直径（见图 9-24 中深色面②、③），设计 7 个 $\phi 18$ 的大钻套、2 个 $\phi 10$ 的小钻套和模板（见图 9-24 中④~⑥）零件，并完成其装配（见图 9-24 中⑦）。拟采用自上而下的设计方法。

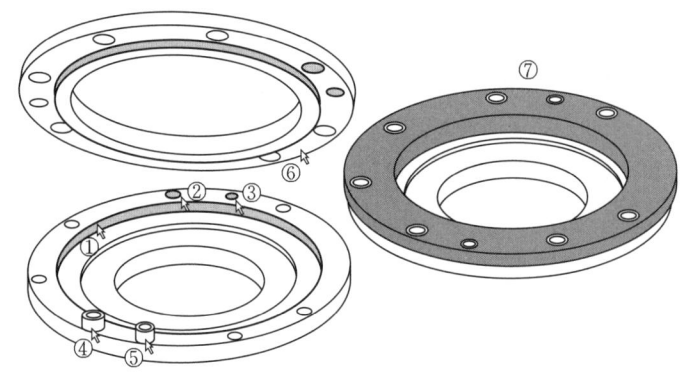

图 9-24 产品零件图

1. 建立后轴承盖模型

1）启动 SolidWorks 后，单击窗口最上方的"新建"图标按钮或者按组合键〈Ctrl+N〉，在弹出的"新建 SolidWorks 文件"对话框中选择"零件"，单击"确定"按钮完成新文件创建的操作。右击选择"前视基准面"，单击"正视于"图标按钮，单击"草图"切换到"草图"面板。单击"中心线"图标按钮，绘制出一条通过原点的竖直中心线，单击"直线"图标按钮，绘制出一个封装的多边形轮廓，单击"智能尺寸"图标按钮，标注尺寸（当然也可以标注半径），如图 9-25 所示。

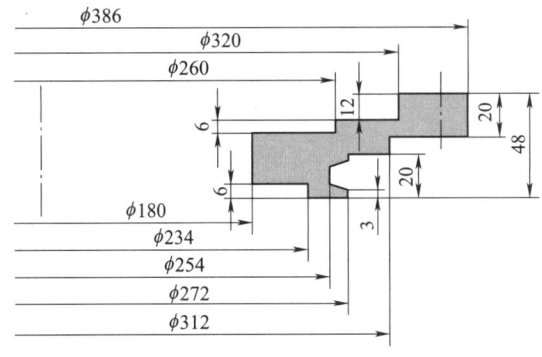

图 9-25 后轴承盖旋转截面

2）右击选择竖直中心线，单击"特征"切换到"特征"面板。单击"旋转凸台/基体"图标按钮💫，系统弹出"旋转"属性管理器，系统自动选择了通过原点的竖直中心线作为旋转轴，系统默认"角度"为360度，其他采用默认设置，单击"确定"图标按钮✓，如图9-26中①~③所示。

3) 选择如图9-26中④所示的平面。单击"正视于"图标按钮，单击"草图"切换

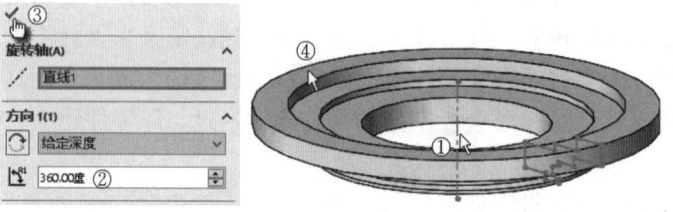

图9-26 旋转草图截面

到"草图"面板。单击"中心线"图标按钮，绘制出通过原点的中心线和圆，单击"圆"图标按钮，绘制7个大圆和2个小圆，添加圆之间的"相等"几何关系，单击"智能尺寸"图标按钮，标注尺寸，如图9-27所示。

4) 单击"特征"切换到"特征"面板。单击"拉伸切除"图标按钮，系统弹出"切除-拉伸"属性管理器，"方向1"的"终止条件"选择"完全贯穿"，其他采用默认设置，单击"确定"图标按钮✓完成拉伸操作，如图9-28中①、②所示。

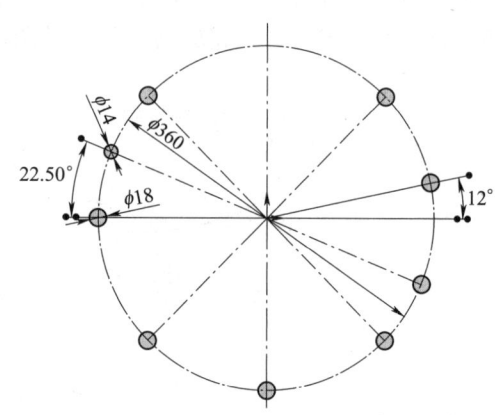

图9-27 绘制草图

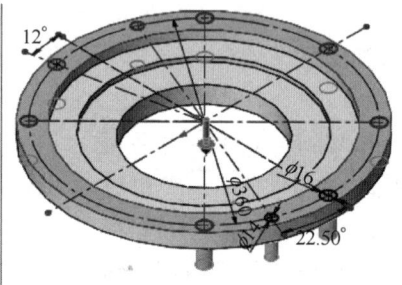

图9-28 切除拉伸

5) 单击窗口最上方的"另存为"图标按钮，在"文件名"文本框中输入"后轴承盖.SLDPRT"，单击"保存(S)"按钮。

2. 设计机床夹具

1) 单击窗口最上方的"新建"图标按钮或者按组合键〈Ctrl+N〉，在弹出的"新建SolidWorks文件"对话框中选择"装配体"，单击"确定"按钮。"插入零部件"图标按钮默认被按下，"插入零部件"属性管理器自动出现。单击"浏览(B)..."按钮，出现"打开"

对话框，找到"后轴承盖.SLDPRT"，单击 打开 按钮，单击"确定"图标按钮✔即可在原点插入零部件。单击菜单"文件"→"保存"，保存为"装配体1.SLDASM"。

2）单击菜单"工具"→"选项"→"装配体"，勾选"将新零部件保存到外部文件"，单击 确定 按钮，如图9-29中①~⑤所示。

图9-29 设置装配体新零件

3）单击菜单"插入"→"零部件"→"新零件"，如图9-30中①~③所示。对于外部保存的零件，为新零件在"另存为"对话框中输入名称"钻套"，然后单击 保存(S) 按钮，如图9-30中④、⑤所示。

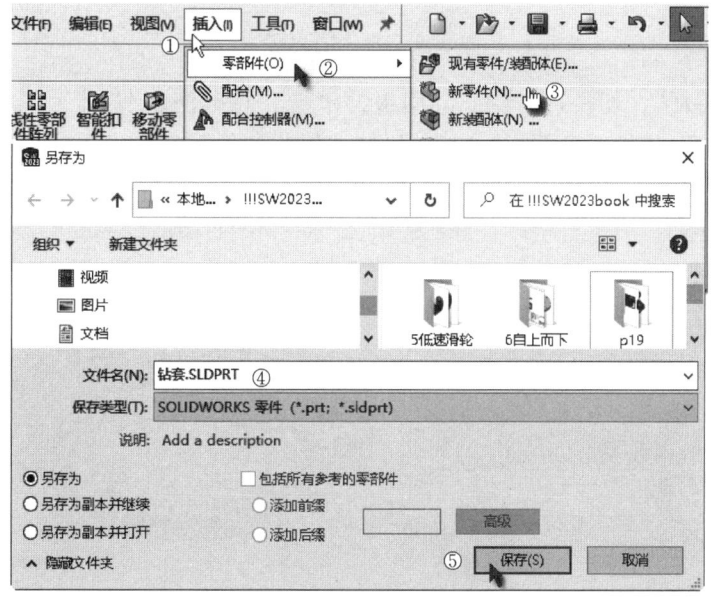

图9-30 插入新零部件

4）选择放置新零件的面，如图9-31中①所示，新零件出现在特征管理设计树中。编辑焦点更改到新零件，有一草图在新零件中打开。单击"草图"面板上的"转换实体引用"图标按钮，展开设计树，选择后轴承盖中的"草图2"，如图9-31中②所示，单击"确定"图标按钮，如图9-31中③所示，在系统弹出的对话框中勾选"不要显示"，单击"确定"图标按钮，结果得到9个圆，如图9-31中④所示。

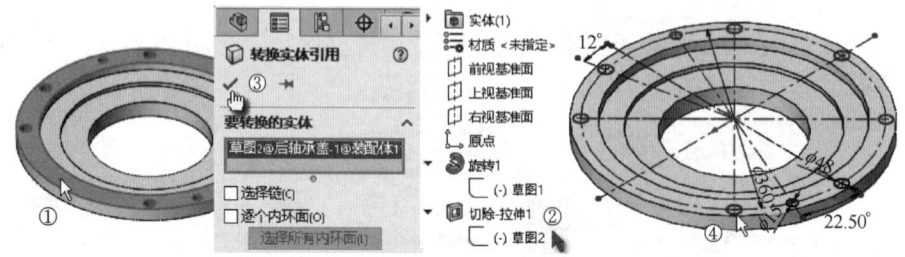

图9-31 建立小孔特征

5）单击"草图"面板上的"等距实体"图标按钮，选择9个小孔，"参数"设为4mm，单击"确定"图标按钮，如图9-32中①~③所示。

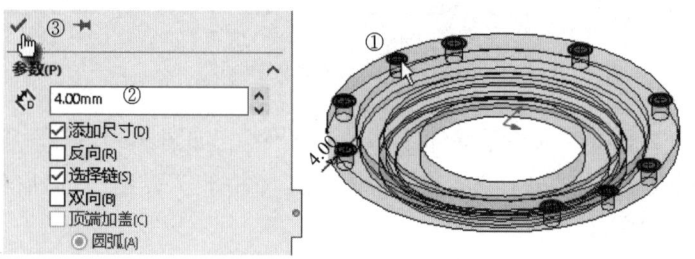

图9-32 等距实体

6）单击"特征"，切换到"特征"面板，单击"拉伸凸台/基体"图标按钮，系统弹出"凸台-拉伸"属性管理器，"方向1"的"终止条件"选择"给定深度"，在"深度"文本框中输入16mm，其他采用默认设置，单击"确定"图标按钮，如图9-33中①~④所示。

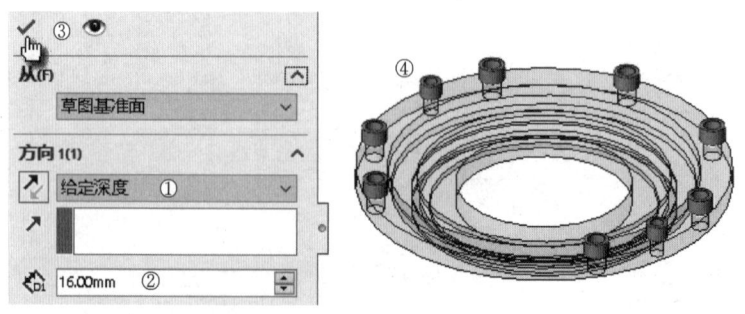

图9-33 拉伸钻套

7）此时系统自动添加了"在位"配合 在位1 (后轴承盖<1>,钻套<1>)，已完全约束了，无法移动钻套。单击窗口左上方的"编辑零部件"图标按钮 或在绘图区右上角单击 ，将编辑焦点返回到装配体。

8）在特征管理设计树中选择"后轴承盖"，从弹出的快捷菜单中选择"孤立"，如图9-34中①、②所示。单击菜单"插入"→"零部件"→"新零件"，对于外部保存的零件，为新零件在"另存为"对话框中输入名称"模板"，单击 保存(S) 按钮。系统要求选择放置新零件的面，选择后轴承盖零件的"前视基准面"，如图9-34中③所示，新零件出现在特征管理设计树中，编辑焦点更改到新零件，有一草图在新零件中打开。

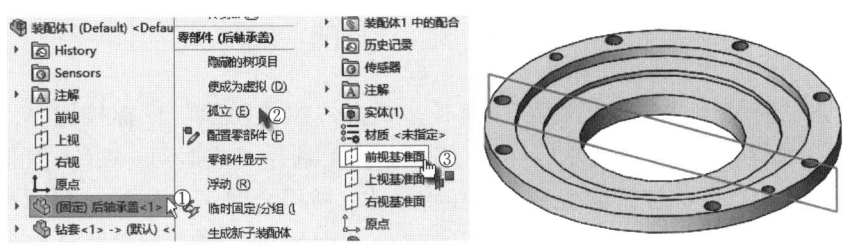

图9-34 孤立零件

9）单击"正视于"图标按钮 ，单击"直线"图标按钮 ，绘制一条通过原点的竖直中心线（见图9-35中①），三条竖直线和三条水平线绘成的封闭草图，注意水平线⑤与后轴承盖上表面的线重合。单击"智能尺寸"图标按钮 ，标注尺寸，如图9-35中②~⑦所示。

10）单击"特征"切换到"特征"面板。单击"旋转凸台/基体"图标按钮 ，系统弹出"旋转"属性管理器，"旋转轴" ，选择通过原点的竖直中心线，系统默认"角度" 为360度，"所选轮廓" 选择"草图1"，其他采用默认设置，单击"确定"图标按钮 ，结果如图9-35中⑧所示。

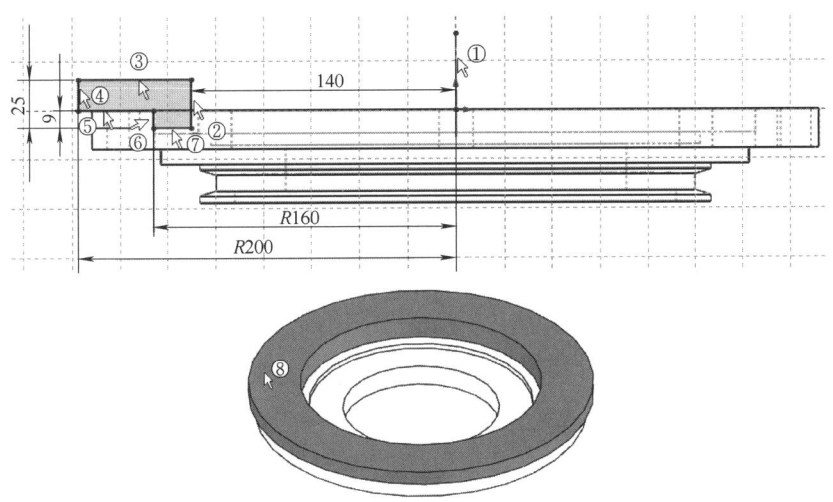

图9-35 绘制草图并创建基体

11）选择模板的上表面，如图9-36中①所示，单击"草图"面板上的"转换实体引用"图标按钮 ，选择9个大圆，如图9-36中②所示，单击"确定"图标按钮 ，如图9-36中③所示。

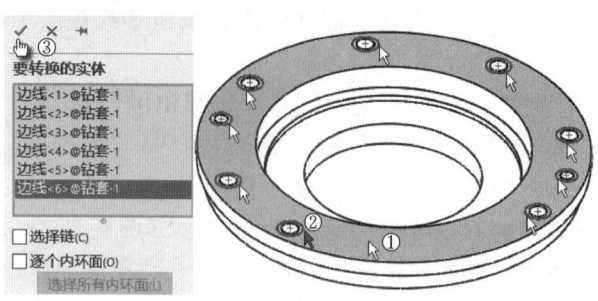

图 9-36 转换实体引用

12）单击"特征"切换到"特征"面板。单击"拉伸切除"图标按钮，系统弹出"切除-拉伸"属性管理器，"方向 1"的"终止条件"选择"成形到一面"，其他采用默认设置。单击"确定"图标按钮 完成切除拉伸操作。按组合键〈Ctrl+7〉，如图 9-37 中①~③所示。单击"装配体"面板上的"编辑零部件"图标按钮，完成钻模板新建，单击 退出孤立 按钮。

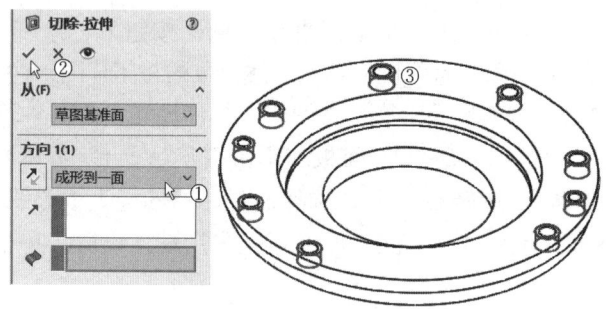

图 9-37 切除 9 个小孔

9.4.3 齿轮装配

1）启动 SolidWorks 后，单击窗口最上方的"新建"图标按钮或者按组合键〈Ctrl+N〉，在弹出的"新建 SolidWorks 文件"对话框中选择"装配体"，单击 确定 按钮。"插入零部件"图标按钮 默认被按下，"插入零部件"属性管理器自动出现。单击 浏览(B)... 按钮，出现"打开"对话框，找到"主动齿轮轴.SLDPRT"，单击 打开 按钮，单击"确定"图标按钮 即可在原点插入零部件。再次单击 浏览(B)... 按钮，找到"从动齿轮.SLDPRT"，单击 打开 按钮，在绘图区中适当位置单击，将零部件放置在恰当的位置，单击"确定"图标按钮。

2）单击菜单"视图"→"隐藏/显示"→"临时轴"命令，打开临时轴。单击"配合"图标按钮，系统自动出现"配合"属性管理器，选择小轴临时轴和大轴临时轴，配合类型选择"距离"，设参数为 42，即齿轮中心距，单击"确定"图标按钮，单击"关闭"图标按钮 关闭"配合"属性管理器，如图 9-38 中①~④所示。

3）展开特征树，选择主动齿轮轴的"前视基准面"和从动齿轮的"前视基准面"，单击"配合"图标按钮，系统自动出现"配合"属性管理器，配合类型选择"重合"，

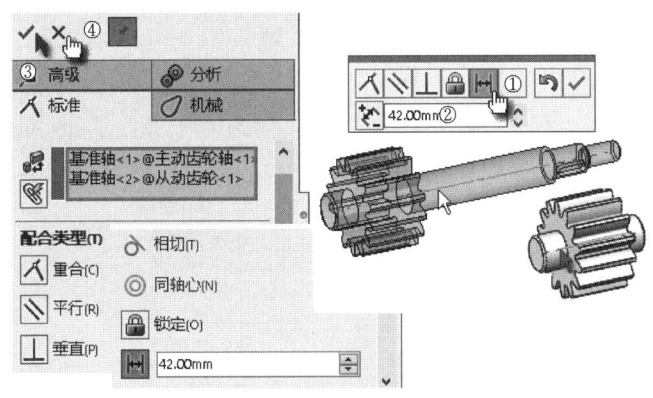

图 9-38　距离配合

单击"确定"图标按钮✔，单击"关闭"图标按钮✖关闭"配合"属性管理器，如图 9-39 中①~⑤所示。

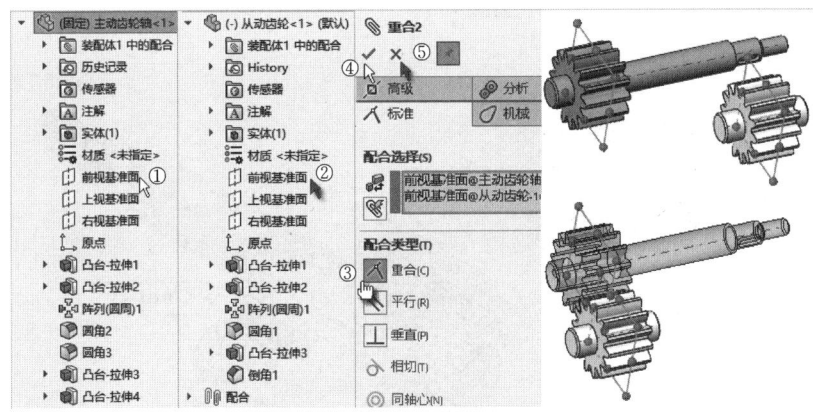

图 9-39　前视基准面重合配合

4）选择主动齿轮轴的左端面，如图 9-40 中①所示。单击"正视于"图标按钮，可见齿轮有干涉，如图 9-40 中②所示。单击"旋转零部件"图标按钮，出现"旋转零部件"属性管理器，鼠标指针变成，在绘图区选择从动齿轮的左端面后按住鼠标旋转到不干涉的位置，如图 9-40 中③所示，单击"确定"图标按钮✔。

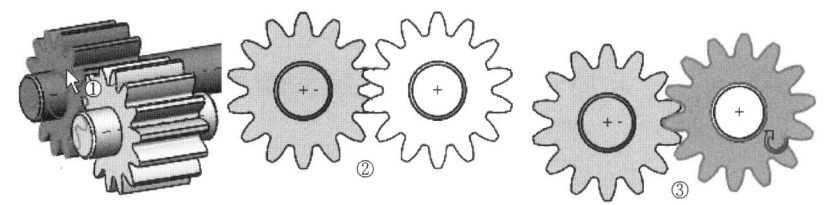

图 9-40　旋转齿轮使其不干涉

5）展开特征树，分别右击选择主动齿轮轴的"圆角 2"和"圆角 3"及从动齿轮的"圆角 1"，从弹出的快捷菜单中选择"隐藏"，以方便后续的选择平面，如图 9-41 中①~③所示。

6）单击"配合"图标按钮，系统自动出现"配合"属性管理器，选择"机械"→"齿轮"，如图9-42中①、②所示。在绘图区分别选择主动齿轮轴齿根处的平面和从动齿轮齿根处的平面，如图9-42中③、④所示，系统自动给出了"比率"，单击"确定"图标按钮，单击"关闭"图标按钮，如图9-42中⑤~⑦所示。

7）单击"旋转零部件"图标按钮，出现"旋转零部件"属性管理器，鼠标指针变成，在绘图区选择从动齿轮后按住鼠标旋转到适当的位置，即两齿轮不重叠、不干涉，如图9-43所示，单击"确定"图标按钮。

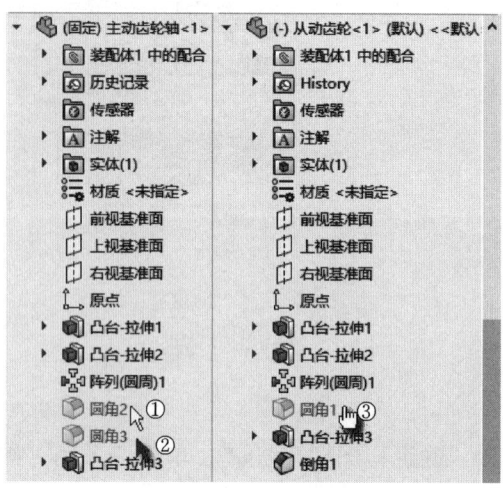

图 9-41 隐藏圆角

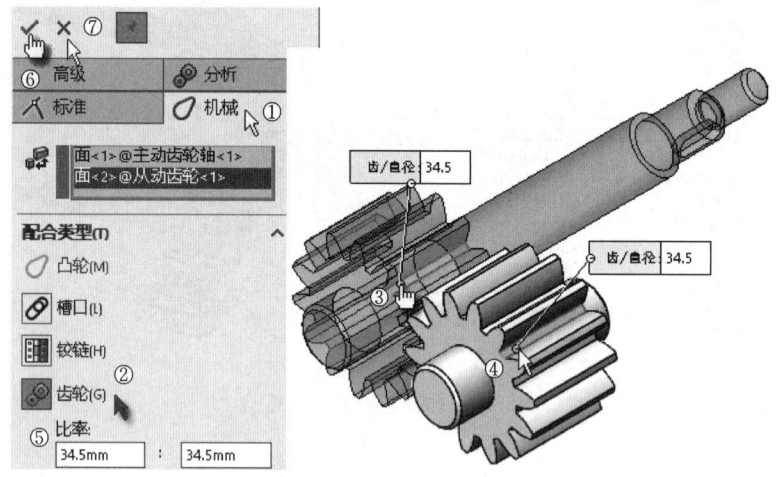

图 9-42 齿轮配合

8）右击选择"主动齿轮轴"，从弹出的快捷菜单中选择"浮动"，如图9-44中①、②所示，可解除主动齿轮轴的固定状态。单击"旋转零部件"图标按钮，出现"旋转零部件"属性管理器，鼠标指针变成，在绘图区选择主动齿轮轴后按住鼠标旋转，可观察

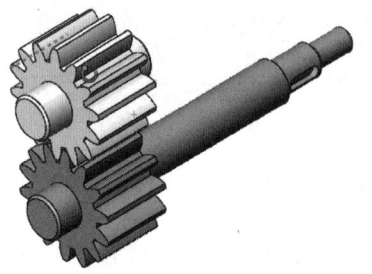

图 9-43 旋转齿轮

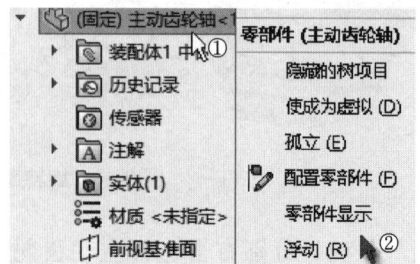

图 9-44 解除固定

到齿轮啮合的模拟，单击"确定"图标按钮✔。单击窗口最上方的"保存"图标按钮💾，保存文件为"装配体 1.SLDASM"。

视频 9-2　建立低速滑轮爆炸图

9.5　创建爆炸视图

出于制造目的，经常需要分离装配体中的零部件，以分析它们之间的相互关系。装配体的爆炸视图可以分离其中的零部件，以便查看装配体。装配体爆炸后，不能给装配体添加配合。

建立低速滑轮爆炸图的步骤如下。

1) 单击窗口最上方的"打开"图标按钮📂，弹出"打开"对话框，找到"装配体 1.SLDASM"装配零件，单击 打开 按钮，进入装配图界面。单击"爆炸视图"图标按钮，弹出"爆炸"属性管理器，在绘图区选择"心轴"零部件，在"爆炸步骤零部件"中自动输入"心轴"，系统会显示出三坐标轴，单击"Y"轴，系统将三坐标轴缩成"Y"轴，在"爆炸方向"中自动输入"Y 轴"，在"爆炸距离"文本框中输入 140mm，单击 添加阶梯(A) 按钮，如图 9-45 中①~⑤所示，结果如图 9-45 中⑥所示。

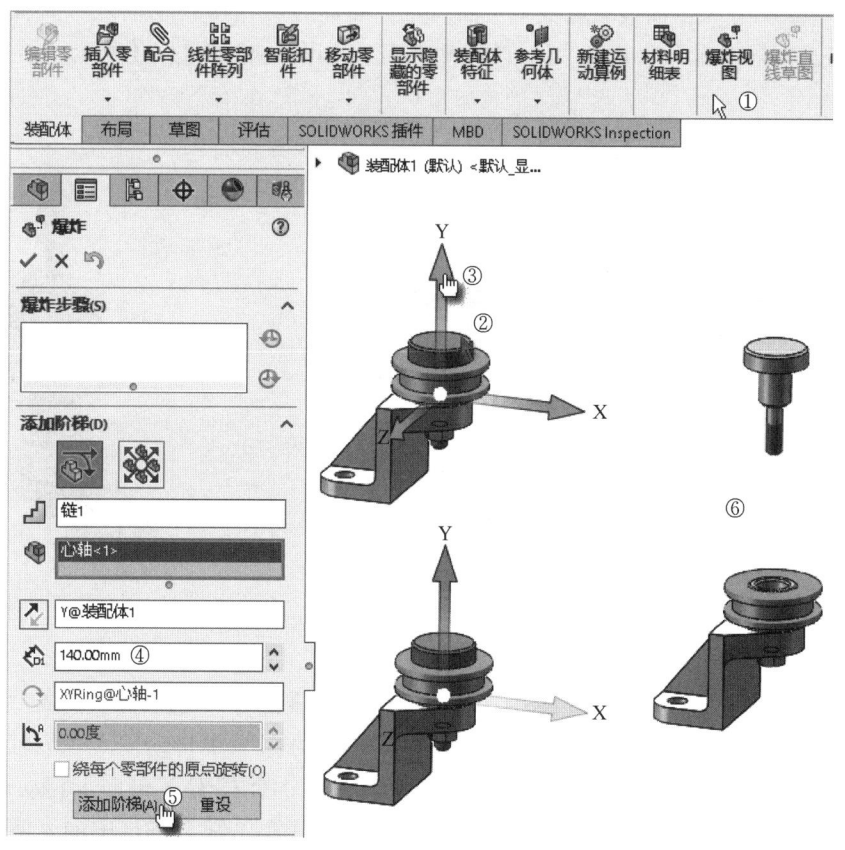

图 9-45　心轴 Y 轴爆炸

2) 在绘图区选择"滑轮"零部件，在"爆炸步骤零部件"中自动输入"滑轮"，单击

"Y"轴，系统将三坐标轴缩成"Y"轴，在"爆炸方向"中自动输入"Y轴"，在"爆炸距离" 文本框中输入80mm，单击 按钮，如图9-46中①~⑤所示，结果如图9-46中⑥所示。

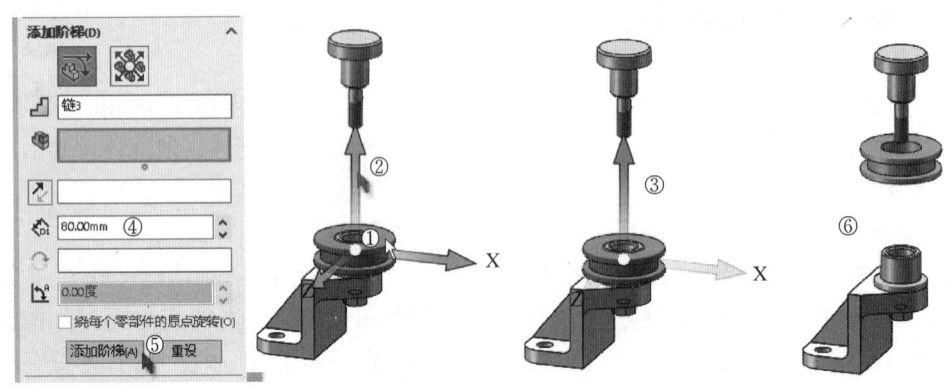

图9-46 滑轮Y轴爆炸

3）在绘图区选择"衬套"零部件，在"爆炸步骤零部件" 中自动输入"衬套"，单击"Y"轴，系统将三坐标轴缩成"Y"轴，在"爆炸方向"中自动输入"Y轴"，在"爆炸距离" 文本框中输入20mm，单击 按钮，如图9-47中①~④所示，结果如图9-47中⑤所示。

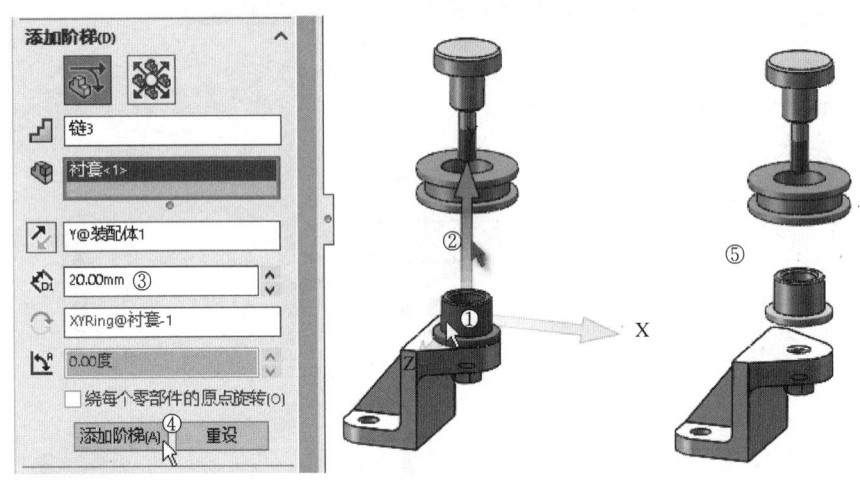

图9-47 衬套Y轴爆炸

4）在绘图区选择"衬套"零部件，在"爆炸步骤零部件" 中自动输入"螺母"，单击"Y"轴，系统将三坐标轴缩成"Y"轴，在"爆炸方向"中自动输入"Y轴"，如图9-48中①、②所示。由于是向下移动，与Y轴正向相反，因此按着Y轴向下移动适当距离后松开鼠标，此时"反向"按钮 被按下了，在"爆炸距离" 文本框中输入40mm，单击 按钮，如图9-48中③~⑤所示，结果如图9-48中⑥所示。

5）在绘图区选择"垫圈"零部件，在"爆炸步骤零部件" 中自动输入"垫圈"，单击"Y"轴，系统将三坐标轴缩成"Y"轴，在"爆炸方向"中自动输入"Y轴"，如图9-

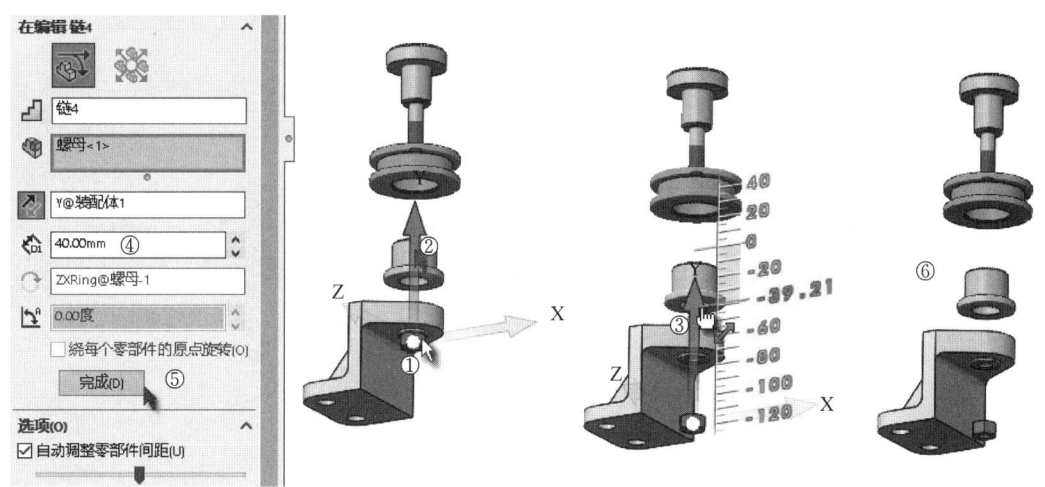

图 9-48　螺母 Y 轴爆炸

49 中①、②所示。由于是向下移动，与 Y 轴正向相反，因此按着 Y 轴向下移动适当距离后松开鼠标，此时"反向"按钮被按下了，在"爆炸距离"文本框中输入 20mm，单击完成按钮，如图 9-49 中③~⑤所示，结束如图 9-49 中⑥所示。

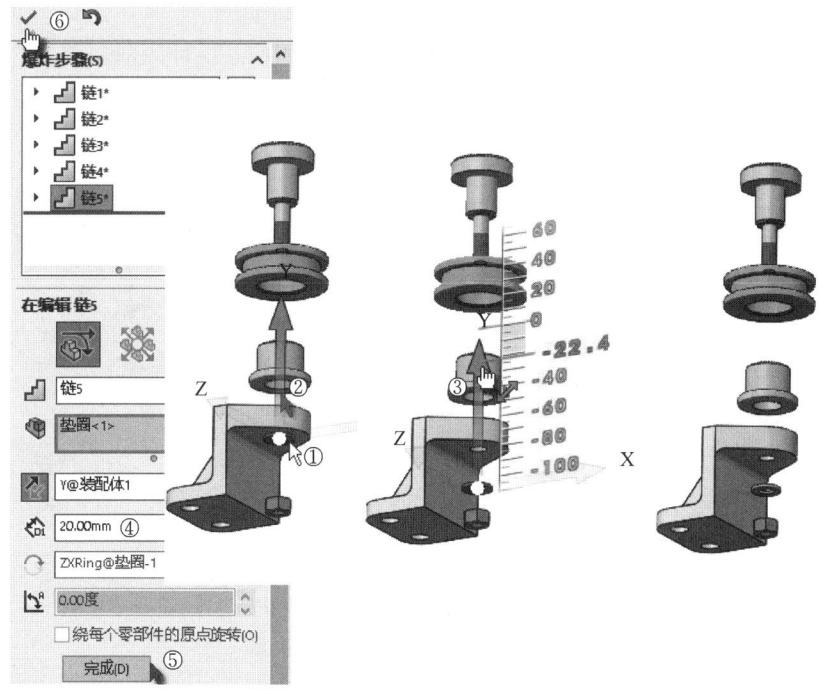

图 9-49　垫圈 Y 轴爆炸

6）单击窗口最上方的"另存为"图标按钮，在"文件名"文本框中输入"装配体 2.SLDASM"，单击保存(S)按钮。

7）解除爆炸。在特征管理器中右击"装配体 2"，在下拉菜单中选择"解除爆炸"，如

图 9-50 中①、②所示。爆炸被解除后将恢复到原来的状态,如图 9-50 中③所示。

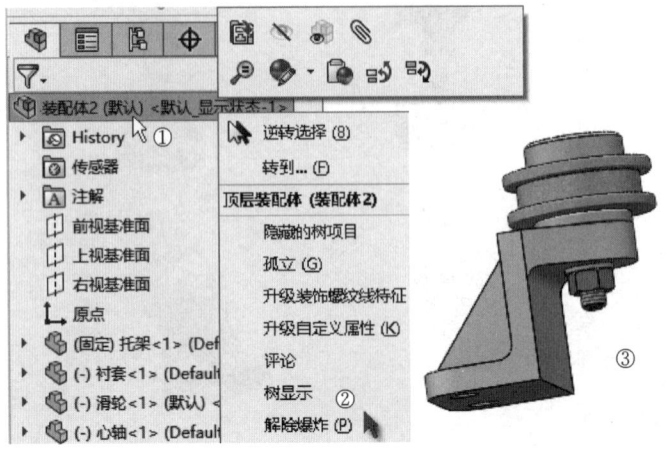

图 9-50 解除爆炸

8) 创建动画爆炸。在特征管理器中右击"装配体 2",在弹出的快捷菜单中选择"动画爆炸",如图 9-51 中①、②所示。系统以动画形式显示装配体 2 的爆炸过程,系统在显示动画时同时显示出"动画控制器",单击"保存动画" ,系统弹出"保存动画到文件"对话框,选择保存的路径、视频格式、图像大小和高宽比例等,输入文件名,单击 保存(S) 按钮,如图 9-51 中③~⑤所示。系统弹出"视频压缩"对话框,单击 确定 按钮,如图 9-51 中⑥所示。动画控制器按键功能见表 9-4。

图 9-51 动画爆炸

表 9-4 动画控制器按键功能

序号	图标	名称	功　能
1	⏮	开始键	在播放过程中单击此键动画跳到开始位置
2	⏪	倒回键	倒回键也称快退键，按此键画面快速退回
3	▶	播放键	按此键开始播放动画
4	⏩	快进键	按此键快速播放动画
5	⏭	结束键	在播放过程中单击此键动画跳到结束位置
6	⏸	暂停键	按此键动画暂停
7	🖫	保存动画	按此键保存已播放的动画内容
8	→	正常播放模式	动画从开始播放到结束停止
9	↻	循环播放模型	动画结束后跳到开始位置继续播放以此不断循环
10	↔	往复播放模式	动画从开始播放到结束后再从结束位置倒转播放到开始位置
11	▶×½	慢速播放	以二分之一的速度播放动画
12	▶×2	快速播放	以两倍的速度播放动画

9.6　思考与练习

1. 完成弹簧装配，如图 9-52 所示。

图 9-52　弹簧装配

2. 完成直齿轮装配，如图 9-53 所示。

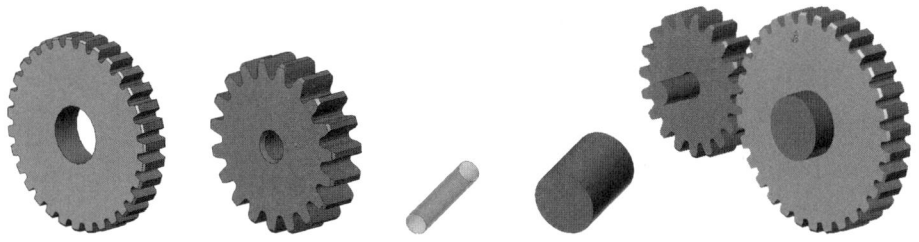

图 9-53　直齿轮装配

3. 完成凉亭装配，如图 9-54 所示。

图 9-54　凉亭装配

4. 完成电动制动装配，如图 9-55 所示。
5. 完成一级圆柱直齿减速箱装配，如图 9-56 所示。

图 9-55　电动制动装配　　　　图 9-56　减速箱装配

6. 完成扩口模装配体爆炸视图，如图 9-57 所示。
7. 完成电机的装配和爆炸视图，如图 9-58 所示。

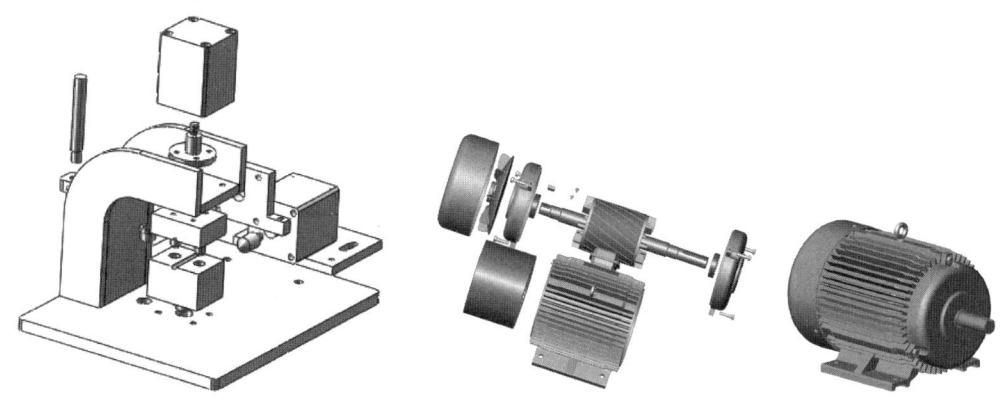

图 9-57 扩口模装配体爆炸视图　　图 9-58 电机装配爆炸视图

8. 制作球阀的装配图及其爆炸视图，如图 9-59 所示。装配图明细表见表 9-5。工作原理：此部件是用来控制管路中流体流量的，当球体的内孔轴线与左阀体、右阀体的孔的轴线重合时，流量最大；顺时针转动扳手时，通过阀杆带动球体转动时，流量变小；当球体的孔轴线与左阀体的轴线垂直时管路被关闭。

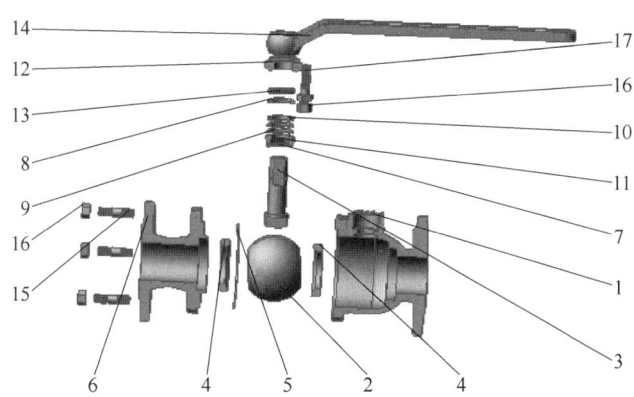

图 9-59 球阀装配爆炸视图

表 9-5 球阀装配图明细表

编　号	零　件	数　量	编　号	零　件	数　量
1	右阀体剖切	1	10	上填料剖切	1
2	球体	1	11	填料压套剖切	1
3	阀杆	1	12	填料压盖剖切	1
4	密封圈剖切	2	13	定位块	1
5	垫片-2 剖切	1	14	扳手	1
6	左阀体剖切	1	15	双头螺柱	3
7	垫片-1 剖切	1	16	六角螺母	4
8	填料垫剖切	1	17	六角螺栓	1
9	中填料剖切	2			

9. 制作磨床虎钳的装配图及其爆炸视图，如图 9-60 所示。装配图明细表见表 9-6。

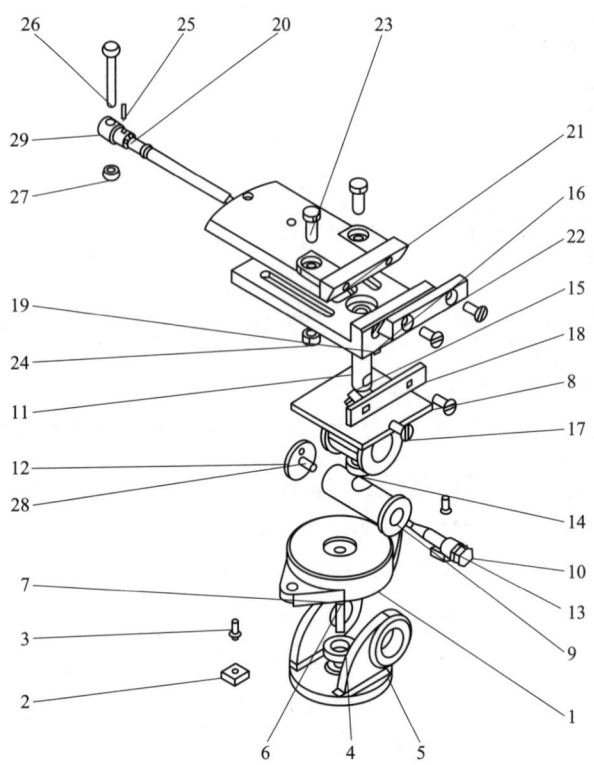

图 9-60 磨床虎钳装配爆炸视图

表 9-6 磨床虎钳装配图明细表

编　号	零　件	数　量	编　号	零　件	数　量
1	底座	1	16	固定钳身	1
2	导块	2	17	螺钉 M8×16	4
3	螺钉 M6×12	2	18	钢掌	1
4	导向环 1	2	19	螺钉	1
5	支架	1	20	螺杆	3
6	螺栓 M8×35	1	21	活动钳身	4
7	螺母 M8	1	22	楔块	1
8	转座	1	23	螺栓 M10×25	2
9	横轴	2	24	螺母 M10	2
10	固定螺钉	1	25	销 φ2.5×16	1
11	心轴	1	26	手柄	1
12	销 φ6×12	1	27	手柄头	1
13	垫圈 1	1	28	螺栓 M8×20	1
14	导向环 2	1	29	螺杆头	1
15	垫圈 2	1			

工作原理：此部件固定在机床的工作台上，用钳口夹持工件，转动螺杆，可带动螺母做直线移动，从而带动活动钳身，这样，活动钳身就与固定钳身的钳口靠近或远离，从而实现

夹紧或松开工件的动作。

10. 制作柱塞泵的装配图及其爆炸视图，如图 9-61 所示。装配图明细表见表 9-7。

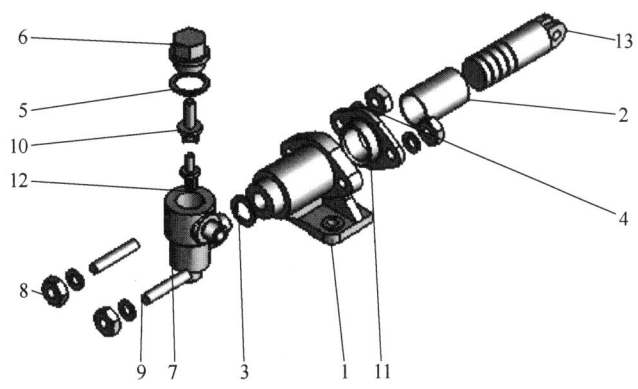

图 9-61　柱塞泵装配爆炸视图

表 9-7　柱塞泵装配图明细表

编　号	零　件	数　量	编　号	零　件	数　量
1	泵体	1	8	螺母	4
2	衬套	1	9	螺柱	2
3	垫片1	1	10	上阀瓣	1
4	垫圈	4	11	填料压盖	1
5	垫片2	1	12	下阀瓣	1
6	阀盖	1	13	柱塞	
7	阀体	1			

工作原理：柱塞泵是输送液体的增压设备，由电动机及其他机构带动柱塞做往复运动。当柱塞向右移动时，泵体内空间增大，内腔压力降低，液体在大气压的作用下，从进口冲开下阀瓣进入泵体；当柱塞向左移动时，泵内液体压力增大，压紧下阀瓣而冲开上阀瓣，使液体从出口流出。柱塞不断地往复运动，液体不断地被吸入和输出。

11. 制作连续模装配图及其爆炸视图，如图 9-62 所示。装配图明细表见表 9-8。

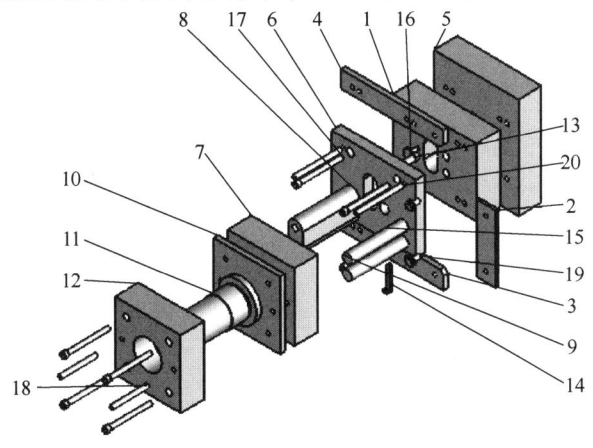

图 9-62　连续模装配爆炸视图

表 9-8　连续模装配图明细表

编 号	零 件	数 量	编 号	零 件	数 量
1	凹模	1	11	模柄	1
2	承料板	1	12	上模座	1
3	导料板1	1	13	导正销	2
4	导料板2	1	14	固定档料销	1
5	下模座	1	15	弹簧	3
6	导板	1	16	固定销	4
7	凸固板	1	17	螺钉1	8
8	凸模	1	18	销钉1	2
9	细凸模	2	19	螺钉2	2
10	垫板	1	20	销钉2	4

工作原理：本例为用导正销定距的冲孔落料连续模。上、下模板用导板导向。冲孔凸模与落料凸模之间的距离就是送料步距。送料时由固定档料销进行初定位，由两个装在落料凸模上的导正销进行精确定位。

12. 制作减速箱装配图及其爆炸视图，如图 9-63 所示。

13. 制作楼梯装配图及其爆炸视图，如图 9-64 所示。

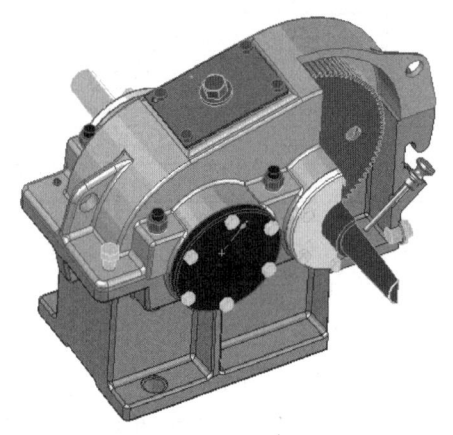
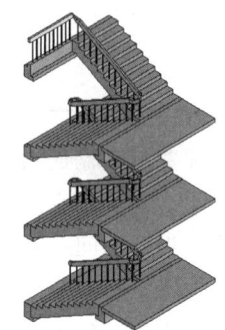

图 9-63　减速箱装配图　　　　图 9-64　楼梯装配图

14. 制作楼房装配图及其爆炸视图，如图 9-65 所示。

图 9-65　楼房装配图

15. 用自上而下法设计如图 9-66 中①所示的电机风扇罩。

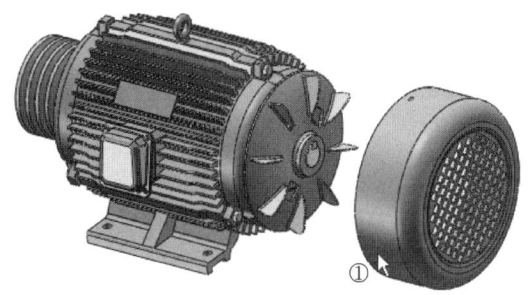

图 9-66　用自上而下法设计电机风扇罩

第10章 工 程 图

本章将介绍实际零件或装配体的二维工程图的视图、剖视图、尺寸、注释等内容。

10.1 在工程图中标注尺寸

每个零件生成特征时所产生的尺寸都可以插入各个工程图中。更改模型中的尺寸会更新工程图,更改工程图中插入的尺寸同样会更改模型。读者可以在工程图文件中添加尺寸,但是这些尺寸是参考尺寸,并且是从动尺寸,不能通过编辑参考尺寸的数值来更改模型。然而,当模型的标注尺寸改变时,参考尺寸值也会改变。

在默认情况下,模型尺寸为黑色。零件或装配体文件中有以蓝色显示尺寸(如拉伸深度)。参考尺寸以灰色显示,并默认带有括号。

将尺寸插入所选视图时,可以插入整个模型的尺寸,也可以有选择地插入一个或多个零部件(在装配体工程图中)的尺寸或特征(在零件或装配体工程图中)尺寸,插入的尺寸一般需要调整。良好的习惯是在建模时就依照"形体分析"来建模,在建模时就考虑工程图中符合国家标准的尺寸标注原则,这样在生成工程图后插入模型项目只需少量调整即可,否则需要大量的时间来调整尺寸。

10.1.1 生成工程图

1)打开"标注尺寸原始模型.SLDPRT",如图10-1所示。该模型可分为两部分:一部分是长方体,其上倒了四个圆角,切除了两个阶梯形孔和一个槽;另一部分是圆柱,其上切除了一个键槽孔、一个槽和一个长方体。建立一个新的工程图文件,并生成标准三视图,下面将按照"形体分析"来标注尺寸。

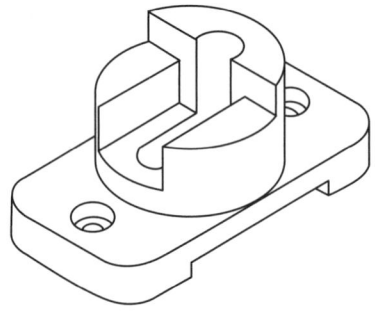

图10-1 用于标注尺寸的模型

2)启动SolidWorks后,单击窗口最上方的"新建"图标按钮 或按组合键〈Ctrl+N〉,在弹出的"新建SolidWorks文件"对话框中选择"工程图" ,单击 高级 按钮,系统弹出另一个对话框,选择"gb_a3",单击 确定 按钮完成新文件创建的操作,如图10-2中①~⑤所示。

3)在弹出的"模型视图"属性管理器中双击"注尺寸原始模型.SLDPRT"文件,勾选"生成多视图",单击"前视"和"上视",单击"隐藏线可见",选择"使用自定义比例",比例设为1:2,单击"确定"图标按钮 ,如图10-3中①~⑧所示。

4)右击选择主视图,从弹出的快捷菜单中选择"切边"→"切边不可见",主视图中的4条切边消除了,如图10-4中①~④所示。

5)按〈F10〉键可调出面板,再按〈F10〉键可关闭面板。单击"注解"面板中的"中心线" 或者单击菜单"插入"→"注解"→"中心线",勾选"选择视图",在绘图

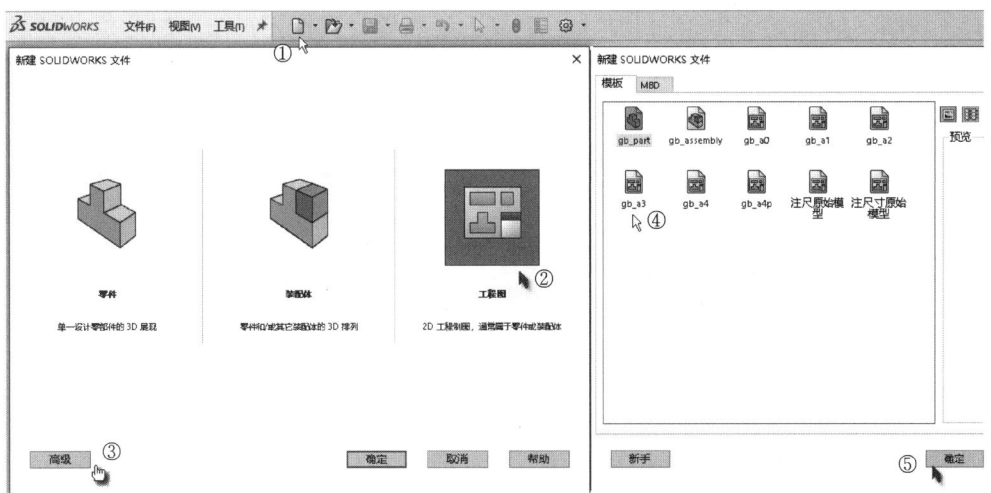

图 10-2　新建工程图并选择模板

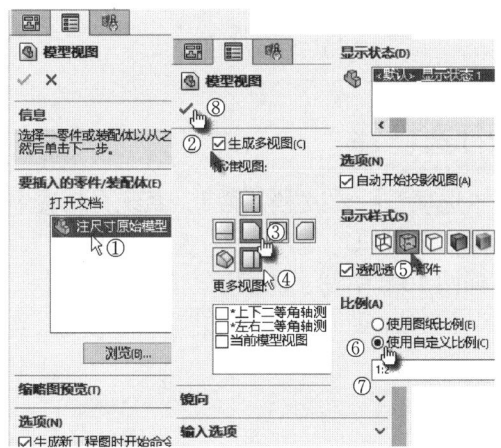

图 10-3　生成工程图

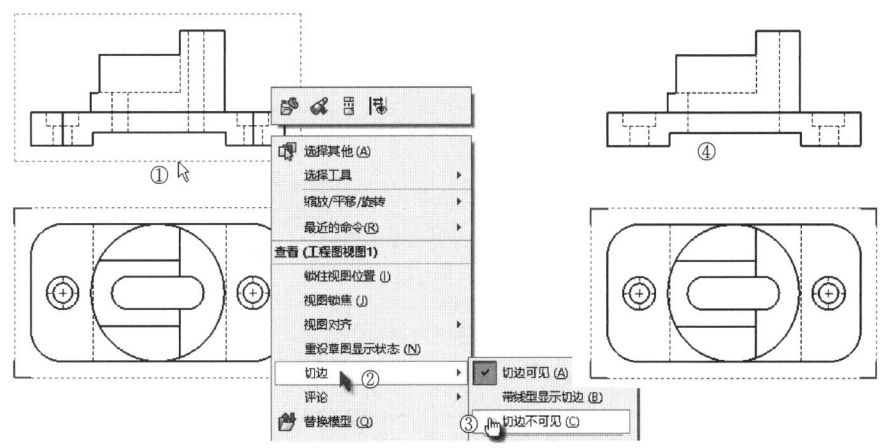

图 10-4　消除切边

区选择主视图,如图 10-5 中①~④所示。重复上述步骤,选择俯视图中的两条水平线,如图 10-5 中⑤、⑥所示,即可生成 1 条水平中心线。选择水平线的左端点,向左拉长中心线,再选择水平线的右端点,向右拉长中心线,如图 10-5 中⑦~⑨所示。

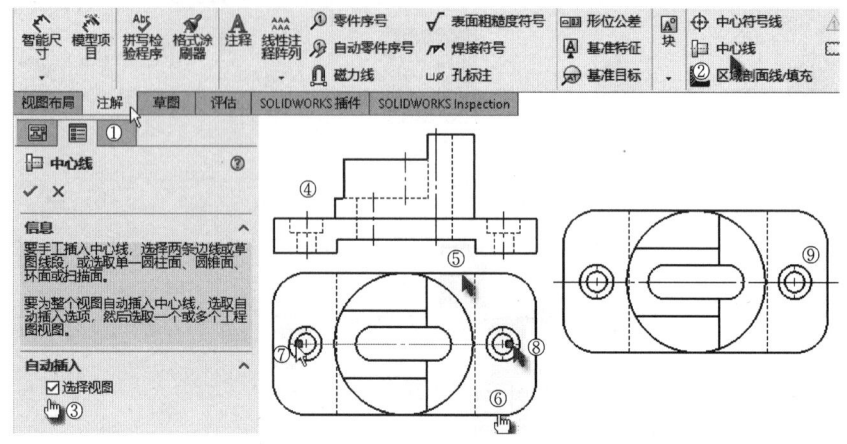

图 10-5　添加中心线

10.1.2　设定单位和尺寸选项

单击菜单 "工具" → "选项" → "文档属性",系统自动选中 "绘图标准",将 "总绘图标准"设置为 GB,如图 10-6 中①、②所示。选择 "单位",将 "单位系统"设置为 MMGS(毫米、克、秒),如图 10-6 中③、④所示。选择 "尺寸",将 "样式"设置为实心箭头,并设置箭头尺寸、尺寸界线间距,最后单击 确定 按钮,如图 10-6 中⑤~⑨所示。

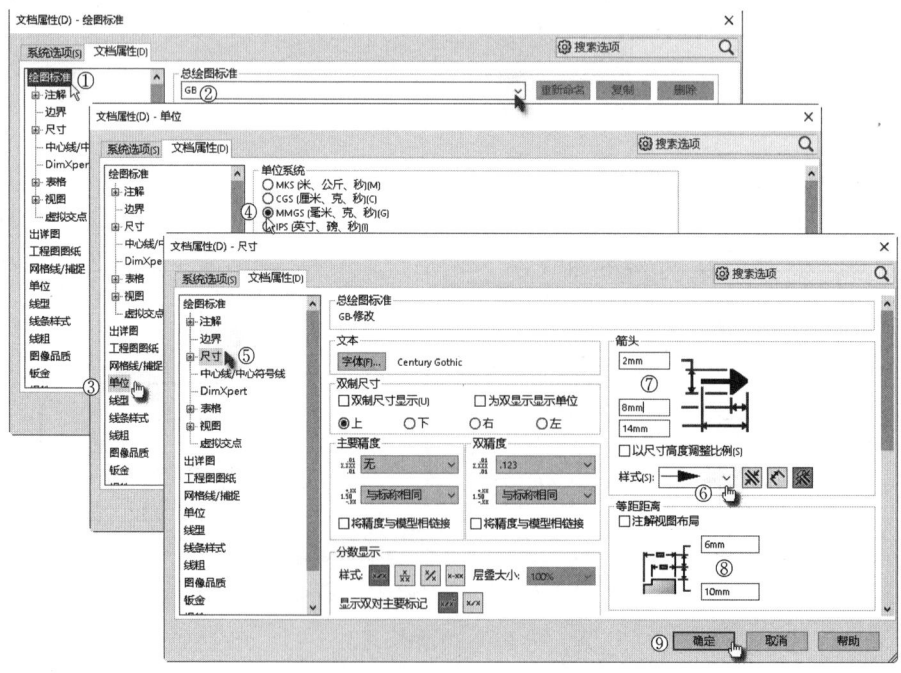

图 10-6　设定单位和尺寸选项

10.1.3 调整模型的尺寸

1. 标注底板的尺寸

1）单击"注解"面板中的"模型项目" 或者单击菜单"插入"→"模型项目",在"模型项目"属性管理器中选择"所选特征",勾选"将项目输入到所有视图",单击"为工程图标注",勾选"消除重复",在绘图区中单击底板的边线,单击"确定"图标按钮 ✓,如图10-7中①~⑥所示。

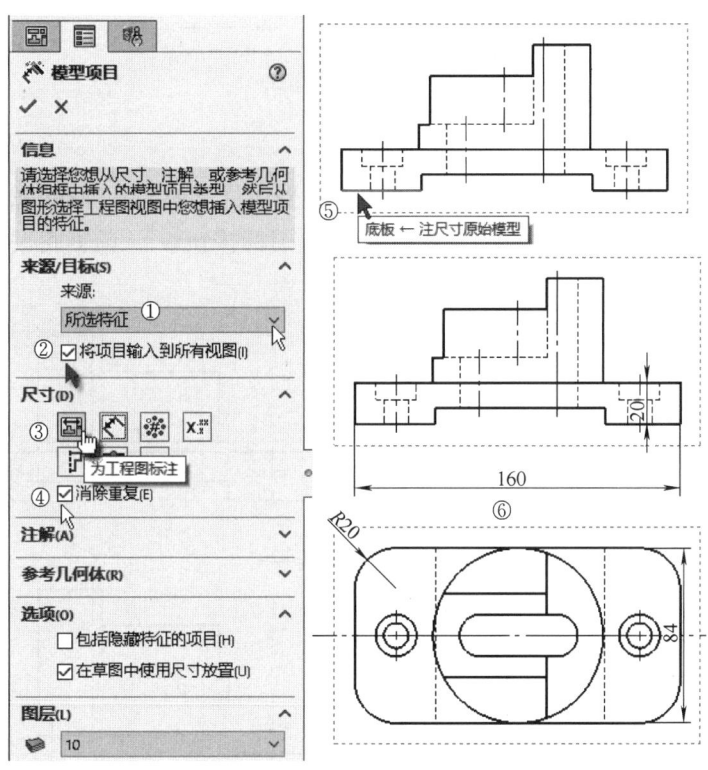

图 10-7 "模型项目"属性管理器和选择底板特征

2）拖动尺寸到适当位置。在视图中移动尺寸,可以直接将尺寸拖到新的位置;若将尺寸从一个视图移动到另一个视图中,可以在拖动尺寸时按住〈Shift〉键;若将尺寸从一个视图复制到另一个视图中,可以在拖动尺寸时按住〈Ctrl〉键;一次移动或复制多个尺寸,可以在选择时按住〈Ctrl〉键。

3）用鼠标选择尺寸后按〈Delete〉键可删除尺寸。右击想隐藏的尺寸,从快捷菜单中选择"隐藏",则尺寸从视图上消失。若想显示隐藏的尺寸,单击菜单"视图"→"隐藏/显示注解",所有位于此视图上的尺寸和装饰螺纹线便会显现。被隐藏的尺寸和装饰螺纹线会显示成灰色,单击被隐藏的尺寸,尺寸便正常显示。按〈Esc〉键结束选择操作。

4）选择尺寸"R20",右击控标时,箭头样式清单出现,如图10-8中①、②所示。可以使用此方法单独更改任何尺寸箭头的样式。尺寸箭头上出现圆形控标,单击箭头控标时,箭头向外或向内反转,如图10-8中③所示。

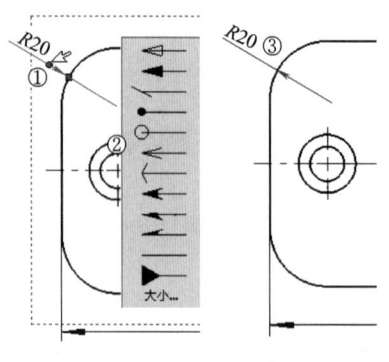

图 10-8　箭头样式

2. 标注底板下方槽的尺寸

单击"注解"面板中的"模型项目"，"模型项目"属性管理器中的设置保持不变，在绘图区中单击底板下方的槽边线，单击"确定"图标按钮，调整底板上的槽特征的尺寸，如图 10-9 中①~③所示。

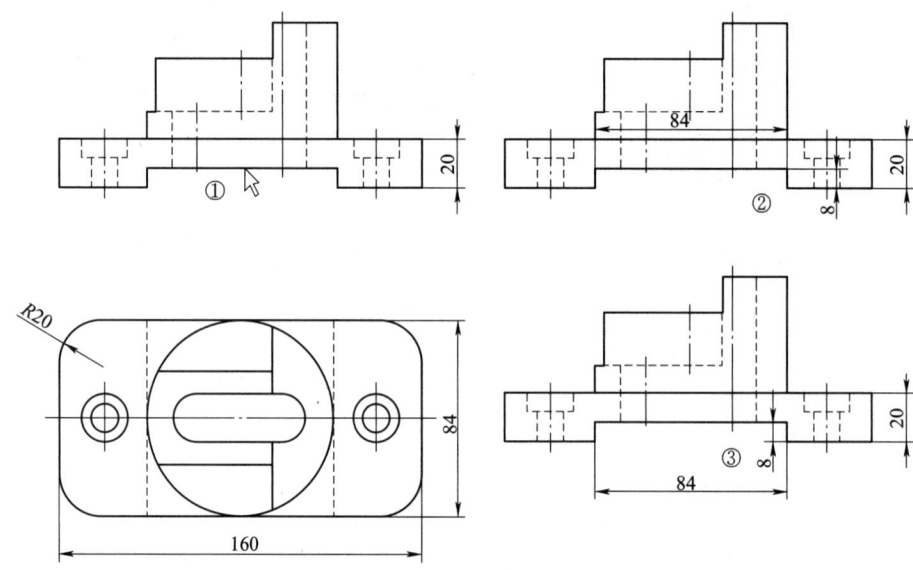

图 10-9　插入槽特征的尺寸

3. 标注阶梯孔的尺寸

1）单击"注解"面板中的"模型项目"，"模型项目"属性管理器中的设置保持不变，在绘图区中单击"工程视图 2"中的两个圆边线，单击"确定"图标按钮。单击绘图区上方的"局部放大"图标按钮，框选想放大的区域，向右拖动高度尺寸"8"到适当的地方。选中"φ20"，在"尺寸"属性管理器中分别单击"引线"、"直径"、"双箭头/实引线"，取消勾选"使用文档第二箭头"，单击"确定"图标按钮，如图 10-10 中①~⑦所示。

尺寸的相关概念说明见表 10-1。

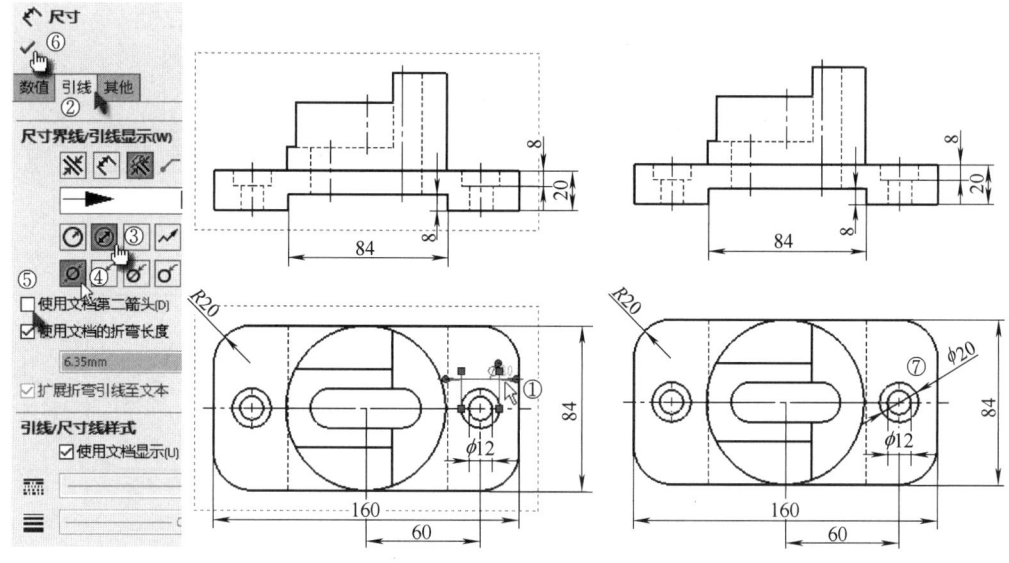

图 10-10 标注大小孔特征

表 10-1 尺寸的相关概念说明

第二个箭头打开	φ30	第二个箭头关闭	φ30
线性尺寸	φ20	径向尺寸	φ20
显示实引线：尺寸箭头向外时，以实引线穿过圆。无法在ANSI标准下使用	φ20	不显示实引线	φ20
尺寸线未折断	30 50	尺寸线被折断	30 50

2）对"φ12"也做同样的处理后再次选择"φ12"，单击"尺寸"属性管理器中的"数值"，在"标注尺寸文字"中添加"2×"，单击"确定"图标按钮✔，如图10-11中①~⑤所示。

3）删除孔的长度方向定位尺寸"60"，如果在工程图中直接标注孔的中心距尺寸"120"，则不能实现模型的双向驱动，即工程图中的尺寸变了，模型中的尺寸也要跟着自动变化，或者模型中的尺寸变了，工程图中的尺寸也要跟着自动变化。这对设计是极其有利的，因为常常在装配时才发现尺寸要改变。因此最好的办法是返回到模型中，直接修改相应特征下的草图及尺寸标注。

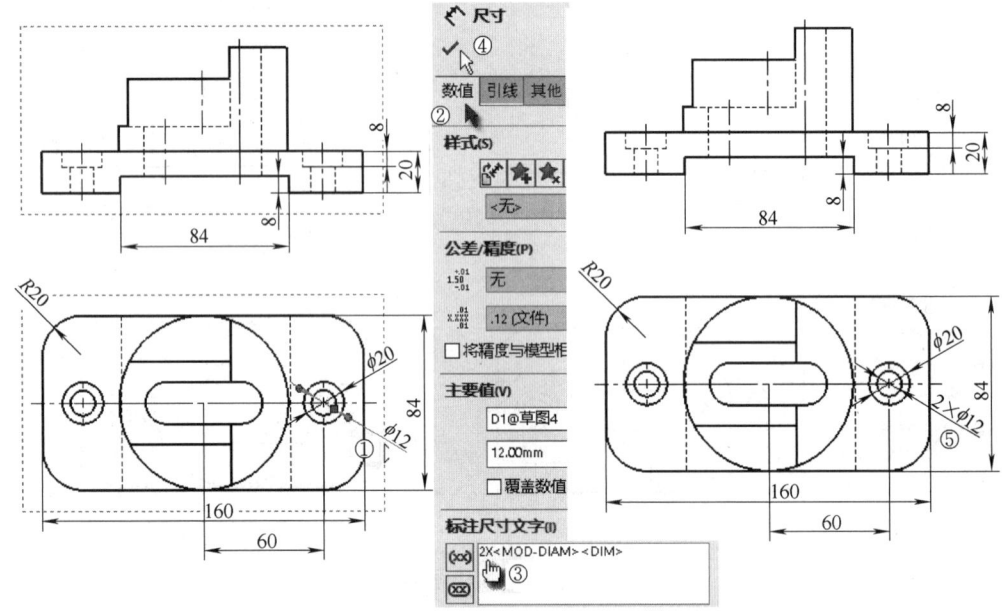

图 10-11 "尺寸"属性管理器

切换到零件模型界面，找到"大孔"，右击选择"大孔"中的"草图3"，从弹出的快捷菜单中选择"编辑草图"，如图 10-12 中①、②所示。删除尺寸"60"，绘制一条过原点的水平中心线，标注尺寸"120"，如图 10-12 中③~⑤所示。单击"重建模型"图标按钮 。

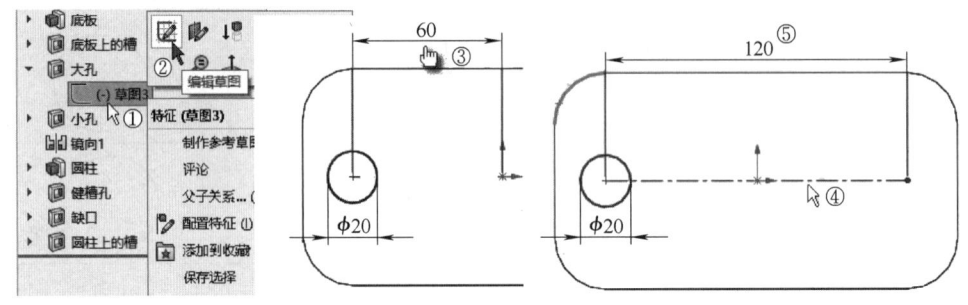

图 10-12 切换到零件模型界面中重新标注尺寸

4）切换到工程图界面，单击"注解"面板中的"模型项目" ，"模型项目"属性管理器中的设置保持不变，在绘图区中单击"工程视图 2"中的大圆边线，单击"确定"图标按钮 ，如图 10-13 所示。

4. 标注圆柱的尺寸

单击"注解"面板中的"模型项目" ，"模型项目"属性管理器中的设置保持不变，在绘图区中单击圆柱，单击"确定"图标按钮 。选择圆柱高"50"，按〈Delete〉键删除。

切换到"草图"面板，单击"智能尺寸"图标按钮 ，选择主视图最下面和最上面的水平线，选择适当的位置单击放置尺寸，注出总高"70"。同样注出圆柱直径"φ84"，结束尺寸标注，如图 10-14 所示。

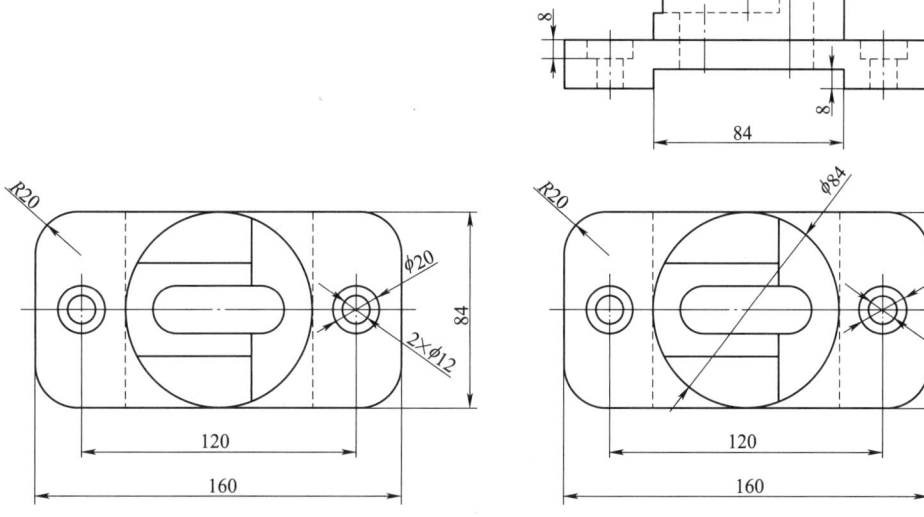

图 10-13　切换到工程图界面中重新标注尺寸　　　　图 10-14　标注圆柱的尺寸

5. 标注圆柱上的键槽孔

用上述方法插入键槽孔的尺寸，由于键槽孔是通孔，只需处理俯视图。删除尺寸"19"，调整圆弧中心距"38"的位置及箭头，改变半径"R10"的尺寸显示方式，如图10-15 所示。

6. 标注圆柱左上方的缺口

用上述方法插入缺口的尺寸，由于缺口最明显的位置在主视图上，只要注出缺口位置的两个尺寸。移动尺寸"28"和"15"到适当的位置，如图 10-16 所示。

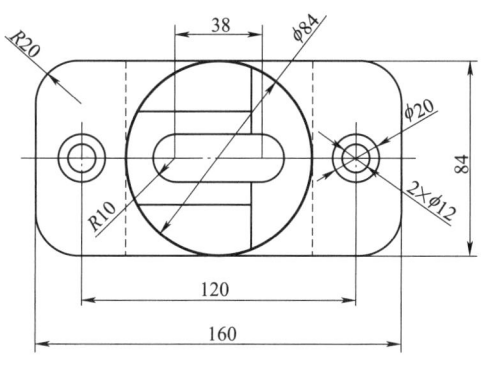
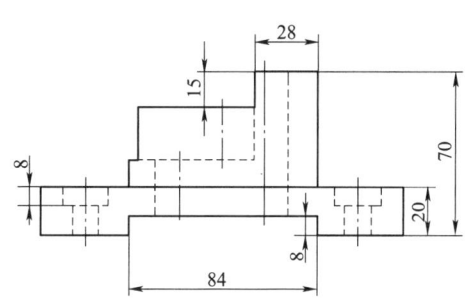

图 10-15　标注键槽孔的尺寸　　　　图 10-16　圆柱左上方的缺口

7. 标注圆柱中间的槽

1）切换到"视图布局"面板，单击"投影视图"图标按钮或单击"插入"→"工程视图"→"投影视图"，选择左上方的主视图，将鼠标移到主视图的右侧，单击后生成左视图，如图 10-17 中①~④所示。

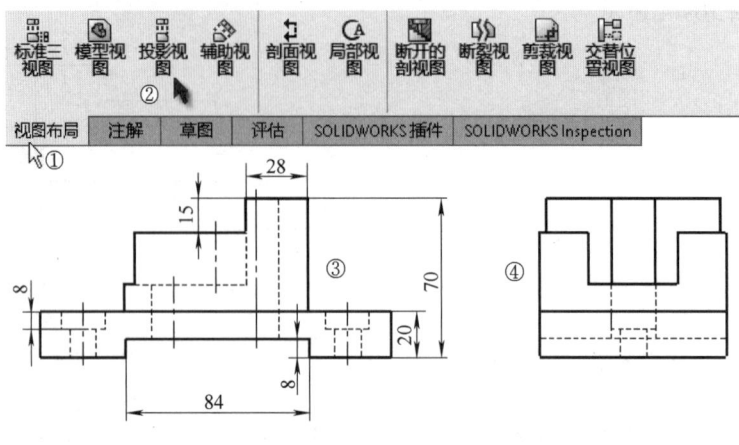

图 10-17 生成左视图

2）添加左视图中的中心线。单击"注解"面板中的"模型项目"，"模型项目"属性管理器中的设置保持不变，在绘图区中单击左视图中的缺口，单击"确定"图标按钮。选择"20"和"50"，按〈Delete〉键删除，移动尺寸到适当的位置，如图 10-18 所示。

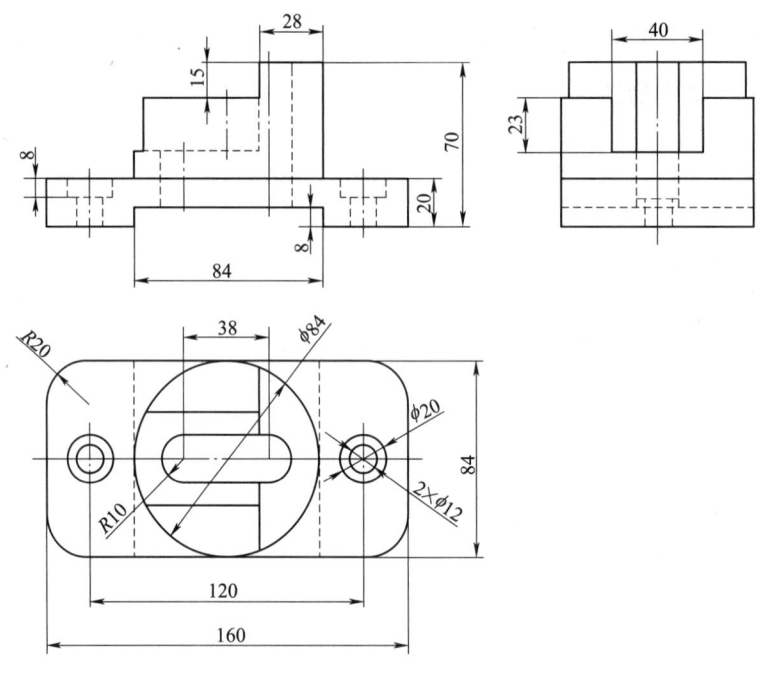

图 10-18 完成的尺寸标注

3）单击窗口最上方的"保存"图标按钮，保存"注尺寸原始模型.SLDDRW"文件。

4）单击菜单"文件"→"另存为"或者单击窗口最上方的"另存为"图标按钮，系统弹出"另存为"对话框，选择"保存类型"为"工程图模板"，选择保存的地方，单击 保存(S) 按钮，保存为模板，系统自动弹出对话框，单击 确定 按钮，如图 10-19 中①~

④所示。以后不需要再重新设置，直接打开就能用了。工程图模板可以根据需要改变各项内容，逐步修改完善。

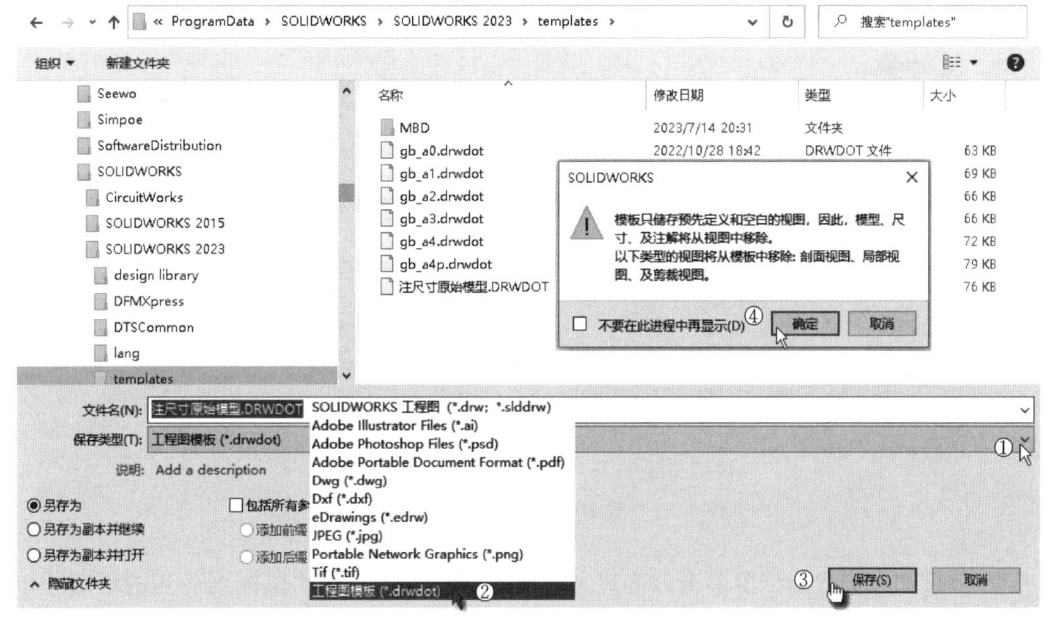

图 10-19　保存为工程图模板

10.2　生成零件工程图

生成如图 10-20 所示的小盖工程图。

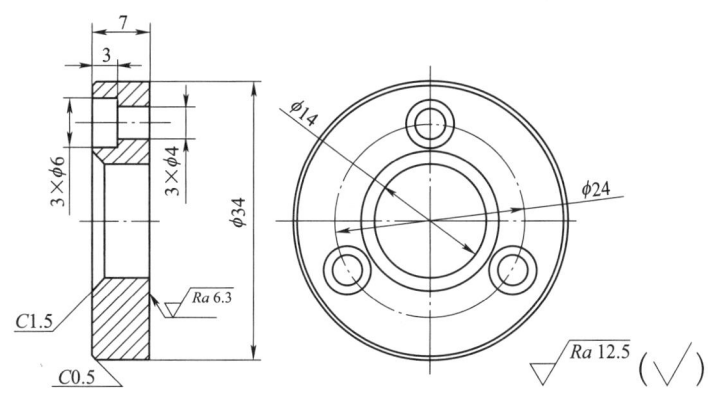

图 10-20　小盖工程图

本节的重点在于如何生成所需要的视图，如何用一种新的方法进行全剖视，如何处理尺寸、标注倒角、标注注释、标注表面粗糙度、将常用的东西添加到库中并调用。

1）单击窗口最上方的"新建"图标按钮 或者按组合键〈Ctrl+N〉，在弹出的"新建 SolidWorks 文件"对话框中选择"工程图" ，单击 确定 按钮完成新文件创建的操作。

2）在弹出的"模型视图"属性管理器中单击 浏览(B)... 按钮，在弹出的"打开"对话框中找到本书配套资源中相应文件夹里的"27 小盖.SLDPRT"文件，单击 打开 按钮，如图 10-21 中①~③所示。

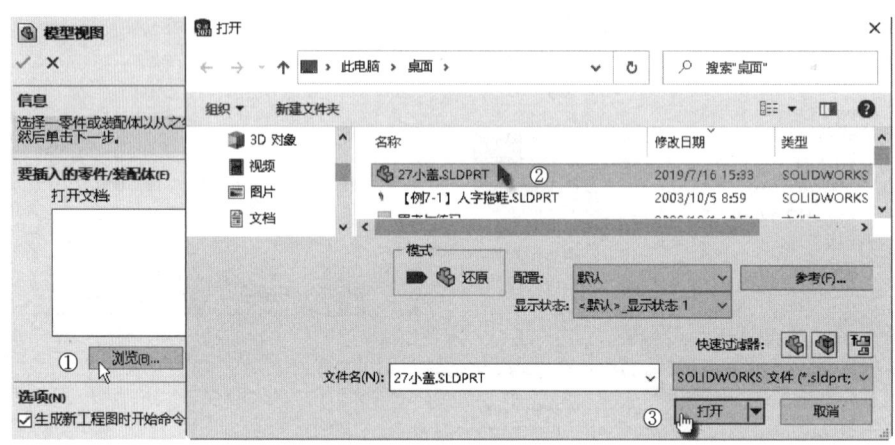

图 10-21　打开模型

3）在绘图区中适当位置单击以确定主视图的位置，向右移动鼠标到适当的距离后单击生成左视图，如图 10-22 中①、②所示。单击"确定"图标按钮✓。

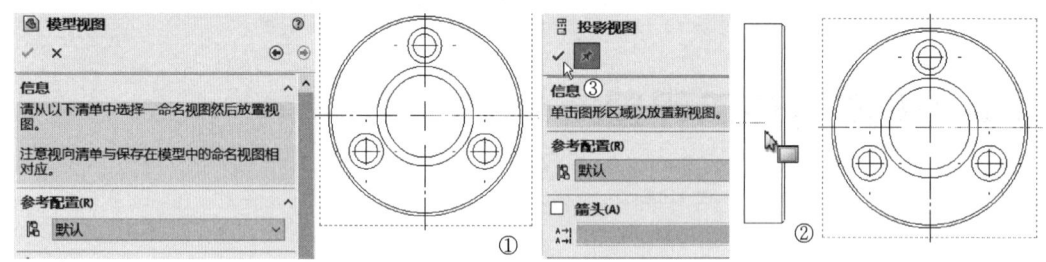

图 10-22　生成左视图

4）单击"草图"面板中的"边角矩形"图标按钮▢，绘制出一个包围了主视图的矩形，如图 10-23 中①、②所示。单击"视图布局"，单击"断开的剖视图"图标按钮，勾选"预览"，在绘图区中选择圆连线，单击"确定"图标按钮✓，生成全剖视图，如图 10-23 中③~⑧所示。

5）切换到"草图"面板，单击"圆"图标按钮⊙，在主视图中绘制出一个通过 3 个小孔圆心的圆，勾选"作为构造线"，单击"确定"图标按钮✓，如图 10-24 中①所示。切换到"注解"面板，单击"中心线"，如图 10-24 中②、③所示，移动鼠标到绘图区中分别单击以此中心线对称的两条直线，可绘制出一条中心线，若中心线不够长，可以选中后将其拉长，如图 10-24 中④所示。同理，绘出另一条中心线，如图 10-24 中⑤所示。

6）单击菜单"插入"→"模型项目"，如图 10-25 中①、②所示。在弹出的"模型项目"属性管理器中选择"整个模型"，其余采用默认设置，单击"确定"图标按钮✓，如图 10-25 中③~⑤所示。

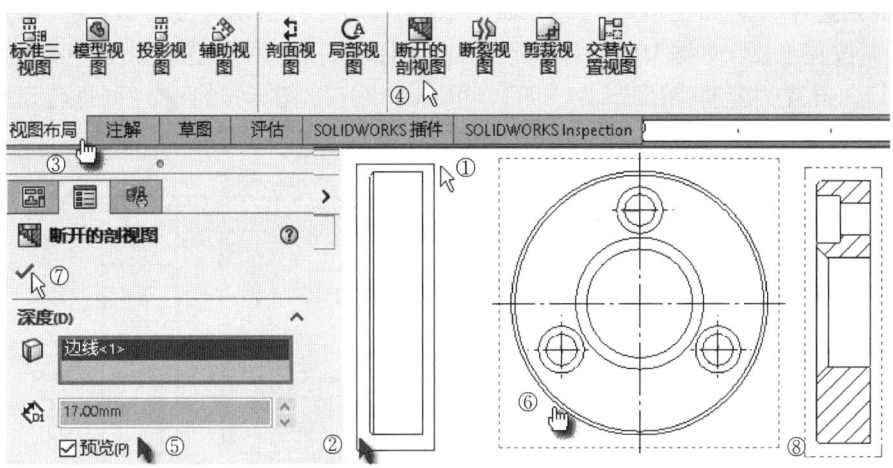

图 10-23　生成"断开的剖视图"

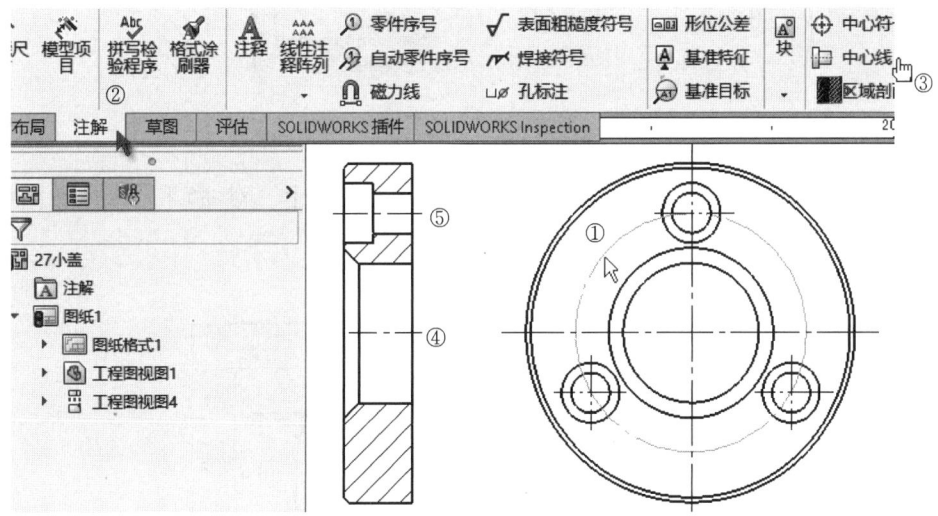

图 10-24　添加中心线

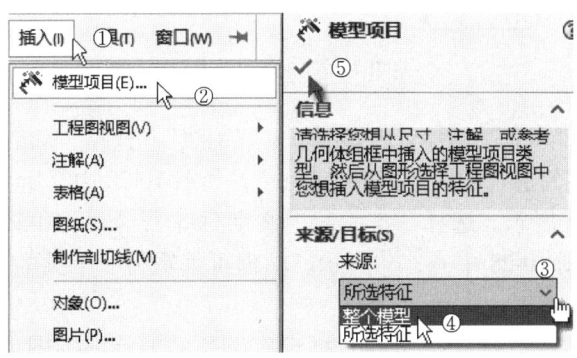

图 10-25　插入"模型项目"

7）分别选择两个 45°、0.5、1.5，如图 10-26 中①~④所示，按〈Delete〉键删除。选择尺寸 3 后按住不放，如图 10-26 中⑤所示，向上拖动到适当的位置，如图 10-26 中⑥所示。选择尺寸 7，设置"公差/精度"为"无"，单击"确定"图标按钮✔。同样将尺寸 7 向上拖动到适当的位置，调整完毕后在空白区域单击，如图 10-26 中⑦~⑨所示。

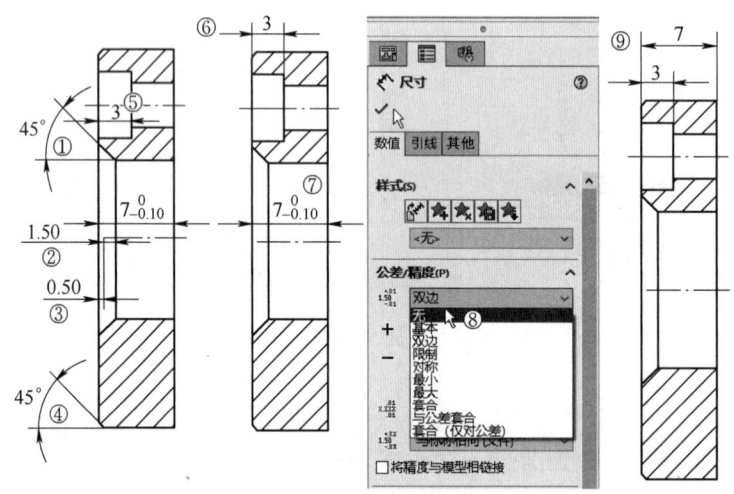

图 10-26 调整尺寸

8）按住〈Shift〉键不动，将 φ34 从左视图拖到主视图上，对 φ6 和 φ4 也做同样的处理，如图 10-27 中①~⑥所示。

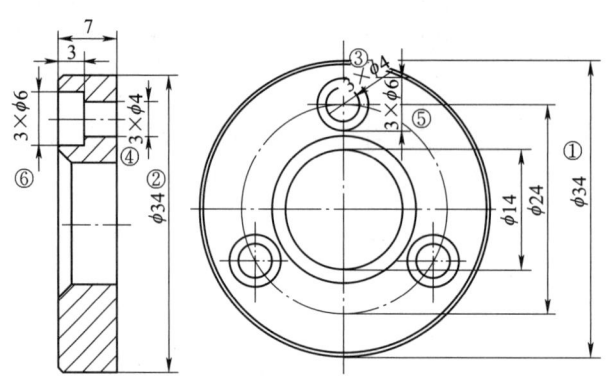

图 10-27 拖动尺寸

9）选择 φ24，在"尺寸"属性管理器中单击"引线"，选择"双箭头/实引线"，如图 10-28 中①、②所示。取消勾选"使用文档第二箭头"，如图 10-28 中③所示。勾选"自定义文字位置"，如图 10-28 中④所示。选择"实引线，文字对齐"，如图 10-28 中⑤所示。单击"确定"图标按钮✔，如图 10-28 中⑥、⑦所示。同理可编辑另一个圆的直径，如图 10-28 中⑧所示。

10）单击"局部放大"图标按钮🔍，框选有倒角的要标注的图形矩形区域，再次单击"局部放大"图标按钮🔍退出放大模式。单击"注解"，单击"注解"面板上的"注释"图标按钮**A**，如图 10-29 中①、②所示。在弹出的"注释"属性管理器中，"引线"选择"下

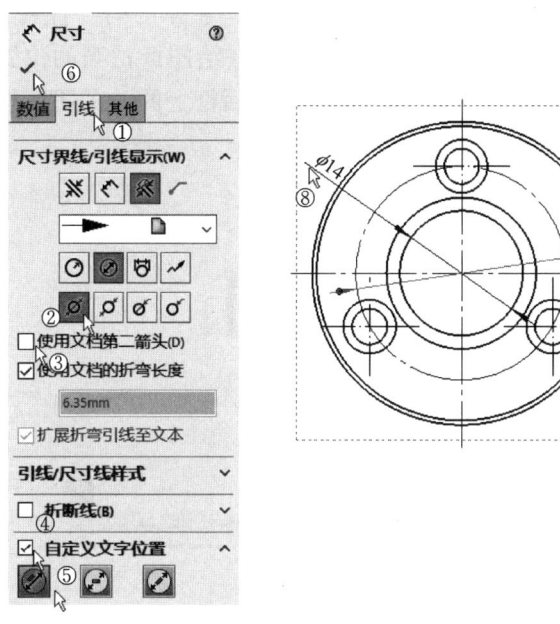

图 10-28 调整引线

画线引线",如图 10-29 中③所示。单击图标按钮,选择"箭头样式"为直线,如图 10-29 中④、⑤所示。在绘图区中单击倒角点,如图 10-29 中⑥所示,移动鼠标再单击一点,如图 10-29 中⑦所示。输入"C1.5",单击"格式化"对话框上的"关闭"图标按钮,单击"确定"图标按钮。单击"C1.5",将其拖动到适当的位置。再次单击"注释"图标按钮,在弹出的"注释"属性管理器中,"引线"选择"引线靠左",其余操作同上,标注出"C0.5",如图 10-29 中⑧、⑨所示。

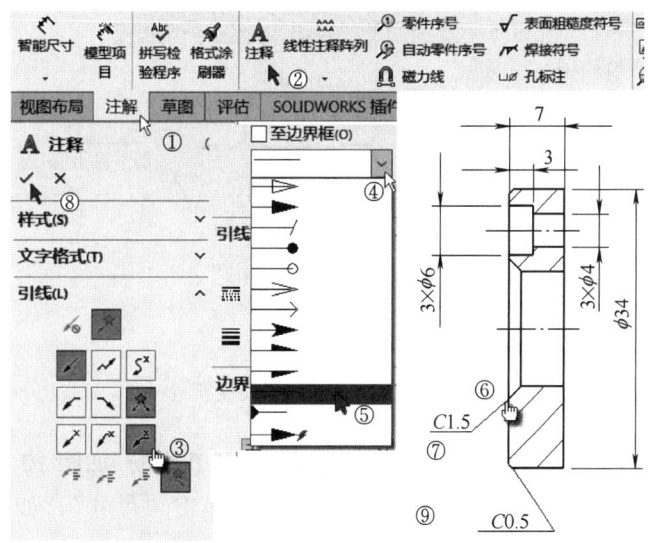

图 10-29 标注倒角

11）单击"注解"面板上的"注释"图标按钮，在弹出的"注释"属性管理器中，"引线"选择"无引线"，如图10-30中①所示。在绘图区适当的位置单击，输入"其余"两字，如图10-30中②所示。单击"格式化"对话框上的"关闭"图标按钮。单击"确定"图标按钮，如图10-30中③、④所示。

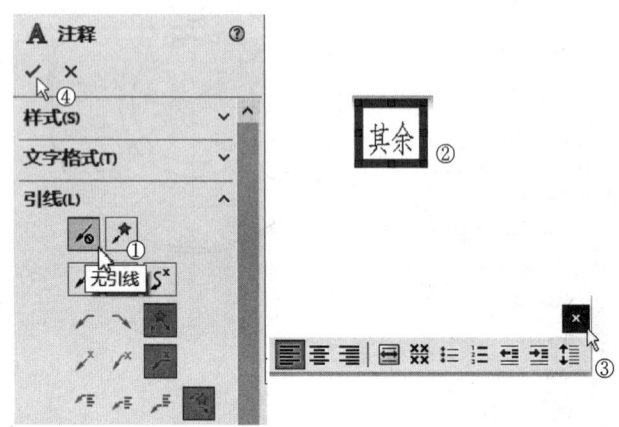

图10-30　设置引线样式

12）单击"注解"面板上的"表面粗糙度符号"图标按钮，如图10-31中①所示。在弹出的"表面粗糙度"属性管理器中选择"要求切削加工"，如图10-31中②所示。在"符号布局"中输入"Ra"和"12.5"，如图10-31中③、④所示。然后在绘图区右下角单击，如图10-31中⑤所示，单击"确定"图标按钮。

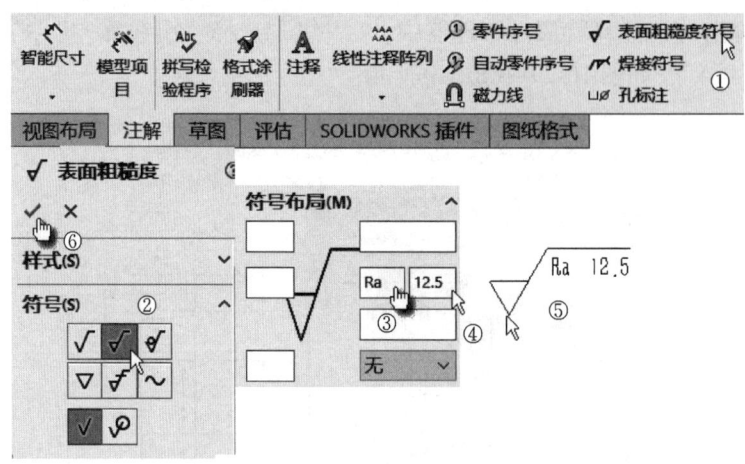

图10-31　插入表面粗糙度符号

13）单击菜单"工具"→"选项"→"文档属性"→"单位"，如图10-32中①所示。选择"长度"中的"小数"为0.1，如图10-32中②所示。单击"尺寸"，如图10-32中③所示。选择"主要精度"为0.1，如图10-32中④所示，单击"确定"按钮。

14）选择主视图中最上方的尺寸7，在"尺寸"属性管理器中，选择"公差类型"为"双边"，如图10-33中①、②所示。设置上下极限偏差如图10-33中③、④所示。切换到

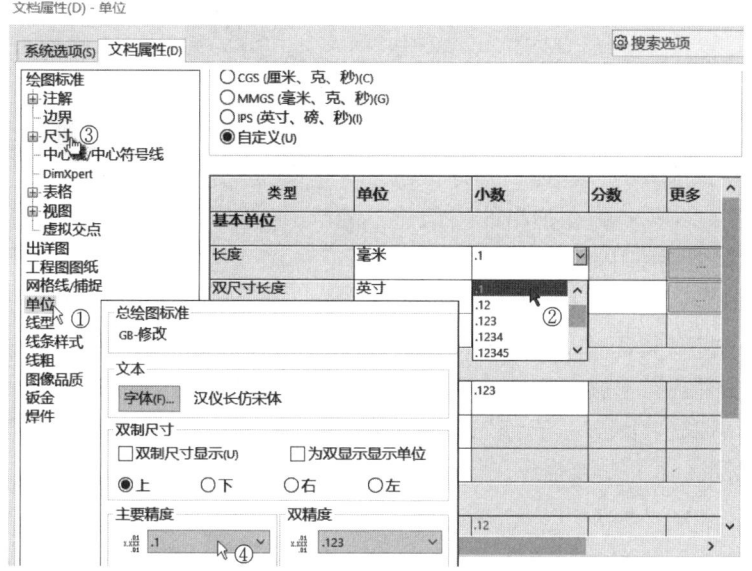

图 10-32 设置小数位数和尺寸精度

"尺寸"属性管理器中的"其他"选项卡,如图 10-33 中⑤所示。取消勾选"使用尺寸大小",如图 10-33 中⑥所示。在"字体比例"文本框中输入 0.6,如图 10-33 中⑦所示。单击"确定"图标按钮✔,如图 10-33 中⑧、⑨所示。

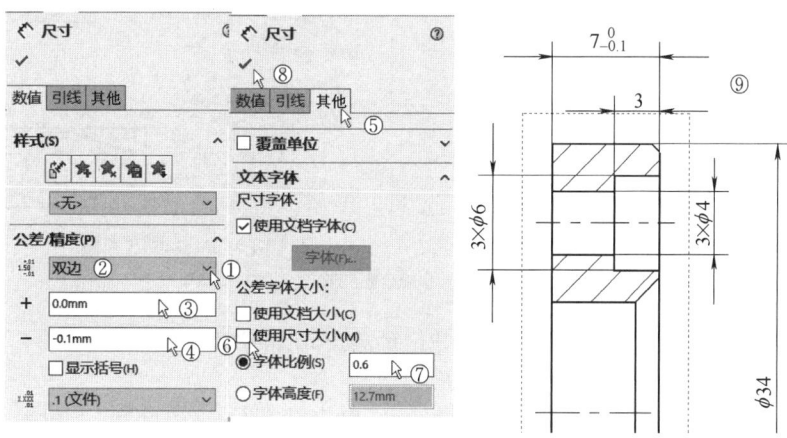

图 10-33 尺寸公差和字体比例

15)单击菜单"文件"→"另存为",在"另存为"对话框的"文件名"文本框中输入"27 小盖.SLDDRW",单击 确定 按钮。

10.3 生成装配体工程图

生成旋塞装配体二维工程图的具体步骤如下。

1)单击窗口最上方的"打开"图标按钮 或者按组合键〈Ctrl+O〉。系统弹出"打开"对话框，找到本书配套资源中相应文件夹里的"旋塞装配体.SLDASM"，单击 打开 按钮，如图10-34所示，它由6个零件组成。

2）单击窗口最上方的"新建"图标按钮 或者按组合键〈Ctrl+N〉，在弹出的"新建SolidWorks文件"对话框中选择"gb_a3"模板，单击 确定 按钮，如图10-35中①、②所示。双击"旋塞装配体.SLDASM"，选择"前视"后按住鼠标不放，将其拖到绘图区内，鼠标向下移，生成"下视"，如图10-35中③~⑥所示。右击结束命令。

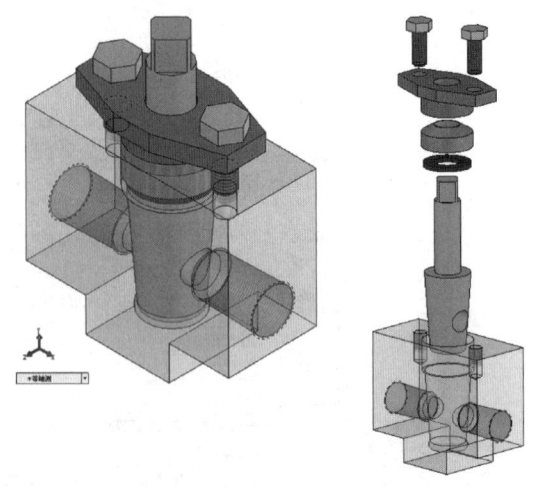

图10-34 打开旋塞装配体

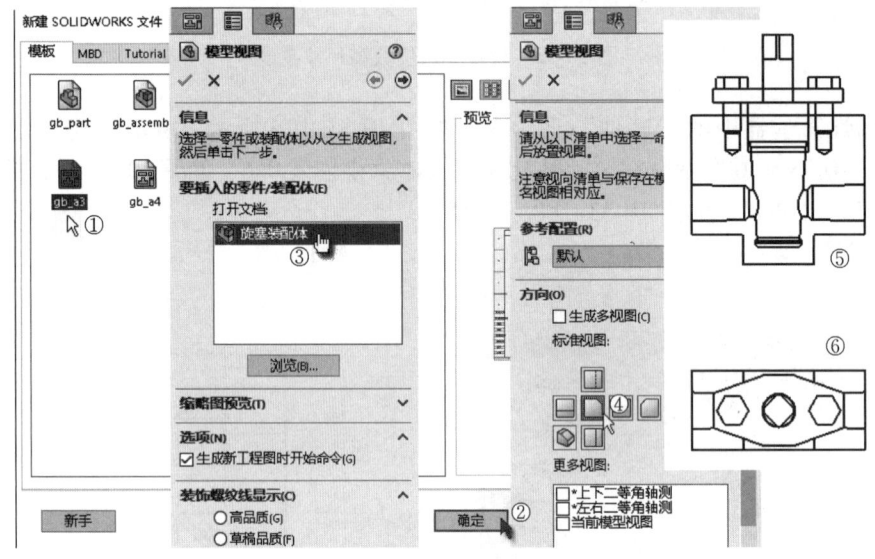

图10-35 生成旋塞装配体主俯视图

3）选中上方的"前视"即"工程视图1"，单击"草图"切换到"草图"面板。单击"边角矩形"图标按钮 ，绘制出一个矩形，将"前视"完全包围在内。不要着急结束矩形绘制，马上单击"视图布局"切换到"视图布局"面板，单击"断开的剖视图"图标按钮 ，弹出"剖面视图"对话框，在"工程视图1"属性管理器中选择一个阀杆、两个螺栓特征，如图10-36中①所示，勾选"自动打剖面线"，单击 确定 按钮，如图10-36中②、③所示。勾选"预览"，选择边线，单击"确定"图标按钮 ，如图10-36中④~⑥所示。

4）选择主视图，单击"视图布局"面板上的"投影视图"图标按钮 或单击"插入"→"工程视图"→"投影视图"，先选择左上方的"前视"，将鼠标指针移到主视图的右侧，单击后生成左视图。对左视图进行半剖视的过程类似于上述的全剖视，只不过矩形是过

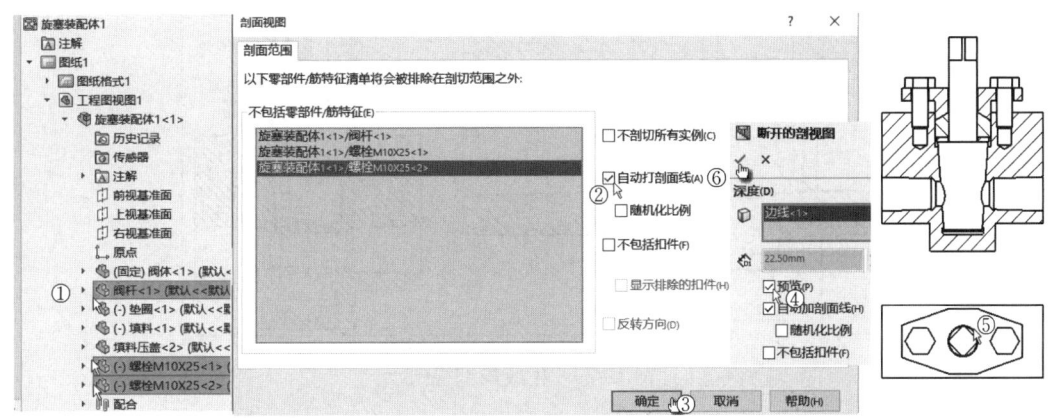

图 10-36 生成断开的剖视图

中心线的小矩形。用"边角矩形"□框选中心线以左的视图，不要着急结束矩形绘制，马上切换到"视图布局"，单击"断开的剖视图"，之后步骤同前，结果如图 10-37 所示。

5）修改"填料"的剖面线样式。双击需要修改剖面线的零件，选择剖面线，如图 10-38 中①、②所示。"剖面线样式比例"中的数值变化可以改变剖面线的稠密程度，"剖面线样式角度"可以选择或者输入剖面线的倾斜角度，不要勾选"材质剖面线"，具体设置如图 10-38 中③~⑤所示。

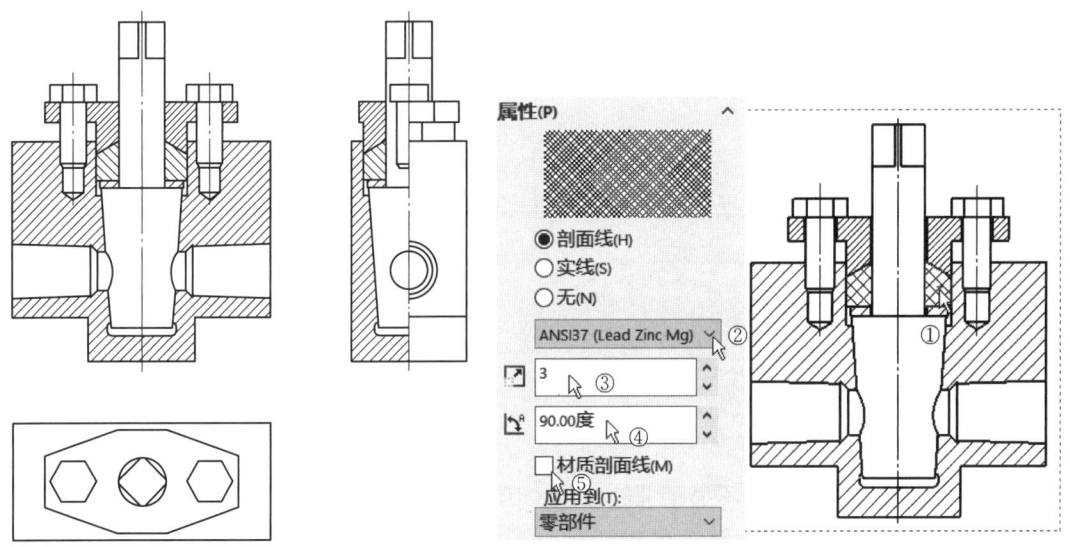

图 10-37 生成半剖视图　　　　图 10-38 修改"填料"的剖面线样式

6）选中上方的"前视"，用"样条曲线"工具 ∩ 绘制出如图 10-39 中①所示的封闭区域，不要着急结束矩形绘制，马上切换到"视图布局"，单击"断开的剖视图"，类似于步骤4），结果如图 10-39 中②所示。

7）单击选择一条样条曲线，如图 10-40 中①所示。单击菜单"视图"→"工具栏"→"线型"或者单击"线型"图标按钮，系统会在界面的左下角弹出"线型（L）"工具

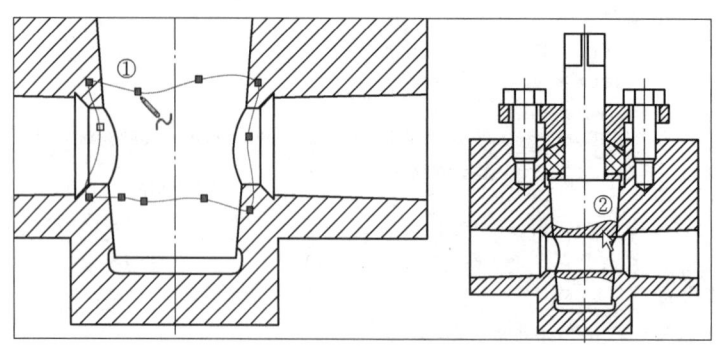

图 10-39　生成局部视图

栏，单击"线条样式"图标按钮≡，选择一个合适的线粗，如图 10-40 中②、③所示，在绘图区空白处单击完成线型的变更。对另一条曲线也做类似的处理。

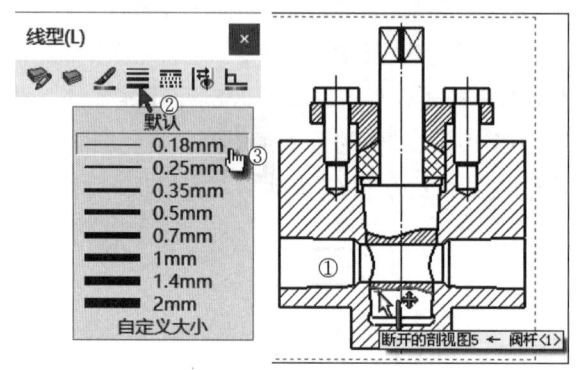

图 10-40　改变线型

8）分别选择主视图和左视图，手工添加 8 条线以表示小平面，结果如图 10-41 所示。

图 10-41　绘制 8 条线段

9）在装配体中，默认是不显示螺纹线的，因此需要有一个插入装饰螺纹线的操作。单击菜单"插入"→"模型项目"，弹出"模型项目"属性管理器。在属性管理器中，"来源"选择"整个模型"，在"尺寸"中，单击"设为工程图标注"，在"注解"中，单击"装饰螺纹线"，如图 10-42 中①~③所示。其余采用默认设置，单击"确定"图标按钮，结果如图 10-42 中④所示。

10）添加中心线。标注尺寸如图 10-43 所示。

11）选择主视图，单击"注解"切换到"注解"面板，单击"自动零件序号"或单击菜单"插入"→"注解"→"自动零件序号"。系统弹出"自动零件序号"属性管理器，

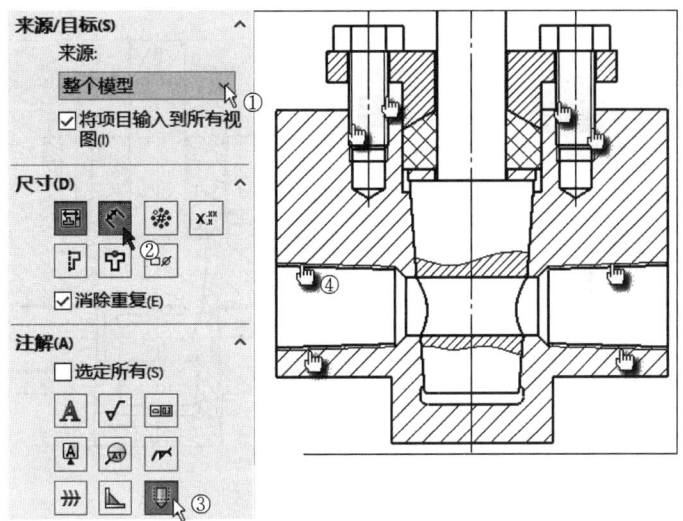

图 10-42 插入螺纹线

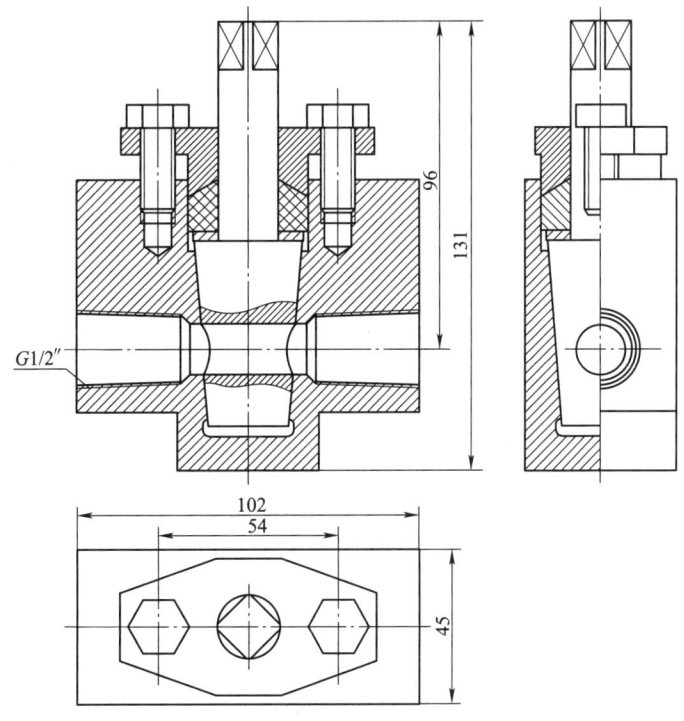

图 10-43 添加中心线并标注尺寸

"阵列类型"选择"布置零件序号到右"，"零件序号设定"选择"下划线⊖"，选择"2个字符"，其他采用默认设置，单击"确定"图标按钮✓，如图 10-44 中①~④所示。

⊖ "下划线"实为"下画线。"

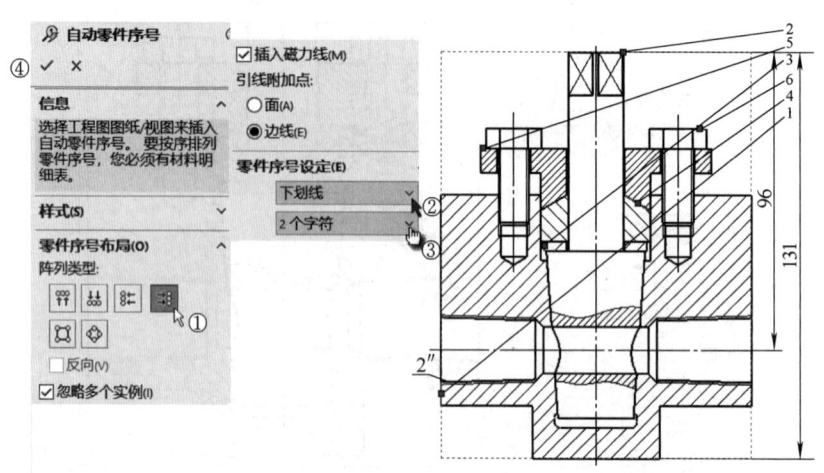

图 10-44　自动零件序号

12）分别选择零件序号指引线端的箭头，按着鼠标左键拖动引线，调整后的情况如图 10-45 所示。

13）单击"注解"面板中"表格"下的"材料明细表"图标按钮 或单击菜单"插入"→"表格"→"材料明细表"。系统弹出"材料明细表"属性管理器，在绘图区中选择主视图，选择"表格模板"为"bom-standard"，单击"确定"图标按钮 。在合适的地方放置材料明细表，利用鼠标拖动角点控标，可以调整表格的整体大小。在绘图区中单击材料明细表的标题栏，单击"材料明细表"属性管理器中的"材料明细表内容"或"表格格式"，如单击"表格标题在上" 使其变更为"表格标题在下"，对材料明细表作一系列的设置，最后单击"确定"图标按钮 ，如图 10-46 所示。

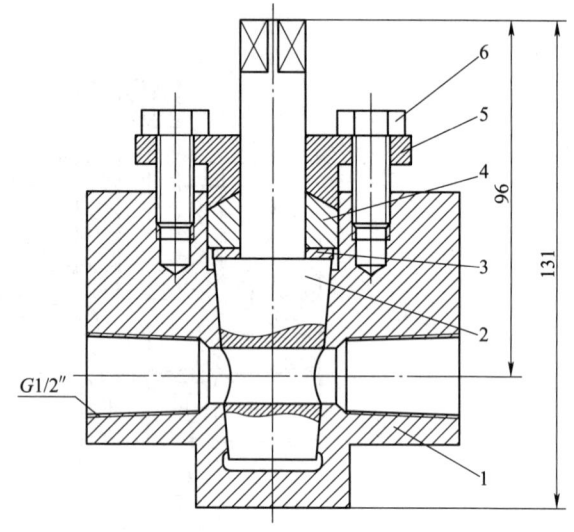

图 10-45　调整零件序号

14）在材料明细表内容显示中，可将行上下移动，将行分组或解除组，并隐藏或显示列，在"表格格式"中可以设置表格中文字的显示属性，如顶部对齐、居中对齐等，如图 10-47 所示。

15）双击材料明细表中的单元格，弹出如图 10-48 所示的对话框，单击"保持链接"，输入或修改文字，对模板中的文字也进行调整，以便统一。调整后的材料明细表如图 10-49 所示。

16）添加注释，如图 10-50 所示。完成的旋塞装配体如图 10-51 所示。

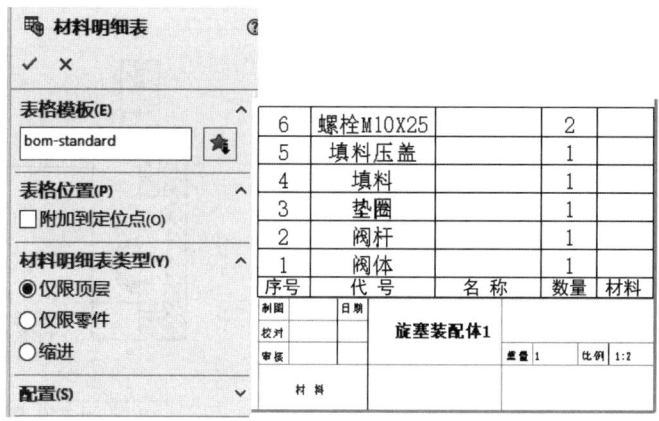

图 10-46 插入材料明细表

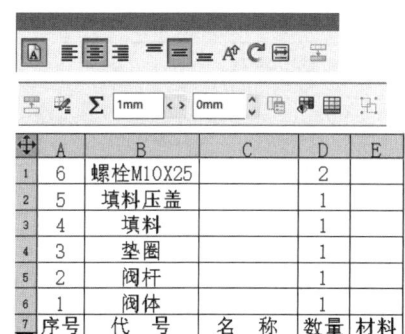

图 10-47 材料明细表属性设置

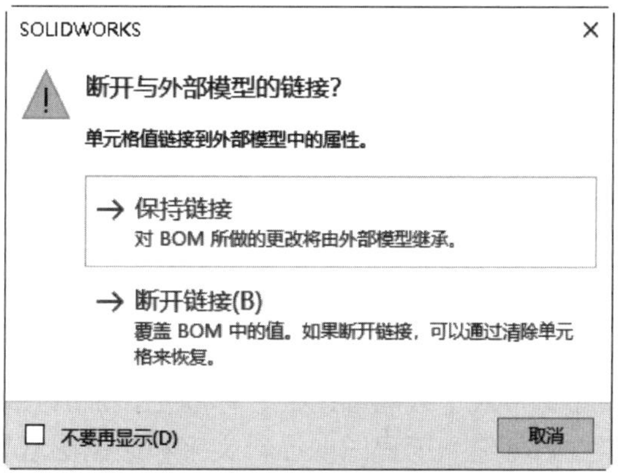

图 10-48 提示对话框

6	GB/T 5782	螺栓M10X25	30	2
5	03.01.04	填料压盖	A3	1
4	03.01.03	填料	石棉绳	1
3	GB/T 97.1	垫圈	20	1
2	03.01.02	阀杆	45	1
1	03.01.01	阀体	20	1
序号	图号	零件名称	材料	数量

制图		日期	旋塞装配体1	
校对				
审核				重量 1 比例 1:2
材 料				

图 10-49 材料明细表

技术要求
1.旋塞关闭时，不得有泄漏。
2.工作压力为0.25MPa。
3.填料压紧后的高度约为12mm。

图 10-50 注释

SolidWorks 2023 基础教程

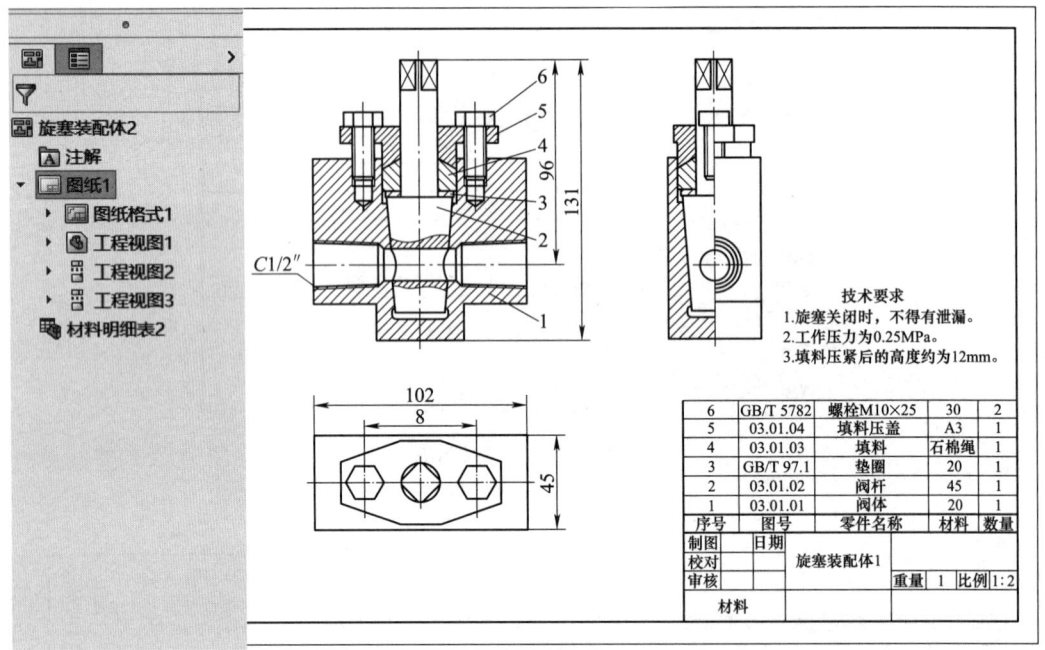

图 10-51　旋塞装配体

10.4　设置图纸格式

在图纸格式中只能画图框、标题栏，加入注释文字或画几何线条，但无法建立工程图。在图纸中则可建立工程图、注释文字和绘制图素等。在图纸中无法对图纸格式中的对象进行编辑。

SolidWorks 的图纸格式不符合我国的国标，需要重建。

10.4.1　自定义图纸格式

在下面的步骤中，通过建立"A3 横向"图幅的图纸介绍建立图纸格式、标题栏和工程图模板的方法。通过这个实例，可了解建立工程图格式文件和模板的基本方法与步骤。

1）新建工程图。启动 SolidWorks 后，单击窗口最上方的"新建"图标按钮或者按组合键〈Ctrl+N〉，在弹出的"新建 SolidWorks 文件"对话框中选择"工程图"，单击"确定"按钮完成新文件创建的操作。单击"模型视图"对话框中的"关闭"图标按钮，如图 10-52 中①所示。进入"工程图 1"界面。在"图纸 1"中右击，从快捷菜单中选择"添加图纸"，如图 10-52 中②、③所示。在"图纸 2"中右击，从快捷菜单中选择"属性"，选择"投影类型"中的"第一视角"，选择"自定义图纸大小"，在"宽度"文本框中输入"420mm"，在"高度"文本框中输入"297mm"，单击"应用更改"按钮，如图 10-52 中④~⑧所示。

2）编辑图纸格式。在"图纸 2"中右击，从快捷菜单中选择"编辑图纸格式"命令，切换到编辑图纸格式状态。单击"边角矩形"图标按钮，绘制两个矩形分别代表图纸的

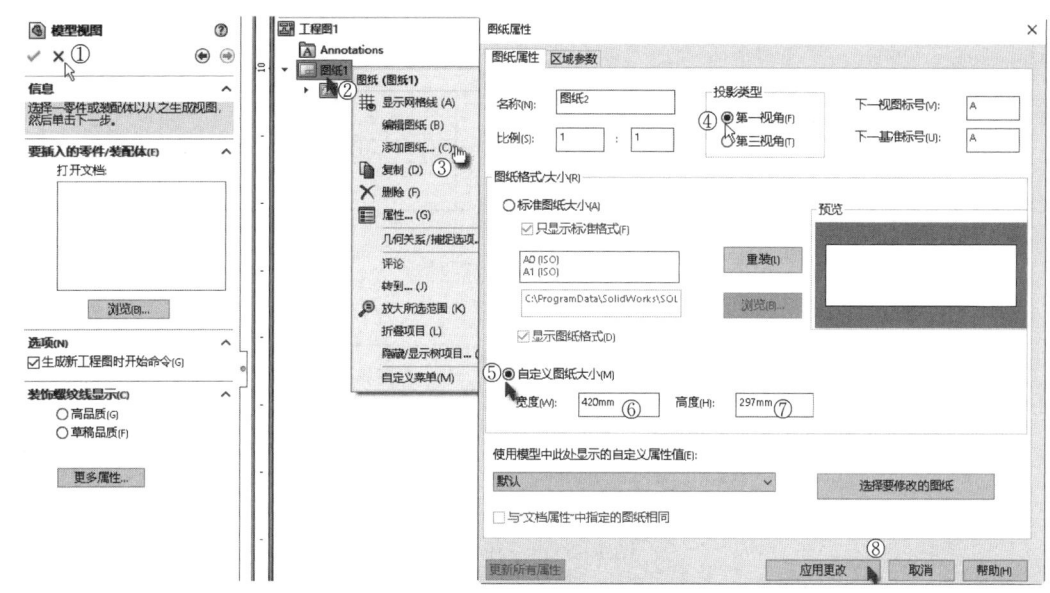

图 10-52 添加图纸

纸边界线和图框线。单击"添加几何关系"图标按钮，对外侧矩形的左边和下边建立"固定"几何关系，在标注尺寸时可以以这两条边定位。单击"智能尺寸"图标按钮，标注两个矩形的尺寸，如图 10-53 中①所示。

3）设置线粗。选择内侧代表图框的矩形，单击"线型"工具栏中的"线宽"图标按钮，如图 10-53 中②所示。定义 4 条直线的线宽为粗实线，如图 10-53 中③所示。

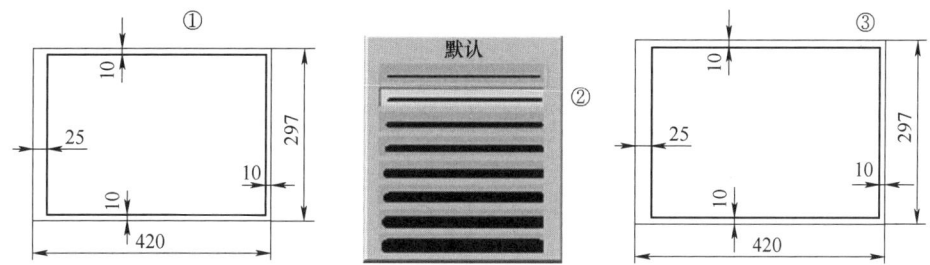

图 10-53 图框尺寸和设置线粗

4）隐藏尺寸。单击菜单"视图"→"显示/隐藏注解"，按住〈Ctrl〉键，依次选择需隐藏的尺寸，单击"重建模型"图标按钮，如图 10-54 中①所示。绘制标题栏外框并标注尺寸，如图 10-54 中②所示。按照要求绘制标题栏中相应的直线，并使用几何关系、尺寸确定直线的位置，绘制完成后隐藏尺寸，如图 10-54 中③所示。

5）一般注释。单击"注解"，单击"注解"面板上的"注释"图标按钮或者单击菜单"插入"→"注解"→"注释"，在"注释"属性管理器中可设置编辑属性（箭头、引线、字体、边界等）。如单击"无引线"图标按钮，在图形区域中单击以放置注释，输入文字，在图形区域中注释完后单击完成注释，如图 10-55 所示。为了方便定位草图和注释，可以在工程图中显示和设置网格线。

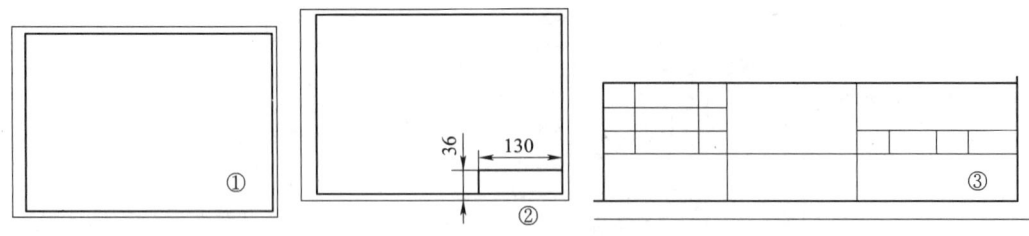

图 10-54 图框及标题栏

制图	姓名	日期	图样名称	图样代号		
校对						
审核				数量	5	比例	2:1
材料	名称		HT200	单位名称		

图 10-55 注释文字

最后,选择一组文字,单击"对齐"工具栏上的工具按钮,如图 10-56 所示,还可以右击其中一组文字,在弹出的快捷菜单中选择"对齐"或者单击菜单"工具"→"对齐",然后选择一种对齐方式来对齐文字。

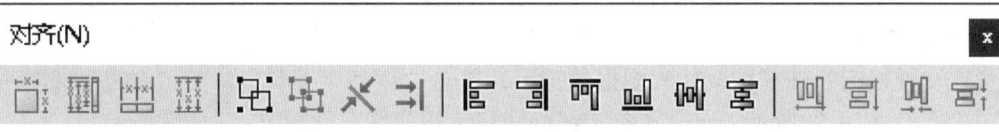

图 10-56 "对齐"工具栏

6) 保存图纸格式。单击"文件"→"保存图纸格式",在"保存在"中选择文件夹,在"文件名"文本框中输入想要保存的文件名,单击 保存(S) 按钮,图纸格式保存在所选择的文件夹内。

7) 回到图纸。右击"图纸格式 2",然后选择"编辑图纸",即可返回到图纸工作界面。

8) 保存工程图模板。单击"文件"→"另存为",在"保存类型"中选择"工程图模板",在"文件名"文本框中输入想要保存的文件名,单击 保存(S) 按钮。

10.4.2 修改系统中已有的图纸格式

修改系统中已有的图纸格式的步骤如下。

1) 在工程图的"图纸 1"中右击,从快捷菜单中选择"编辑图纸格式"命令,切换到编辑图纸格式状态的。

2) 双击文字,输入所需的文字,单击文字以外的区域,退出注释编辑模式。

3) 单击线条或文字后按〈Delete〉键可删除多余线条或文字。

4) 单击线条或文字,可将其拖动到新的位置。

5) 用草图绘制工具绘制直线命令添加线条。用插入注解的方法添加文字。

6）保存图纸格式，回到编辑图纸状态。

10.5　3D 工程图视图

1）生成低速滑轮装配图的工程图主视图，如图10-57中①所示。

2）单击"视图布局"面板上的"剖面视图"图标按钮，系统弹出"剖面视图辅助"属性管理器，选择"半剖面"，选择"顶部左侧"，如图10-57中②~④所示。

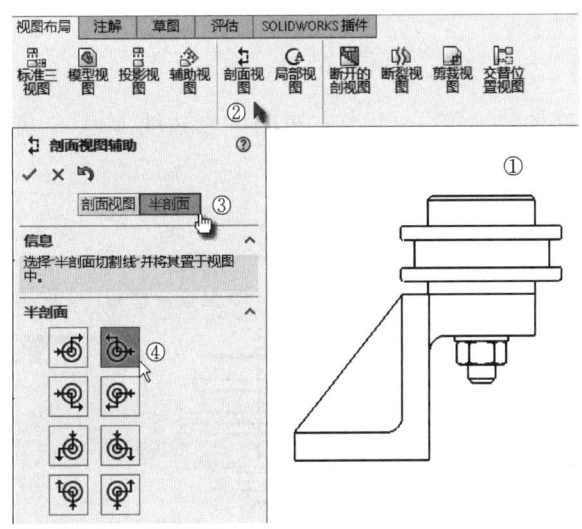

图10-57　选择剖面类型

3）在绘图区移动鼠标单击如图10-58中①所示的点，系统弹出"剖面视图"对话框，展开装配体特征树，依次选择不剖切的"心轴""垫圈""螺母"，勾选"自动打剖面线"，其余采用默认设置，单击 确定 按钮，如图10-58中②~⑥所示。

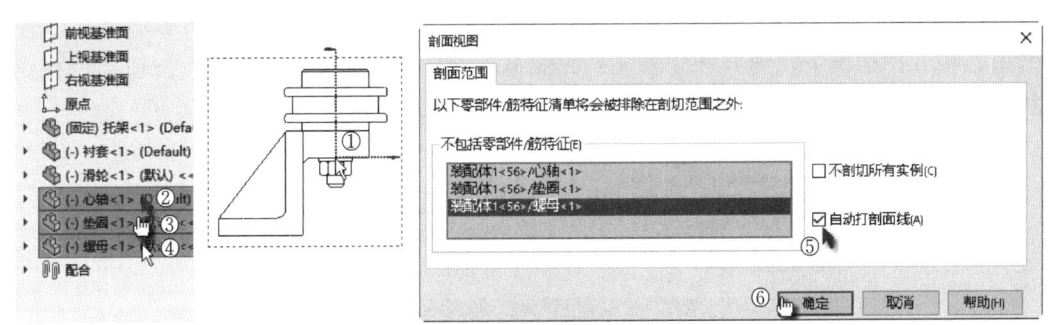

图10-58　确定剖切线等

4）在绘图区向右移动鼠标到适当位置单击以确定剖视图的位置，单击"确定"图标按钮，如图10-59中①、②所示。

5）单击"视图前导"中的"3D工程视图"，此时就可以拖动剖面模型至合适的位置了，如图10-60中①、②所示。单击"确定"图标按钮，双击刚生成的"3D工程视

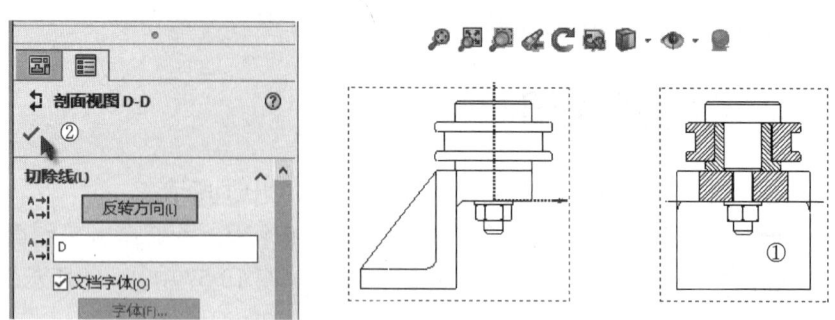

图 10-59 确定剖视图的位置

图",勾选"缩放剖面线图样比例",单击左边的"带边线上色",并单击"确定"图标按钮✔,如图 10-60 中③~⑦所示。

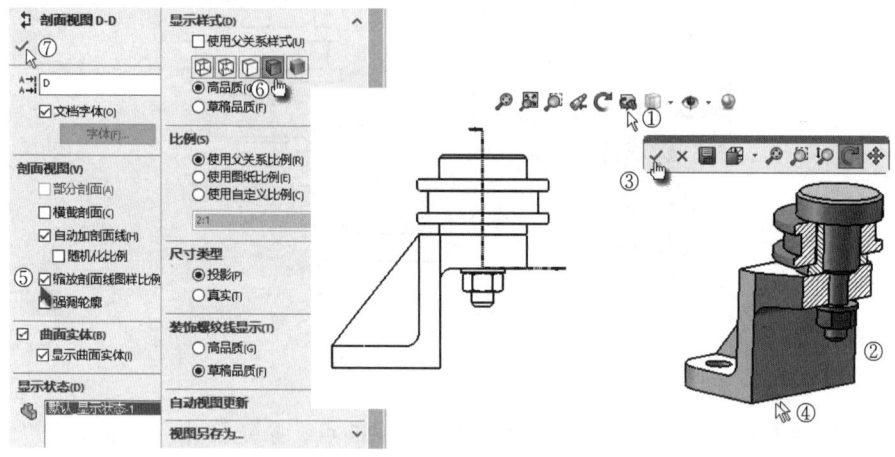

图 10-60 3D 工程视图

6)单击窗口最上方的"另存为"图标按钮,系统弹出"另存为"对话框,选择保存类型,在下拉菜单中找到 Dwg(*.dwg)格式,单击确认。单击 保存(S) 按钮,保存到对应的文件中,如图 10-61 中①、②所示。这样保存的图就可以在 CAD 中打开了。

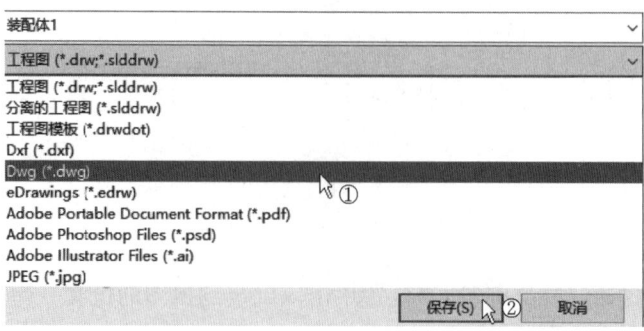

图 10-61 选择保存格式

10.6 思考与练习

1. 生成接头 1 的工程图，如图 10-62 所示。

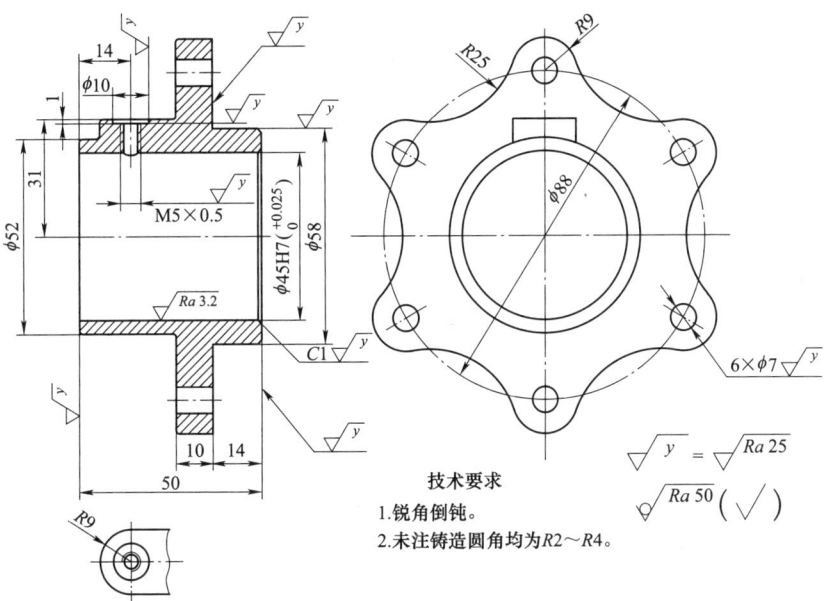

图 10-62　接头 1

2. 生成接头 2 的工程图，如图 10-63 所示。

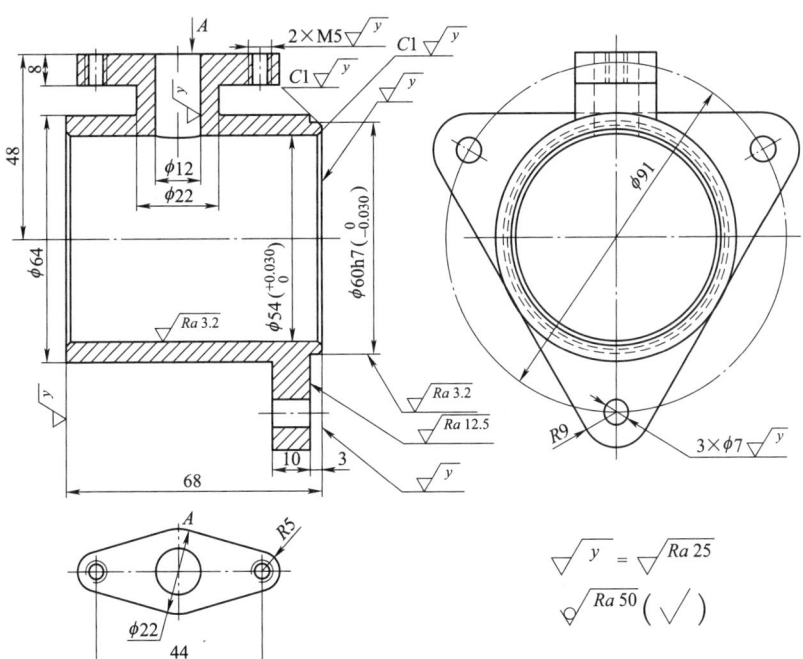

图 10-63　接头 2

3. 生成支座的工程图，如图 10-64 所示。

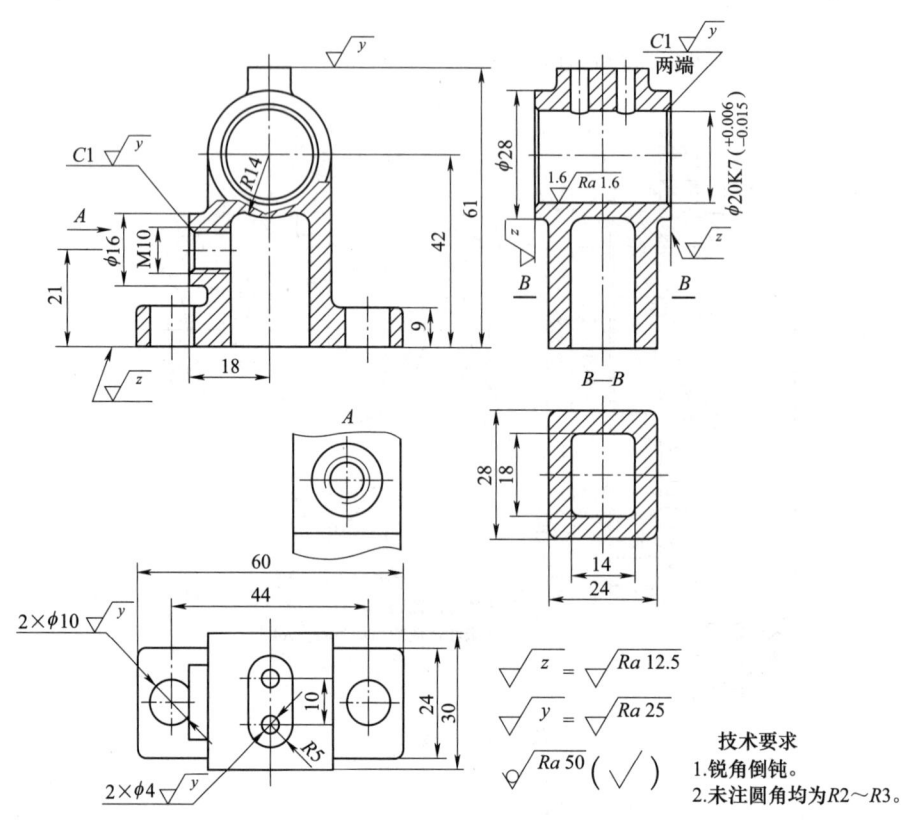

图 10-64　支座

4. 生成壳体的工程图，如图 10-65 所示。

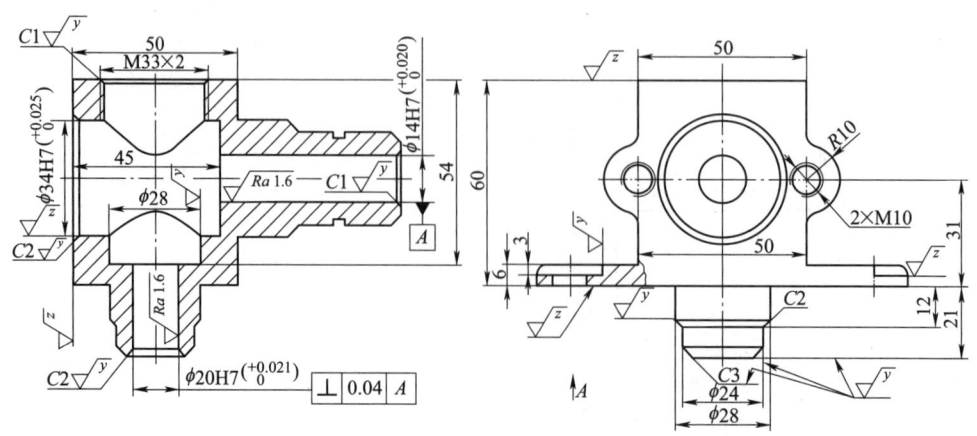

图 10-65　壳体

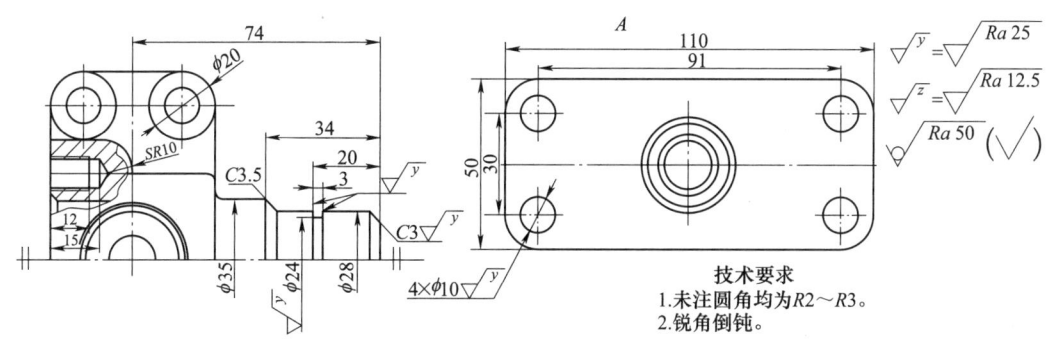

图 10-65 壳体（续）

5. 生成螺纹连接装配图的工程图，如图 10-66 所示。

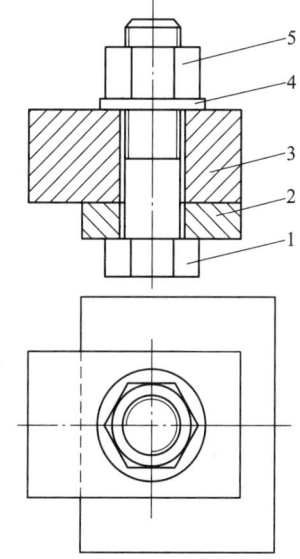

图 10-66 螺纹连接装配图

6. 生成托架连接装配图的工程图，如图 10-67 所示。

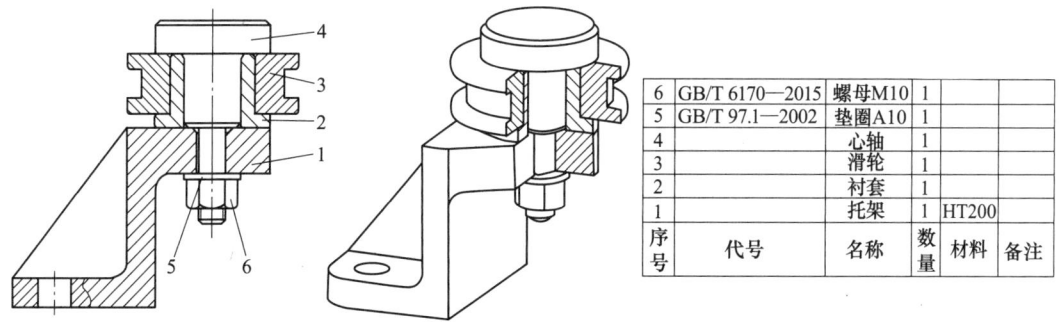

图 10-67 托架连接装配图

7. 生成管钳各零件及组装后的工程图，如图 10-68~图 10-70 所示。

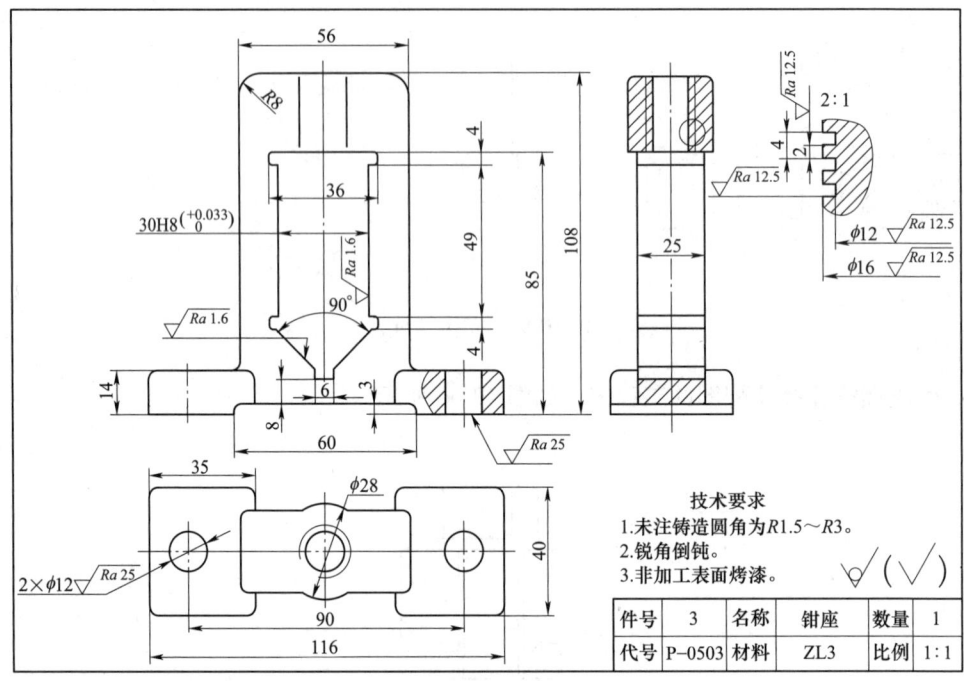

图 10-68　钳座

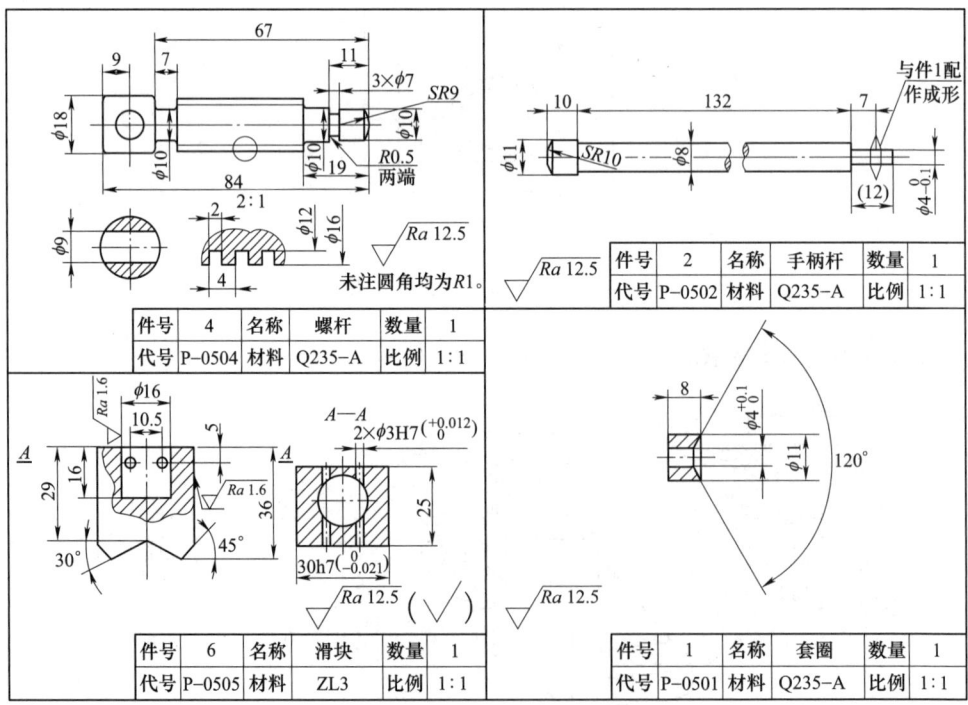

图 10-69　各个零件图

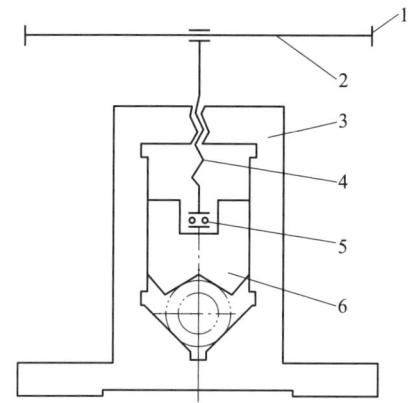

6	P-0505	滑块	1	ZL101	
5		销3m6×24	2	35	GB/T 119.1
4	P-0504	螺杆	1	Q235-A	
3	P-0503	钳座	1	ZL101	
2	P-0502	手柄杆	1	Q235-A	
1	P-0501	套圈	1	Q235-A	
序号	代号	名称	数量	材料	备注
制图		管钳		P-0500	
校对					
审核			数量	比例	

图 10-70 装配简图及明细栏

第 11 章 综合应用

在完成了零件设计、装配之后，很多时候还需要对整个机构进行动态的模拟与仿真，如装配体零件的爆炸、升降机的工作分析等。通过直观形象的动画，能更好地交流设计思想与展示产品功能。SolidWorks 同样具备强大的动态仿真能力。

11.1 静力学分析

SolidWorks 中可以对零件进行静力学分析，利用插件中的 Simulation 模块，通过添加材料、夹具、载荷等可计算零件的应力应变情况。

下面对一矩形梁进行静应力分析。

1）绘制 80mm×80mm 的正方形草图，拉伸长度为 1200mm，生成矩形梁。

2）添加插件。单击菜单"工具"→"插件"，在弹出的对话框中勾选"SOLIDWORKS Simulation"，单击 确定 按钮，如图 11-1 中①、②所示，就可以激活"Simulation"面板，如图 11-2 所示。

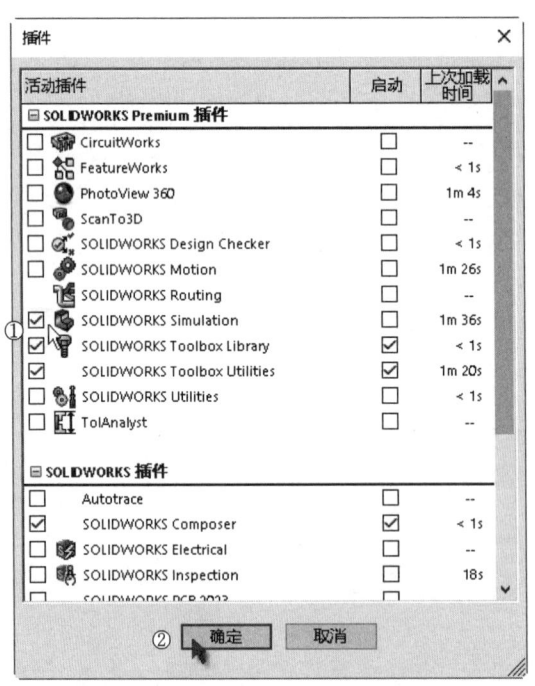

图 11-1 添加插件

3）添加新算例。单击"新算例"图标按钮，系统弹出"算例"属性管理器，如图 11-3 所示，单击"确定"图标按钮即可。

图 11-2 "Simulation"面板

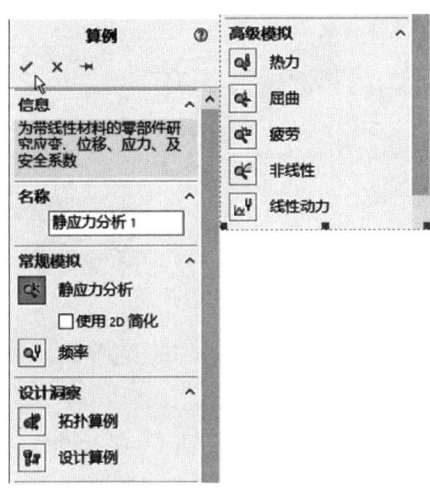

图 11-3 "算例"属性管理器

4)应用材料。单击"应用材料"图标按钮，系统弹出"材料"对话框。选择合适的材料，单击 应用(A) 按钮，单击 关闭(C) 按钮，如图 11-4 中①~③所示。

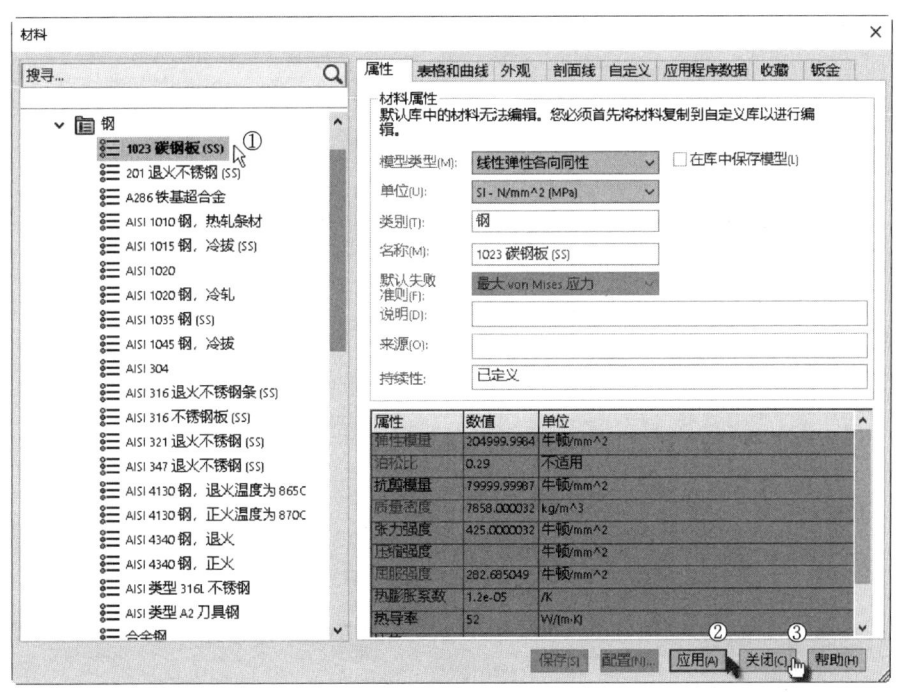

图 11-4 "材料"对话框

5)添加夹具。单击"夹具顾问"图标按钮，右侧出现互动属性对话框。单击"添加夹具"按钮，系统弹出"夹具"属性管理器，系统默认选择"固定几何体"图标按钮，选择零件的一个端面，单击"确定"图标按钮，如图11-5中①~④所示。

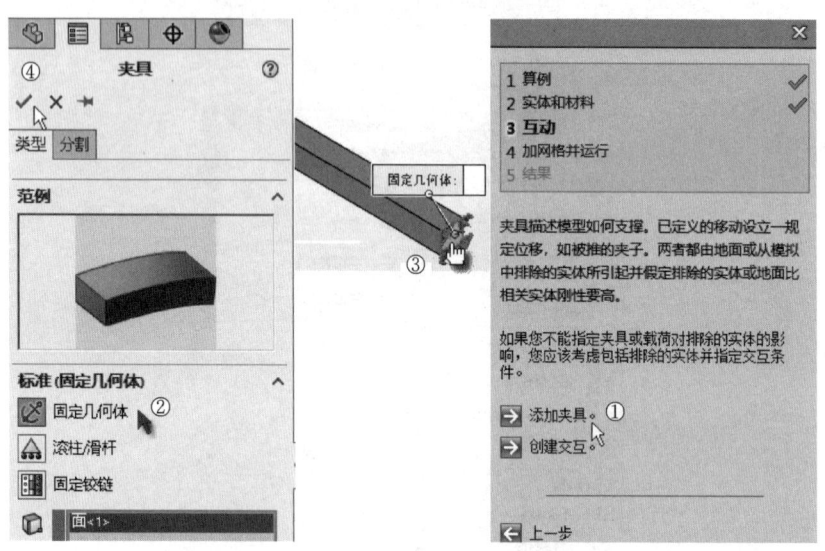

图11-5 "夹具"属性管理器

6)添加载荷。单击"外部载荷顾问"图标按钮，在右侧出现互动属性对话框。单击"添加载荷"图标按钮，系统弹出"力/扭矩"属性管理器，系统默认选择"力"图标按钮，选择力的作用面，输入力数值的大小，单击"确定"图标按钮，如图11-6中①~⑤所示。

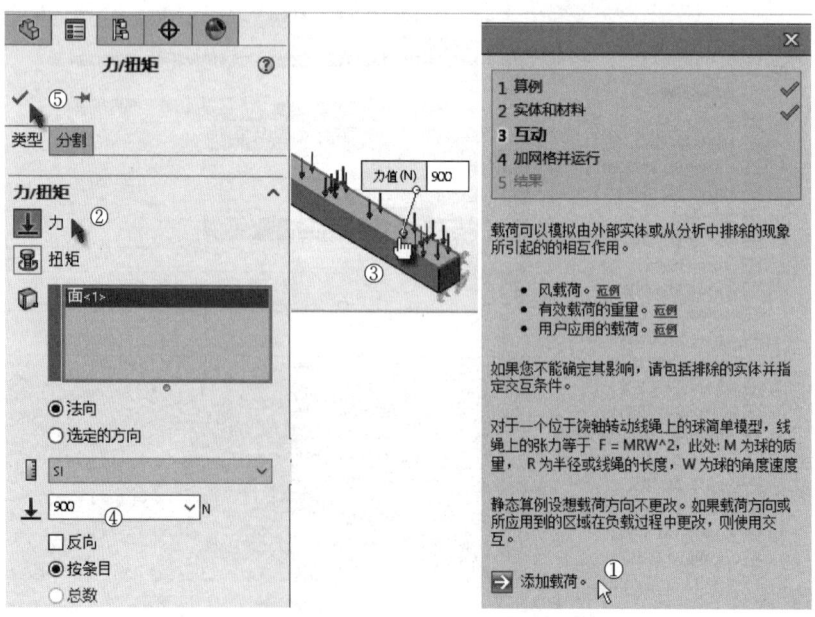

图11-6 设置"力/扭矩"属性管理器

7）运行此算例。单击"运行此算例"图标按钮 ，即可查看计算结果，在"结果"中观看应力、应变、位移等情况，计算结果如图 11-7 所示。

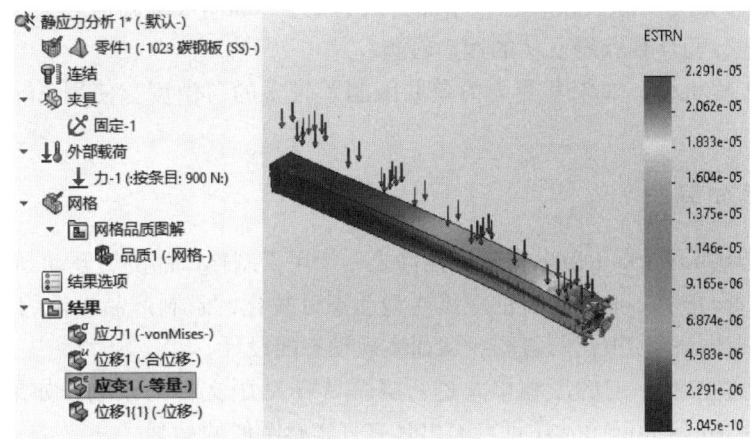

图 11-7　计算结果

8）生成结果报告。单击"报表"图标按钮 生成结果报表，如图 11-8 所示。

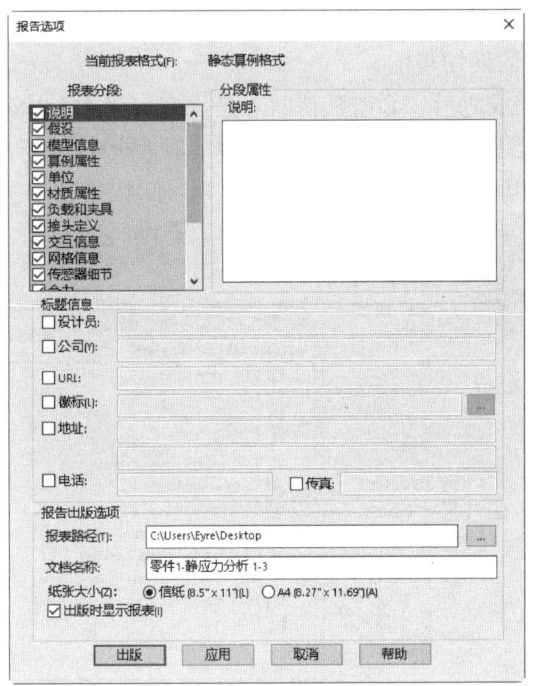

图 11-8　生成结果报表

11.2　SolidWorks 模拟运动仿真

在 SolidWorks 中能够通过两种方式来生成动画。

1）通过内置的 Animator 插件，在机构合理约束的条件下，设定零部件不同位置的路径点，经 SolidWorks 自动添加过渡状态来获得动画。

2）通过模拟机构实际工作状态，添加力或力矩，SolidWorks 即能自动判断机构的几何约束与物理碰撞，经计算获得真实的运动轨迹。

对于一般工程机构，如果其受力简单并限制了较多的自由度，使用 Animator 插件来实现比较方便。

11.2.1 动画向导

Animator 是 SolidWorks Office 自带的插件之一，用于制作产品的交互动画。

使用 Animator 能将 SolidWorks 的三维模型动态可视化，录制产品设计的模拟装配过程、模拟拆卸过程和产品的模拟运行过程，从而实现动态的设计。

Animator 能够按照一定的压缩格式进行屏幕 AVI 动画文件的录制，如果与 PhotoWorks 共同使用，SolidWorks Animator 还可以输出具有真实感图像的动画。

SolidWorks Animator 提供如下的产品外观展示能力。

1）模型位置与视角变化。
2）零件渐隐效果与色彩改变。
3）爆炸或解除爆炸动画，来展示装配体中零部件的装配关系。
4）动画显示装配体的剖切视图。

在 SolidWorks 安装完成之后，系统默认状态是没有加载 Animator 插件。因此首先必须开启该插件。单击菜单"工具"→"插件"，在弹出的对话框中勾选"SOLIDWORKS Motion"，单击 确定 按钮，就可以显示"运动仿真"工具栏，如图 11-9 中①~④所示。

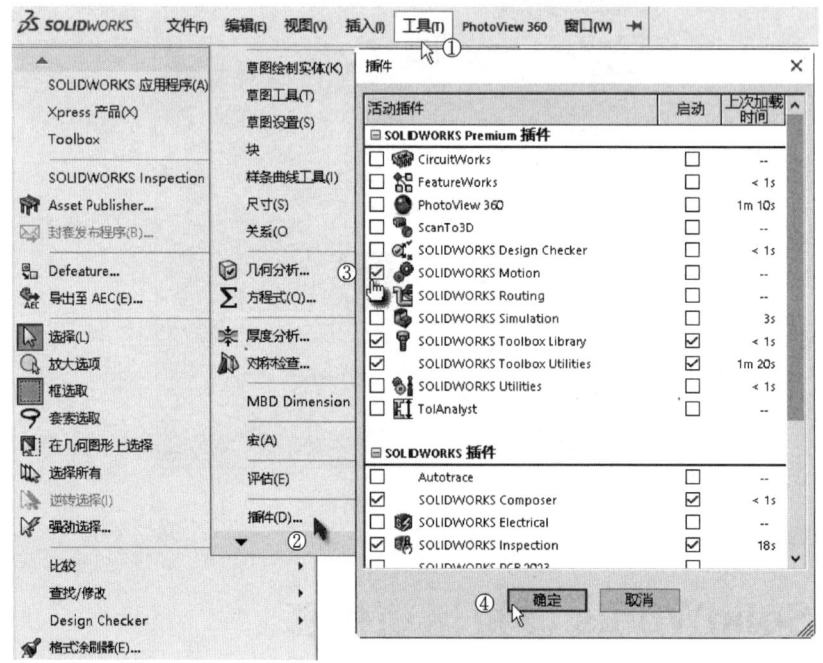

图 11-9 激活运动仿真插件

SolidWorks Animator 有两种生成动画的基本方式。第一种是通过使用动画向导。动画向导可以快速生成旋转动画、爆炸视图动画或解除爆炸视图动画。第二种方式是在 SolidWorks 装配体中，为不同的零部件指定明确的动画运动路径。下面分别进行介绍。

如果只是需要进行模型的动态旋转演示，则可以使用动画向导来生成动画。

打开任意一个装配体模型，单击窗口左下方的"运动算例"，系统弹出"运动仿真"工具栏。单击其中的"动画向导"图标按钮，系统弹出"选择动画类型"对话框，选择要生成的动画类型。这里选择"旋转模型"，单击 下一页(N) 按钮，如图 11-10 中①、②所示。注意，"爆炸""解除爆炸"只适用于装配体文件，并且对已生成装配体爆炸图的装配体才有效。

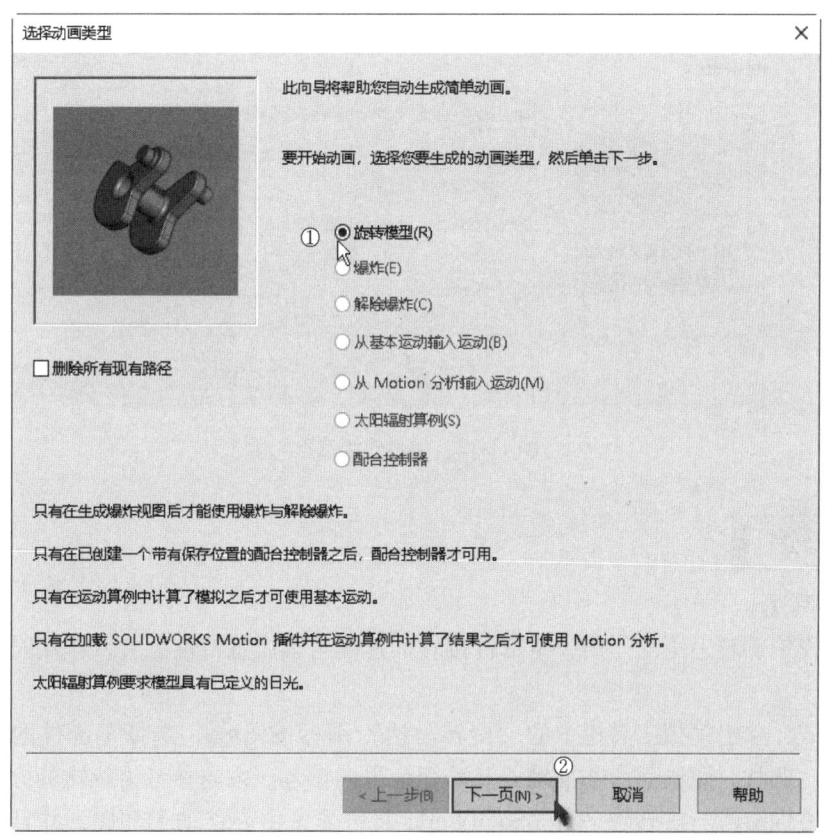

图 11-10　选择动画类型

系统弹出"选择—旋转轴"对话框，选择"Y-轴"，输入旋转的次数，这里可以自定义旋转的次数，如输入 5，单击 下一页(N) 按钮，如图 11-11 中①~③所示。

输入动画播放的时间长度（20s），输入动画开始运动前的延迟时间（3s），单击 完成 按钮，如图 11-12 中①~③所示。此时装配体即按照所设定的旋转参数进行旋转。

使用动画向导虽然方便，但是所能达到的动画效果十分简单，如果需要实现模型的多机构、多视角动态仿真，则需使用 Animator 的"路径动画"。

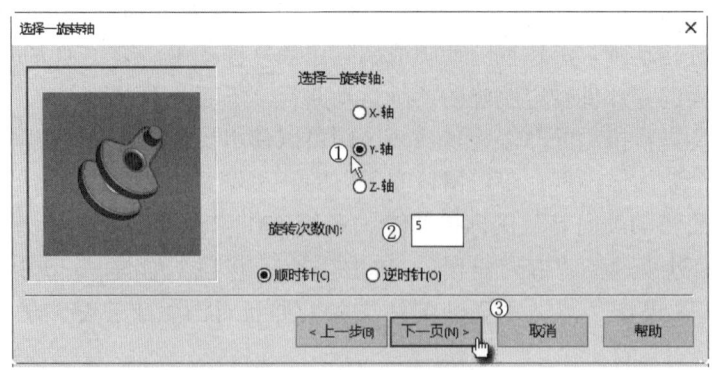

图 11-11　选择旋转轴

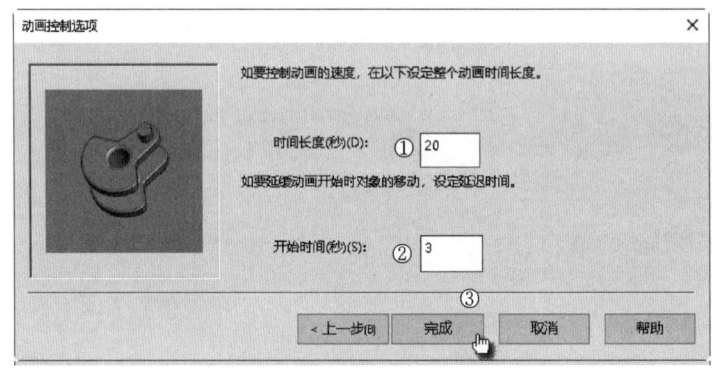

图 11-12　动画控制选项

11.2.2　马达

1. 旋转马达

特征：模拟旋转力矩的作用，零部件旋转的速度与其质量特性无关，作用时不考虑摩擦力和阻尼。

添加方式：单击模拟工具栏上的"旋转马达"图标按钮，选择零部件的线性或圆形边线、平面、圆柱、圆锥面、基准轴或基准面为方向参考。方向参考为旋转的方向，不是旋转的轴心。方向参考与旋转轴平行。SolidWorks 将绕质量中心移动零部件，并且考虑到零部件的配合和其他几何关系。

单击窗口最上方的"打开"图标按钮，打开保存的齿轮装配文件"装配体1.SLDASM"。单击"装配体"面板中的"新建运动算例"图标按钮，系统在窗口下方弹出运动仿真工具栏，单击时间旁的按钮，将动画时长改为"5 秒"。单击"马达"图标按钮，系统弹出"马达"属性管理器，在绘图区选择主动齿轮的端面，单击"确定"图标按钮，如图 11-13 中①~⑤所示。单击"计算运动算例"图标按钮，单击"播放"图标按钮，单击"保存动画"图标按钮，如图 11-13 中⑥~⑧所示。

系统弹出"保存动画到文件"对话框，设置比例，设置"每秒的画面"，帧数越高越细

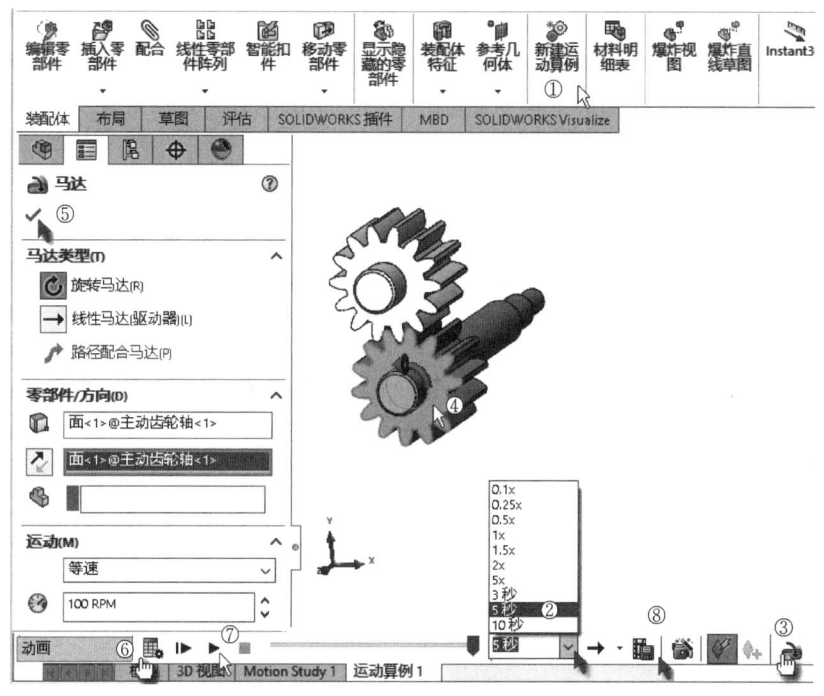

图 11-13 "旋转马达"运动仿真

腻,单击 保存(S) 按钮。系统弹出"视频压缩"对话框,单击 确定 按钮,如图 11-14 中①~④所示。动画就在"装配体"目录下。

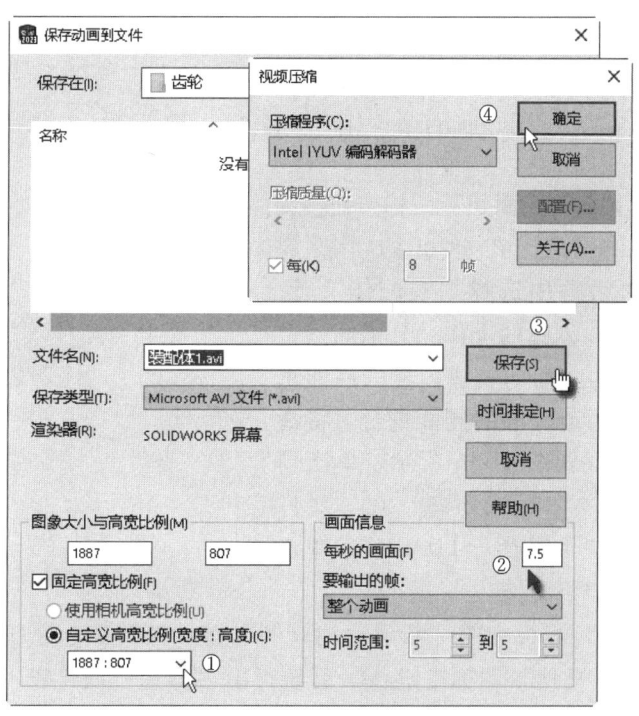

图 11-14 保存动画

2. 线性马达

特征：模拟线性作用力，零部件移动的速度与其质量特性无关；当有外部作用（如零部件之间的碰撞）使物体方向改变时，此线性作用力也会随之发生变化，其方向是根据零部件上的线、面或基准辅助面而定。

> 注意：线性马达不仅可以添加在实体面上，也可以添加在辅助面上。

下面介绍滑块沿矩形导轨运动的实例。

1）打开11.1节建立的"矩形梁"文件，单击"特征"面板上的"抽壳"图标按钮，系统弹出"抽壳"属性管理器。厚度设为10mm，在绘图区分别选择两个开放面，勾选"显示预览"，单击"确定"图标按钮，如图11-15中①~⑤所示。单击窗口最上方的"另存为"图标按钮，在"文件名"文本框中输入"轨道.SLDPRT"，单击 保存(S) 按钮。绘制一个60mm×60mm×60mm的正方体滑块并保存。

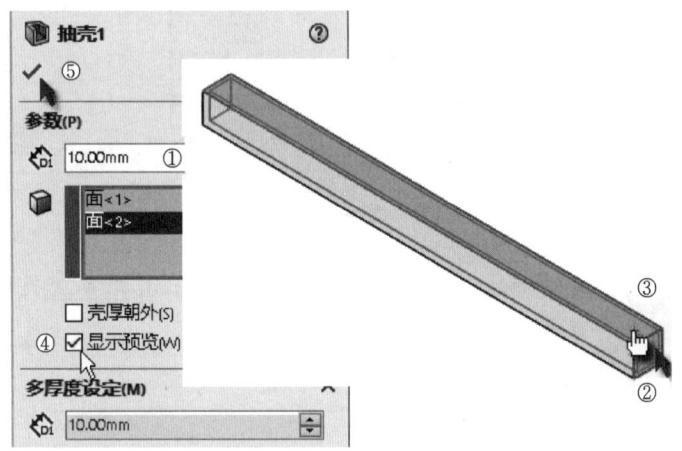

图 11-15　"抽壳"属性管理器

2）单击窗口最上方的"新建"图标按钮或者按组合键〈Ctrl + N〉，在弹出的"新建SolidWorks文件"对话框中选择"装配体"，单击 确定 完成新文件创建的操作。分别插入上述两个零件，使滑块的底面与轨道内槽的底面重合，使滑块的侧面与轨道内槽的侧面重合，将滑块移动到适当的位置，如图11-16所示。单击窗口最上方的"另存为"图标按钮，在"文件名"文本框中输入"线性马达.SLDASM"，单击 保存(S) 按钮。

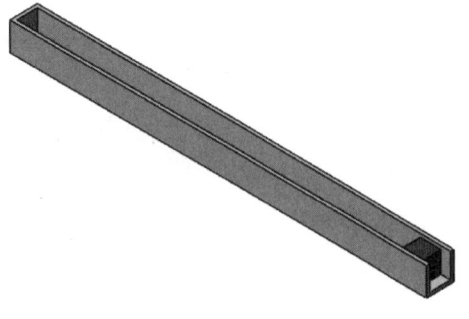

图 11-16　完成装配

3）单击"装配体"面板中的"新建运动算例"图标按钮，系统在窗口下方弹出运动仿真工具栏。单击"马达"图标按钮，系统弹出"马达"属性管理器。选择"线性马达"→，在绘图区选择滑块的端面，单击"反向"按钮改变箭头的方向，在"运动"选项组中，设置"函数"为"振荡"，"位移"为1000mm，其他采用默认设置，单击"确定"图标按钮✔，如图11-17中①~⑥所示。

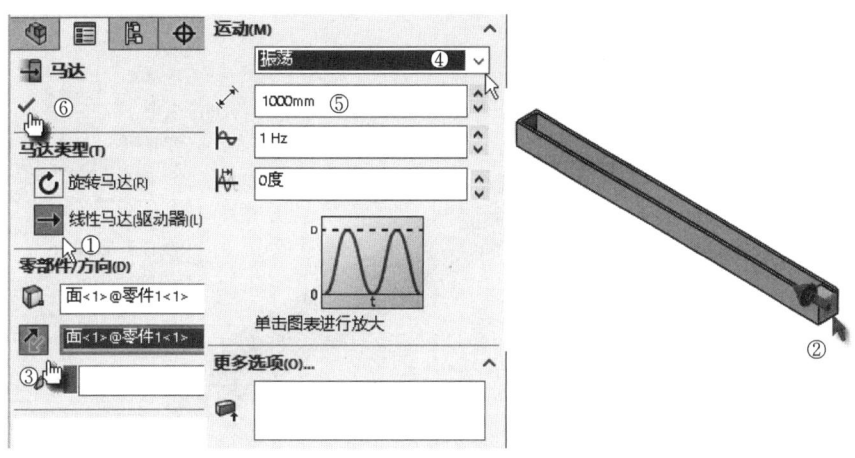

图11-17 设置"线性马达"参数

> 注意：如果选择一线性边线或基准轴，方向参考将绕边线或基准轴旋转。如果选择平面，方向参考将绕面的法线旋转。选择圆形边线或圆柱、圆锥面为方向参考元素时，零部件将绕该圆形边线或圆柱、圆锥面的中心轴线旋转。

4）单击时间旁的按钮，将动画时长改为"3秒"，单击"计算运动算例"图标按钮，单击"播放"图标按钮▶，单击"保存动画"图标按钮，如图11-18中①~④所示。

图11-18 计算运动算例

11.2.3 弹簧

特征：模拟弹性力作用，线性弹簧的一个端点必须位于零部件以外，另一个端点则必须在零部件上；线性弹簧将使零部件向弹簧到达其自由长度的点移动，一旦弹簧到达其自由长度，零部件的运动将停止；如果零部件上有多个弹簧，则零部件将在多个弹簧达到平衡的点停止运动。

马达作用的运动优先于弹簧作用的运动。零部件移动的速度与其质量特性有关。

添加方式：单击模拟工具栏上的"弹簧"图标按钮，选择两个弹簧端点将弹簧相连。注意，端点可以是实体上的线性边线、顶点，也可以是另做的草图点。选择边线时，弹簧端点将附加到边线的中点。在"自由长度"中输入一数值以决定弹簧是否延展或压缩。在"弹簧常数"中输入一数值来决定弹簧的强度，当输入小于初始值的数值时，弹簧将模拟"拉力"作用。

重新打开装配体"线性马达.SLDASM"，单击模拟工具栏上的"弹簧"图标按钮，系统弹出"弹簧"属性管理器。系统默认选中 线性弹簧，在绘图区分别选择轨道内槽的顶面和滑块上的面，如图11-19中①~③所示。设置"弹簧常数"为0.01牛顿/mm，勾选"随模型更改而更新"，设置"显示"选项组中的参数，单击"确定"图标按钮✔，如图11-19中④~⑨所示。

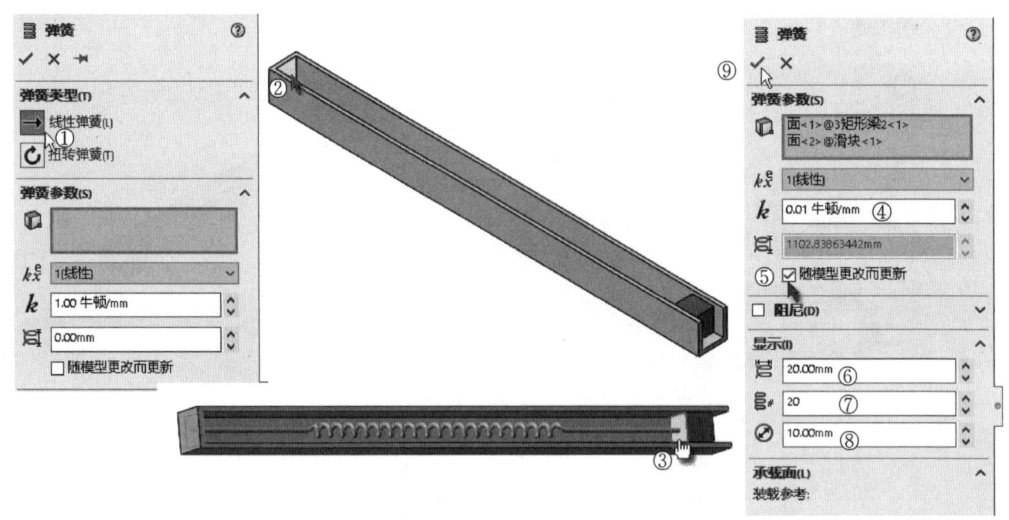

图 11-19　线性弹簧

11.2.4　引力

特征：所有零部件无论其质量如何都在引力作用下以相同速度移动。马达作用的运动优先于引力作用的运动。引力的作用也可以用线性马达来替代。

添加方式：单击模拟工具栏上的"引力"图标按钮，选择一线性边线、平面、基准面或基准轴为方向参考，可以设定正反向。如果选择一基准面或平面，方向参考与所选实体正交。

单击模拟工具栏上的"引力"图标按钮，系统弹出提示对话框，单击倒三角形图标按钮，从弹出的快捷菜单中选择"基本运动"，如图11-20中①~③所示。系统弹出"引力"属性管理器，在绘图区分别选择滑块上的面，单击"反向"按钮改变箭头的方向使其朝向内槽的顶面，其余采用默认设置，单击"确定"图标按钮✔，如图11-20中④~⑥所示。

单击时间旁的按钮，将动画时长改为"3秒"，单击"计算运动算例"图标按钮，单击"播放"图标按钮▶，单击"保存动画"图标按钮。

右击选择线性弹簧1，在弹出的快捷菜单中选择"编辑特征"，系统弹出"弹簧"属性管理器，修改"弹簧常数"为0.1牛顿/mm，单击"确定"图标按钮✔，如图11-21中①~④所示。单击"计算运动算例"图标按钮，单击"播放"图标按钮▶，可见滑块明显受到弹簧力的影响，只能运动一点点。

11.2.5　弹簧柔性变形

弹簧是借助于弹性形变进行工作的零件，在机械设备、仪器和日常生活用品中获得了广泛应用。为了满足不同的工作要求，弹簧具有不同的类型，如压缩弹簧、拉伸弹簧、扭转弹

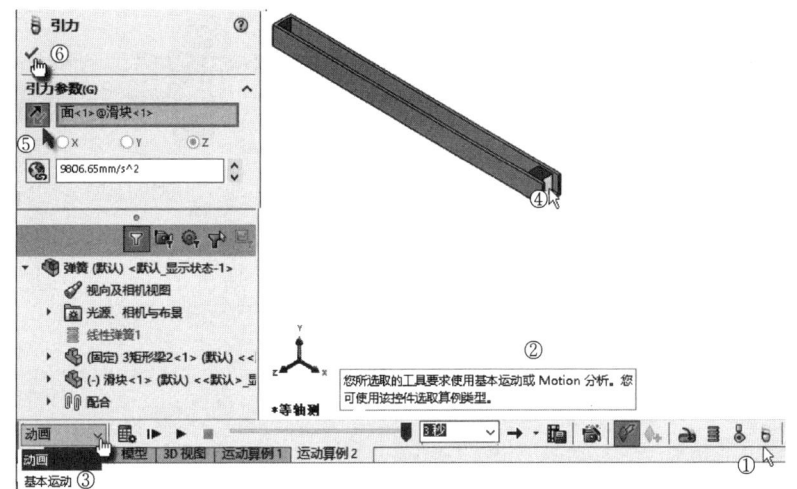

图 11-20 添加引力

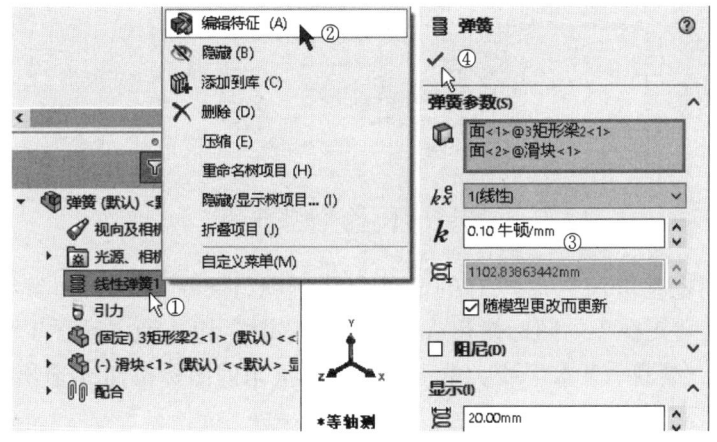

图 11-21 线性弹簧常数

簧、弯曲弹簧等。

SolidWorks 可以通过多种方式建立弹簧模型。这里以常见的圆柱形压缩弹簧为例,说明通过 SolidWorks 装配体"关联设计"得到弹簧适时变形的动画。

1)绘制一个直径分别为 20mm 和 40mm、长为 10mm 的圆筒,另存为"限位圈.SLDPRT",如图 11-22 中①所示。绘制一个直径为 40mm、长为 10mm 的圆柱,叠加上一个直径为 20mm、长为 100mm 的圆柱,另存为"弹簧座.SLDPRT",如图 11-22 中②所示。

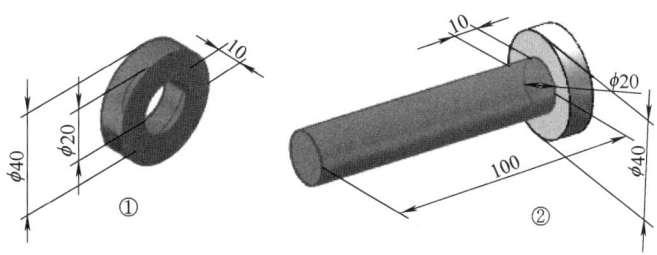

图 11-22 绘制限位圈和弹簧座

2）新建一个装配体文件，先插入"弹簧座.SLDPRT"，系统默认其为固定，再插入"限位圈.SLDPRT"，添加两者的关系为"同轴心" ◎，如图 11-23 所示。保存装配体文件为"弹簧装配.SLDASM"。

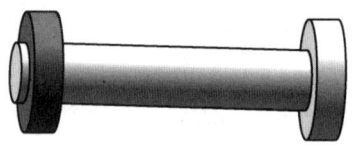

图 11-23　同轴心配合

3）单击菜单"插入"→"零部件"→"新零件"，系统弹出"另存为"对话框，在"文件名"文本框中输入"弹簧.SLDPRT"，单击 保存(S) 按钮，如图 11-24 中①~⑤所示。

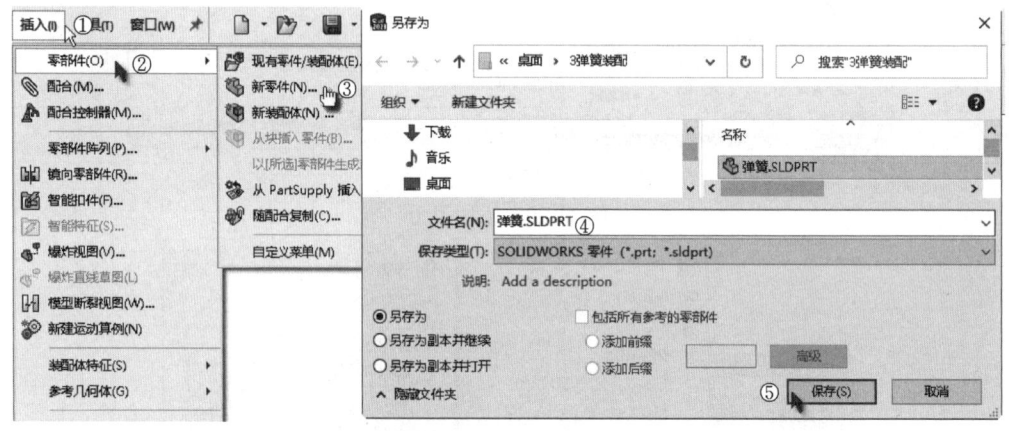

图 11-24　插入新零件

4）单击"前视基准面"后原有的零件变成透明，系统插入了弹簧零件。右击选择 [] 前视基准面，单击"正视于"图标按钮↓，单击"草图"切换到"草图"面板。单击"直线"图标按钮 ✎，绘制一条水平线，单击绘图区右上角的图标按钮 ↳ 退出绘制草图，如图 11-25 中①~③所示。

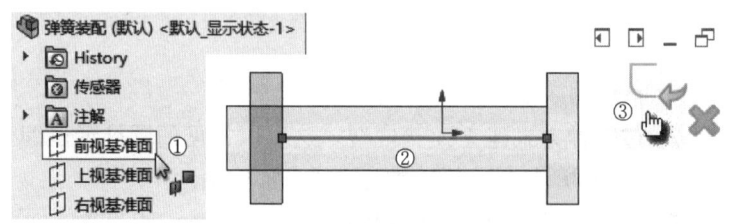

图 11-25　绘制水平线

5）右击选择 [] 前视基准面，单击"正视于"图标按钮↓，单击"草图"切换到"草图"面板。分别单击"中心线"图标按钮 ✎ 和"圆"图标按钮 ⊙，绘制一条下端点与水平线右端点重合的竖直中心线和一个圆，如图 11-26 中①、②所示，单击绘图区右上角的图标按钮 ↳ 退出绘制草图。

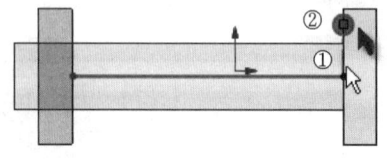

图 11-26　绘制竖直中心线和圆

6）单击"特征"切换到"特征"面板。单击"扫描"图标按钮 ✎，系统弹出"扫描"

属性管理器。在绘图区中选择圆,再选择直线,选择"指定扭转值""圈数""方向 1",单击"确定"图标按钮✓,如图 11-27 中①~⑥所示。

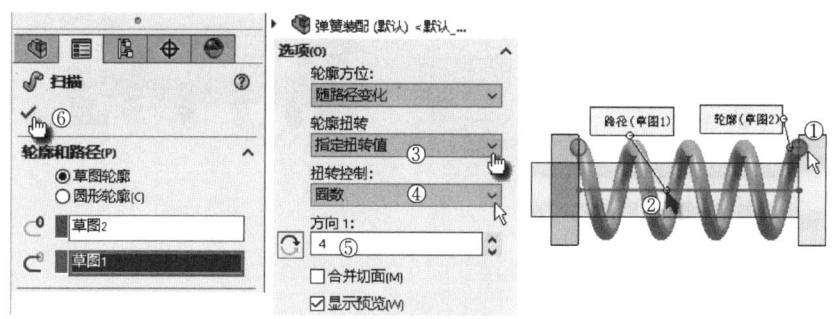

图 11-27 扫描弹簧

7)右击选择"弹簧",从弹出的快捷菜单中选择"使零件为柔性",系统弹出"激活柔性零部件"属性管理器,在绘图区选择弹性参考,单击"确定"图标按钮✓,如图 11-28 中①~⑦所示。

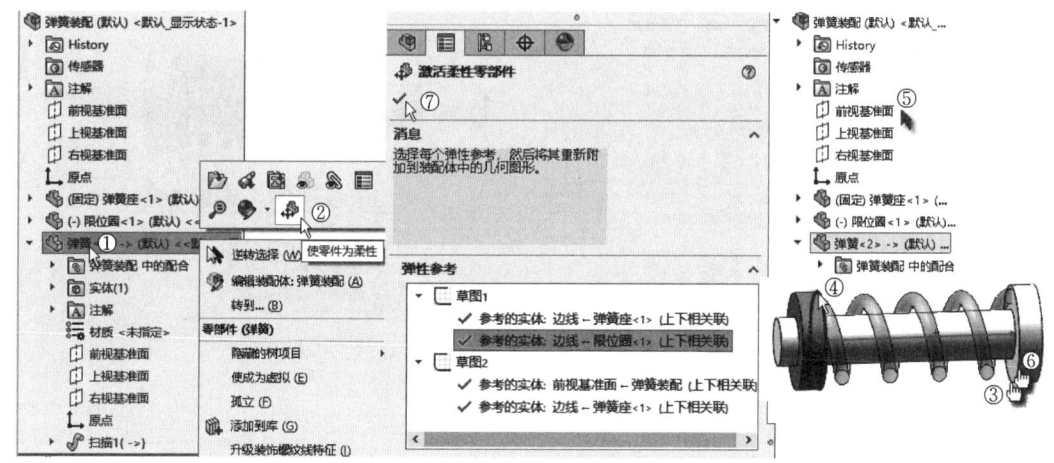

图 11-28 选择弹性参考

8)单击"装配体"面板中的"新建运动算例"图标按钮,系统在窗口下方弹出运动仿真工具栏。系统默认按下了"自动键码"图标按钮,单击"马达"图标按钮,系统弹出"马达"属性管理器。选择"线性马达",在绘图区选择滑块的端面,单击"反向"按钮改变箭头的方向,在"运动"选项组中,设置"函数"为"等速","速度"为 10mm/s,其他采用默认设置,单击"确定"图标按钮✓,如图 11-29 中①~⑤所示。

9)动画时长默认为"1 秒",单击"计算运动算例"图标按钮,单击"播放"图标按钮▶,单击"保存动画"图标按钮。系统运动到如图 11-30 中①所示的状态便停止。如果想要展示弹簧拉伸的状态,单击播放模式旁的按钮,选择"播放模式:往复"↔,单击"播放"图标按钮▶观看动画,想要停止可单击"停止"图标按钮■,如图 11-30 中②~⑤所示。

SolidWorks 2023 基础教程

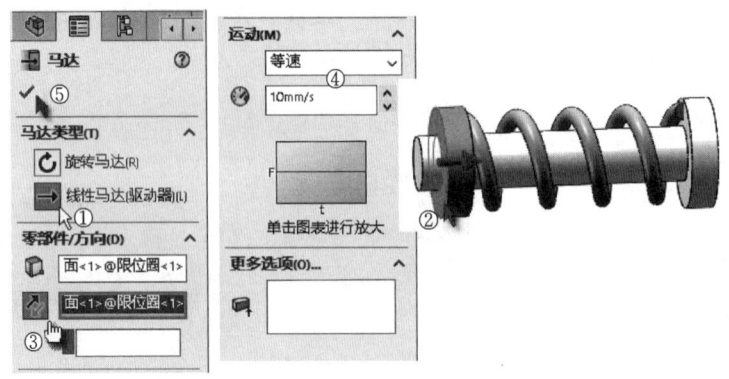

图 11-29 设置"线性马达"参数

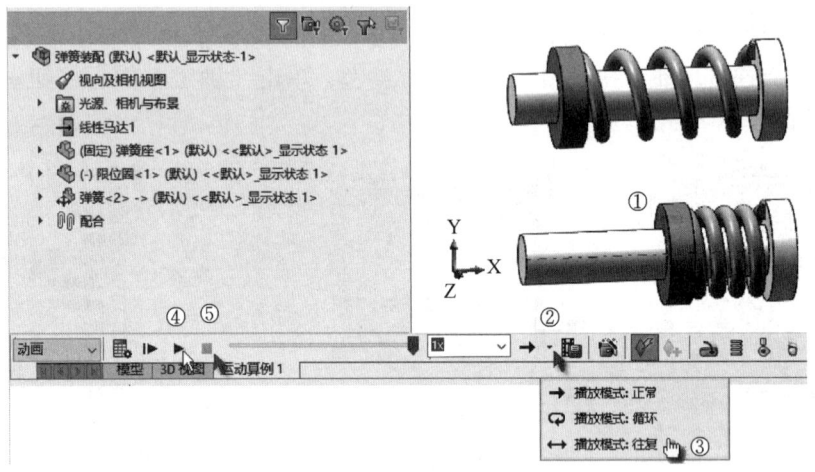

图 11-30 往复播放动画

11.3 渲染

启动 SolidWorks，新建一个"零件"或"装配体"文件。单击菜单"工具"→"插件"，在弹出的对话框中勾选"PhotoView 360"，单击 确定 按钮，如图 11-31 中①~④所示。这样就可以打开"渲染工具"面板，如图 11-32 所示。

1）给零件表面赋予绿色"粗陶瓷"外观。打开配套资源中的"1 渲染.SLDPRT"零件文件，在特征设计树中展开"实体"文件夹，选择"切除-放样1"实体，如图 11-33 中①所示。单击"渲染"中的"编辑外观"图标按钮，在"外观、布景和贴图"管理器中选择"外观"→"石材"→"粗陶瓷"，如图 11-33 中②~④所示。双击"含骨灰瓷器"外观，如图 11-33 中⑤所示。

2）设置颜色和表面粗糙度参数。在属性管理器中设置颜色为"绿色"，RGB 参数为 R0、G192、B0，如图 11-34 中①所示。在"高级"选项卡中设置"表面粗糙度"参数，勾选"隆起映射"选项，设置"隆起强度"为 1mm，取消勾选"位移映射"选项，如图 11-34 中

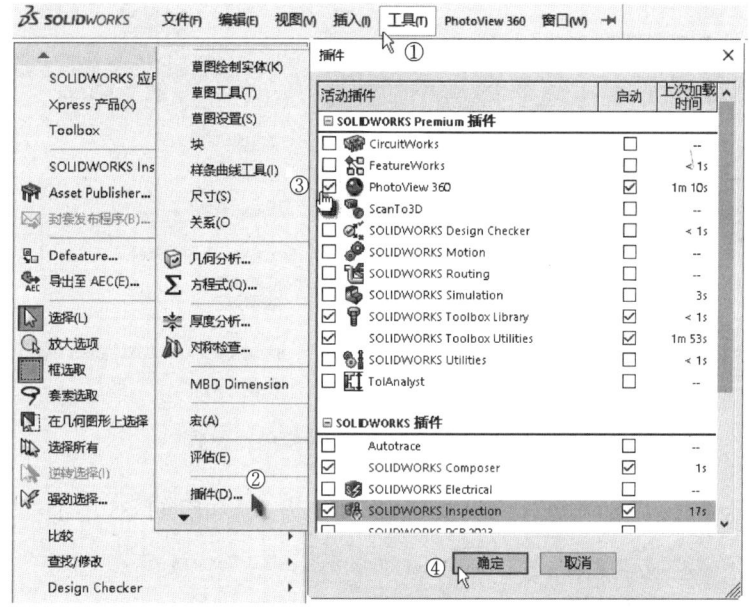

图 11-31 激活渲染插件

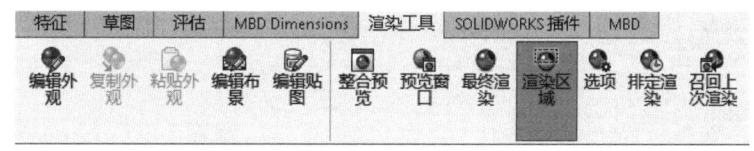

图 11-32 打开"渲染工具"面板

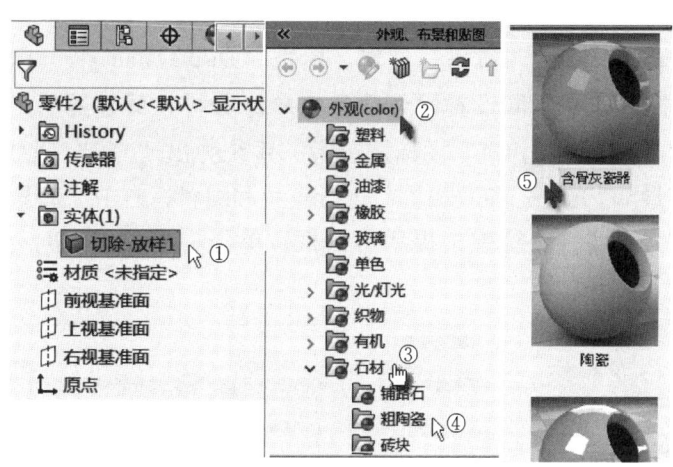

图 11-33 给零件表面赋予绿色"粗陶瓷"外观

②、③所示。

3）设置照明度参数。在"高级"选项卡中设置"照明度"参数，设置"漫射量"为 0.7，"光泽量"为 1，"光泽颜色"为"绿色"，RGB 参数为 R128、G255、B0，设置"光

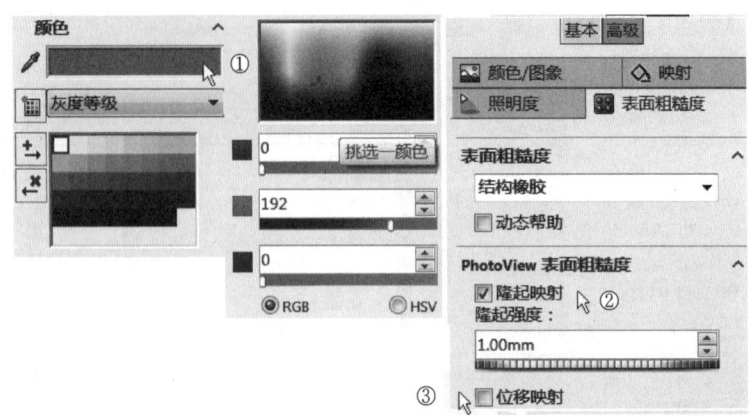

图 11-34 设置颜色和表面粗糙度参数

泽传播/模糊"为 0.1,"反射量"为 0.3,其他都设为 0,如图 11-35 中①~⑤所示。

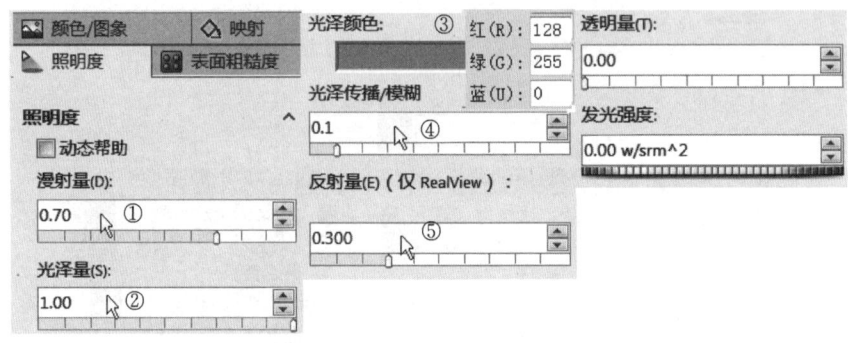

图 11-35 设置照明度参数

4)使用"DisplayManager"查看、编辑。单击"DisplayManager"图标按钮，单击"查看外观"图标按钮，不同设置的外观呈树顺序分排在管理器中，如图 11-36 中①、②所示。单击"布景、光源与相机"图标按钮，系统弹出"布景、光源与相机"属性管理器，可以对"布景""光源"和"相机"进行查看和编辑，右击"布景"，在弹出的快捷菜单中选择"编辑布景"，系统弹出提示对话框，单击 是 按钮，如图 11-36 中③~⑥所示。

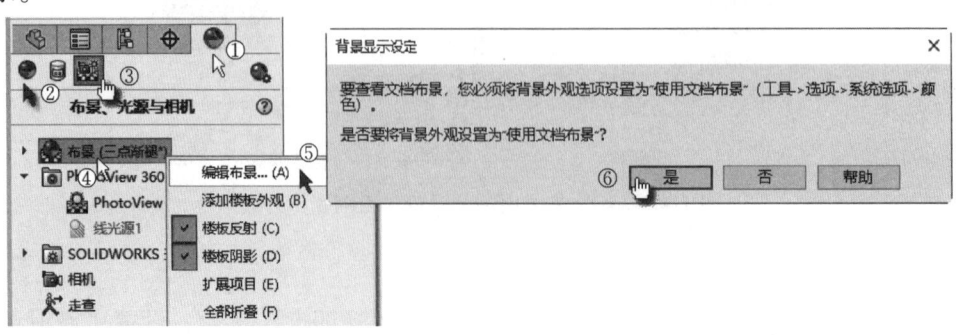

图 11-36 使用"DisplayManager"查看、编辑

5)系统弹出"编辑布景"属性管理器,选择"背景"为"图像",单击 浏览(B)... 按钮,在弹出的"打开"对话框中选择"bg1.tif"图片,单击 打开 按钮,如图11-37中①~④所示。

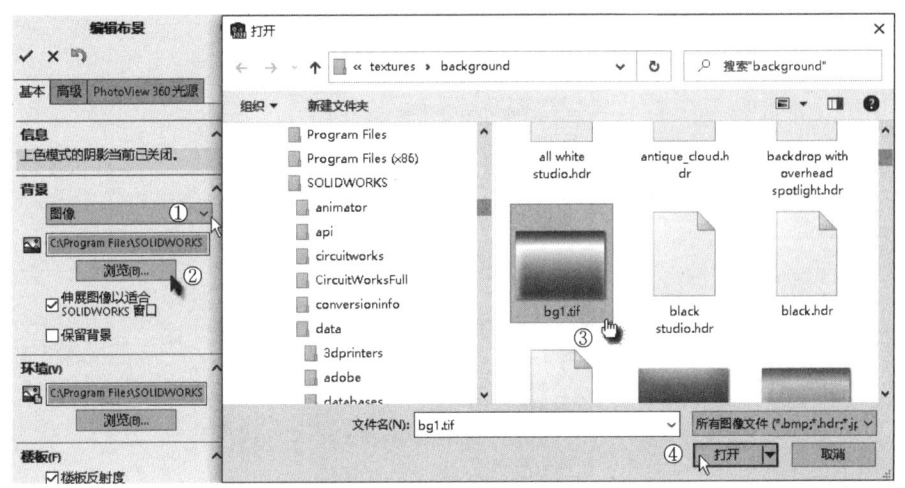

图11-37　编辑布景参数

> 技巧:使用合适的图片作为背景衬托,能有效地提高模型的展示品位,使渲染效果更佳。

6)编辑楼板、PhotoView照明度参数,设置光源。在"楼板"选项组中设置"将楼板与此对齐"为"XZ","楼板等距"为0mm,如图11-38中①、②所示。单击"PhotoView 360光源"标签,设置"背景明暗度"为$1w/srm^2$,"渲染明暗度"为$2w/srm^2$,"布景反射度"为$1.5w/srm^2$,如图11-38中③~⑥所示。单击"确定"图标按钮✔,"光源"中的"布景照明度"就是刚才设置的PhotoView照明度。将"线光源1""线光源2"选中,右击设为在"PhotoView 360"中关闭,如图11-38中⑦所示。

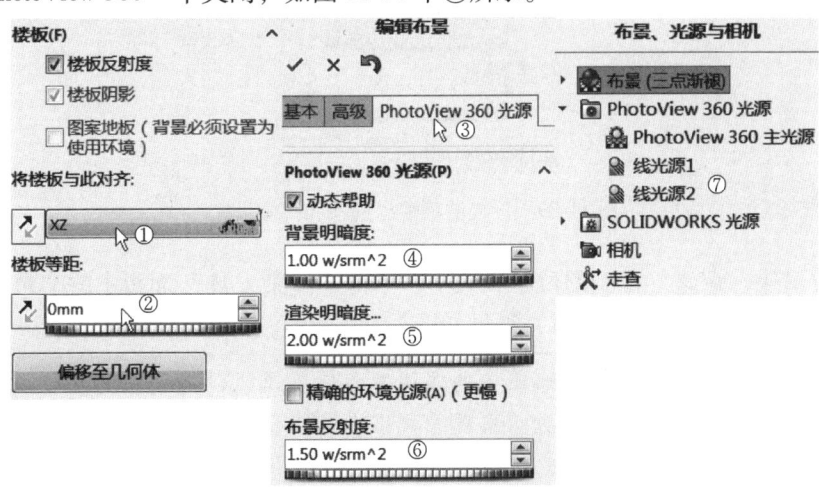

图11-38　编辑楼板、PhotoView照明度参数,设置光源

7）设置渲染输出选项和视图设定。单击"渲染工具"面板中的"选项"图标按钮，设置"输出图像大小"为宽"960"、高"720"，如图 11-39 中①、②所示。设置"图像格式"为"JPEG"。设置"渲染品质"预览为"良好"，最终为"良好"，设置"灰度系"为1.6，单击"确定"图标按钮，如图 11-39 中③~⑦所示。

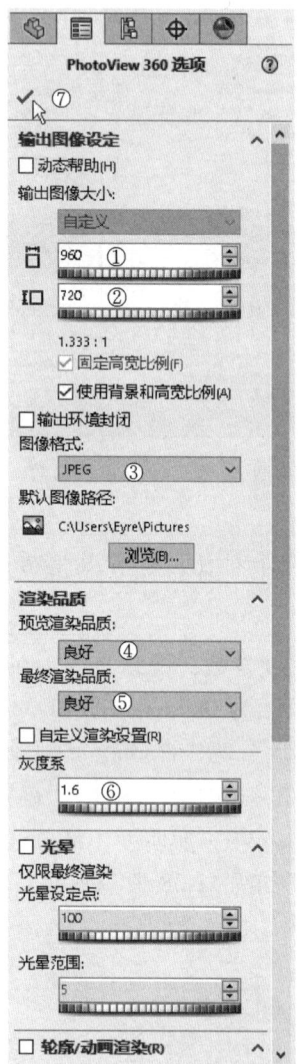

图 11-39　设置渲染输出选项和视图设定

8）最终渲染。调整好模型的位置和大小，单击"渲染工具"面板中的"最终渲染"图标按钮，系统弹出最终渲染窗口，结果如图 11-40 所示。

📖 经验：外观中的照明度参数、布景中的照明度参数以及光源的设置都需要反复多次地调试，才能最后确定取用那些参数。灰度系可以在渲染窗口中进行调整，调整灰度系可以得到更加逼真的渲染输出图像。

图 11-40　最终渲染结果

11.4　思考与练习

1. 如图 11-41 所示，将长方形板零件赋予合金钢材料，在图 11-41 中①、②处设置"固定"约束，在图 11-41 中③处表面施加 1000N 竖直向下的力，分析最大应力、最大位移及安全系数等结果。

图 11-41　长方形板

2. 建立如图 11-42 所示的曲柄摇杆机构，创建曲柄摇杆机构动画。

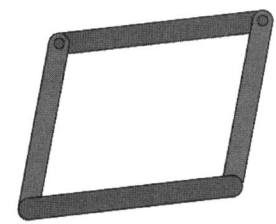

图 11-42　创建"曲柄摇杆机构"动画

3. 建立如图 11-43 所示的模型，并在其表面赋予材料，进行渲染。

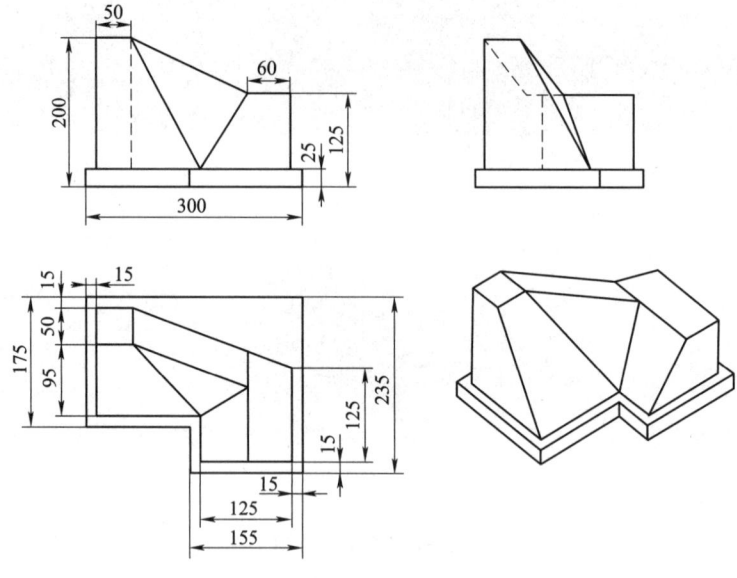

图 11-43　模型